药明康德经典译丛

全新药物合成

Current Drug Synthesis

〔美〕李杰(Jie Jack Li)　著
上海药明康德新药开发有限公司　译

科学出版社
北京

图字：01-2024-0479 号

内 容 简 介

本书是由杰出的药物化学家、研究员李杰博士和27位专家合著者共同合作撰写，详细全面讨论了18种当前临床药物中涵盖的药物化学知识，以及这些药物在合成中所涉及的前沿化学知识，为行业从业者和学生揭开了现代药物发现过程的神秘面纱，同时揭示了现今一些最具影响力的药物的发现过程中的先进化学技术。本书涵盖了六个不同的疾病领域，包括传染病、癌症、心血管和代谢疾病、中枢系统疾病、炎症类疾病，详细介绍探索了18种不同的药物，并以计算机辅助药物设计一章加以汇总结束。每一章中都包括相关药物类别或疾病适应症的背景材料，以及药物发现的关键因素，包括结构-活性关系、药代动力学、药物代谢、有效性和安全性。

本书适用于药物化学、有机合成和工艺化学等与药物研发相关的研究技术人员阅读参考，也可兼作有机化学、杂环化学或药物化学相关专业研究生的辅助教材。

图书在版编目（CIP）数据

全新药物合成 /（美）李杰著；上海药明康德新药开发有限公司译. -- 北京：科学出版社，2025. 1.
（药明康德经典译丛）. -- ISBN 978-7-03-080218-7
Ⅰ. TQ460.31
中国国家版本馆 CIP 数据核字第 2024SF7846 号

责任编辑：谭宏宇 / 责任校对：杨 赛
责任印制：黄晓鸣 / 封面设计：殷 靓

科学出版社 出版
北京东黄城根北街16号
邮政编码：100717
http：//www.sciencep.com
南京展望文化发展有限公司排版
上海锦佳印刷有限公司印刷
科学出版社发行 各地新华书店经销
*
2025年1月第 一 版 开本：787×1092 1/16
2025年1月第一次印刷 印张：19 1/4
字数：410 000
定价：260.00 元
（如有印装质量问题，我社负责调换）

中文版序言

早在2004年,威利出版社出版了我主编的《**当代药物合成**》一书,其中收录了当时医药研究者最感兴趣的14类药物。该书的中文译本于2005年问世,深受中国读者欢迎。从那时起,我每四到五年就为这个系列增加一期,现在称为"威利药物合成系列"。这个系列提供了一站式内容平台,介绍了最新的药理学、药物设计、构效关系、药代动力学、药物代谢、药物安全性和药物合成。其中几本也出版了中文译本。

今天,该系列第五部的中译本《**全新药物合成**》,作为"药明康德经典译丛"的一本由科学出版社出版。本书翻译工作由药明康德国内新药研发服务部的王建非博士和钱薏博士等科研团队成员完成,他们在向中国的猎药人介绍这份最新手稿方面做得非常出色。

在黎健博士的领导下,这些年药明康德国内新药研发服务部科研团队将我的几本书翻译成了中文。最有影响力的可能是那本橘黄色的《有机人名反应——机理及合成应用》。考虑到中国拥有全世界最多的有机化学家,我也非常高兴能让这本书接触到最多的读者。近年来,我国的新药研发的发展是如火如荼,我确信这本书和"药明康德经典译丛"中的许多其他书籍将刺激和启发所有中国的猎药人。

李杰(Jie Jack Li)

2024年6月21日　苏州

Back in 2004, Wiley published a book that I edited "*Contemporary Drug Synthesis*", which contained 14 classes of drugs that were of the greatest interest to drug hunters at the time. The Chinese translation of that book came out in 2005, a testimony of interest shown by Chinese audience. From then on, I have added one additional installment every four to five to the series now known as the Wiley Drug Synthesis Series. It is a good series considering that it provides a one-stop shop to learn the latest pharmacology, drug design, SAR, pharmacokinetics and metabolism, drug safety, and drug synthesis. Some of them have been translated to Chinese as well.

Twenty years have gone by and "*Current Drug Synthesis*" the Chinese translation of the fifth installment of the series is in press by Science Press "WuXi AppTec Translation Series". And their team at Domestic Discovery Service Unit (DDSU) of WuXi AppTec have done a superb job in introducing this latest manuscript to drug hunters in China.

Under the leadership of Dr. Li Jian, DDSU of WuXi AppTec have translated several of my books to Chinese. The most influential is probably the orange book on *Name Reactions*. Considering that China has the greatest number of chemists, I am grateful that the book has reached the most possible audience.

Late few years, drug discovery has gone through a reconnaissance in China. I am certain this book and many other books in the "WuXi AppTec Translation Series" will stimulate and inspire all the drug hunters in China.

June 21, 2024 in Suzhou

译者的话

现代药物科学的持续发展是在前辈药学家的经验基础上不断迭代发展的。一些耳熟能详的优秀药物，比如立普妥、奥希替尼等，不仅仅解决了全球患者的临床问题，更是为后续其他药物的开发提供了宝贵的经验和教训，是一种药物科学领域的传承。近年来，中国国内创新药物的研发浪潮在小分子化药、降解剂、大分子单双抗、ADC、寡核苷酸等多个赛道百花齐放，但研发能力和水平上仍以快速跟进居多，与欧美发达国家的原创新药还有较大的差距。因此，系统性地介绍国外创新药物研发的经典案例，对于提升中国创新药物研发整体水平有着他山之石的重要意义。

《全新药物合成》一书原著是由杰出的药物化学家李杰博士和多位业界专家合著者共同合作撰写，其中译本由上海药明康德新药开发有限公司翻译出版。全书共十八章，分别详细介绍了传染病、癌症、心血管和代谢疾病、中枢系统疾病、炎症类疾病等六大领域共十八种最具影响力的药物，以及这些药物所涉及的前沿药化技术，为行业从业者揭开了现代药物发现过程的神秘面纱。李杰博士及各位合著者均为从事于药物研发的一线研究人员，在各自的工作领域中对相关疾病及其药物的研发具有丰富的经验，对每一章中各种药物的介绍都系统地从相关疾病领域的临床病理学、药物研发的构效关系学、药物代谢的药代动力学、药理药效学、毒理学，以及药物制备的合成和工艺学等多个方面加以梳理、总结和提高。这种介绍结构清楚、缜密且具有系统性，是相关药物研发经验的高度总结和提炼，可以为药物研发技术人员提供丰富的参考案例，非常适合作为药物研发技术人员的日常参考和技术援引，是一本不可多得的参考书。同时，本书也为未来有志于从事制药行业的学生培养提供了一本优秀的辅助教材，具有重要的教育意义。

2001 年至今，药明康德新药开发有限公司已先后与华东理工大学出版社合作完成了《有机化合物的波谱解析》《新药合成艺术》两本专著的翻译和出版，与科学出版社合作完成了《基于结构的药物及其他生物活性分子设计：工具和策略》《药物设计：方法、概念和作用模式》等五本专著的翻译出版，本书《全新药物合成》是与科学出版社合作出版的第六本译作。这些译著共同组成了“药明康德经典译丛”系列，持续不断地将国际先进知识经验介绍给国内同行，共同提升了中国药物研发的整体水平。

药明康德新药开发有限公司于 2000 年 12 月成立，是全球领先的制药、生物技术及医疗器械研发开放式能力和技术平台公司。药明康德的愿景是“成为全球医药健康产业最高、最宽和最深的能力和技术平台，让天下没有难做的药，难治的病”。药明康德国内新药研发服务部是药明康德为中国制药企业提供一体化新药研发服务的平台，立志帮助更多中国药企迈进“中国智造”的创新药物时代，经过近年来的实践，已经为中国本土制药企业的数十款创新药物提供了一体化的新药研发方案和研发服务，包括药物设计、药物化学、药理学、药物代谢动力学、药物吸收、分布、代谢与排泄（absorption，distribution，metabolism，excretion，ADME）、毒理学研究、生产工艺、杂质研究、质量研究（chemical，manufacturing and control，CMC）和临床前开发，以及新药临床申报等全部工作。

本书翻译工作由药明康德国内新药研发服务部科研团队完成，分别由陈正霞博士、冯嘉杰博士、黄志刚、江志赶博士、李鹏博士、刘希乐、陆剑宇博士、潘志祥博士、沈春莉、王宏健博士、王建非博士、王正博士、魏巍博士、伍文韬博士、夏培雪博士、张丽博士完成各章节的翻译（按姓名拼音排序），钱薏博士和王建非博士完成了全书译稿的审校工作和翻译的协调工作。

在本书中文译稿完成之际，原著作者李杰教授欣然撰写了中译本前言。

在此我们表示诚挚的感谢！

翻译及审校过程中的疏漏之处在所难免，恳请广大读者在阅读中提出宝贵意见，以便我们后期进一步修订勘误。

黎健　博士
上海药明康德新药开发有限公司，副总裁

陈曙辉　博士
上海药明康德新药开发有限公司，科研总裁

2023 年 6 月

献给 Lew Pennington 博士

前　言

我们的前四期约翰威立出版社“药物合成系列丛书”——《当代药物合成》、《药物合成艺术》、《现代药物合成》和《创新药物合成》分别于2004年、2007年、2010年和2015年出版。他们得到了药物发现界的热烈欢迎。《全新药物合成》，则是我们本系列的第五本。

本书共分四部分，共综述了18种药物。第一部分“传染病药物”涵盖6种药物；第二部分“癌症药物”共有7种药物；第三部分“CNS药物”涵盖2种药物；第四部分“其他药物”涵盖3种额外药物。

每个章节又分为7个部分：

1. 背景
2. 药理学
3. 构效关系
4. 药代动力学和药物代谢
5. 有效性和安全性
6. 合成
7. 参考文献

我非常感谢来自工业界和学术界的所有投稿作者。他们中的许多人是退伍军人和著名的药物化学专家，甚至有些人是他们所写章节药物的发现者。因此，他们的工作极大地提高了本书作为教学工具的质量。

同时，我也欢迎您的评论和建议，这样我们可以使约翰威立出版社“药物合成系列丛书”对药物发现界更有实用意义。

Jack Li
密歇根州安娜堡
2021年12月1日

Preface

Our first four installments *Wiley's Drug Synthesis Series*, *Contemporary Drug Synthesis*, *The Art of Drug Synthesis*, *Modern Drug Synthesis*, *and Innovative Drug Synthesis* were published in 2004, 2007, 2010, and 2015 respectively. They have been warmly received by the drug discovery community. The current title, *Current Drug Synthesis*, is our fifth installment of this series.

This book has four sections, reviewing total of 18 drugs. Section Ⅰ, "Infectious Disease Drugs" covers six drugs; Section Ⅱ, "Cancer Drugs" reviews seven drugs; Section Ⅲ, "CNS Drugs", covers two drugs; Section Ⅳ, "Miscellaneous Drugs", covers three additional drugs.

Each chapter is divided into seven sections:

1. Background
2. Pharmacology
3. Structure – activity relationship
4. Pharmacokinetics and drug metabolism
5. Efficacy and safety
6. Syntheses
7. References

I am very much indebted to all contributing authors from both industry and academia. Many of them are veterans and well-known experts in medicinal chemistry. Some of them discovered the drugs that they reviewed. As a consequence, their work tremendously elevated the quality of this book as a teaching tool.

Meanwhile, I welcome your critique and suggestions so we can make this *Wiley's Drug Synthesis Series* even more useful to the drug discovery community.

Jack Li

Ann Arbor, Michigan

Dec. 1, 2021

目　录

第一部分　传染病药物

第二部分 癌症药物

第三部分　CNS 药物

第四部分 其他药物

第一部分

传染病药物

1

瑞来巴坦(Recarbrio™),一种治疗 cIAI/cUTI/HABP/VABP 的 β-内酰胺酶抑制剂

Dexi Yang

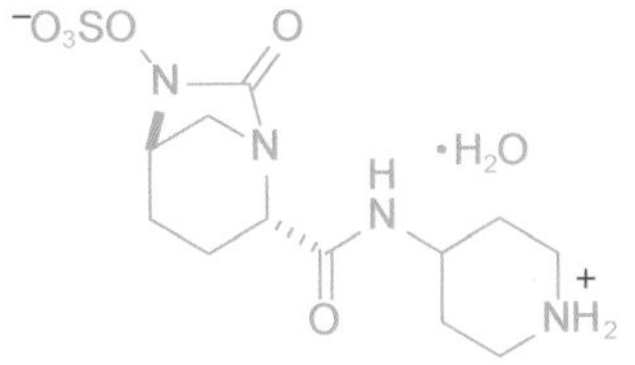

瑞来巴坦 (**1**)
商品名：Recarbrio(亚胺培南/西司他丁/瑞来巴坦复方)
默克公司
上市日期：2019年

1.1 背景

抗生素的发现在现代医学史上对抗感染性疾病的化疗中具有革命性意义。不幸的是,在 20 世纪 50 年代至 70 年代的黄金时代之后,常见细菌病原体对抗菌药物耐药性成为公共卫生的新威胁。近日,世卫组织将抗生素耐药问题列为三大最严重公共卫生威胁之一。多重耐药菌引起的感染已成为医疗卫生系统新的经济负担。仅在美国每年的花费就超过 200 亿美元,每年有超过 2.3 万人死于耐药菌的感染。随着这种情况的持续,疾病预防控制中心估计,到 2050 年,全球受害者将超过 3 亿,损失超过 100 万亿美元。鉴于如此高的利害关系,发明治疗感染患者的新疗法足以引起更多的关注。[1]

在所有已知的抗菌药物耐药性中,革兰氏阴性病原菌对碳青霉烯类抗生素的耐药性最为严峻。临床上,碳青霉烯类抗生素被认为是对耐多药(multidrug resistance, MDR)革兰氏阴性病原体最有效的药物,它们是对付超级细菌的最后防线。但根据 2017 年 WHO 公布的全球抗生素耐药菌优先名单,对开发抗生素至关重要的前 4 位病原菌中有 3 种是对碳青霉烯类抗生素耐药的菌株,它们分别是耐碳青霉烯肠杆菌(carbapenem-resistant *Enterobacteriaceae*, CRE)、铜绿假单胞菌(*Pseudomonas aeruginosa*)和鲍曼不动杆菌(*Acinetobacter baumannii*)[2,3]。20 世纪 90 年代,对多药耐药的研究发现,革兰氏阴性菌对抗生素耐药性主要由三种机制引起,碳青霉烯类抗生素耐药的主要机制是细菌表达 β-内酰胺酶。经鉴定,多药耐药革兰氏阴性病原菌至少产生 A、B、C、D 四类 β-内酰胺酶[4],它

们均能水解抗生素并使之失效。除产酶之外，这些病原体还进化了其他机制使抗生素失效。一是孔蛋白表达引起的孔蛋白突变，导致抗生素不能渗透细菌外膜从而不能发挥抗菌作用；另一种是上调外排泵，使细菌将抗生素泵出而失去疗效[3,4]。基于上述三种机制，新一代 β-内酰胺酶抑制剂不仅应具有能恢复碳青霉烯类抗菌活性的作用，而且应具有适当理化性质以增加渗透性和降低外排率。

在这一策略的指导下，近十年来，FDA 批准了几种抗生素与 β-内酰胺酶抑制剂的组合，如头孢他啶-阿维巴坦、头孢托唑烷-他唑巴坦、美罗培南-法硼巴坦等[5-7]，但是它们大多只对一小部分病原体有效，也不难发现这些药物组合会逐渐失效并产生耐药。因此，针对具有耐药性的革兰氏阴性微生物的新治疗选择仍被迫切需要。

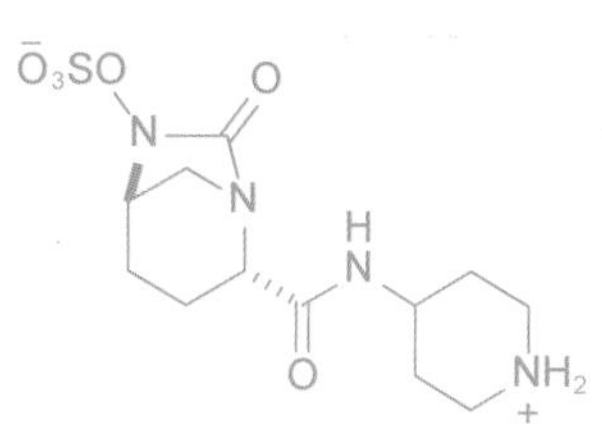
瑞来巴坦(**1**)

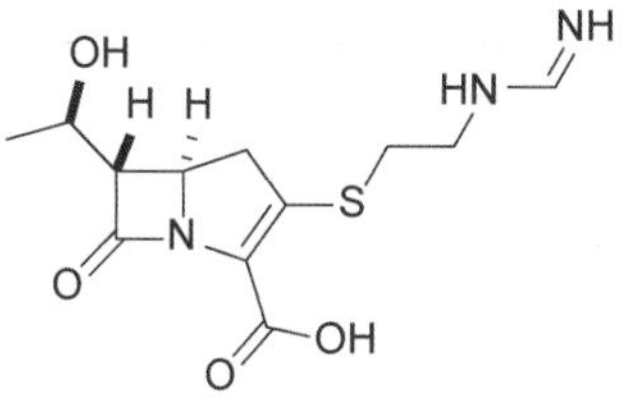
亚胺培南(**2**)

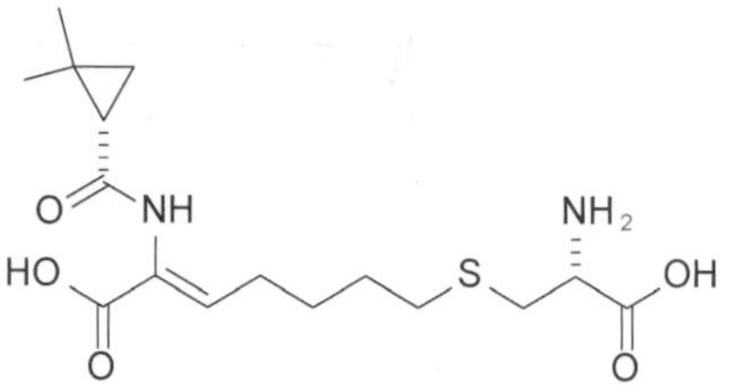
西司他丁(**3**)

Recarbrio™ 于 2019 年 7 月获批作为敏感革兰氏阴性菌引起的成人复杂性尿路感染(complicated urinary tract infections, cUTI)的替代治疗选择，如肾盂肾炎和复杂性腹腔内感染(complicated intra-abdominal infections, cIAI)[8,9]。Recarbrio™ 是一种含有亚胺培南、西司他丁和瑞来巴坦(**1**)的三药复方注射液。亚胺培南是碳青霉烯类抗生素，通过使青霉素结合蛋白失活，抑制细胞壁合成过程中肽聚糖的交联。西司他丁(一种脱氢肽酶-Ⅰ抑制剂)与亚胺培南联合用药，是用来减少亚胺培南的肾脏代谢，西司他丁本身不具有抗菌活性。瑞来巴坦(**1**)是一种新型的 β-内酰胺酶抑制剂，单用也无抗菌活性，其功能是通过抑制 β-内酰胺酶如 Ambler A 类(如肺炎克雷伯氏菌碳青霉烯酶，*Klebsiella pneumoniae* carbapenemases, KPCs)、C 类(如 AmpC)和假单胞菌衍生的头孢菌素酶(*Pseudomonas*-derived cephalosporinase, PDC)，从而避免亚胺培南被 β-内酰胺酶水解。体外试验结果显示，添加瑞来巴坦(**1**)可以显著提高亚胺培南的抗菌活性[10]，将亚胺培南对产超广谱 β-内酰胺酶(extended-spectrum beta-lactamases, ESBL)或 KPC 的肠科杆菌(*enterobacterales*)，以及对多药耐药或亚胺培南耐药临床分离株的最低抑菌浓度降低 2~128 倍。

2020 年 6 月，FDA(美国食品药品监督管理局)进一步批准 Recarbrio™ 的补充新药申请(supplemental new drug application, sNDA)，用于治疗 18 岁及以上由敏感革兰氏阴性微生物引起的医院获得性细菌性肺炎和呼吸机相关细菌性肺炎(hospital-acquired bacterial pneumonia and ventilator-associated bacterial pneumonia, HABP/VABP)患者[9]。

值得一提的是，瑞来巴坦(**1**)对 B 类金属 β-内酰胺酶，如新德里金属 β-内酰胺酶

(New Delhi metallo-β-lactamase, NDM),维罗纳整合子编码的金属 β-内酰胺酶(Verona integron metallo-β-lactamase VIM)和铜绿假单胞菌产金属 β-内酰胺酶(imipenemase, IMP),以及 D 类苯唑西林酶(如 OXA-48)无活性。这为进一步开发覆盖范围更广的新型 β-内酰胺酶抑制剂预留了空间,以确保新抗生素的疗效。

1.2 药理学

亚胺培南(Imipenem,商品名 Primaxin®)是由默克科学家 Burton Christensen、William Leanza 和 Kenneth Wildonger 于 20 世纪 70 年代中期发现的静脉注射用 β-内酰胺类抗生素[10]。作为碳青霉烯类抗生素,其对多药耐药革兰氏阴性菌产生的 β-内酰胺酶具有高度抗性。亚胺培南通过让青霉素结合蛋白失活,抑制细胞壁合成过程中肽聚糖交联步骤,从而引起细菌细胞裂解和死亡[11]。由于单独给药时可被肾酶脱氢肽酶-Ⅰ迅速降解,亚胺培南须与西司他丁(一种脱氢肽酶-Ⅰ抑制剂)联合给药,以降低肾代谢。自批准上市以来,它在治疗其他抗生素治疗失败的敏感菌株引起的感染中发挥了关键作用。然而,由于越来越多的细菌通过表达 β-内酰胺酶而产生耐药性,亚胺培南对某些患者的疗效降低。因此有必要发明新的 β-内酰胺酶抑制剂作为添加剂恢复亚胺培南的抗菌活性。

作为针对新型 β-内酰胺酶药物发现计划的一部分,2008 年默克公司的科学家发现了一种新型 β-内酰胺酶抑制剂——瑞来巴坦(MK-7655)。在几个先导系列中,一个桥环系列展示了广谱的活性,其桥联双环脲结构可与 Ambler A、C 和 D 类 β-内酰胺酶内的活性位点丝氨酸形成共价结合而开环。具体来说,限制性的五元脲桥结构促进了 C-7 羰基与 β-内酰胺酶活性位点内丝氨酸残基之间的酰化反应。模型研究表明,*N*,*O*-氧磺酸基团可通过与邻近催化位点残基形成氢键,进一步稳定瑞来巴坦开环后形成的酰基-β-内酰胺酶中间体,最终结果是共价键占据了 β-内酰胺酶的活性位点,阻止其水解亚胺培南,从而恢复亚胺培南的杀菌活性[12]。

到目前为止,它对 Ambler A 类(如 KPCs)和 C 类(如 AmpC)内酰胺酶和 PDC 均有活性,但对 B 类金属 β-内酰胺酶(如 NDM、VIM 和 IMP)和 D 类苯唑西林酶(如 OXA-48)无活性[13]。在体外,添加瑞来巴坦(**1**)显著提高了亚胺培南对产 ESBL 或 KPC 酶的肠科杆菌、耐亚胺培南分离株的抗菌活性,其最小抑菌浓度降低了 2~128 倍。亚胺培南和瑞来巴坦均不受外排作用的影响,这对抗外排泵过度表达的菌株具有优势。

1.3 构效关系(SAR)

瑞来巴坦(**1**)项目的先导化合物有两个来源:一个是仅对 C 类 β-内酰胺酶有效的单环 β-内酰胺类 β-内酰胺酶抑制剂 MK-8712;另一个是非 β-内酰胺类 β-内酰胺酶抑制剂阿维巴坦钠(NXL-104),可与 β-内酰胺酶 TEM-1 和 CTX-M-15 形成可逆性共价结合[14]。为了扩大新型 β-内酰胺酶抑制剂的抑酶谱范围到 A 类(A 类如 KPC)和 C 类(C 类如 PDC)β-内酰胺酶,默克公司的科学家采取了一种杂交策略,将 MK-8712 的新型杂环酰胺侧链与 NXL-104 的桥接的核心结合,在克服了许多合成困难后,制备了一系列具有碱性杂环侧链的桥联双环脲用于 SAR 研究。

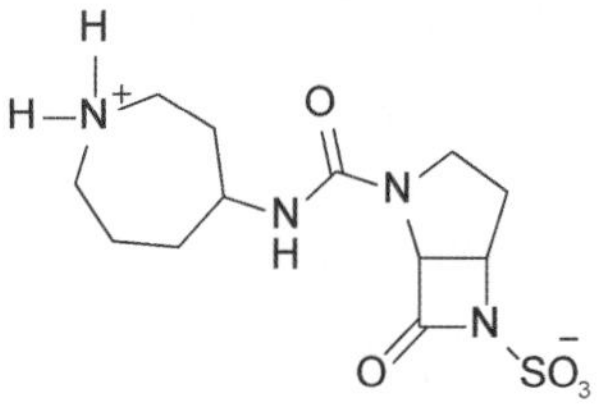

MK-8712 (4)

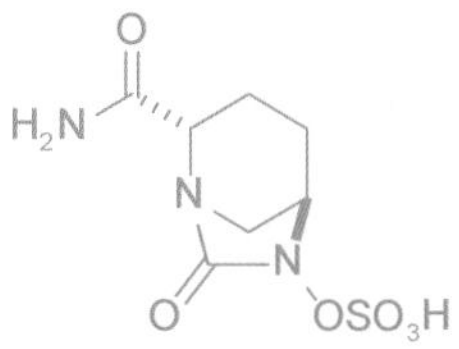

NXL-104 (5)

如表 1 所示,在酶抑制试验和体外协同试验中评价了选定的化合物[12]。酶抑制试验通过评价 β-内酰胺酶水解头孢硝噻来检测化合物对酶活性的抑制作用,分别选用 1 种 A 类 L、2 种 C 类和 1 种 D 类 β-内酰胺酶。协同试验数据报告了各个化合物将亚胺培南对假单胞菌、克雷伯菌和不动杆菌菌株的最低抑菌浓度(minimum inhibitory concentration,MIC)降低至 4 μg/mL 所需要的药物浓度。

表 1 桥接双环脲类 β-内酰胺酶抑制剂的 SAR

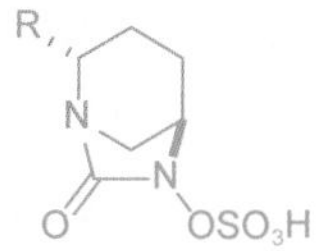

R	酶抑制(IC_{50},nmol/L)				体外协同作用(BLi μmol/L)[a]		
	KPC-2 肺炎克雷伯菌	AmpC 铜绿假单胞菌	AmpC 鲍曼不动杆菌	Oxa40 鲍曼不动杆菌	CL6569 肺炎克雷伯菌	CL5701 铜绿假单胞菌	CL6188 鲍曼不动杆菌
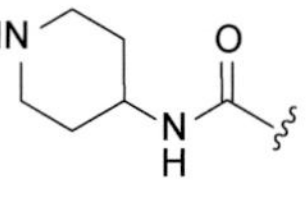 1	210	465	4 100	>50 000	12. 5	4. 7	>100
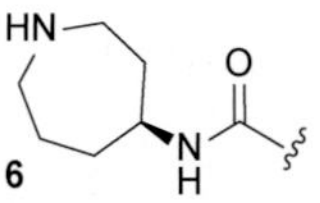 6	245	69	1 700	>50 000	12. 5	6. 25	>100
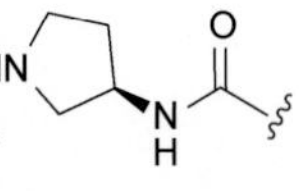 7	260	1 900	27 000	>50 000	6. 25	6. 25	>100
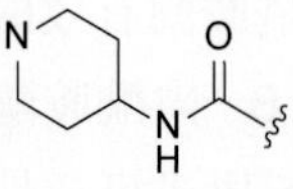 8	240	500	2 700	>50 000	12. 5	12. 5	>100

续 表

R	酶抑制(IC_{50},nmol/L)				体外协同作用(BLi μmol/L)[a]		
	KPC-2 肺炎克雷伯菌	AmpC 铜绿假单胞菌	AmpC 鲍曼不动杆菌	Oxa40 鲍曼不动杆菌	CL6569 肺炎克雷伯菌	CL5701 铜绿假单胞菌	CL6188 鲍曼不动杆菌
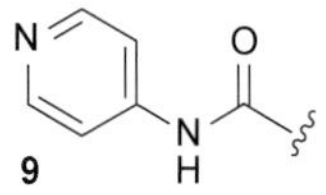 9	54	6	1 050	20 000	50	25	>100
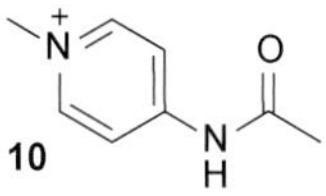 10	260	210	12 000	>50 000	25	25	>100
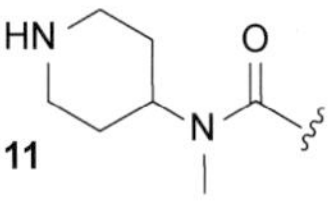 11	2 500	290	2 100	>50 000	50	25	>100
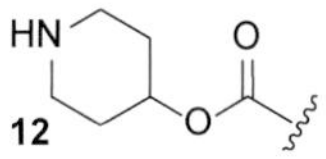 12	9	170	1 100	13 000	6. 25	6. 25	>100

[a] 将 IPM 的 MIC 降低到 4 μg/mL 所需要的 BLI 的浓度(μmol/L)。

我们来讨论下默克开发的哌啶类似物临床化合物瑞来巴坦(**1**)的结果,通过酶抑制试验,我们可以看到瑞来巴坦可以抑制 KPC-2(导致肺炎克雷伯菌对碳青霉烯类抗生素耐药的关键 A 类β-内酰胺酶)以及 AmpC(导致假单胞菌耐药的β-内酰胺酶)。然而,它对AmpC 酶表现出较弱的抑制作用,而对 D 类酶 Oxa-40 无抑制作用。幸运的是,这两种酶在临床病例中所占比例极少。化合物 1 能与亚胺培南有效协同,对克雷伯菌(*Klebsiella*)和假单胞菌(*Pseudomonas*),分别在浓度为 12. 5 和 4. 7 μmol/L 时,将亚胺培南的 MIC 降至 4 μg/mL。与哌啶类似物 **1** 一样,七元氮杂草类似物 **6** 和五元吡咯烷类似物 **7** 在酶抑制试验和协同试验中均表现出相似的活性。类似物 **8** 中哌啶氮的烷基化对酶活性和协同作用几乎没有影响。从结合在 AmpC(*Pseudomonas*)活性部位的 **1** 的 X-射线晶体结构(图 1)可以很容易地看出,哌啶游离 N 与 AmpC 的骨架之间的氢键结合是一个关键的相互作用。除此之外,酰胺和 *N*,*O*-氧代硫酸盐对效价也很重要,上述因素在未来的目标设计中应予考虑。

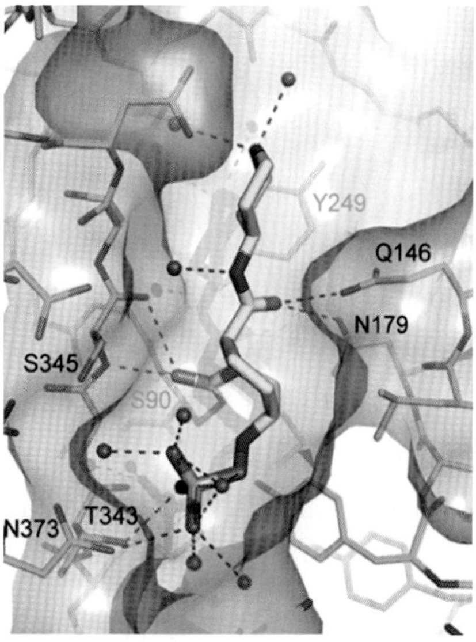

图 1 铜绿假单胞菌中 AmpC 酶与 1 共晶的 X-射线晶体结构

考虑用芳香杂环取代饱和杂环,结果显示对 β-内酰胺酶抑制明显增强(如类似物 **9**),但令人失望的是与亚胺培南的协同活性显著丧失,这主要是由于芳香杂环中的氮在生理 pH 下不会被质子化,从而增加了细菌对化合物的外排。为进一步比较,研究者制备了带正电荷的季铵盐类似物 **10**,毫不意外的是该化合物的酶抑制活性远低于相应的芳香族类似物 **9**。因此,同时考虑酶的抑制和体外协同作用,饱和杂环是最好的选择。

对于酰胺连接体修饰,研究者制备了氮甲基化衍生物,如类似物 **11** 所示,其酶抑制活性显著降低。另外,用酯键替换酰胺连接体得到的类似物 **12**,尽管显示出相当的酶抑制活性以及在协同试验中显示出相似的活性,但进一步的稳定性研究和外排研究证明其劣于类似物 **1**。

总之,大多数杂环侧链均可耐受,所得化合物对 A 类和 C 类 β-内酰胺酶均有活性,但未观察到对 D 类 β-内酰胺酶的抑制作用。综合比较上述测定数据及外排和综合 ADMET 特性,平衡所有利弊后,选择最优的类似物 **1** 用于进一步开发。

1.4 药代动力学和药物代谢

亚胺培南/西司他丁的药代动力学特性不受瑞来巴坦(**1**)的影响,亚胺培南、西司他丁和瑞来巴坦(**1**)的 C_{max} 和 AUC 均随剂量成比例增加。每 6 小时一次,持续 30 min 静脉输注 1 250 mg(亚胺培南/西司他丁 500/500 mg 加瑞来巴坦(**1**) 250 mg)剂量后,亚胺培南和瑞来巴坦(**1**)的稳态 C_{max} 分别达到 88.9 μmol/L 和 58.5 μmol/L,$AUC_{0-24\ h}$ 分别为 500 μmol/(L·h)和 390.5 μmol/(L·h)。亚胺培南、西司他汀和瑞来巴坦(**1**)的 PPB 分别为 20%、40%和 20%。亚胺培南、西司他汀和瑞来巴坦(**1**)的稳态 V_{ds} 分别为 24.3 L、13.8 L 和 19.0 L。

在 Recarbrio™ 中,亚胺培南仅在肾脏中通过脱氢肽酶-Ⅰ代谢,为了降低肾脏代谢,需联合给予西司他丁(一种脱氢肽酶-Ⅰ抑制剂),虽然瑞来巴坦(**1**)经肾脏代谢极少,但其主要经肾脏排泄。健康人多次给药后,人尿液中亚胺培南、西司他丁和瑞来巴坦(**1**)的回收率分别为 63%、77%和>90%。亚胺培南/西司他丁和瑞来巴坦(**1**)的半衰期分别为 1.0 h、1.2 h。由于没有任何成分是细胞色素 P450 酶的抑制剂或诱导剂,Recarbrio™ 没有明显的药物-药物相互作用[15]。

性别、人种、年龄和体重对 PK 无影响。由于瑞来巴坦主要经肾脏排泄,肝损害无影响,而肾损害却有实质性影响。轻度、中度或重度肾损害患者中亚胺培南和瑞来巴坦(**1**)的暴露量分别为正常人群的 1.22~2.01 倍和 1.38~3.05 倍。因此,肾损害患者需要调整剂量[8,9]。

1.5 有效性和安全性

在表 1 中,我们已经看到亚胺培南/瑞来巴坦对 A 类(肺炎克雷伯菌,*K.*

pneumoniae)和 C 类(铜绿假单胞菌, *P. aeruginosa*)β-内酰胺酶均表现出广谱的体外抑制活性。实际上,在一项 2016 年监测研究中收集的超过 6 000 株铜绿假单胞菌分离株中,90%的菌株对亚胺培南/瑞来巴坦敏感(FDA 批准的亚胺培南/瑞来巴坦折点 2 mg/L),而仅 67%的分离株在没有瑞来巴坦的情况下对亚胺培南敏感。此外,145 株分子测序表达 KPC 酶的分离株对亚胺培南和亚胺培南/瑞来巴坦的敏感性百分比分别为 9.9%和 98.0%,证明瑞来巴坦可有效恢复亚胺培南对产 KPC 酶的临床分离株的抗菌活性[16a]。

在小鼠体内脾脏(*P. aeruginosa/K. pneumoniae*)和肺部(*P. aeruginosa*)感染模型显示,静脉(IV)给药 Recarbrio™ 后组织菌落形成单位(CFU)发生大于 3-log 水平的降低。基于这些临床研究,进行了关键性Ⅲ期试验 RESTORE-IMI 1,在两项试验(复杂性尿路感染和复杂性腹腔内感染各一项)中通过静脉输注给予 Recarbrio™。复杂性尿路感染(cUTI)试验纳入了 298 例成人患者,其中 99 例接受 Recarbrio™ 治疗。复杂性腹腔内感染(cIAI)试验包括 347 例患者,其中 117 例接受 Recarbrio™ 治疗。之后,在成人(年龄≥18 岁)医院获得性或呼吸机相关细菌性肺炎(HABP/VABP)患者的Ⅲ期试验中进行了更多评估,所有治疗均获得了良好的总体缓解。在所有这些临床试验中,亚胺培南/西司他丁/瑞来巴坦在 cUTI、cIAI 或 HABP/VABP 患者中显示出良好的耐受性,其安全性特征与确定的亚胺培南/西司他丁单药安全性特征相同[16]。

观察到的不良反应主要来自亚胺培南-西司他丁(Primaxin®),由于更昔洛韦与亚胺培南/西司他丁合用时有全身性癫痫发作的报道。因此,Recarbrio™ 应避免与抗惊厥药丙戊酸、双丙戊酸钠或抗病毒药更昔洛韦同时服用,除非潜在的益处大于风险。Recarbrio™ 可能会降低相应成分的暴露水平,会增加服用这些药物控制癫痫发作的患者的癫痫发作风险。此外,在既往存在 CNS 疾病患者和/或肾功能受损患者中也报告了 CNS 不良反应,对于这些患者,在确定服用 Recarbrio™ 前应进行神经系统评估[17]。

1.6 合成

1.6.1 早期工艺合成

该化合物有两个特点使其合成困难:一个是双环[3.2.1]脲桥,另一个是化合物以两性离子盐的形式存在。由于最终产物的溶解度低和高反应性,必须尽可能晚地构建尿素桥和形成两性离子盐。从发表的几代合成路线可清楚地追踪到其合成路线的进化[18],这里我们将重点介绍工艺化学家的两条合成路线。其 17 步的药物化学早期路线见对应专利[18a, b]。

在早期工艺化学路线中,通过已知手性(*S*)-*N*-Boc-焦谷氨酸(**13**)的扩环制备哌啶环[18e]。首先由三甲基碘化亚砜和叔丁醇钾原位生成的硫叶立德打开内酰胺环,开环中间

体 **14** 未进行进一步处理，在 DMSO 中用苄氧基氯化铵和 LiCl 连续处理后得到 α-氯代肟 **15**，DMSO 对该反应至关重要，因为其可以抑制反应混合物中三甲基碘化亚砜引入的残留碘化物对氯化物的非预期置换。毫不奇怪，在 0 ℃下用叔丁醇钾的 DMF 溶液处理 α-氯代肟 **15** 可迅速实现环闭合，得到的中间体 **16** 经 TMSBr 和 *N*, *O*-双(三甲基硅烷基)-乙酰胺脱保护得到哌啶 **17**。

中间体 **17** 中的肟以(*E*)-和(*Z*)-异构体的混合物存在，在筛选了 C ═N 键的还原条件后，选择硼氢化钠/三甘醇二甲醚为还原条件，得到主要由羧酸定位的非对映选择性较高的产物 **18**。将羟胺转化为硫酸盐能够以 99.2∶0.8 dr. 的立体选择性结晶分离得到，由于硫酸盐的溶解度较低，首先将其转化为三氟醋酸盐，然后与氨基哌啶酰胺化，得到酰胺 **19**。将 TFA 盐进一步转化为甲苯磺酸盐，易于结晶，分离出纯度较高(>99.5%)的化合物 **20** 的甲苯磺酸盐。

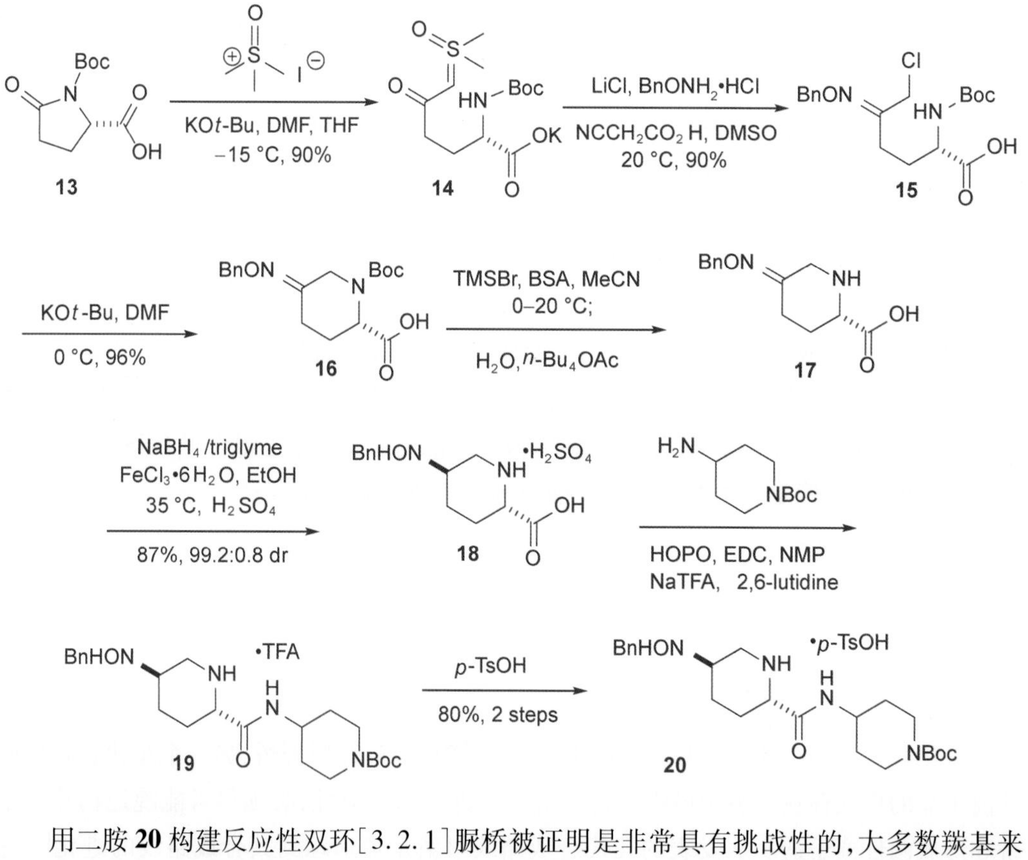

用二胺 **20** 构建反应性双环[3.2.1]脲桥被证明是非常具有挑战性的，大多数羰基来源优先与哌啶氮加成，但不进一步环化形成桥联脲，经过反复试验，在 Hünig 碱过量的情况下，用三光气进行环化，最后用稀磷酸水溶液处理，脲 **21** 以 87%的收率结晶得到。在 THF 中脱苄基得到游离的 *N*-羟胺，用三氧化硫吡啶络合物磺酸化得到产物 **22**。最后，用 TMSI 在乙腈中脱除 Boc 保护剂，得到目标产品 **1**。

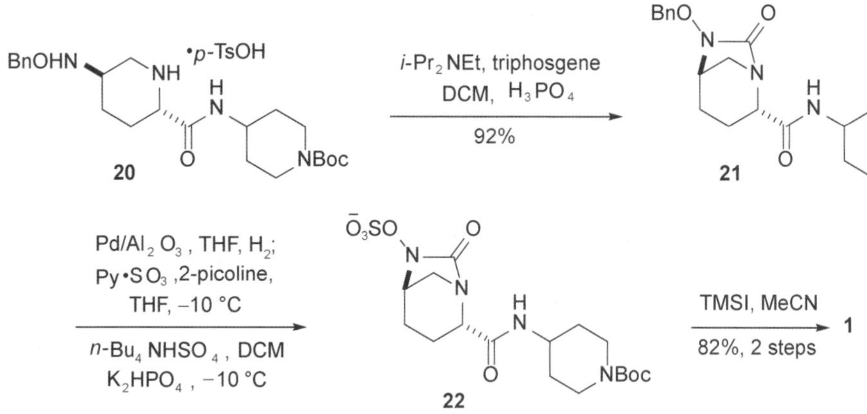

1.6.2　后期工艺合成

经过进一步优化，默克工艺化学家报道了几种新路线，以下一种是最高效、最经济的公斤级合成路线[18f]。

该路线从由哌啶酸经酶氧化得到的光学纯的顺式-5-羟基六氢吡啶羧酸 **23** 出发，回避了更昂贵的早期方法。用 2 当量 2-NsCl 处理后，一个用于 *N*-保护，另一个用于活化羧酸，促进环化，得到纯度>99%的内酯 **24**。然后用商业化可得的 Boc-氨基哌啶在 THF 中开环内酯，用另外 2 当量的 2-NsCl 处理所得中间体，一锅法从 **24** 经 2 步反应以 98% 的产率得到目标磺酸酯 **25**。随后用保护的-OBn 羟胺取代 2-NsO，然后除去所有 2-Ns，得到化合物 **20** 的中性形式，收率为 70%，HPLC 纯度>97.5%。从 **20** 开始，采用与前面提到的相同化学方法能够合成化合物 **1**。该新路线提供了一种仅 8 步的更有效合成方法，总收率为 42%。

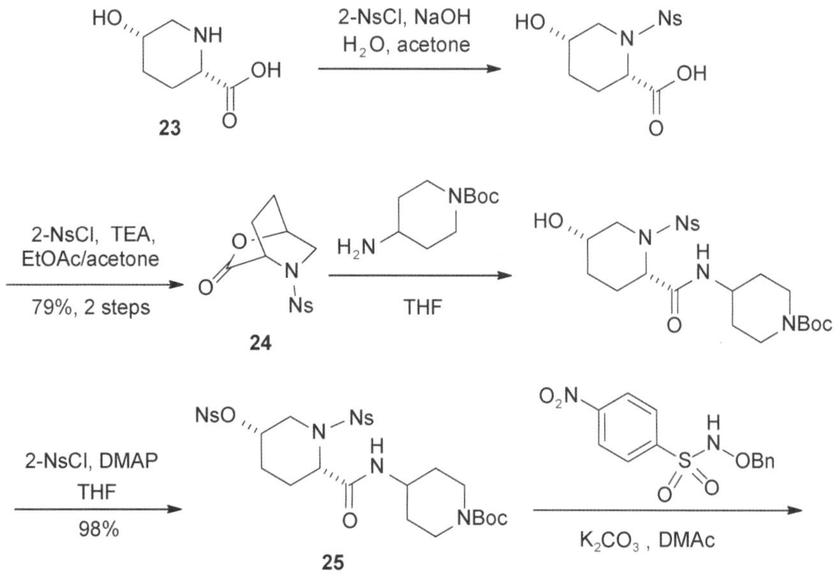

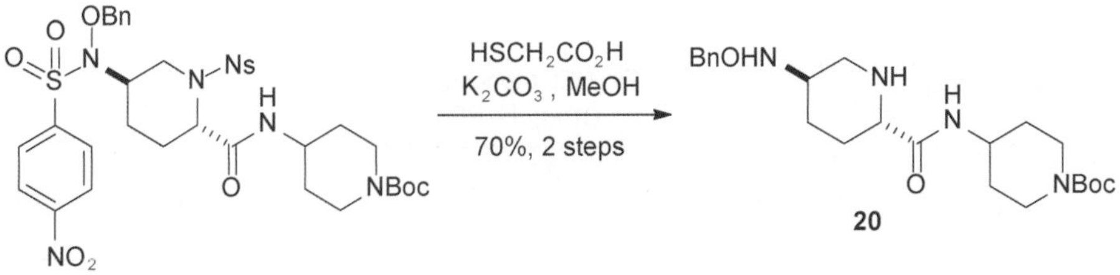
20

1.7 总结

综上所述，Recarbrio™ 是由亚胺培南、西司他丁和瑞来巴坦(**1**)以固定剂量组成的复方制剂，FDA 于 2019 年 7 月批准其用于治疗由一系列敏感革兰氏阴性菌，包括但不限于阴沟肠杆菌(*Enterobacter cloacae*)、大肠埃希菌(*Escherichia coli*)、产气克雷伯菌(*Klebsiella aerogenes*)、肺炎克雷伯菌(*K. pneumoniae*)和铜绿假单胞菌(*P. aeruginosa*)引起的复杂性尿路感染(cUTI)和复杂性腹腔感染(cIAI)治疗选择有限的成人患者。2020 年 6 月，进一步获批用于治疗 18 岁及以上患者的医院获得性细菌性肺炎和呼吸机相关细菌性肺炎(HABP/VABP)。Recarbrio™ 给药方式为静脉输注 30 min 以上，每 6 h 1 次，推荐剂量为 1.25 g(亚胺培南 500 mg、西司他丁 500 mg 和瑞来巴坦 250 mg)，肾损害患者需调整剂量。除药理学、PK、代谢、安全性和 SAR 外，本章还讨论了两种合成工艺。作为耐碳青霉烯类革兰氏阴性菌感染的最后治疗选择，应建立抗菌药物管理，以确保这种新的治疗药物的适当使用。

1.8 参考文献

1. Global Report on Surveillance 2014. World Health Organization; 2014. Downloaded from https://apps.who.int/iris/handle/10665/112642, last accessed on Oct 23, 2021; Global Antimicrobial Resistance and Use Surveillance System (GLASS) Report: 2021. Downloaded from https://www.who.int/publications/i/item/9789240027336, last accessed on Oct 23, 2021.
2. Zhanel, G. G.; Wiebe, R.; Dilay, L.; Thomson, K.; Rubinstein, E.; Hoban, D. J.; Noreddin, A. M.; Karlowsky, J. A. Drugs 2007, 7, 1027 – 1052.
3. Smith, J. R.; Rybak, J. M.; Claeys, K. C. Pharmacotherapy 2020, 40, 343 – 356.
4. Resistance Mechanism: (a) Bush, K.; Jacoby, G. A. Antimicrob. Agents Chemother. 2010, 3, 969 – 976. (b) Nordmann, P.; Poirel, L. Clin. Infect. Dis. 2019, 69, 521 – 528.
5. Doi, Y. Clin. Infect. Dis. 2019, 69, S565 – S575.
6. van Duin, D., Bonomo, R. A. Clin. Infect. Dis. 2016, 2, 234 – 241.
7. Hecker, S. J.; Reddy, K. R.; Totrov M.; et al. J. Med. Chem. 2015, 9, 3682 – 3692.
8. Merck Sharp & Dohme. Recarbrio®(imipenem, cilastatin, and relebactam): US prescribing information. 2020. https://www.fda.gov. Accessed 24 Oct 2021.
9. Merck Sharp & Dohme. Recarbrio: EU summary of product characteristics. 2021. https://www.ema.europa.eu. Accessed 24 Oct 2021.
10. Imipenem reviews: (a) Christensen, B. G.; Leanza, W. J.; Wildonger, K. J. US4194047. (b) Clissold, S. P.; Todd, P. A.; Campoli-Richards, D. M. Drugs 1987, 33: 183 – 241. (c) Vardakas, K. Z.;

Tansarli, G. S.; Rafailidis, P. I.; Falagas, M. E. J. Antimicrob. Chemother. 2012, 67, 2793–2803.

11. Imipenem mechanism: (a) Hashizume, T.; Ishino, F.; Nakagawa, J.; Tamaki, S.; Matsuhashi, M. J. Antibiot. 1984, 4, 394–400. (b) Mitsuhashi, S. J. Antimicrob. Chemother. 1983, 12(Suppl D), 53–64.
12. Blizzard, T. A.; Chen, H.; Kim, S.; et al. Bioorg. Med. Chem. Lett. 2014, 3, 780–785.
13. Canver, M. C.; Satlin, M. J.; Westblade, L. F.; et al. Antimicrob. Agents. Chemother. 2019; 63, e00672–19.
14. NXL–104: (a) Stachyra, T.; Pechereau, M. C.; Bruneau, J. M.; et al. Antimicrob. Agents. Chemother. 2010, 54, 5132–5138. (b) Lahiri, S. D.; Mangani, S.; Durand-Reville, T.; et al. Antimicrob. Agents Chemother. 2013, 57, 2496–2505.
15. PK/PD (a) Bhagunde, P.; Zhang, Z.; Racine, F.; Carr, D.; Wu, J.; Young, K.; Rizk, M. L. A Int. J. Infect. Dis. 2019, 89, 55–61. (b) Kaushik, A.; Ammerman, N. C.; Lee, J.; Martins, O.; Kreiswirth, B. N.; Lamichhane, G.; Parrish, N. M.; Nuermberger, E. L. Antimicrob. Agents. Chemother. 2019, 63, e02623–18. (c) McCarthy, M. W. Ther. Clin. Pharmacokinet. 2020, 59, 567–573.
16. Efficacy and safety: (a) Young, K.; Painter, R.; Raghoobar, S. L.; Hairston, N. N.; Racine, F.; Wisniewski, D.; Balibar, C. J.; Villafania, A.; Zhang, R.; Sahm, D. F.; Blizzard, T.; Murgolo, N.; Hammond, M. L.; Motyl, M. R. BMC Microbiol. 2019, 19, 150. (b) Sims, M.; Mariyanovski, V.; McLeroth, P.; et al. J. Antimicrob. Chemother. 2017, 72, 2616–2626. (c) Motsch, J.; Murta de Oliveira, C.; Stus, V.; et al. Clin. Infect. Dis. 2020, 70, 1799–1808.
17. Cannon, J. P.; Lee, T. A.; Clark, N. M.; Setlak, P.; Grim, S. A. J. Antimicrob. Chemother. 2014, 69, 2043–2055.
18. Synthesis: (a) Blizzard, T. A.; Chen, H.; Gude, C.; Hermes, J. D.; Imbriglio, J. E.; Kim, S.; Wu, J. Y.; Ha, S.; Mortko, C. J.; Mangion, I.; Rivera, N.; Ruck, R. T.; Shevlin, M. WO 2009091856 A2, (2009). (b) Miller, S. P.; Limanto, J.; Zhong, Y.-L.; Yasuda, N.; Liu, Z. WO 2014200786 A1, (2014). (c) Chung, J. Y. L.; Meng, D.; Shevlin, M.; Gudipati, V.; Chen, Q.; Liu, Y.; Lam, Y.-H.; Dumas, A.; Scott, J.; Tu, Q.; Xu, F. J. Org. Chem. 2020, 85, 994–1000. (d) Liu, Z.; Yasuda, N.; Simeone, M.; Reamer, R. A. J. Org. Chem. 2014, 79, 11792–11796. (e) Mangion, I. K.; Ruck, R. T.; Rivera, N.; Huffman, M. A.; Shevlin, M. Org. Lett. 2011, 13, 5480–5483. (f) Miller, S. P., Zhong, Y., Liu, Z., Simeone, M., Yasuda, N., Limanto, J., Chen, Z., Lynch, J. E., Capodanno, V. R. Org. Lett. 2014, 16, 174–177.

2

韦博巴坦(和美罗培南组成固定配伍的复方 Vabomere®),一种非 β-内酰胺类 β-内酰胺酶抑制剂,用于治疗复杂性尿路感染和急性肾盂肾炎

Brett C. Bookser, K. Raja Reddy, Serge H. Boyer and Scott J. Hecker

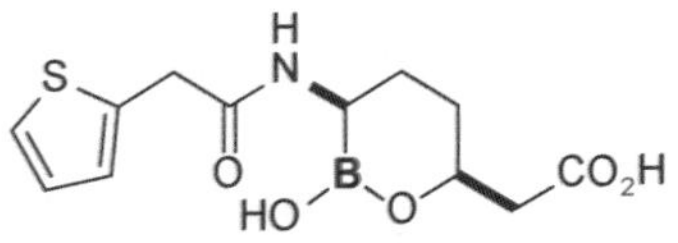

美国药物通用名:韦博巴坦
商品名:Vabomere(韦博巴坦/美罗培南复方)
莱姆派克斯制药公司
上市日期:2017年

2.1 背景:从不可逆 β-内酰胺到不可逆非 β-内酰胺,再到可逆含硼非 β-内酰胺类内酰胺酶抑制剂的演变

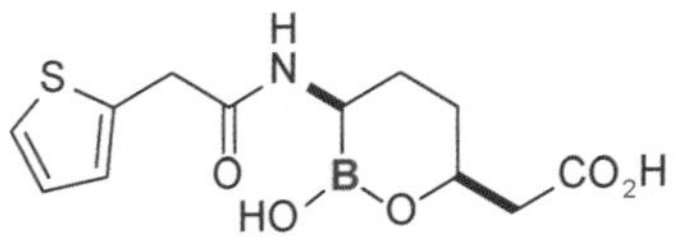

1,韦博巴坦

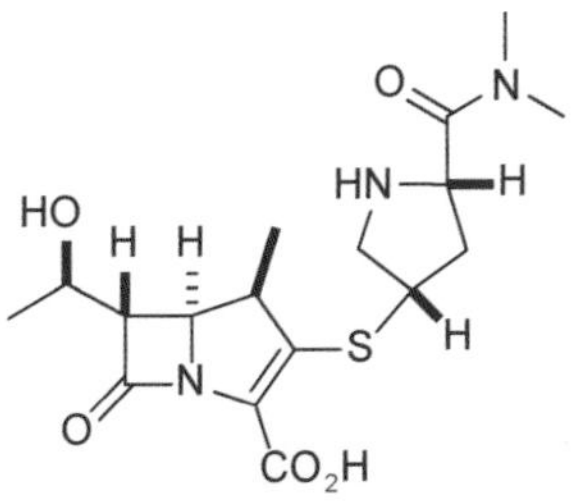

2,美罗培南

韦博巴坦(Vaborbactam, **1**)是一种非 β-内酰胺类 β-内酰胺酶抑制剂,与碳青霉烯 β-内酰胺类抗生素美罗培南(meropenem, **2**)的组合复方 Vabomere ®于 2017 年获得上市批准,用于治疗复杂性尿路感染和细菌性感染引起的肾盂肾炎、肾脏炎症[1,2]。

自 1928 年弗莱明发现青霉素,并在 1943 年将青霉素 F 应用于链球菌性脑膜炎的治疗以来,β-内酰胺类抗生素一直是抗感染的主要药物[3]。随后几十年持续不断的药物使

用,驱使细菌进化出丝氨酸 β-内酰胺酶来水解药物的 β-内酰胺环,使其失去抗菌效果。在 20 世纪 80 年代和 90 年代,制药行业开发出了一种新的策略,将一种 β-内酰胺酶抑制剂与具有抗菌活性的抗生素组成复方联合使用,以保护药物免受代谢的影响[4]。值得注意的是,这类复方制剂包括作为内酰胺酶抑制剂的克拉维酸(**3**)与阿莫西林(**4**,1984)组成的复方;其次是舒巴坦(5)/氨苄西林(**6**,1987)和他唑巴坦(**7**)/哌拉西林(**8**,1993)。**3**、**5** 和 **7** 这三个化合物均含有 β-内酰胺环,其功能是通过与丝氨酸 β-内酰胺酶形成共价键来竞争性抑制抗生素和 β-内酰胺酶的结合。

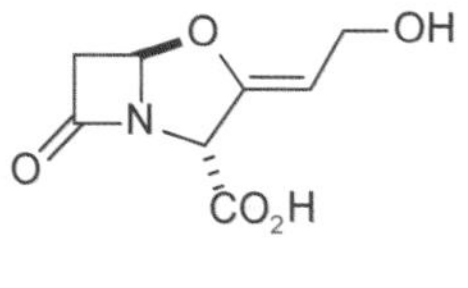

3,克拉维酸

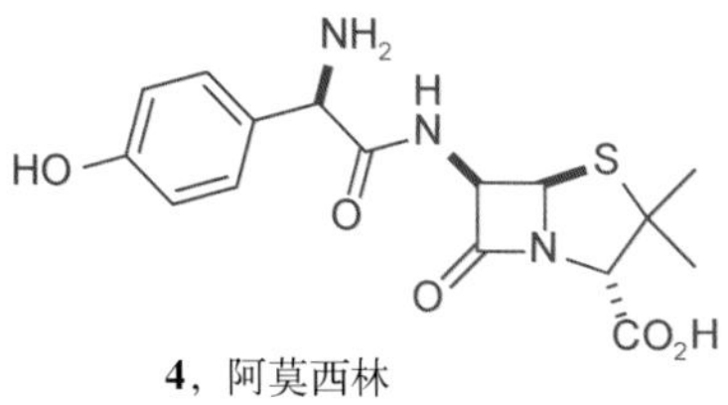

4,阿莫西林

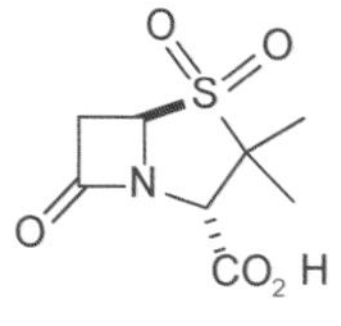

5,舒巴坦

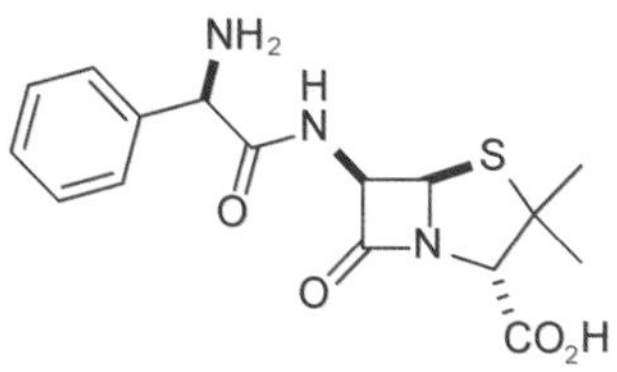

6,氨苄西林

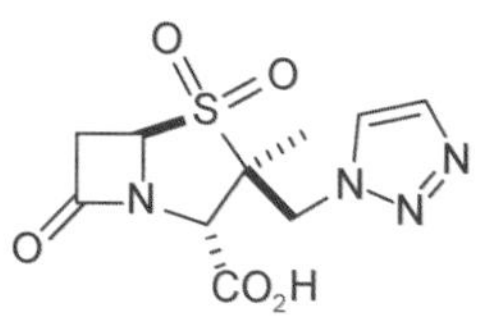

7,他唑巴坦

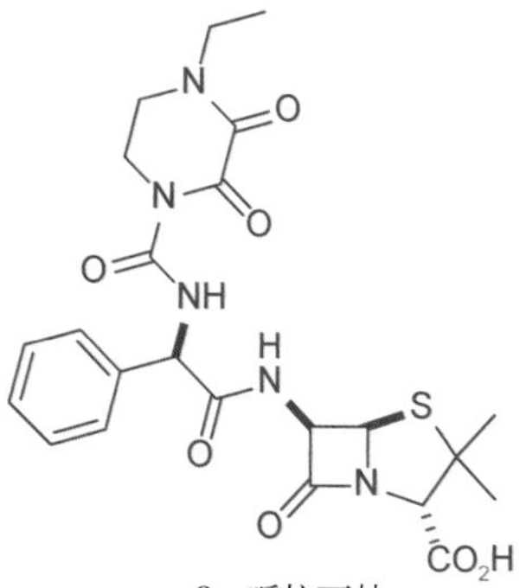

8,哌拉西林

虽然这种策略在一段时间内对头孢菌素类 β-内酰胺类抗生素起到了保护作用,然而最终细菌依然进化出了其他的 β-内酰胺酶,避开了抑制剂 **3**、**5** 和 **7** 对其的抑制作用。值得注意的是,用于治疗多重耐药的(multidrug resistant, MDR)革兰氏阴性菌(gram-negative bacterial, GNB)感染的抗生素也没有得到很好的保护,特别是因为这些抑制剂对肺炎克雷伯菌碳青霉烯(*Klebsiella pneumonia* carbapenemase, KPC)类 β-内酰胺酶特别敏感。多重耐药性的碳青霉烯耐药的肠杆菌科细菌(carbapenem-resistant *Enterobacteriaceae*, CRE)感染被 WHO 和其他公共卫生当局认定为严重的公共卫生威胁[5]。因此,经过大量的努力,近期又发现了另一类 β-内酰胺酶抑制剂,二氮杂双环辛烷类化合物(diazabicyclooctanes, DBOs),包括阿维巴坦(**9**)和瑞来巴坦(**10**),一定程度上克服了现有药物的不足。这些化合物的功能与第一代抑制剂(**3**、**5** 和 **7**)相似,通过在 DBO 类抑制剂的尿素羰基和 β-内酰胺酶的丝氨酸之间形成共价键来抑制 β-内酰胺酶的功能。这两种药物在分别与头孢他啶(**11**, 2015)和与亚胺培南(**12**)/西司他丁(**13**, 2019)组合的联合复方中获得批准[4]。

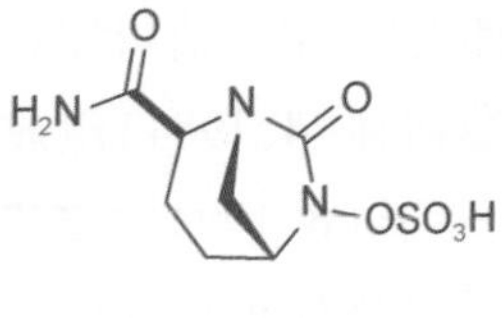

9，阿维巴坦

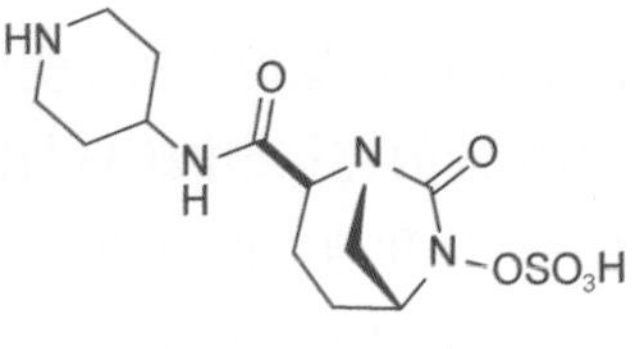

10，瑞来巴坦

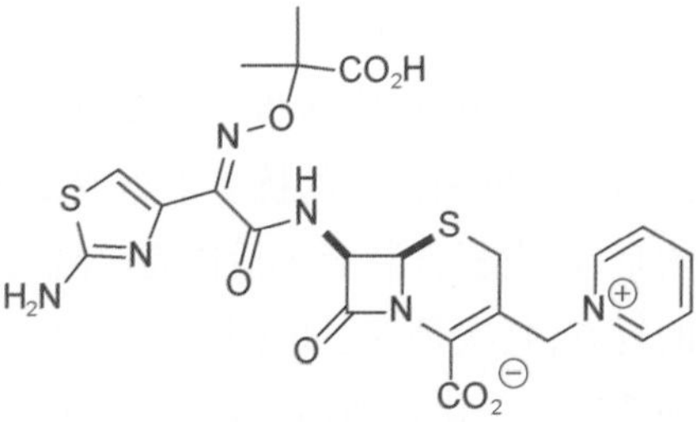

11，头孢他啶

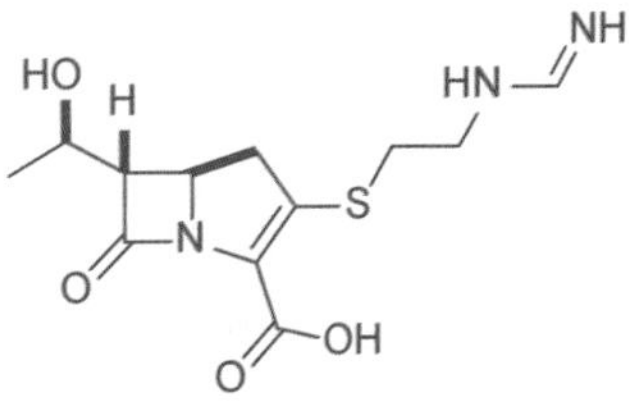

12，亚胺培南

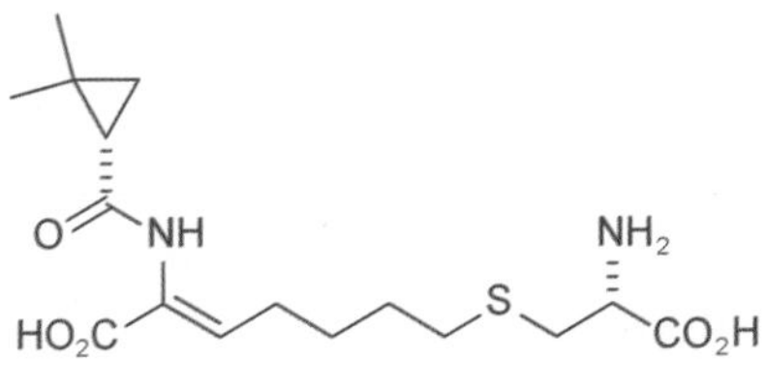

13，西司他丁

韦博巴坦(**1**)是第一个含硼基的β-内酰胺酶抑制剂。它与其他含硼药物和处于临床研究阶段的化合物一样，详见**14**－**20**[6-12]，均受益于硼原子可能发生的 sp^2/sp^3 杂化方式的相互转化。与早期策略中不可逆的β-内酰胺酶抑制剂(见化合物**3**，**5**，**7**，**9**和**10**)不同的是，利用硼原子杂化方式的可变性，可以使这类分子作为过渡态类似物抑制剂可逆地与水解酶共价结合并抑制其功能，见图1[13,14]。正在作为β-内酰胺酶抑制剂和碳青霉烯抗生素一起开发的三个近期分子，**18**－**20**[10-12]，最能代表这种含硼策略的持续价值。

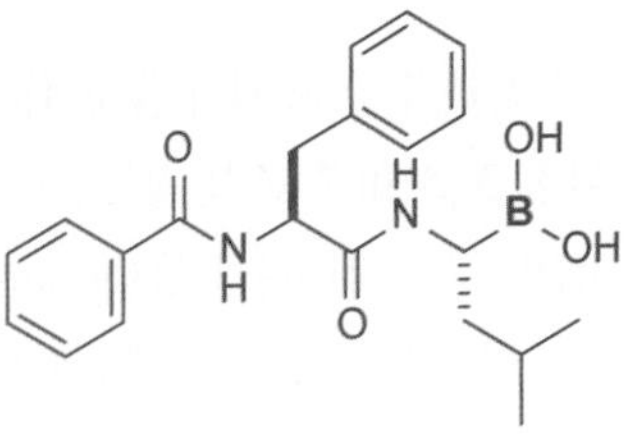

14，硼替佐米
2003年批准用于抗肿瘤治疗

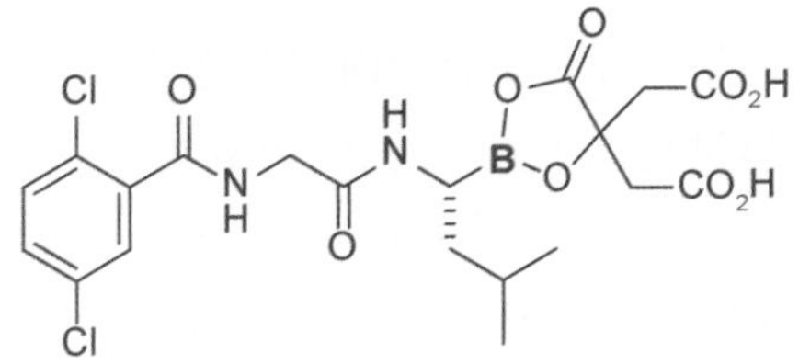

15，枸橼酸伊沙佐米
2015年批准用于多发性骨髓瘤治疗

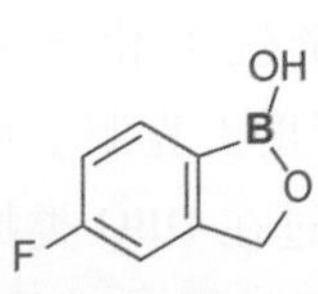

16，他伐硼罗
2014年批准用于
真菌感染治疗

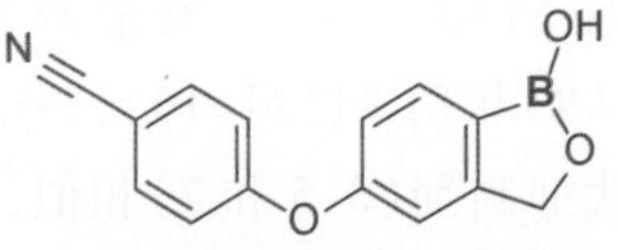

17，克立硼罗
2016年批准用于特异性皮炎治疗

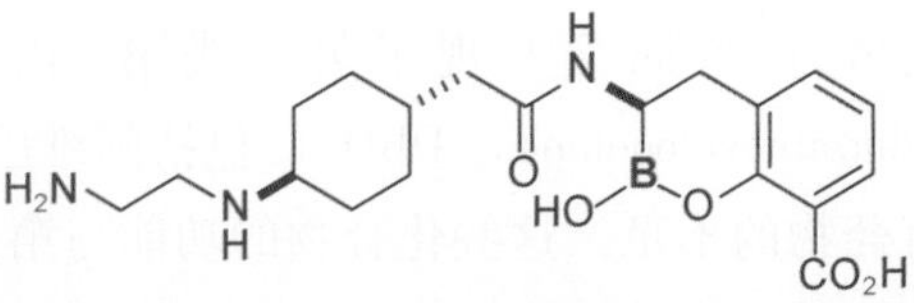

18，他尼硼巴坦
2019年临床3期
尿路感染

2　韦博巴坦(和美罗培南组成固定配伍的复方 Vabomere®),一种非 β-内酰胺类 β-内酰胺酶抑制剂,用于治疗复杂性尿路感染和急性肾盂肾炎

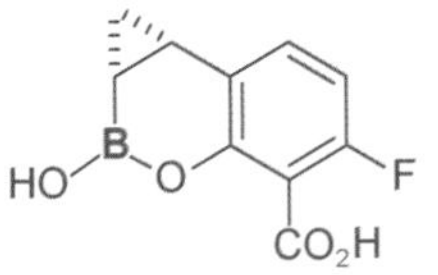

19, Xeruborbactam (QPX7728)
2021年临床1期
尿路感染

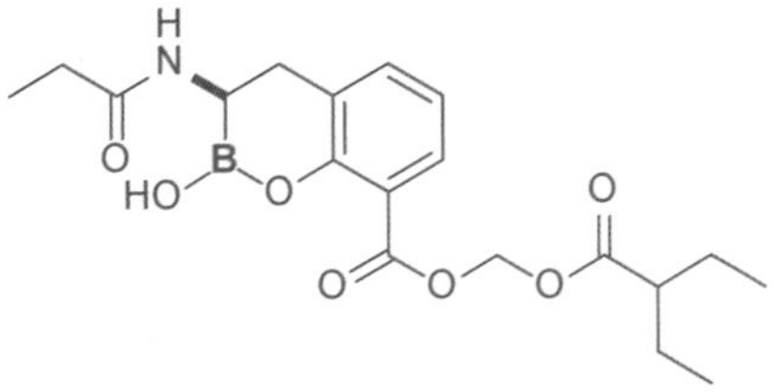

20, Ledaborbactam etzadroxil (VNRX-7145/VNRX-5236)
2021年临床期
尿路感染

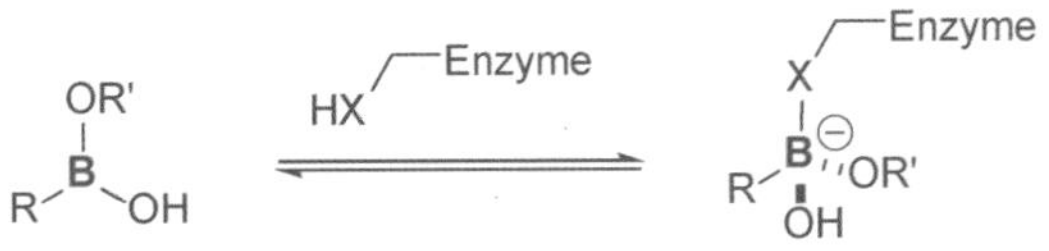

21　　**22**

sp^2　　*sp*^{3}

水解过液态模拟物

图 1　硼酸盐过渡态模拟共价可逆抑制的机制

2.2　药物化学探索

由于尚无有效的 β-内酰胺酶抑制剂与碳青霉烯类抗生素的复方药物组合,因此有必要对新型 β-内酰胺酶抑制剂展开进一步的研究。基于此早期考虑将硼酸类化合物作为内酰胺酶抑制剂进行检测。这项工作起源于学术实验室,化合物包括 **23**[15]、**24**[16,17]、**25**[18] 和 **26**[19]。回顾硼酸离子抑制内酰胺酶 I[20] 的发现,苯硼酸(**23**)被确定有明确的抑制作用。A 类 RTEM-1-内酰胺酶[21] 的 X 射线晶体结构的发表启发了后续抑制剂 **24** 和 **25** 的合理设计,其 IC_{50}值分别为 110 nmol/L 和 13 nmol/L。后一种化合物 **25** 揭示了通过极性酚—OH 基团实现的重要的活性提升。进一步的基于结构的设计揭示了一个额外的疏水残基的重要性,即化合物 **26** 的噻吩环。然而,尽管发现了这些强效内酰胺酶抑制剂,但尚无出版物详细说明这些化合物在动物感染模型中的测试情况。因此,研究的道路是清晰的,即证明该策略对于抑制 CRE 导致问题的丝氨酸碳青霉烯酶是否有效,从而保护抗感染药物碳青霉烯类抗生素不被降解,增强其疗效[22]。

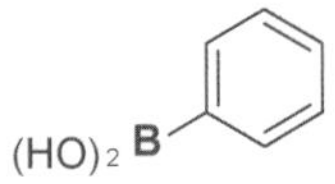

23

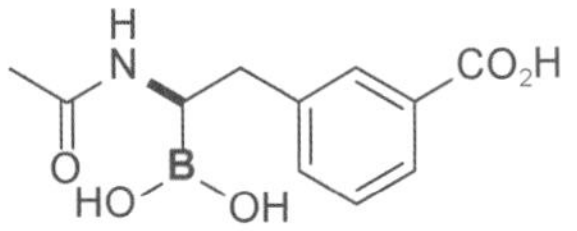

24

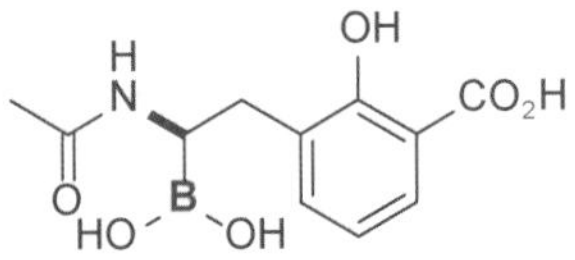

25

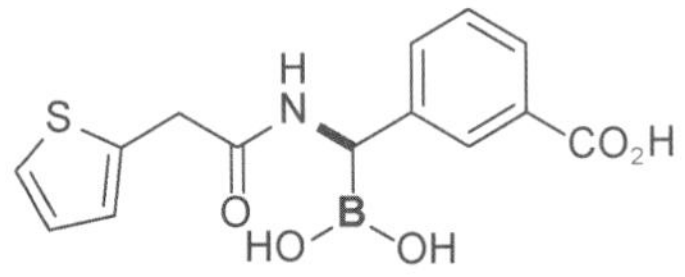

26

虽然报道 **25** 的报告认为其转化的关环衍生物 **27** 对于抑制内酰胺酶 TEM－1 可能很重要，但模型结果表明未关环化合物 **25** 结合更好，因此上述的推测并不太可能。

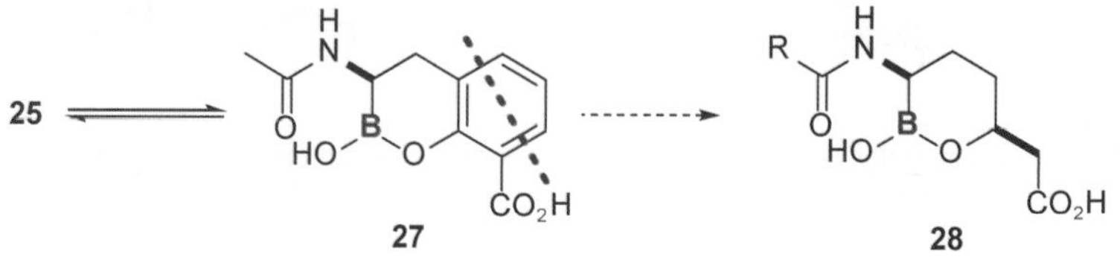

图 2　平衡激发了循环活动结构设计

因为丝氨酸水解酶倾向于具有较小结合腔的线性底物，为了提高其选择性，对 vaborbactam（**1**）的研究指向了环状结构（如 **28**）以特异性靶向 β－内酰胺酶，见图 2。将环硼酸化合物 **28** 建模到 AmpC（S64G 突变体）的活性部位，发现所有关键的相互作用都可以通过预期化合物的预共价和共价结合形式获得，见图 3[2]。

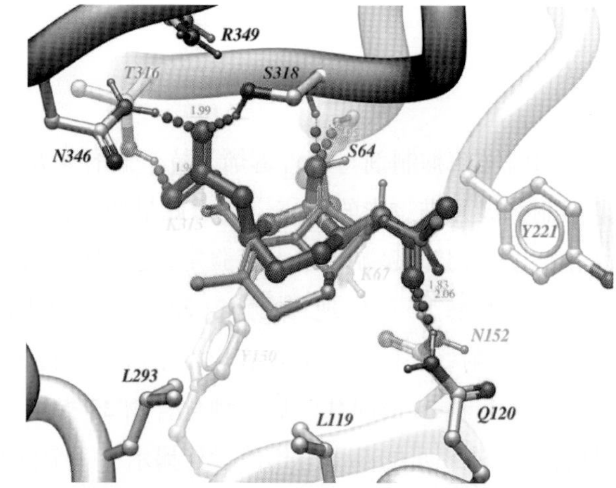

图 3　模型 28 在 C 类 β－内酰胺酶（品红色）的活性结合位点。与 AmpC（酶重叠）结合的头孢噻吩（核心部分，绿色）的 X 射线结构显示为绿色。蓝色球代表氢键。（经参考文献 2 许可改编。版权所有 2015 美国化学学会）

化合物 **28** 系列的早期类似物检测了其增强比阿培南对产 KPC 肺炎克雷伯菌菌株（*Klebsiella pneumonia*，KP1004）活性的能力，如表 1 所示。效价表示为 MPC1，定义为将比阿培南最小抑菌浓度（Minimum Inhibitory Concentration，MIC）从 32 g/mL（无抑制剂）降至 1 g/mL 所需的 β－内酰胺酶抑制剂的最低浓度。2－噻吩乙酰类似物 **28e**（使人联想到已上市的头孢菌素头孢噻吩和头孢西丁）被证明具有显著效力，MPC1＝0.02 g/mL。该系列中几乎无其他类似物接近该效价，随后 **28e** 被命名为 **RPX7009**（vaborbactam，**1**）[2]。

表 1　化合物 28 对比阿培南增强作用

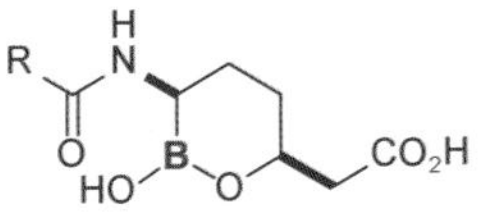

28

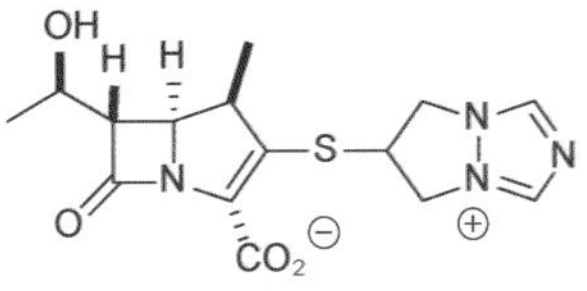

Biapenem

化合物	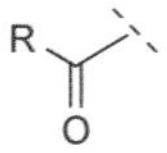	MPC1 (μg/mL)
28a	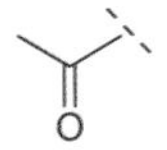	0.30
28b	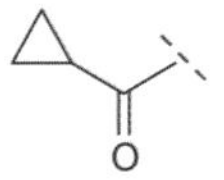	0.15
28c	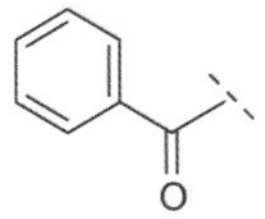	0.30
28d	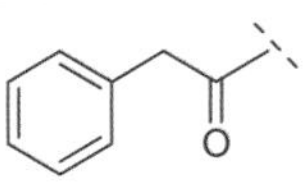	0.15
28e	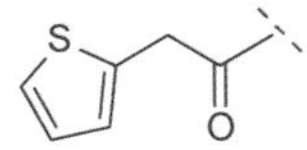	0.020
28f	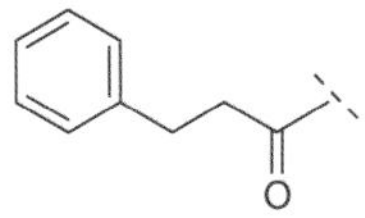	0.30

RPX7009 (vaborbactam, **1**)对 A 类碳青霉烯酶 KPC-2、C 类酶 P99 和 CMY-2[2] 的效力均高于 FDA 批准的 β-内酰胺酶药物克拉维酸(**3**)和他唑巴坦(**7**)。**RPX7009** (vaborbactam, **1**)在全细胞模型中可增强头孢吡肟的作用,该结果证明头孢吡肟对于表达 A、C 和 D 类丝氨酸 β-内酰胺酶的临床菌株的治疗作用得到增强,见表 2。重要的是,该化合物增强了碳青霉烯类抗生素比阿培南、美罗培南、厄他培南和亚胺培南在表达 A 类碳青霉烯酶 KPCs-2 和-3、SHVs-1、-11、-30、TEM-1、OXA-2 以及 CTX-M-15.2 的埃他杆菌科临床分离株中的治疗作用。最后,选择性试验证明 **RPX7009** (vaborbactam, **1**)对 11 种常见的哺乳动物丝氨酸蛋白酶完全无活性(IC_{50}≥1 000 μmol/L)[2]。

RPX7009 与 A 类(CTX-M-15)和 C 类(AmpC)内酰胺酶结合的晶体结构揭示了配体相对于酶的两个椅式构象的朝向,见图 4 和图 5。这种分子的柔性解释了为何该化合物可以对如此宽泛种类的细菌酶都有很强的抑制作用。该分子在每种酶中发挥抑制作用的本质均是一致的共价结合,即关键活性位点的丝氨酸与抑制剂的硼原子形成共价键。

表 2 **RPX7009**（韦博巴坦，**1**）对头孢吡肟的增强作用

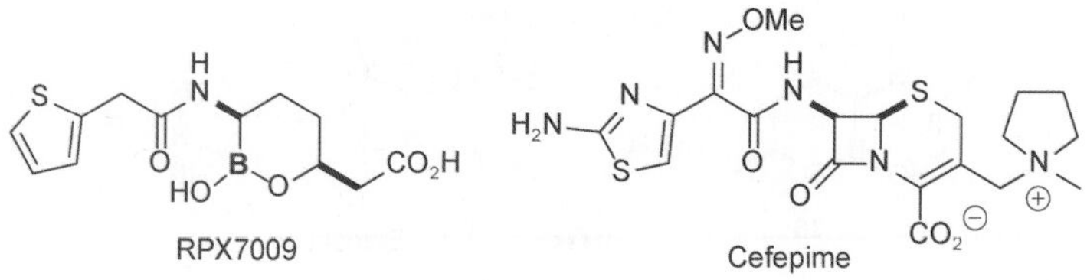

微生物	菌株	酶	头孢吡肟 MIC (μg/mL)	头孢吡肟 MIC (w/**RPX7009** 4 μg/mL)
Escherichia coli	EC1008	CTX－M－3	>64	4
Klebsiella pneumoniae	KP1005	CTX－M－14	64	4
Klebsiella pneumoniae	KP1009	CTX－M－15	>64	2
Klebsiella pneumoniae	KP1011	SHV－5	64	0. 25
Klebsiella pneumoniae	KP1010	SHV－12	2	0. 25
Escherichia coli	EC1009	TEM－10	8	4
Escherichia coli	EC1011	TEM－26	8	2
Enterobacter cloacae	ECL1003	TEM，SHV	32	8
Enterobacter cloacae	ECL1002	Hyper AmpC	16	0. 5
Enterobacter cloacae	ECL1061	Hyper AmpC，KPC－3	>64	2
Enterobacter cloacae	EC1010	CMY－6	>64	4
Klebsiella oxytoca	KX1001	OXA－2	4	0. 5
Enterobacter aerogenes	EA1028	OXA－30	>64	0. 5

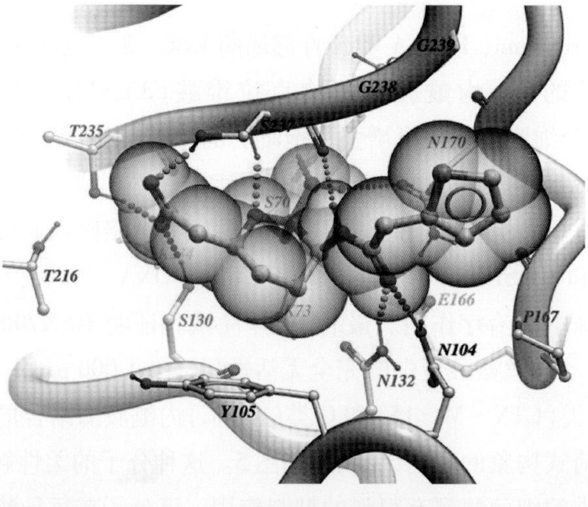

图 4 **RPX7009** 与 **CTX－M－15** 结合（经参考文献 **2** 许可改编。版权所有 **2015** 美国化学学会）

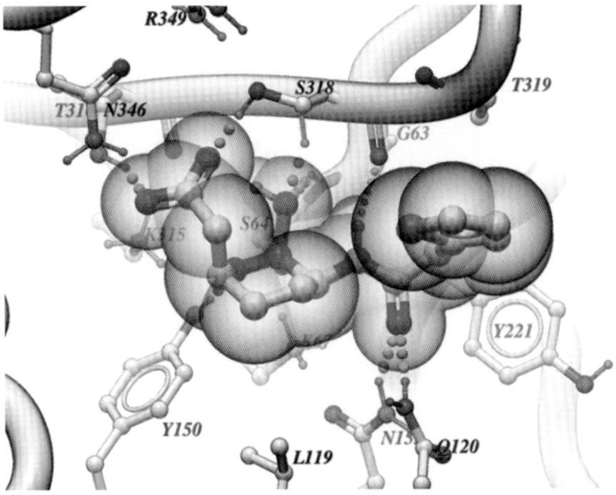

图 5　RPX7009 与 AmpC 结合(经参考文献 2 许可改编。版权所有 2015 ACS)

体内模型的概念验证

RPX7009 在大鼠中多次给药的药代动力学与大多数内酰胺类抗生素相似。在 100 mpk 静脉输注时,其具有较高的 C_{max}(231 mg/L)和 $AUC_{0-\infty}$(64 h·mg/L)、较短的半衰期(0.42 h)和较低的分布容积(0.97 L/kg)[2]。化合物 **RPX7009**(vaborbactam, **1**)在中性粒细胞减少小鼠肺部感染模型中增强了比阿培南和美罗培南对产 KPC 肺炎克雷伯菌菌株的作用,而单独使用碳青霉烯类无效(图 6)[2]。

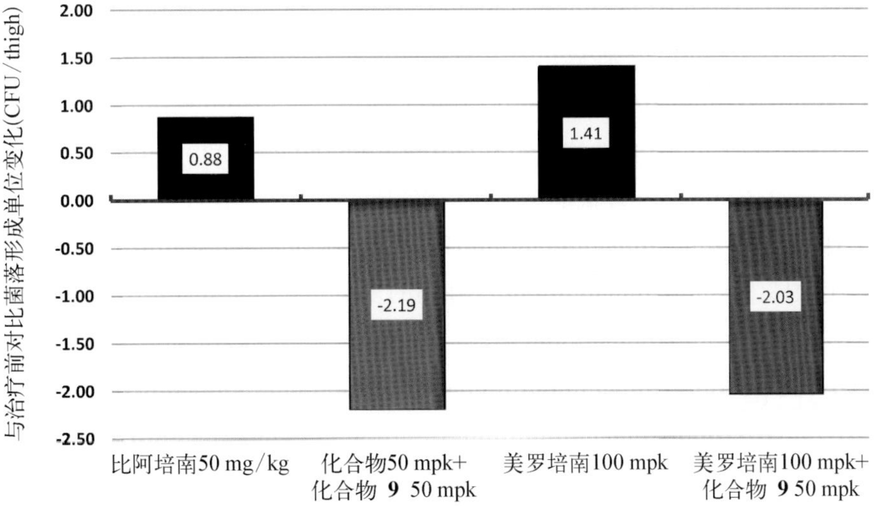

图 6　在中性粒细胞减少小鼠肺部感染模型中,RPX7009 对肺炎克雷伯菌碳青霉烯类耐药菌株的比阿培南和美罗培南活性增强作用(经参考文献 2 许可改编。版权所有 2015 美国化学学会)

2.3 韦博巴坦/Vabomere®临床试验

在大鼠中进行的 **RPX7009** (**1**)安全性研究[剂量高达 1 000 mg/(kg·d)]显示,在安全药理学、重复给药毒理学、遗传毒性以及生殖和发育毒性研究的标准组合中没有明显的毒性。该化合物被命名为韦博巴坦(vaborbactam, **1**),其与美罗培南联合用药进入人体临床试验。

已经总结了美罗培南/韦博巴坦静脉注射治疗指定敏感细菌(包括大肠埃希菌、肺炎克雷伯菌和阴沟肠杆菌)引起的复杂性尿路感染(complicated urinary tract infections, cUTI)(包括肾盂肾炎)的人体临床试验[23]。特别重要的是韦博巴坦(vaborbactam, **1**)抑制肺炎克雷伯菌碳青霉烯酶(*Klebsiella pneumoniae carbapenemases*, KPCs)的能力。临床抑制 KPC 的能力至关重要,因此增加了碳青霉烯类抗生素的治疗能力。Ⅰ期单次给药和多次给药研究(剂量高达 2 000 mg/剂韦博巴坦(**1**),静脉输注,每 8 h 一次,持续 7 天)显示,接受韦博巴坦(**1**)与安慰剂的患者在临床实验室检查(血液学、生化、凝血和尿分析)、生命体征或 ECG 方面的安全性结果无差异。在Ⅲ期临床试验 TANGO Ⅰ中,将美罗培南/韦博巴坦(各 2 000 mg)通过静脉输注给药,每 8 h 一次,持续 10 天与哌拉西林/他唑巴坦(4 000 mg/500 mg)以相同方式给药进行比较,共有 550 例患者被诊断为 cUTI (41%)或急性肾盂肾炎(59%)。主要结局是微生物学改良意向治疗人群的临床治愈和微生物根除复合终点。98.4%接受美罗培南/韦博巴坦治疗的患者和 94%接受哌拉西林/他唑巴坦治疗的患者达到了主要终点。

第二项随机、开放标签Ⅲ期临床试验 TANGO Ⅱ在 cUTI、急性肾盂肾炎、医院获得性或呼吸机相关细菌性肺炎、菌血症或已知或疑似耐碳青霉烯类肠杆菌科细菌引起的复杂性腹腔内感染患者中进行了研究。由于美罗培南/韦博巴坦的性能优于现有最佳治疗(best available treatment, BAT),因此本试验提前终止。对于微生物耐碳青霉烯类肠杆菌科改良意向性治疗人群,其具有较高的治愈率(64% vs. 33% BAT)、较少的治疗相关不良事件(24% vs. 44% BAT)和较低的全因死亡率(18% vs. 33% BAT)。基于安全性和有效性的研究结果,美罗培南/韦博巴坦于 2017 年获得 FDA 批准,商品名为 Vabomere®。适用于治疗指定敏感细菌引起的包括肾盂肾炎在内的复杂性尿路感染。

2.4 韦博巴坦药物化学合成

韦博巴坦(**1**)的药物化学合成通过 7 步完成,总收率为 31%,见路线 1。合成开始于已知的手性化合物砌块 **29**[24, 25]。用 TBS 保护醇后,[Ir (COD) Cl]$_2$[26]催化的频哪醇硼烷区域选择性硼氢化反应得到中间体 **39**,进而转化为更稳定的频哪醇硼酸盐得到 **32**。该组利用 Matteson 反应获得手性选择的氯甲基化产物 **33**[27,28]。由于 Matteson 反应需要−95 ℃,并最多只能在 30 kg 规模下进行,这样的低温条件不适用于商业化量的物料生产,将在之后的工艺优化中通过流动或连续(CP)化学得到处理。该化合物在氯中心含有相当于产品混合物 15%的非对映异构杂质。该杂质在最终步骤中被去除。化合物 **33** 经 LiHMDS[29] 胺化,所得胺与 2-噻吩乙酸 **34** 酰化,生成酰胺 **35**。该化合物在二噁烷中用 3 NHCl 处理后,可方便地脱保护并转化为环状硼酸盐 **1**。从 EtOAc/水中重结晶得到异构纯产物。

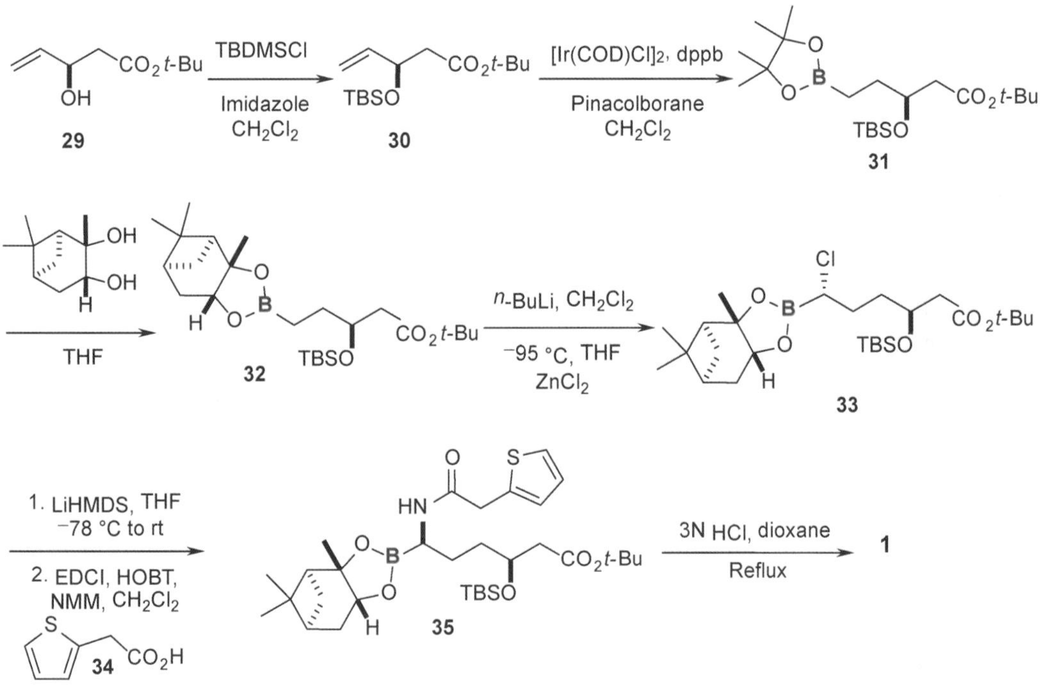

路线 1　韦博巴坦的药物化学合成(1)

2.5　韦博巴坦工艺化学合成

含硼小分子药物的发现为工艺化学规模的合成工艺优化提供了独特的挑战和机遇。在该项目中使用了独特的硼化学以便于 cGMP 生产,该项目在早期阶段使用已注册的起始物料固体 B(Ⅳ)-盐作起始物料。应用流动化学方法解决了 Matteson 氯乙烯插入反应的低温要求。同时,合成的第一部分,制备手性砌块 **29** 使用了更传统的工艺化学优化方法进行解决。

路线 2 显示了手性中间体 **29** 的初始制备方法。*t*-BuOAc 的烯醇化锂与丙烯醛(**36**)之间的羟醛缩合得到了外消旋醇(**37**),该消旋化合物使用分散的脂肪酶(来自洋葱伯克霍尔德菌的非固载化 PS Amano 脂肪酶)和乙酸乙烯酯在戊烷中处理获得了分离[24,25]。以这种方法制备的化合物(**29**)经 SiO_2 层析后,2 步总共的分离率约为 65%。由于羟醛反应的低温条件、戊烷的使用和第二步所需的色谱纯化,需要在 kg 级操作中对两个步骤均进行优化。

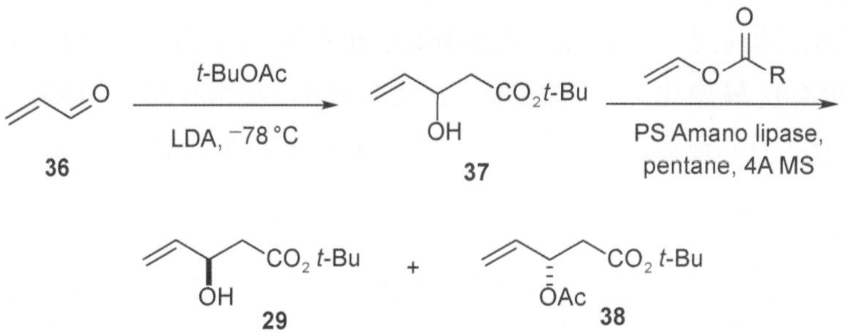

路线 2 中间体 **29** 的初始制备

路线 3 显示了中间体 **29**[30] kg 级别的多步反应。Aldol 缩合在−48 ℃(79%收率)下仍奏效,解决了低温反应的问题。不通过色谱分离的纯化手段仍需要进行大量研究。在对几种脂肪酶进行研究后,发现 PS Amano IM 最有效,酰化可在戊烷外乙酸乙烯酯作为溶剂的体系中中起效。为了验证蒸馏法能否用于 **29** 的纯化,用高分子量的丙酸乙烯酯对脂肪酶酯化反应进行了研究,得到 **38b**。在 1 kg 以下规模,**29** (bp 87~90 ℃/6 torr)经双重蒸馏可有效地与 **38b** 分离(81%收率)。然而,在更大的规模下,蒸馏分离的效果并不令人满意。使用化合物 **38a** 从先前优化反应的混合产物中分离 **29**,通过将 **29** 衍生化为琥珀酸酯,并对所得羧酸 **39** 进行萃取分离得以实现。用 K_2CO_3 和 NH_4OH 进行了水解研究,结果在 pH 为 9 的条件下,用 4 当量肼进行水解效果最好:可在多 kg 规模下无须层析,仅进行分离萃取纯化操作即可得到纯化的 **29**。该水解反应对 pH 敏感,在 pH 10 下进行反应会得到 40%的消除产物 **40**。反之,保持 pH 为 9 可消除该副产物的生产。

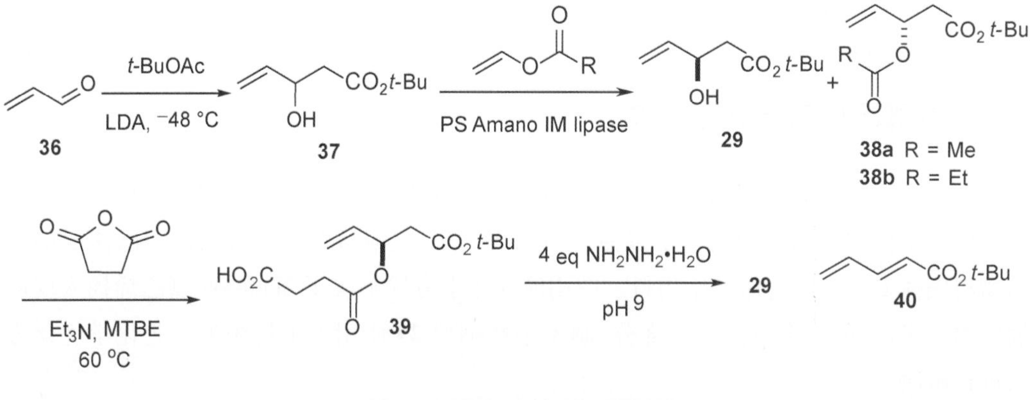

路线 3 中间体 **29** 的 kg 规模制备

韦博巴坦(**1**)合成的下一阶段目标是将固体中间体作为 cGMP 生产的注册起始物料。在现有的 7 步反应(路线 1)中,只有倒数第二个中间体 **35** 和最终化合物 **1** 为晶体固体。由于硼可随时形成 B(Ⅳ)-盐,因此设想在路线早期引入含硼中间体将是非常理想的。

这将允许减少在 GMP 条件下的反应步骤数量,进而降低物料的总成本。因此,寻求了以 **41** 为代表的含硼中间体,其可以很容易地转化为 **32**(路线 4)。反向设计中为便于合成,**41** 将来源于 TMS 醚保护的中间体 **42**。此外,得到的 B(Ⅳ)-盐序列可完全去除前期路线中的毒性杂质丙烯醛、肼和铱(见下文)。

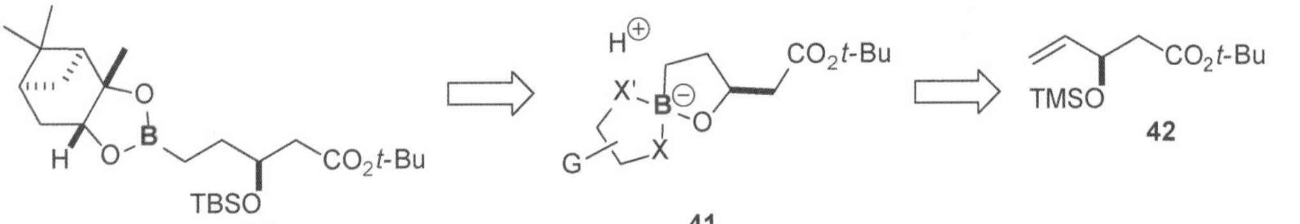

32　41　42

路线 4　寻找固体中间体 41 作为 cGMP 注册起始物料

合成 **41** 及其转化为 **32** 的路线如路线 5 所示[31]。为简化 **41** 的制备,用更不稳定的 TMS-醚 **42** 取代 TBS-醚 **30**。由于咪唑的使用使随后的铱催化的硼氢化中毒,因此在该醚的合成中使用 NEt_3 作为碱[32]。经过这个小调整,仅以 0.1 mol% $[Ir(COD)Cl]_2$ 为催化剂,在回流条件下进行频哪醇硼烷氢硼化反应,即可得到 **43**。将溶剂交换为庚烷,并通过硅胶过滤,可将残留铱水平降低至<30 ppm(10^{-6})。稀释的酸被用来破坏 TMS 醚键以获得 **44**。频哪醇酯用 $NaIO_4$[33] 氧化裂解,游离硼酸与近端醇环化形成 **45**。对各种 *N*-取代乙醇胺进行了测试,只有未取代的乙醇胺能有效地在 MTBE/ACN 反应溶剂中形成以硼为中心的螺环盐,即 **41a**。在功能上,HCl 去硅烷化和 $NaIO_4$ 反应在一个罐中依次进行,通过 MTBE 提取分离得到产物 **45**,提取物浓缩至 4 倍体积,然后用乙醇胺处理,得到产物 **41a** 作为可过滤固体,3 个步骤的产率为 70%~75%。该化合物是两种非对映异构体(硼原子是立体中心)的混合物,粉末 X 射线衍射显示其为非晶体。在以下处理顺序中,SiO_2 过滤、$NaIO_4$ 氧化处理和多步的水相处理证明可将所得固体化合物 **41a** 中的毒性杂质丙烯醛、肼和铱去除至可接受的低或不可检测 ppm 水平。将该化合物通过以下一系列步骤转化为先前制备的中间体 **32** 以便与之前验证过的路线进行交叉:通过在 CH_2Cl_2/水中依次用蒎烷二醇处理,然后在存在 2 当量咪唑的情况下用 TBSCl 进行硅烷化,其中第一个当量将硼(以 **47** 的存在形式)隔离,以在萃取分离后获得所需的 TBS-醚 **32**。因此,cGMP 注册的固体起始物料 **41a** 是在合成早期以高纯度获得的,这极大地促进了韦博巴坦(**1**)不含这些早期合成步骤中使用的毒性杂质的生产。

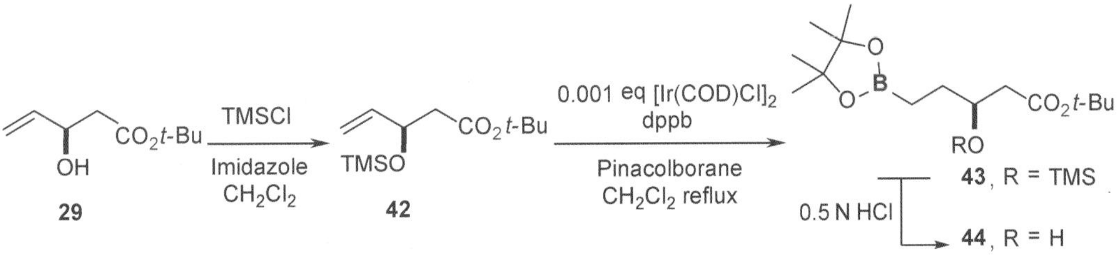

29　42　43, R = TMS　44, R = H

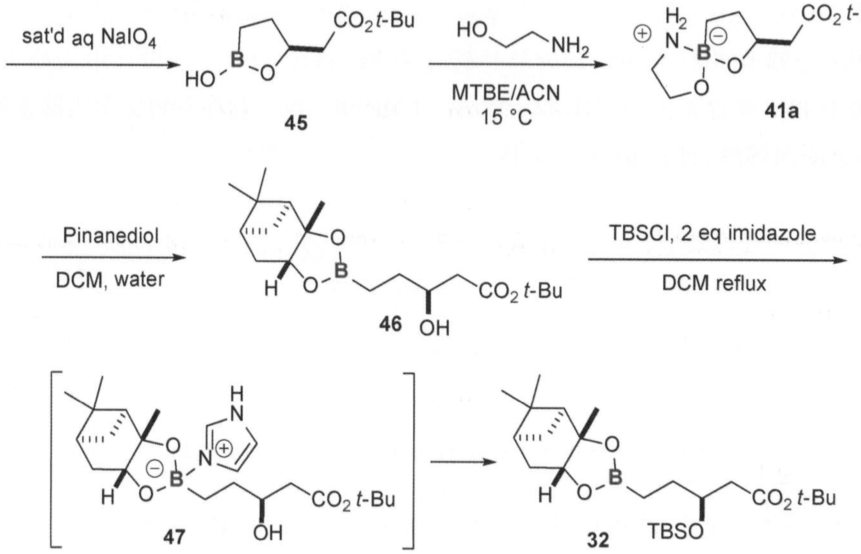

路线 5　通过新起始物料 41a 合成中间体 32

kg 级放大的下一个考虑是低温（−95 ℃）Matteson 氯乙烯插入反应，机制见路线 6[27,28]。低温是必要的，因为初始二氯甲基阴离子（$^-CHCl_2$）在−90 ℃以上不稳定，并分解为氯甲基卡宾（: CHCl）。该机制需要阴离子加入硼中形成 B（Ⅳ），与 $ZnCl_2$ 配位后通过 1,2-转移重排。与 $ZnCl_2$ 的螯合物通过拟定的 5 元环赋予非对映选择性，优先重排为所需异构体 **33** 的中间体 **48** 如路线 6 所示。为了解决低温控制的要求，研究了流动化学或连续处理（CP）方法[34,35]。与大容量反应容器中局部反应放热引起的可变温度相比，在 kg 级规模下利用 CP 进行低温反应的优势是可以对通过反应管的小体积反应液进行更好的温度控制。该技术在合成韦博巴坦（**1**）的 Matteson 反应中的应用已被进行详细报道[36]，此处将做概括介绍。

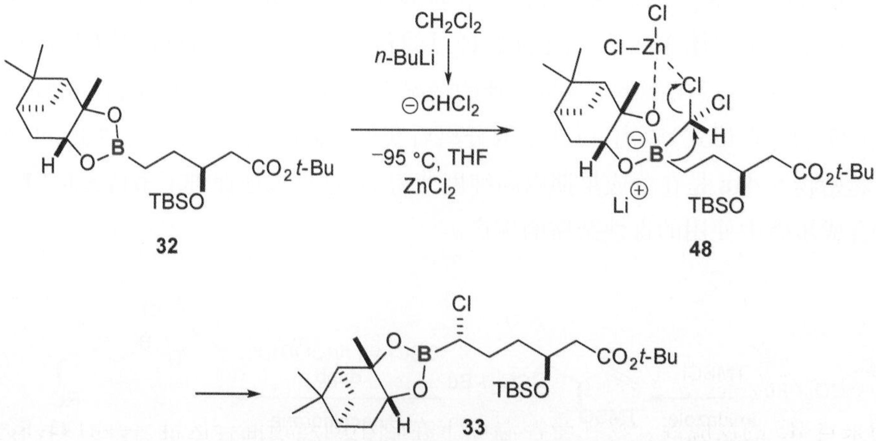

路线 6　Matteson 氯亚甲基插入反应的机制

CP 反应装置演变为路线 7 所示的布置。不锈钢混合 T 型接头处混合了 CH_2Cl_2 和 *n*-BuLi 的两种预冷溶液,然后将其输出至反应器回路(R2)中,然后在第二个 T 型接头中与 **32** 的溶液混合,然后进入下一个反应器回路 R3 通过将该混合物转移至含有 $ZnCl_2$ 预冷溶液的搅拌批次容器中,完成最终反应重排。所有容器的最佳温度为-80 ℃,并优化了驻留时间。反应在最后阶段才将反应液与过量的 $ZnCl_2$ 在一个单独的批次反应容器中进行混合产生了增强的稀释效应,避免了在流动液管线中的沉淀,并以> 98%的转化收率获得目标产物 **33**,且具有极好的非对映异构体比例(d. r. =97.7∶2.3)。

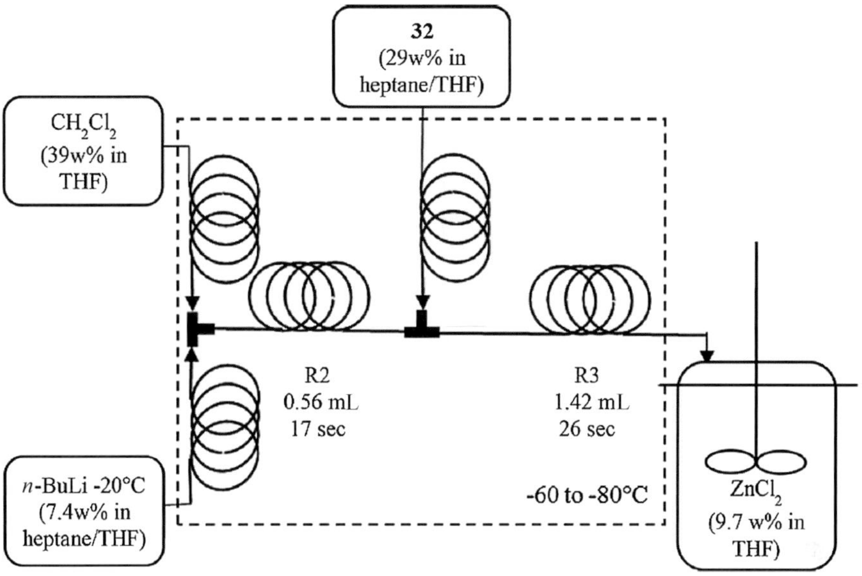

路线 7 Matteson 反应的初始优化流动化学方案(经参考文献 36 许可改编。版权 2019 归美国化学学会所有)

在 40 kg 中试的设计中,管道被布置在垂直的反应通道中,冷却剂在作为冷却套管的第二个外管道中围绕反应管道流动。在该设计中增加了混合管的长度和直径,并在反应管内添加了径向混合组分。*n*-BuLi 当量、反应温度和驻留时间的优化得到> 90%的收率和 95∶5 的非对映选择性控制。在 cGMP 生产活动中,大规模精制流动反应器的进一步构建和操作产生了数公吨高纯度中间体 **33**。

为了实现完全连续的工艺,进行了改进,将分批 $ZnCl_2$ 淬灭法转换为用于商业生产的完全连续工艺。为了实现这一点,进行了三种操作:(1)在<-20 ℃下用 $ZnCl_2$ 淬灭;(2)水洗的批次序列;(3)浓缩最终产品的蒸馏程序。后两者可通过既定技术解决,但第一项需要专门研究。$ZnCl_2$ 淬灭方案考虑了以下两种策略:采用连续回路淬灭加连续搅拌罐反应器(CSTR,方案 8)和连续级联双 CSTR 淬灭(方案 9)。两种方法均涉及 $ZnCl_2$/THF 与来自 R3 的反应混合物在受控温度下在较小剧烈预混合区混合,随后转移至受控温度下的较大的二级混合室或 CSTR 中,然后退出进行后续的后处理。

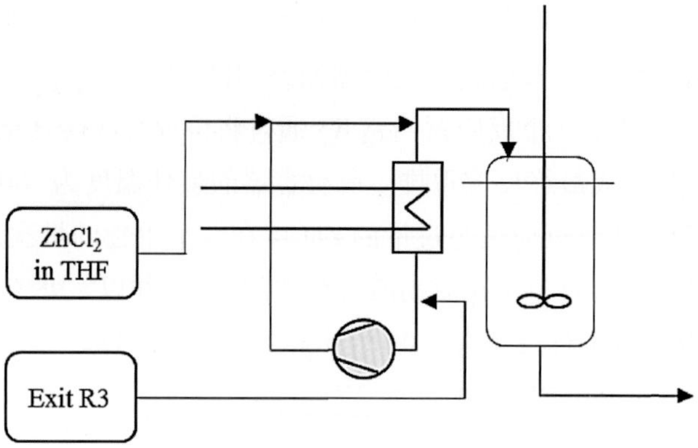

路线 8 连续回路淬灭(经参考文献 **36** 许可改编。版权 **2019** 归美国化学学会所有)

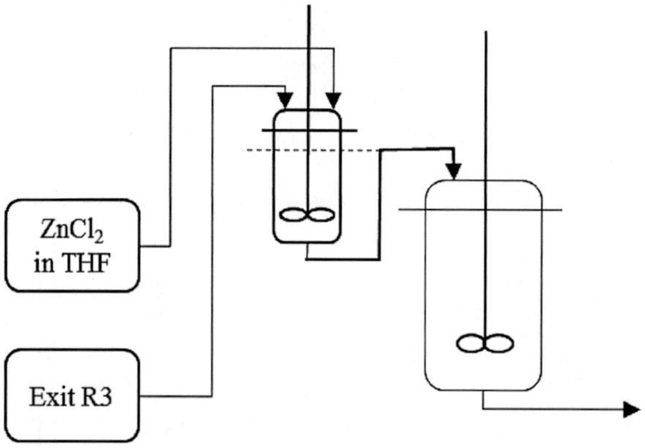

路线 9 连续搅拌槽反应器(**CSTR**)级联淬灭(经参考文献 **36** 许可改编。版权 **2019** 归美国化学学会所有)

对于连续回路法(路线 8),小体积液体在高流速下循环,并通过热交换器控制温度。对于级联 CSTR 方法(路线 9),通过第一个较小 CSTR 周围的冷却套控制温度。以上两种方案,均通过控制-60 ℃下离开 R3 的反应混合物的流速和加入的 $ZnCl_2$/THF 25 ℃贮备液的量来控制化学计量。转移至较大的 CSTR 中进行最终混合后,将稳定的产品溶液转移至缓冲罐中进行进一步的连续下游处理。由于初始混合体积较小,实现了更好的温度控制。此外,减少 $ZnCl_2$ 溶液预冷步骤可显著节省时间和能源成本。

在优化过程中研究了改变 $ZnCl_2$/THF 溶液的浓度(10%~20%)以及该溶液的流速。与之前一致,较高的 $ZnCl_2$ 当量(> 2 mol 当量)导致产品质量改善。对 CSTR 温度的研究发现,即使在>-10 ℃(Matteson 反应淬灭步骤报告的最高温度)下也仍能获得最佳结果。得益于在硼酸加合物反应流入口点发生的快速混合,实现了该温度的耐受。与先前在-25 ℃下进行的批模式淬灭运行相比,两种方案的 **33** 非对映异构体副产物比例更低,在少 0.3 mol 当量 $ZnCl_2$ 的情况下(2.1 mol 当量)时分别为 0.9% (CSTR)和 1.3%(环)与 2.6%(批模式)。为了向生产规模转化,基于方案中反应室的耐压性以保证的安全性、简单、低成本和优异的可扩展性,选择了回路方案。

对于生产,设备的改造仅涉及用淬灭环替换批次 $ZnCl_2$ 淬灭容器。这是一项 cGMP 生产的典范,包括环反应器和随后的连续模式的下游操作,产生了数百千克高化学纯度(98%HPLC)和收率(97%)的中间体 **33**,仅有 0.8%的非期望非对映异构体。这是一个真实的证明,流动反应技术可以应用于商业生产中传统的温度敏感的反应,并提供优异的反应选择性。

合成方案的其余部分,即两步转化 **33** 为韦博巴坦(**1**)(胺置换和酰胺键形成 35,未分离中间体),遵循原始方法(方案 1)。

2.6 结论

在 FDA 批准的含硼新药韦博巴坦(1)的发现过程中,我们做了很多去除早期研究中的芳香环的分子设计探索。硼作为环状结构中的中心元素,由于与活性位点丝氨酸残基形成可逆键,使酶抑制能够共价且可逆。由于在硼酸环中观察到的构象的柔性,它也将扩展为广谱内酰胺酶抑制剂。合成挑战的特殊性在于硼化学特异性相关的问题及如何实现这个重要分子的商业合成。解决办法包括:(1) 传统的酶和分离提取纯化,以提供手性砌块 **29**;(2) 以制备硼为中心的螺环盐 **41a** 作为固体 cGMP 起始物料的独特之处;(3) 使用现代的商业规模连续工艺流式化学解决传统认为不可行的低温 Matteson 反应。

2.7 参考文献

1. FDA News release August 29, 2017. https://www.fda.gov/news-events/press-announcements/fda-approves-new-antibacterial-drug (accessed May 14, 2021).
2. Hecker, S. J.; Reddy, K. R.; Totrov, M.; Hirst, G. C.; Lomovskaya, O.; Griffith, D. C.; King, P.; Tsivkovski, R.; Sun, D. Sabet, M.; Tarazi, Z.; Clifton, M. C.; Atkins, K.; Raymond, A.; Potts, K. T.; Abendroth, J.; Boyer, S. H.; Loutit, J. S.; Morgan, E. E.; Durso, S.; Dudley, M. N. Discovery of a Cyclic Boronic Acid β-Lactamase Inhibitor (**RPX7009**) with Utility vs Class A Serine Carbapenemases. *J. Med. Chem.* **2015**, *58*, 3682-3692.
3. Fleming, A. Streptococcal Meningitis Treated with Penicillin. *Lancet* **1943**, *242*, 434-438.
4. For a review on recent and historical applications of co-administration of β-lactamase inhibitors with β-lactam antibiotics see Papp-Wallace, K. M. The latest advances in β-lactam/β-lactamase inhibitor combinations for the treatment of Gram-negative bacterial infections. *Expert Opin. Pharmacother.* **2019**, *20*, 2169-2184. and references therein.
5. Nordmann, P.; Dortet, L.; Poirel, L. Carbapenem resistance in Enterobacteriaceae: here is the storm! *Trends Mol. Med.* **2012**, *18*, 263-272.
6. Bortezomib: Einsele H. Bortezomib. In: Martens U. (eds) Small Molecules in Oncology. Recent Results in Cancer Research, vol 201. Springer, Berlin, Heidelberg, (2014).
7. Ixazomib: Shirley, M. Ixazomib: first global approval. *Drugs* **2016**, *76*, 405-411.
8. Tavaborole: Sharma N, Sharma D. An upcoming drug for onychomycosis: Tavaborole. *J. Pharmacol. Pharmacother.* **2015**, *6*, 236-239.

9. Crisaborole: Perry, M. A. Case Study: Eucrisa (Crisaborole Oinment, 2%), A Boron-based PDE4 Inhibitor for the Topical Treatment of Atopic Dermatitis. *Med. Chem. Rev.* **2020**, *55*, 589 - 605.
10. Taniborbactam: Liu, B.; Trout, R. E. L.; Chu, G.-H.; McGarry, D.; Jackson, R. W.; Hamrick, J. C.; Daigle, D. M.; Cusick, S. M.; Pozzi, C.; De Luca, F.; Benvenuti, M.; Mangani, S; Docquier, J.-D.; Weiss, W. J.; Pevear, D. C.; Xerri, L.; Burns, C. J. Discovery of Taniborbactam (**VNRX - 5133**): A Broad-Spectrum Serine- and Metallo-β-lactamase Inhibitor for Carbapenem-Resistant Bacterial Infections *J. Med. Chem.* **2020**, *63*, 2789 - 2801.
11. Xeruborbactam (**QPX7728**): Hecker, S. J.; Reddy, K. R.; Lomovskaya, O.; Griffith, D. C.; Rubio-Aparicio, D.; Nelson, K.; Tsivkovski, R.; Sun, D.; Sabet, M.; Tarazi, Z.; Parkinson, J.; Totrov, M.; Boyer, S. H.; Glinka, T. W.; Pemberton, O. A.; Chen, Y.; Dudley, M. N. Discovery of Cyclic Boronic Acid **QPX7728**, an Ultrabroad-Spectrum Inhibitor of Serine and Metallo-β-lactamases. *J. Med. Chem.* **2020**, *63*, 7491 - 7507.
12. Ledaborbactam (**VNRX - 7145/VNRX - 5236**) etzadroxil: Trout, R. E.; Zulli, A.; Mesaros, E.; Jackson, R. W.; Boyd, S.; Liu, B.; Hamrick, J.; Daigle, D.; Chatwin, C. L.; John, K.; McLaughlin, L.; Cusick, S. M.; Weiss, W. J.; Pulse, M. E.; Pevear, D. C.; Moeck, G.; Luigi Xerri, L; Burns, C. J. Discovery of **VNRX - 7145** (**VNRX - 5236** Etzadroxil): An Orally Bioavailable β - Lactamase Inhibitor for Enterobacterales Expressing Ambler Class A, C, and D Enzymes. *J. Med. Chem.* **2021**, *64*, 10155 - 10166.
13. Smoum, R.; Rubinstein, A.; Dembitsky, V. M.; Srebnik, M. Boron-containing Compounds as Protease Inhibitors. *Chem. Rev.* **2012**, *112*, 4156 - 4220.
14. Hernandez, V.; Akama, X. L.; Perry, M.; Xia, Y.; Zhang, Y.-K. Boron in Medicinal Chemistry. *Med. Chem. Rev.* **2016**, *51*, 327 - 344.
15. Kiener, P. A.; Waley, S. G. Reversible inhibitors of penicillinases. *Biochem. J.* **1978**, *169*, 197 - 204.
16. Martin, R.; Jones, J. B. Rational design and synthesis of a highly effective transition state analog inhibitor of the RTEM - 1 β - lactamase. *Tetrahedron Lett.* **1995**, *36*, 8399 - 8402.
17. Strynadka, N. C.; Martin, R.; Jensen, S. E.; Gold, M.; Jones, J. B. Structure-based design of a potent transition state analogue for TEM - 1 beta-lactamase. *Nat. Struct. Biol.* **1996**, *3*, 688 - 695.
18. Ness, S.; Martin, R.; Kindler, A. M.; Paetzel, M.; Gold, M.; Jensen, S. E.; Jones, J. B.; Strynadka, N. C. Structure-based design guides the improved efficacy of deacylation transition state analogue inhibitors of TEM - 1 beta-Lactamase. *Biochemistry* **2000**, *39*, 5312 - 5321.
19. Morandi, F.; Caselli, E.; Morandi, S.; Focia, P. J.; Blazquez, J.; Shoichet, B. K.; Prati, F. Nanomolar Inhibitors of AmpC β - Lactamase. *J. Am. Chem. Soc.* **2003**, *125*, 685 - 695.
20. Dobozy, O.; Mile, I.; Ferencz, I.; Csanyi, V. Effect of electrolytes on the activity and iodine sensitivity of penicillinase from B. cereus. *Acta Biochim. Biophys. Acad. Sci. Hung.* **1971**, *6*, 97 - 105.
21. Strynadka, N. C.; Adachi, H.; Jensen, S. E.; Johns, K.; Sielecki, A.; Betzel, C.; Sutoh, K.; James, M. N. Molecular structure of the acyl-enzyme intermediate in beta-lactam hydrolysis at 1.7 A resolution. *Nature* **1992**, *359*, 700 - 705.
22. For a detailed review on metallo-β-lactamases and the search for their pharmacological control, see Bahr, G.; González, L. J.; Vila, A. J. Metallo-β-lactamases in the Age of Multidrug Resistance: From Structure and Mechanism to Evolution, Dissemination, and Inhibitor Design. *Chem. Rev.* **2021**, *121*, 7957 - 8094.
23. Bolger, C. A.; Carpenter, J. E.; Dhar, T. G. M.; Pashine, A.; Dragovich, P. S.; Cook, J. H.; Gillis, E. P.; Peese, K. M.; Merritt, J. R. To Market, To Market — 2017. *Med. Chem. Rev.* **2018**, *53*, 587 - 693.
24. Vrielynck, S.; Vanderwalle, M. A Chemoenzymatic Synthesis of A-ring Key-intermediates for 1,25-dihydroxyvitamin D_3 and Analogues. *Tetrahedron Lett.* **1995**, *36*, 9023 - 9026.
25. Tan, C.-H.; Holmes, A. B. The Synthesis of (+)-Allopumiliotoxin 323B′. *Chem. Eur. J.* **2001**, *7*, 1845 - 1854.
26. Yamamoto, Y.; Fujikawa, R.; Umemoto, T.; Miyaura, N. Iridium-catalyzed hydroboration of alkenes

with pinacolborane. *Tetrahedron* **2004**, *60*, 10695 – 10700.

27. Matteson, D. S. α-Halo boronic esters in asymmetric synthesis. *Tetrahedron* **1998**, *54*, 10555 – 10607.
28. Matteson, D. S. Boronic Esters in Asymmetric Synthesis. *J. Org. Chem.* **2013**, *78*, 10009 – 10023.
29. Matteson, D. S. α-Amido boronic acids: A synthetic challenge and their properties as serine protease inhibitors. *Med. Res. Rev.* **2008**, *28*, 233 – 246.
30. Boyer, S. H.; Hecker, S. J. unpublished observations.
31. Hecker, S.; Boyer, S. Synthesis of Boronate Salts and Uses Thereof. U. S. Patent 10,385,074 B2, Aug. 20, 2019.
32. Imidazole is a known iridium ligand: Mura, P.; Casini, A.; Marcon, G.; Messori, L. Synthesis, molecular structure and solution chemistry of the iridium(III) complex imidazolium [trans(bisimidazole) tetrachloro iridate(III)] (IRIM). *Inorg. Chim. Acta* **2001**, *312*, 74 – 80.
33. Coutts, S. J.; Adams, J.; Krolikowski, D.; Snow, R. J. Two efficient methods for the cleavage of pinanediol boronate esters yielding the free boronic acids. *Tetrahedron Lett.* **1994**, *35*, 5109 – 5112.
34. Poechlauer, P.; Skranc, W. Scale-Up of Flow Processes in the Pharmaceutical Industry, in Vaccaro, L., Ed.; *Sustainable Flow Chemistry*; Wiley-VCH Verlag GmbH & Co. KG: Weinheim, Germany, 2017; pp 73 – 102.
35. Hughes, D. L. Applications of Flow Chemistry in Drug Development: Highlights of Recent Patent Literature. *Org. Process Res. Dev.* **2018**, *22*, 13 – 20.
36. Stueckler, C.; Hermsen, P.; Ritzen, B.; Vasiloiu, M.; Poechlauer, P.; Steinhofer, S.; Pelz, A.; Zinganell, C.; Felfer, U.; Boyer, S.; Goldbach, M.; de Vries, A.; Pabst, T.; Winkler, G.; LaVopa, V.; Hecker, S.; Schuster, C. Development of a Continuous Flow Process for a Matteson Reaction: From Lab Scale to Full-Scale Production of a Pharmaceutical Intermediate *Org. Process Res. Dev.* **2019**, *23*, 1069 – 1077.

3

玛巴洛沙韦(Xofluza™),一种治疗流感的帽-依赖性核酸内切酶抑制剂

Yong-Jin Wu

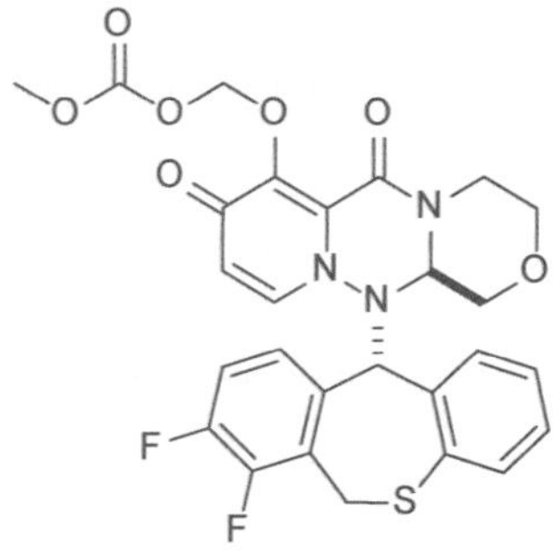

USAN: 玛巴洛沙韦
商品名: Xofluza ™
盐野义/罗氏公司, 2018
核酸内切酶抑制剂

3.1 背景

流感病毒是季节性流感和暴发性流感共同的病因,后者自 20 世纪以来分别在 1918 年(H1N1)、1957 年(H2N2)、1968 年(H3N2)和 2009 年(H1N1)发生了 4 次,导致 5 200 多万人死亡(表 1)[1]。流行性感冒,也被称为流感,是一种急性呼吸道疾病,每年影响全球约 13%的人口,其中重症病例为 300 万~500 万,死亡人数为 29 万~65 万[2]。控制流感最有效的方法是疫苗接种和抗病毒治疗双管齐下。然而,全球范围内,相当一部分普通人群并不能及时接种季节性流感疫苗(2020 年美国仅为 45%),而且,流感疫苗由于常常与一种或多种流行中的流感病毒不匹配,其有效保护率也仅能达到约 60%[3]。因此,抗流感药物对流感的治疗和预防至关重要[4]。

表 1　流感大流行的时间轴

年　份	病毒株	死亡(世界)	死亡(美国)
1918	HIN1	> 5 000 万	675 000
1957	H2N2	110 万	116 000

续 表

年 份	病毒株	死亡(世界)	死亡(美国)
1968	H3N2	100 万	100 000
2009	H1N1	151 700~575 400[a]	12 469

来源: 数据来自参考文献 1。

在过去的几十年里,研究人员已经开发了三类能够治疗流感的药物,如表 2 所示[4]。其中第一类是 M2 离子通道阻断剂金刚烷胺(**2**)和金刚乙胺(**3**)。它们对乙型流感病毒(甲型和乙型流感病毒一般会引起季节性流感)缺乏疗效,而且甲型流感病毒对这些药物的治疗也产生了耐药性,因此已经不再被推荐使用[5]。第二类是 CDC 推荐的 3 种神经氨酸酶(neuraminidase, NA)抑制剂,它们被用于无并发症流感的治疗,比如每天口服 2 剂奥司他韦(**4**)或吸入扎那米韦(**5**)共 5 天,或静脉注射 1 剂帕拉米韦(**6**)都可以。然而,由于病毒的神经氨酸酶蛋白会发生突变从而导致 NA 抑制剂耐药,使得其疗效受到限制。第三类是 2018 年 10 月 FDA 批准的单剂口服巴洛沙韦玛波西酯,药品名又称玛巴洛沙韦(Baloxavir Marboxil, Xofluza™, **1**),这是一种旨在阻断病毒 mRNA 合成起始的帽-依赖性核酸内切酶(cap-dependent endonuclease, CEN)抑制剂,用于治疗 12 岁及以上、症状出现 48 小时内的流感患者。玛巴洛沙韦(**1**)成为 1999 年 FDA 批准奥司他韦(**4**)和扎那米韦(**5**)后,近 20 年来的首个流感药物(图 1)[6]。

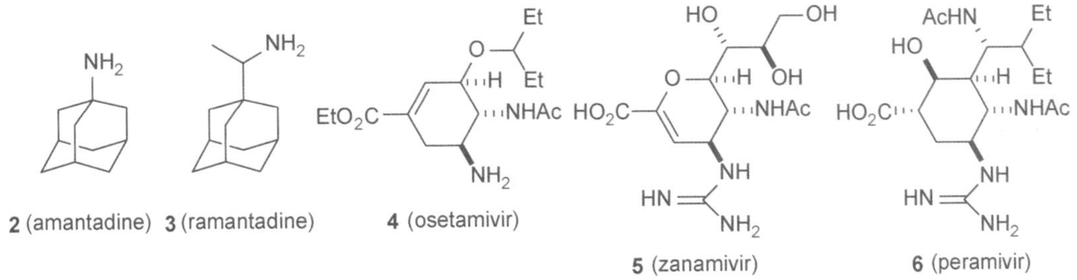

图 1 抗流感药物的结构

表 2 FDA 批准的抗流感病毒药物时间表

年 份	药 物	机 制	病毒类型	途 径	年 龄
1973	金刚烷胺(2)	M2 抑制剂	甲型流感病毒	经口	NR
1994	金刚乙胺(3)	M2 抑制剂	甲型流感病毒	经口	NR
1999	奥司他韦(4)	NA 抑制剂	甲型/乙型流感病毒	经口	任何年龄
1999	扎那米韦(5)	NA 抑制剂	甲型/乙型流感病毒	吸入	> 7 年

续　表

年　份	药　物	机　制	病毒类型	途　径	年　龄
2014	帕拉米韦(6)	NA 抑制剂	甲型/乙型流感病毒	IV	> 2 年
2018	玛巴洛沙韦(1)	CEN 抑制剂	甲型/乙型流感病毒	经口	> 12 岁

来源：基于参考文献 4。NR：CDC 不推荐。

3.2　作用机制

流感病毒的生命周期始于其通过病毒表面糖蛋白血凝素(glycoprotein hemagglutinin，HA)附着到宿主细胞表面唾液酸(sialic acid，SA)受体，进入宿主细胞后，病毒经内体酸化激活 M2 质子通道，从而引起 HA 构象变化。这种变化导致 HA 介导的膜融合能够顺利进行，使得含有病毒基因组的病毒核糖核蛋白(viral ribonucleoproteins，vRNPs)释放到宿主细胞核中，从而进行病毒 mRNA 的转录，而这种转录则依赖于由 PA、PB1 和 PB2 亚基组成的异源三聚体流感[9]。PB2 亚基的 7－甲基鸟苷酸帽结合域与 pre-mRNAs(细胞 mRNAs 的核 RNA 前体)5′末端的帽结构结合，在帽下游 10～14 个碱基处，pre-mRNAs 被 PA 亚基的一个 CEN 酶剪切，生成带有帽结构的 RNA 片段，该片段则会被 PB1 亚基的 RNA 依赖的 RNA 聚合酶(RNA-dependent RNA polymerase，RdRp)作为病毒 mRNA 合成的引物，这一过程被称为"夺帽"[10,11]。mRNA 被转运到细胞质被翻译并产生病毒蛋白，病毒蛋白与新合成的病毒基因组片段结合，在细胞核中形成 vRNPs。这些新的 vRNPs 通过病毒核蛋白从细胞核中输出到细胞膜上，在那里新的病毒粒子以一种被称为出芽的过程完成组装。当 NA 将 HA 从末端唾液酸残基上剪切分离后，新的出芽病毒便从细胞中释放出来，开始新的感染和复制周期(图 2)。

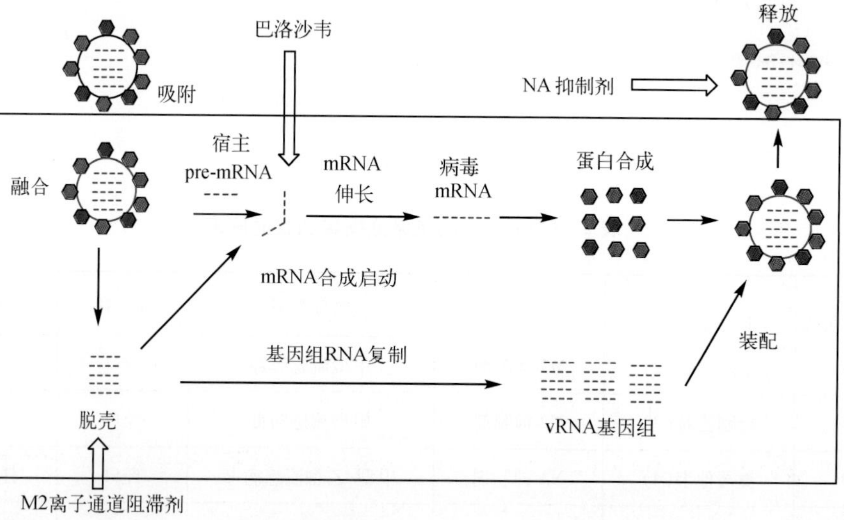

图 2　抗流感药物的作用机制(基于参考文献 7 和 8)

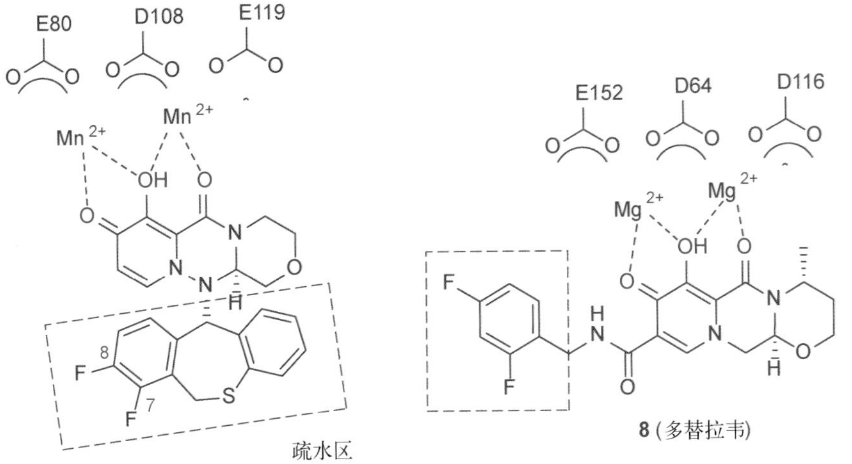

7 (巴洛沙韦酸)

8 (多替拉韦)

图 3　巴洛沙韦酸(baloxavir acid, 7)和多替拉韦(dolutegravir, 8)的结合模式

流感病毒的生命周期依赖于其毒力、复制和传播的所有步骤;因此,阻断其中任何步骤的小分子抑制剂都可以有效地治疗或预防流感感染[12,13]。金刚烷(金刚烷胺和金刚乙胺)通过阻断 M2 质子通道抑制病毒复制,M2 质子通道来调节病毒粒子内部的酸化来影响病毒脱壳。NA 抑制剂(奥司他韦和扎那米韦)阻断病毒神经氨酸酶的功能,阻止病毒从宿主细胞中释放。

最近批准的巴洛沙韦玛波西酯(**1**)通过与 CEN 蛋白活性位点的两个催化二价金属离子结合,抑制流感病毒聚合酶复合体的 PA 亚基[14-18],结合模式类似于人类免疫缺陷病毒 1 型(HIV－1)整合酶抑制剂多替拉韦(**8**,图 3),它常与其他 HIV 药物联合治疗 HIV 感染[18-20]。截短的 PA 亚基在有和没有巴洛沙韦酸(**7**)的情况下的晶体结构表明,抑制剂的三个氧原子通过与“特异性结构域”的疏水区的两个金属离子结合,从而使抑制剂展现了良好的靶点选择性[15]。

3.3　构效关系[14,15]

盐野义化合物库的高通量筛选提供了以双环氨甲酰基吡啶酮母核作为两种金属螯合剂的 hit 化合物 **9**[14]。由于缺乏疏水区域,该化合物是一种弱 CEN 抑制剂,IC_{50} 为 69 μmol/L。在疏水结构域引入 C1 苄基可将活性增加至亚微摩尔范围(10,IC_{50} = 0.24 μmol/L),但在细胞病变效应(cytopathic effect, CPE)试验中苄基类似物 **10** 仍缺乏活性(CPE EC_{50} > 25 μmol/L)。苯甲酰基取代进一步增强了疏水相互作用,导致化合物的酶抑制活性(**11**, IC_{50} = 48 nmol/L)和抗病毒活性(CPE EC_{50} = 0.29 μmol/L)均显著改善。C7 位的羧酸不参与金属螯合,但与酶有氢键相互作用。然而,该位置的羧酸导致了较差的膜通透性;因此,游离羧酸被去除得到的 **12**,尽管酶活性降低,但显示出更强的抗病毒活性。但是,化合物

(**12**)在Ⅳ给药大鼠中清除非常快[42 mL/(min·kg)],原因应该是化合物在大鼠血浆中游离比例较高(f_u=30%),而不是化合物代谢不稳定(大鼠肝微粒体中 30 min 后剩余 79%)。与这一猜想一致的是,用异丙基取代甲氧基甲基侧链(**13**)clogP 从 1.3 增加到 1.8,导致游离分数降低(f_u=18%),Ⅳ给药大鼠的清除率[25 mL/(min·kg)]大幅下降。总的来说,靶点蛋白结合能力的进一步增强需要额外的疏水基团,但这又可能对生物活性和代谢稳定性产生不利影响。为了增加亲脂性而不引入新的疏水基团,科学家用一个非碱性氮原子(由于 α 效应)取代 C-1 甲基,形成一个环状胺 **14**,这一生物等排体取代导致 clogP 增加 1.4 个单位,从而导致血浆游离比例(从 18%至 3.8%)和大鼠Ⅳ给药清除率[从 25 mL/(min·kg)至 11 mL/(min·kg)]均大幅下降,同时保持了强效抗病毒活性和良好的代谢稳定性。

化合物(**14**)在小鼠乙型流感感染模型中,Ⅳ给药后对小鼠表现出保护作用,从而证实抑制帽-依赖性核酸内切酶确实是对抗流感的有效方法[15]。然而,因为 **14** 口服生物利用度差,抗病毒活性也只是中等,即使Ⅳ给药,**14** 的体内药效也不够理想,更不用说口服疗效了。

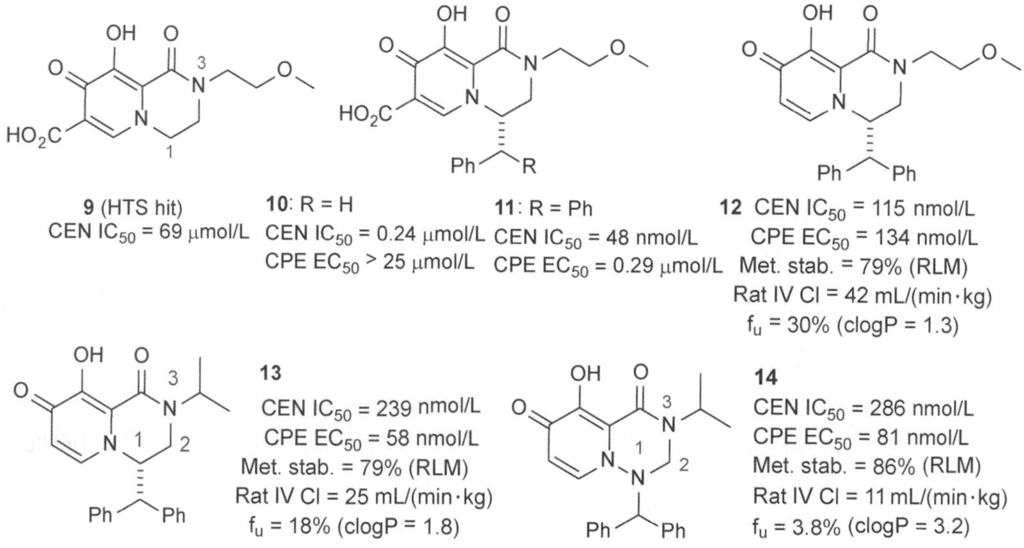

图 4 SAR 优化后得到了化合物 14

14 的中等抗病毒的活性(CPE EC_{50}=81 nmol/L)通过优化其 N1 位置的亲脂性的二苯甲基被改善[15]。通过将两个苯环连接在一起形成二氢二苯并环烯来限制 **15** 的构象,使酶抑制和抗病毒活性均增强 4 倍(IC_{50}=60 nmol/L;CPE EC_{50}=20 nmol/L)。氧原子的进一步掺入导致二氢二苯并氧杂平 **16** 的活性大大降低,而外消旋二氢二苯并硫杂平 **17** 的活性与其碳配对物 **15** 相当。由于 **17** 的对映异构体活性强于 **15**,因此选择二氢二苯并硫杂平作为 N1 取代基,然后研究溶剂暴露 N3 取代基的影响。该取代基预期对内在酶抑制活性有轻微影响,但由于膜渗透性更好,可能对抗病毒活性有所改善,也能改变药代动力学特性。的确,简单地用三氟甲基(**18**)替换甲基,抗病毒活性提高到亚纳摩尔 EC_{50} 范围。

三氟甲基类似物 **18** 也显示出较低的游离比例和较好的代谢稳定性,导致大鼠Ⅳ给药清除率进一步下降。

在强效抗病毒化合物 **18** 的基础上,采用氟和/或氯取代对疏水口袋中的两个苯环进行了优化,通过全面的 SAR 探索后获得了具有极好抗病毒活性以及较低大鼠Ⅳ清除率的二氟类似物 **19**[14]。在甲型流感病毒感染的小鼠模型中,单次给予 0.4 mg/kg (PO,BID)的 **19** 比 5 mg/kg (PO,BID)的磷酸奥司他韦能更有效地降低小鼠肺中的病毒滴度。

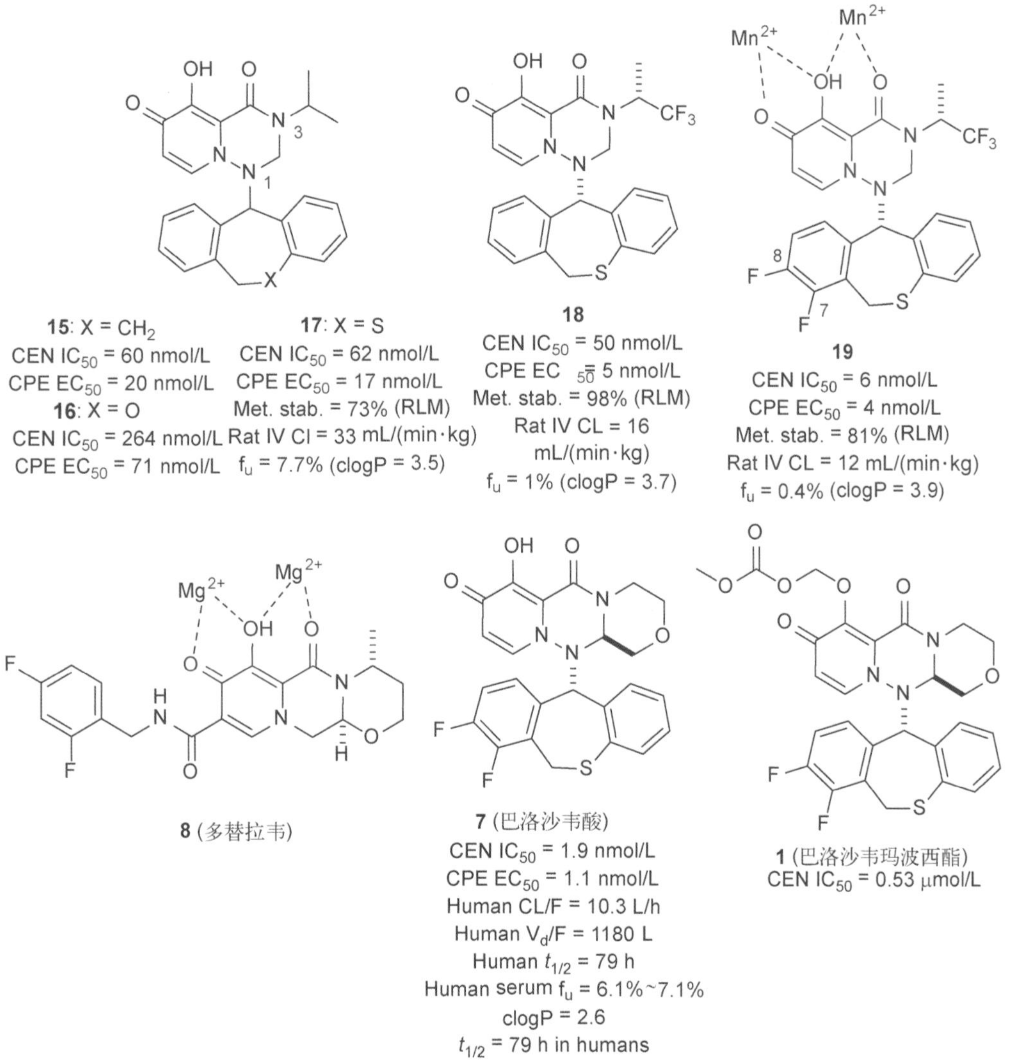

图 5 SAR 优化后发现了巴洛沙韦玛波西酯(1)

19 的进一步优化受到了 HIV-1 整合酶抑制剂多替拉韦(**8**)的启发,多替拉韦(**8**)也参与了两个二价金属离子与 HIV-1 整合酶活性位点的结合[19-21]。为了模仿多替拉韦的三环融合金属结合支架,在 C2 和 N3 位置将一个吗啉环融合到 **19** 的双环系统上,这一转化最终发现了巴洛沙韦酸(**7**),巴洛沙韦酸被开发为前体药物巴洛沙韦玛波西酯(**1**),以提高其口服吸收。

巴洛沙韦酸(**7**)选择性地抑制的 PA 亚基的 CEN 酶,IC_{50} 为 1.9 nmol/L,对 RdRp 酶中 PB1 亚基的活性(IC_{50}> 40 nmol/L)和 PB2[8] 的帽结合活性低得多。对甲型和乙型流感病毒的 CEN 酶活 IC_{50} 值分别在 1.4~3.1 nmol/L 和 4.5~8.9 nmol/L 以内,它也在感染细胞中对甲型和乙型流感病毒都表现出强效的抗病毒活性,CPE 实验 EC_{90} 分别为 0.46~0.98 nmol/L 和 2.2~3.4 nmol/L。此外,巴洛沙韦酸对各种亚型的甲型流感病毒(H1N2、H5N1、H5N2、H5N6、H7N9 和 H9N2)显示出广谱活性,从而支持其治疗各种流感感染的临床应用。

3.4 药代动力学和药物代谢[22,23]

巴洛沙韦玛波西酯(**1**)主要通过芳基乙酰胺脱乙酰基酶(arylacetamide deacetylase, AADAC)水解成有活性的巴洛沙韦酸(**7**),AADAC 是一种在肠道、血液和肝脏中存在的丝氨酸水解酶。巴洛沙韦玛波西酯服药 4 小时后达到最大血浆浓度。巴洛沙韦酸(**7**)在人血清蛋白中显示出适度的未结合比例(6.1%~7.1%),这导致清除率较低(按 70 kg 体重计,CL/F=10.3 L/h,相当于人肝血流量 109 L/h 的约 10%)。低 CL/F 和大分布容积(Vd/F=1 180 L)导致其终末消除半衰期延长至 80 h ($t_{1/2}=0.693 \cdot Vd/CL$),支持 QD 给药方案。

巴洛沙韦酸(**7**)主要在肝脏通过尿苷二磷酸葡萄糖醛酸转移酶 1A3 (UGT1A3)对羟基的葡萄糖醛酸化进行Ⅱ相代谢。[^{14}C]-巴洛沙韦玛波西酯口服给药显示主要通过粪便排泄(80.1%总放射性),其次是尿液(14.7%总放射性和 3.3%巴洛沙韦酸)。

3.5 有效性和安全性[23-27]

在一项Ⅲ期临床试验(CAPSTONE-1)中,巴洛沙韦玛波西酯单片(**1**,40 mg 或 80 mg,取决于体重)与奥司他韦(**4**,75 mg,BID,5 天)和安慰剂进行了缓解流感样症状的比较。与安慰剂相比,巴洛沙韦玛波西酯(**1**)使症状缓解的中位时间从平均 80.2 h 缩短至 53.7 h,临床效果与奥司他韦(53.8 h)相当;它能更快地降低呼吸道分泌物中的病毒载量,感染性病毒检测的中位持续时间为 24 h,而奥司他韦为 72 h,安慰剂为 96 h。巴洛沙韦玛波西酯(**1**)一般耐受性良好,无严重药物相互作用。

巴洛沙韦玛波西酯(**1**)已被批准作为流感抗病毒药物,用于 12 岁及以上表现出流感样症状不超过 48 h 的患者。尽管与奥司他韦(**4**)具有相似的临床疗效,但巴洛沙韦玛波西酯(**1**)作为一种有效的治疗方案,其单次给药的显著优势优于奥司他韦,后者需要每日 2 次服用,并持续服用 5 天。尽管如此,由于奥司他韦仿制药(**4**)的价格低于巴洛沙韦玛波西酯(**1**,商品名 Xofluza),如果 5 天的用药疗程不会给患者带来严重问题,它仍然是一个很好的选择。

3.6　合成[28]

巴洛沙韦酸(**7**)是由三环醇 **21** 和三环肼 **20** 通过 SN2 型反应制备的,三环肼 **20** 是由肼酯 **22** 和吗啉醚 **23** 通过缩合得到的(路线 1)。

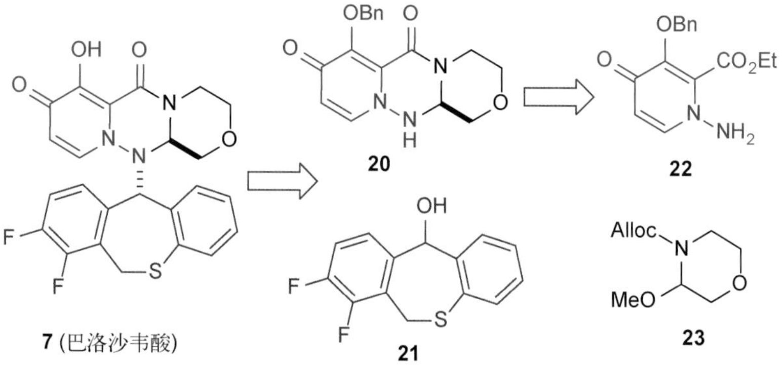

路线 1　巴洛沙韦酸(7)的反合成分析

肼酯 **22** 很容易从吡啶酮 **24** 获得,通过与叔丁基氨基甲酸酯肼化,然后进行 Boc 脱保护。为了合成吗啉酯 **23**,研究人员以吗啉-3-酮 **26** 为原料,开发了三步的合成方法(路线 2)。首先,用氯甲酸烯丙酯保护内酰胺 NH 得到 **27**,将内酰胺羰基还原为半胺醛 **28**,然后甲基化得到甲醚 **23**。

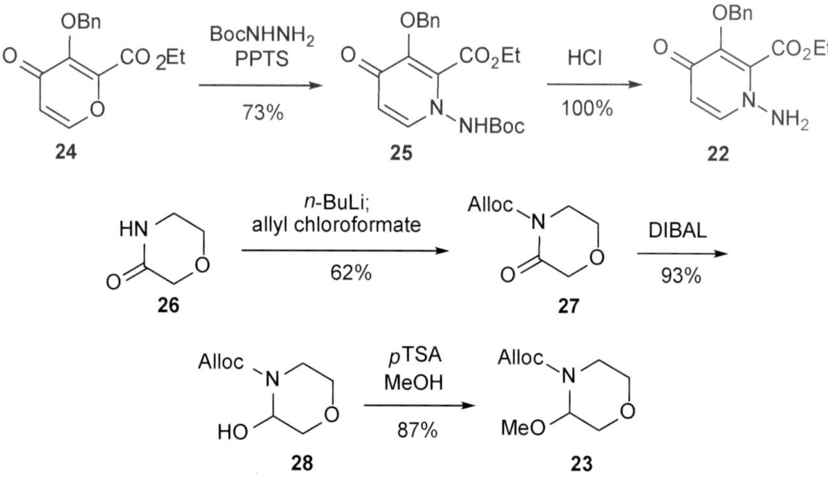

路线 2　化合物 22 和 23 的合成

四价 Sn 促进腙酯 **22** 与吗啉醚 **23** 缩合生成取代肼 **29**,脱除 **29** 保护基的同时,会自发地内酰胺化,产生外消旋的三环肼 **20**。**20** 与(R)-四氢呋喃-2-羧酸的酰胺偶联得到两种非对映异构体的 1∶1 混合物，通过选择性结晶，以 45%的产率获得所需的(R,R)-非对映异构体 **31**。在碱性条件下除去 **31** 的手性辅剂，得到单一构型的三环肼 **20**(路线 3)。

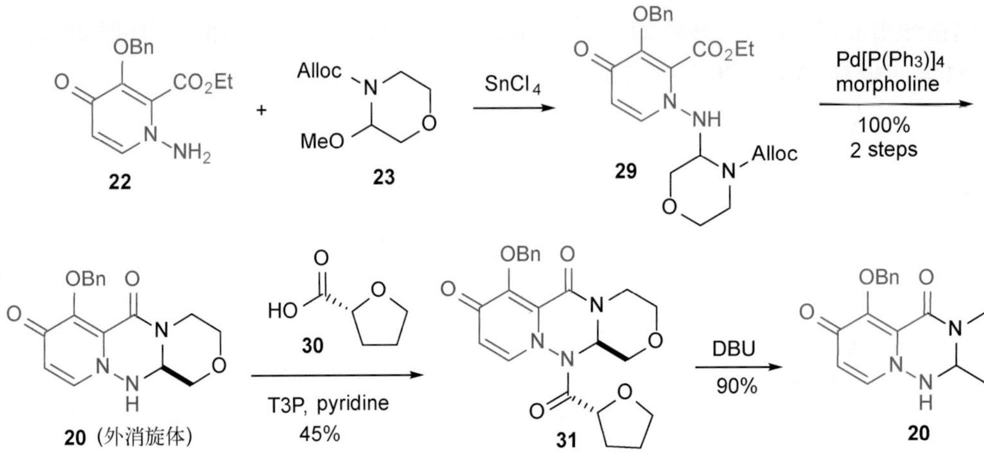

路线 3　化合物 20 的合成

三环醇由 3,4-二氟苯甲酸(**31**)分 5 步制备(路线 4)。区域选择性邻位金属化后用 DMF 淬灭，得到双环内酯 **32**，再转化为硫代缩醛 **33**。用 1,1,3,3-四甲基硅氧烷和三氯化铝还原 **33** 得到酸 **34**，通过付-克酰基化反应将其环化为三环酮 **35**。还原 **35** 就得到了外消旋三环醇 **21**(路线 4)。

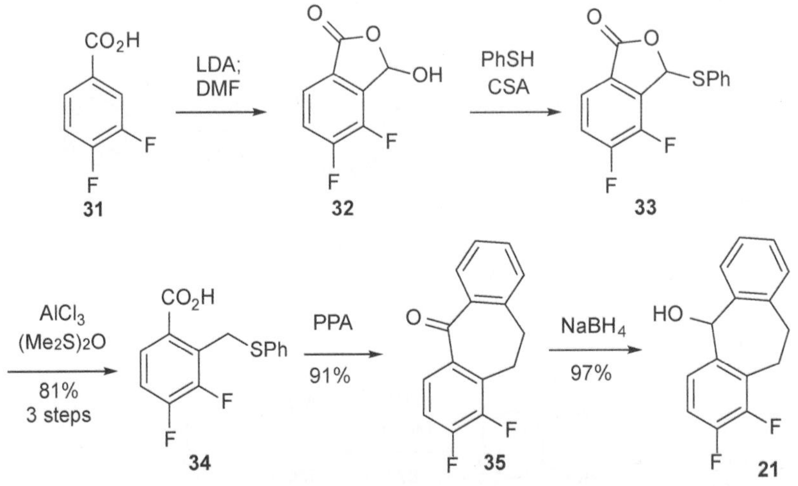

路线 4　化合物 21 的合成

采用 *N*-丙膦酸酐(T3P)与甲磺酸的条件将 **20** 与 **21** 偶联，由于部分脱苄基，得到的是 **36** 和 **7** 的混合物。该混合物用苄基化条件处理，结晶后得到手性纯的 **36**，收率为 53%。在 80 ℃下，在二甲基乙酰胺中用氯化锂进行 **36** 至 **7** 的脱苄基反应，该条件操作简单，而且能避免在合成的最终步骤中使用钯催化剂。通过氯甲基碳酸甲酯处理,巴洛沙韦酸(**7**)就可以转化为其前药形式的巴洛沙韦玛波西酯(**1**)。

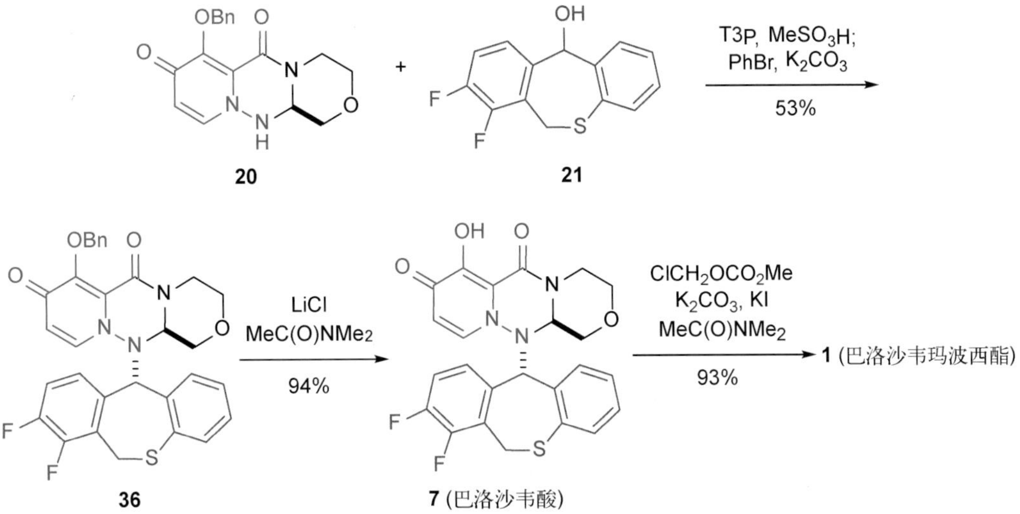

路线 5 巴洛沙韦玛波西酯(1)的合成

3.7 总结

玛巴洛沙韦的漫长发现之旅始于 40 多年前[29],20 世纪 70 年代,斯隆-凯特琳癌症中心的罗伯特·克鲁格(Robert Krug)和他的流感团队从事流感病毒的研究,并于 1979 年取得了令人惊讶的发现,他们发现病毒通过"窃取一段宿主细胞信使 RNA 作为引物启动病毒信使 RNA 的链产生",这一过程被称为夺帽。然而,夺帽关键蛋白病毒聚合酶的 PA 亚基的神秘面纱,直到 2014 年才被揭开。那一年,斯特凡·赖希(Stefan Reich)等人在法国的欧洲分子生物学实验室,成功揭示了由 PA、PB1 和 PB2 亚基组成的整个流感病毒聚合酶的详细 X 射线衍射结构[9]。PA 亚基的帽-依赖性核酸内切酶对于夺帽过程至关重要,因此,帽-依赖性核酸内切酶抑制剂会破坏病毒复制的这一早期步骤。最终,盐野义(Shionogi)发现巴洛沙韦酸是病毒聚合酶的一种强效帽-依赖性核酸内切酶抑制剂,可阻断其夺帽功能。巴洛沙韦酸(**7**)被转为可口服的前药玛巴洛沙韦(**1**)继续开发,并成为未来若干年可用于对抗潜在致命型流感病毒的新武器。

3.8 参考文献

1. History of 1918 Flu Pandemic | Pandemic Influenza (Flu). https://www.cdc.gov/flu/pandemic-resources/1918-commemoration/1918-pandemic-history.htm.

2. What is the global incidence of influenza? -Medscape.
https://www.medscape.com/answers/219557－3459/what-is-the-global-incidence-of-influenza.
3. Vaccine Effectiveness: How Well Do Flu Vaccines Work?
https://www.cdc.gov/flu/vaccines-work/vaccineeffect.htm.
4. What You Should Know About Flu Antiviral Drugs.
https://www.cdc.gov/flu/treatment/whatyoushould.htm.
5. Influenza Antiviral Drug Resistance. Questions & Answers.
https://www.cdc.gov/flu/treatment/antiviralresistance.htm.
6. US Food and Drug Administration. FDA approves new drug to treat influenza (FDA 2018).
7. Fang, Q.; Wang, D. Advanced researches on the inhibition of influenza virus by Favipiravir and Baloxavir. *Biosafe. and Health*. **2020**, *2*, 64－70.
8. Noshi, T.; Kitano, M.; Taniguchi, K.; Yamamoto, A.; Omoto, S.; Baba, K.; Hashimoto, T.; Ishida, K.; Kushima, Y.; Hattori, K.; Kawai, M.; Yoshida, R.; Kobayashi, M.; Yoshinaga, T.; Sato, A.; Okamatsu, M.; Sakoda, Y.; Kida, H.; Shishido, T. A. Naito. In vitro characterization of baloxavir acid, a first-in-class cap-dependent endonuclease inhibitor of the influenza virus polymerase PA subunit. *Antiviral Res*. **2018**, *160*, 109－117.
9. Reich, S.; Guilligay, D.; Pflug, A.; Malet, H.; Berger, I.; Crépin, T.; Hart, D.; Lunardi, T.; Nanao, M.; Ruigrok, R. W.; Cusack, S. Structural insight into cap-snatching and RNA synthesis by influenza polymerase. *Nature*. **2014**, *516*, 361－366.
10. Plotch, S. J.; Bouloy, M.; Krug, R. M. Transfer of 5′-terminal cap of globin mRNA to influenza viral complementary RNA during transcription in vitro. *Proc. Natl. Acad. Sci. U. S. A*. **1979**, *76*, 1618－1622.
11. Plotch, S. J.; Bouloy, M.; Ulmanen, I.; Krug, R. M. A unique cap(m7GpppXm)-dependent influenza virion endonuclease cleaves capped RNAs to generate the primers that initiate viral RNA transcription. *Cell*. **1981**, *23*, 847－858.
12. Shie, J.; Fang, J. M. Development of effective anti-influenza drugs: congeners and conjugates － a review. *J. Biomed. Sci*. **2019**, *26*, 84.
13. Shen, Z.; Lou, K.; Wang, W. New small-molecule drug design strategies for fighting resistant influenza A. *Acta. Pharm. Sin. B*. **2015**, *5*, 419－430.
14. Taoda, Y.; Miyagawa, M.; Akiyama, T.; Tomita, K.; Hasegawa, Y.; Yoshida, R.; Noshi, T.; Shishido, T.; Kawai, M. Dihydrodibenzothiepine: promising hydrophobic pharmacophore in the influenza cap-dependent endonuclease inhibitor. *Bioorg. Med. Chem. Lett*. **2020**, *30*, 127547.
15. Miyagawa, M.; Akiyama, T.; Taoda, Y.; Takaya, K.; Takahashi-Kageyama, C.; Tomita, K.; Yasuo, K.; Hattori, K.; Shano, S.; Yoshida, R.; Shishido, T.; Yoshinaga, T.; Sato, A.; Kawai, M. Synthesis and SAR study of carbamoyl pyridone bicycle derivatives as potent inhibitors of influenza cap-dependent endonuclease. *J. Med. Chem*. **2019**, *62*, 8101－8114.
16. Todd, B.; Tchesnokov, E. P.; Götte, M. The active form of the influenza cap-snatching endonuclease inhibitor baloxavir marboxil is a tight binding inhibitor. *J. Biol. Chem*. **2021**, *296*, 100486.
17. Tang, L.; Yan, H.; Wu, W.; Chen, D.; Gao, Z.; Hou, J.; Zhang, C.; Jiang, Y. Synthesis and anti-influenza virus effects of novel substituted polycyclic pyridone derivatives modified from baloxavir. *J. Med. Chem*. **2021**, *64*, 19, 14465－14476.
18. Ivashchenko, A. A.; Mitkin, O. D.; Jones, J. C.; Nikitin, A. V.; Koryakova, A. G.; Ryakhovskiy, A.; Karapetian, R. N.; Kravchenko, D. V.; Aladinskiy, V.; Leneva, I. A.; Falynskova, I. N.; Glubokova, E. A.; Govorkova, E. A.; Ivachtchenko, A. V. Non-rigid diarylmethyl analogs of baloxavir as cap-dependent endonuclease inhibitors of influenza viruses. *J. Med. Chem*. **2020**, *63*, 9403－9420.
19. Johns, B. A.; Kawasuji, T.; Weatherhead, J. G.; Taishi, T.; Temelkoff, D. P.; Yoshida, H.; Akiyama, T.; Taoda, Y.; Murai, H.; Kiyama, R.; Fuji, M.; Tanimoto, N.; Jeffrey, J.; Foster, S. A.; Yoshinaga, T.; Seki, T.; Kobayashi, M.; Sato, A.; Johnson, M. N.; Garvey, E. P.; Fujiwara, T. Carbamoyl pyridone HIV1 integrase inhibitors 3. A diastereomeric approach to chiral nonracemic tricyclic ring systems and the discovery of dolutegravir (S/GSK1349572) and (S/GSK1265744). *J. Med.*

Chem. **2013**, *56*, 5901 – 5916.

20. Kawasuji, T. ; Johns, B. A. ; Yoshida, H. ; Weatherhead, J. G. ; Akiyama, T. ; Taishi, T. ; Taoda, Y. ; Mikamiyama-Iwata, M. ; Murai, H. ; Kiyama, R. ; Fuji, M. ; Tanimoto, N. ; Yoshinaga, T. ; Seki, T. ; Kobayashi, M. ; Sato, A. ; Garvey, E. P. ; Fujiwara, T. Carbamoyl pyridone HIV1 integrase inhibitors. 2. Bi- and tricyclic derivatives result in superior antiviral and pharmacokinetic profiles. *J. Med. Chem.* **2013**, *56*, 1124 – 1135.
21. Kawasuji, T. ; Johns, B. A. ; Yoshida, H. ; Taishi, T. ; Taoda, Y. ; Murai, H. ; Kiyama, R. ; Fuji, M. ; Yoshinaga, T. ; Seki, T. ; Kobayashi, M. ; Sato, A. ; Fujiwara, T. Carbamoyl pyridone HIV1 integrase inhibitors. 1. Molecular design and establishment of an advanced two-metal binding pharmacophore. *J. Med. Chem.* **2012**, *55*, 8735 – 8744.
22. Heo, Y. A. Baloxavir: first global approval. *Drugs*. **2018**, *78*, 693 – 697.
23. https://www. accessdata. fda. gov/drugsatfda_docs/label/2018/210854s000lbl. pdf
24. Hayden, N. Sugaya, N. Hirotsu, N. Lee, M. D. de Jong, A. C. Hurt, T. Ishida, H. Sekino, K. Yamada, S. Portsmouth, K. Kawaguchi, T. Shishido, M. Arai, K. Tsuchiya, T. Uehara, A. Watanabe. Baloxavir marboxil for uncomplicated influenza in adults and adolescents. *N. Engl. J. Med.* **2018**, *379*, 913 – 923.
25. Koshimichi, H. ; Ishibashi, T. ; Kawaguchi, N. ; Sato, C. ; Kawasaki, A. ; Wajima T. Safety, tolerability, and pharmacokinetics of the novel anti-influenza agent baloxavir marboxil in healthy adults: phase I study findings. *Clin. Drug Investig.* **2018**, *38*, 1189 – 1196.
26. R. O'Hanlon, M. L. Shaw ML. Baloxavir marboxil: the new influenza drug on the market. *Curr. Opin. Virol.* **2019**, *35*, 14 – 18.
27. Ng, K. E. Xofluza (Baloxavir Marboxil) for the treatment of acute uncomplicated influenza. *P & T.* **2019**, *44*, 9 – 11.
28. Hughes, D. L. Review of the patent literature: synthesis and final forms of antiviral drugs tecovirimat and baloxavir marboxil. *Org. Process Res. Dev.* **2019**, *23*, 1298 – 1307.
29. Airhart, M. G. The 40 year-old discovery behind a promising new flu drug. https://cns. utexas. edu/news/the-40-year-old-discovery-behind-a-promising-new-flu-drug.

4

HIV 蛋白酶抑制剂药物克力芝®（洛匹那韦/利托那韦复方药）的工艺化学开发

Daniel A. Dickman

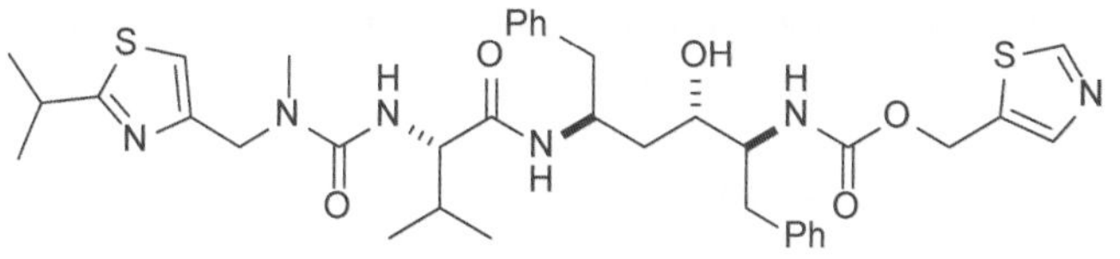

美国药物通用名：利托那韦(**1**)
商品名：Norvir
雅培公司，1996
HIV蛋白酶抑制剂；

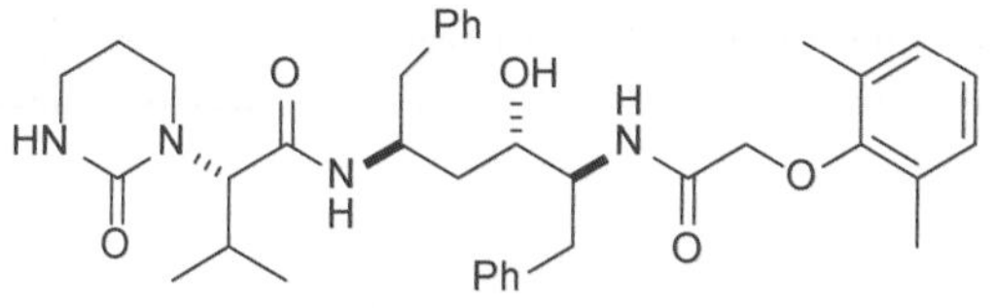

美国药物通用名：洛匹那韦(**44**)
商品名：克力芝；
（洛匹那韦+利托那韦，比例约4∶1）
雅培公司，2000
HIV蛋白酶抑制剂

4.1　背景

病毒性疾病的治疗是药物化学的一个重要领域，具有大量不同大小和复杂性的抗病毒靶标。获得性免疫缺陷综合征（acquired immunodeficiency syndrome，AIDS）——一种免疫系统的退行性疾病，在 20 世纪 80 年代出现后成为医学上最令人烦恼的问题之一。为了遏制这一疾病，药物化学家做了大量的工作，最终成功设计出一类 HIV－1 天冬氨酸蛋白酶的抑制药物并将其商业化，其中 Norvir®[1]（利托那韦，**1**）和克力芝®[2]（洛匹那韦+利托那韦复方制剂，比例约为 4∶1）已成为治疗艾滋病患者的重要疗法。克力芝是洛匹那韦/利托那韦复方药的商品名，于 2000 年获批使用，与 Norvir®（利托那韦单药)一样,克力芝®也在世界卫生组织的基本药物名单上。因为利托那韦和洛匹那韦具有相同的核心结构,故由利托那韦合成获得的经验大大缩短了洛匹那韦生产工艺的开发时间,从而也缩短了洛匹那韦联合利托那韦的鸡尾酒疗法药物的工艺开发周期。值得注意的是,利托那韦可以使其他几种 HIV 蛋白酶抑制剂的效用增强,其中洛匹那韦是最有效的一种[2,3]。本章范围包含雅培(现为艾伯维)如何将利托那韦和洛匹那韦这两个 API 在早期药物发现阶段使用的合成路线开发成大规模的生产工艺。本章从利托那韦的合成开始阐述,分为几个部分,首先描述的是其核心或中心部分的合成,然后是利托那韦的侧链合成,最后是将这些侧链与核心结构偶联的方法。洛匹那韦的合成也将用同样的阐述方式进行讨论。本文所讨论的利托那韦和洛匹那韦大规模工艺合成的研究仅限于在雅培进行的工作,参考内容来自化学和专利文献。

4.2 克力芝®中利托那韦组分的合成

利托那韦(Ritonavir,**1**)是雅培公司首个上市的 HIV 病毒治疗药物,这是大量研究工作[4]的成果,科学家基于 HIV 蛋白酶的 C_2 对称结构设计并合成了几种新型抑制剂。其逆合成分析见路线 1。

最初在雅培公司研究的作为 HIV 蛋白酶抑制剂的化合物核心结构为如图 1 中的二胺 **2**[6,7] 所示的 C_2 对称结构,后来它们演化成具有如二胺 **3** 中心核心结构且保有同等活性的分子,这是由于含有 **2** 核心结构的化合物的生物利用度往往低于含有 **3** 核心结构的分子。值得一提的是,早期在合成含有 **3** 核心结构的化合物时会先生成如 **2**[8] 的化合物,然后再进行选择性去氧反应生成 **3** 这一类化合物[9]。

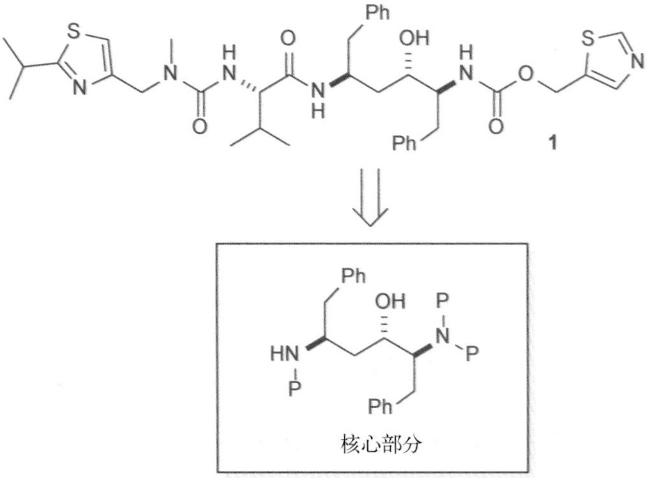

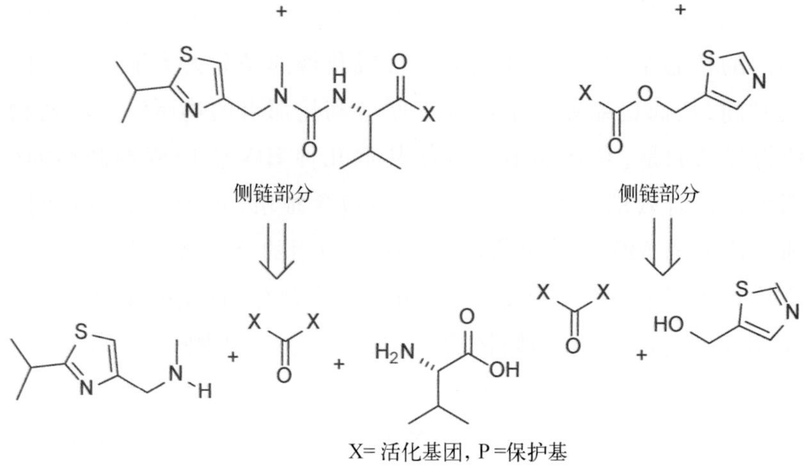

路线 1 利托那韦(1)的逆合成分析

2 3

图 1 C_2 对称(2)与非 C_2 对称(3)的核心结构

利托那韦(ABT－538)的逆合成分析见路线 1。图中显示的是分子的合成砌块：核心片段、(*S*)-缬氨酸、两个羰基、取代氨基和羟基噻唑。其中核心片段 **3** 是最复杂的，它包含三个(*S*)-构型的手性中心，因此立体化学的控制是其合成的关键要素。在本章的利托那韦合成章节单元中，我们首先讨论其在药化发现阶段的合成路线[4,8,9]，然后再讨论适合大规模生产的工艺合成，洛匹那韦的合成章节单元内容也以相似的方式呈现。

4.3 利托那韦核心片段在药化发现阶段的合成路线

利托那韦核心片段的药物发现阶段合成路线是从市售的 *N*－Cbz (*S*)-苯丙氨醇衍生出其手性，通过 DMSO 和草酰氯氧化[10] 生成 *ee* 值大于 99.5%的化合物 **4**，然后可以通过多种偶联条件生成化合物 **5~7**，如路线 2 所示。在项目的早期发现阶段，选择性形成 **5** 并不关键，所以可用 $TiCl_3$、Zn－Cu/DMF 等试剂生成化合物 **5~7** 的混合物，分离纯化后可转化为更多的类似物。后来发现在使用 $VCl_3(THF)_3$ 和锌粉/DCM 等试剂[12,13] 时，所需的化合物 **5** 可以远高于 **6** 和 **7** 的比例(8∶1∶1)选择性生成。

用甲酸铵和钯(转移氢化)或氢氧化钡水解脱去 *N*－Cbz 基团(在某些情况下为 *N*－Boc 基团)可生成 **2**，从 **4** 合成 **2** 的总收率约为 50%。

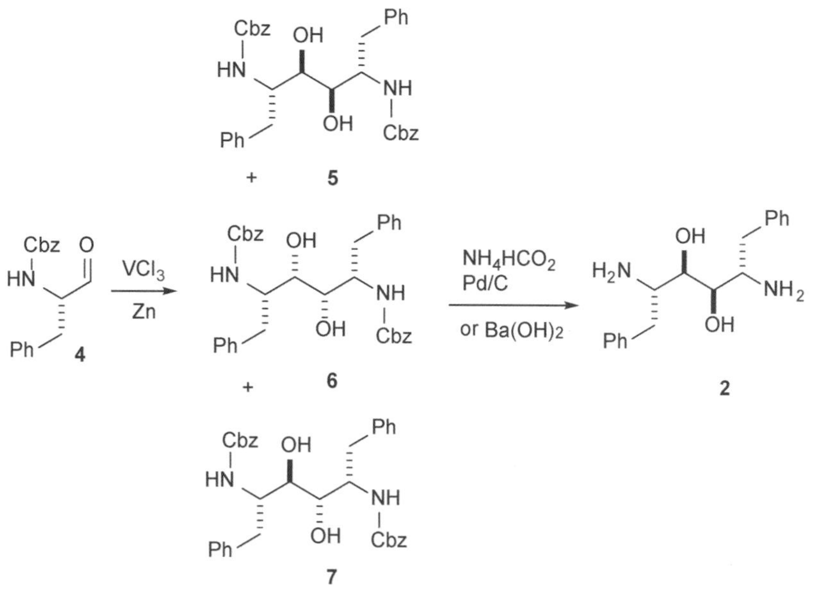

路线 2 从 *N*-Cbz-*l*-苯丙氨醛 4 合成二胺基二醇 2

合适的羧酸经过活化和多步反应以后,可通过柱层析纯化制备得到几种结构对称或不对称的 **2** 以及 **2** 的异构体(从 **6** 或 **7** 脱保护得到)的类似物。研究人员为了进一步研究不同的类似物,认为也应探索如图 1 所示的具有非 C_2 对称核心结构的化合物 **3**。**3** 在药物发现阶段的合成路线如路线 3 所示,起始原料二醇 **5** 用 α-乙酰氧基异丁基溴处理可得到溴原子构型反转的溴化物 **8**。溴化物 **8** 用三正丁基氢化锡的四氢呋喃溶液脱卤后得到脱溴化合物 **9**,然后用氢氧化钡和二氧六环混合液进行整体脱保护反应,从 **5** 合成 **3** 的总收率始终在 70%左右。

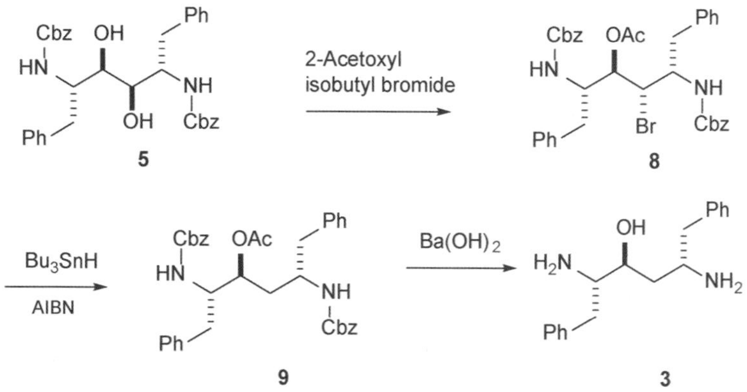

路线 3 二醇 5 至 3 的转化

利托那韦在药物发现阶段的合成路线的下一步涉及(**3**)与各种连接在噻唑环(或芳基和其他杂环)上的羰基活化化合物偶联,其中羰基活化化合物一般为含通用结构 **X** 或

Y 的对硝基苯基(PNP)碳酸酯,R^1 和 R^2 为取代噻唑基团(路线 4)。这些化合物以非选择性的方式与 **3** 反应,然后再通过柱层析将每个异构体(单体或二聚体)与其他的分离,分离得到的区位异构体可与含有另一个杂环基团的羰基活化化合物继续偶联。

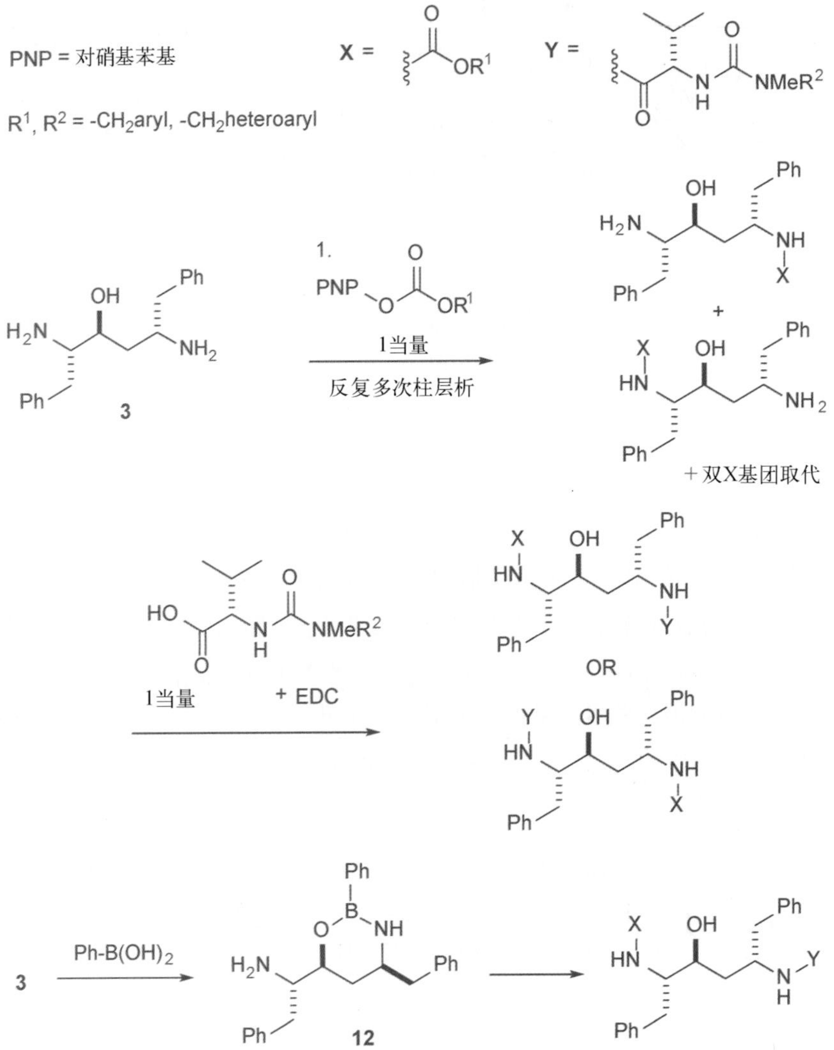

路线 4 制备利托那韦及其类似物的合成方法

这种合成方法对制备少量的先导化合物是可行的,然而当研究人员需要更大量的利托那韦或其他类似物作进一步药物评价时,他们使用 **3** 在甲苯中与苯基硼酸回流,优先保护了 β-羟基氮原子而生成环氮杂氧硼酸盐 **12**,[4,14] 然后让化合物 **12** 与适当的羰基活化化合物反应,如此不需要通过柱层析纯化即可提供更多的利托那韦及其类似物。制备利托那韦及其类似物的偶联步骤见路线 4,其中通过 **3** 与苯基硼酸缩合预先生成 **12**,对于避免烦琐的色谱柱分离非常有用。[14]

4.4 利托那韦的侧链部分在药化发现阶段的合成路线

在以下路线(5－7)中描述了两个噻唑侧链的合成,以及在接上合适的氨基酸连接子[在利托那韦中为(*S*)-缬氨酸]后与带有保护基团的核心部分**12**的偶联。路线5显示了5－(羟甲基)噻唑(**16**)的合成,其中步骤1是硫代甲酰胺(**13**)与2－氯－2－甲酰乙酸乙酯(**14**)在丙酮中以60%的产率[4,15]生成5－乙氧羰基噻唑(**15**),后者于四氢呋喃中被四氢锂铝还原,以75%的产率生成醇**16**。化合物**16**可在二氯甲烷中与对硝基苯基氯甲酸酯和*N*－甲基吗啉反应,生成O－PNP活化的碳酸酯化合物**17**。

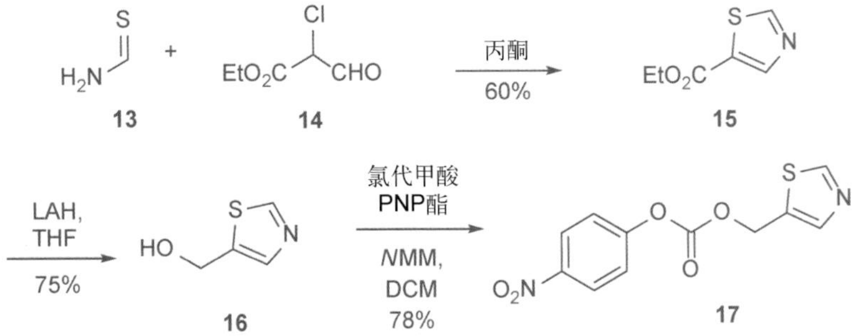

路线5 5－(羟甲基)噻唑的O－PNP碳酸酯17的合成

如路线6所示,合成的下一步是分别将**17**和**19**与被2－苯基－1,3,2－噁唑硼烷保护的核心片段**12**偶联后形成利托那韦(**1**)。化合物**12**首先和**17**反应,并经过硅胶短柱过滤裂解苯基硼酸保护基团后,以约50%的产率选择性地生成**18**。然后化合物**18**在HOBt和EDC存在的条件下与{[(2－异丙基噻唑－4－基)甲基]－(甲基)氨基甲酰}－*l*－缬氨酸(**19**)反应,以75%的产率得到利托那韦(**1**),其合成如路线6所述。

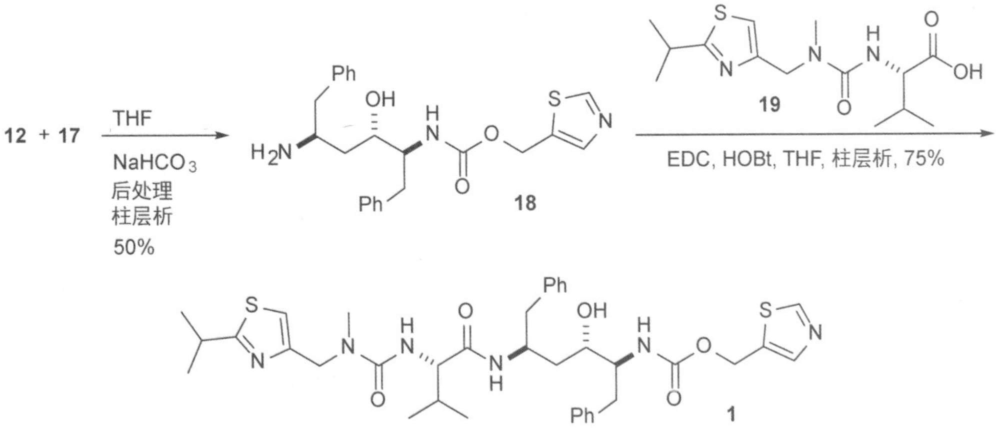

路线6 侧链终端部分17和19与保护的核心片段偶联得到利托那韦(1)

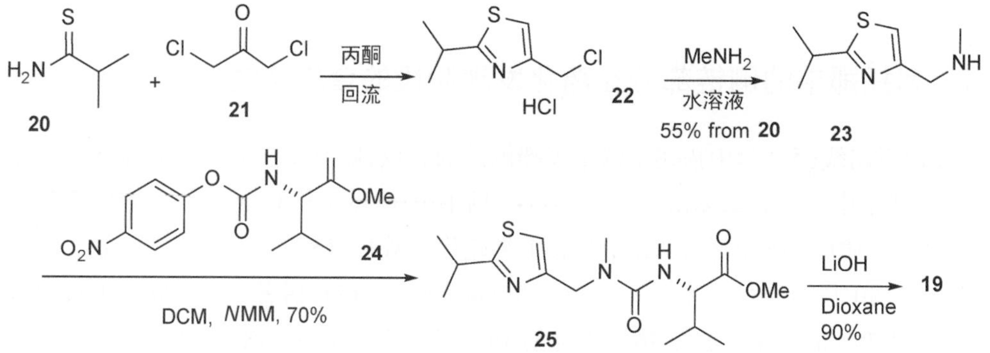

路线 7　{[(2-异丙基噻唑-4-基)甲基]-(甲基)氨基甲酰}-*l*-缬氨酸(**19**)的制备

化合物 **19** 的合成见路线 7,其中硫代酰胺 **20** 在回流丙酮中与 1,3-二氯丙酮(**21**)反应得到 4-(氯甲基)-2-异丙基噻唑盐酸盐(**22**),然后将其溶于水并加入至 40%甲胺水溶液中,得到 1-(2-异丙基噻唑-4-基)-*N*-甲基甲胺 **23**,两步总收率 55%。然后化合物 **23** 与[(4-硝基苯氧基)羰基]-l-戊酸甲酯(**24**)反应得到甲酯 **25**,之后在氢氧化锂条件下水解成 **19** 且无消旋发生。如前述,酸 **19** 之后用于与单取代的核心片段偶联。

总之,利托那韦的药物发现合成路线非常适合在短期内制备多个类似物,并且重复的柱层析操作也相对容易实行。然而由于以下几个因素,早期利托那韦的合成路线不适用于大规模合成:(1) 核心结构部分合成的选择性并不完全;(2) 从原料苯丙氨酸开始涉及数个烦琐的还原和氧化步骤;(3) 由于三正丁基锡氢化物的毒性,使用其还原的步骤必须在放大时去除;另外(4) 使用更便宜的偶联侧链与核心部分的反应条件以及(5) 改进侧链片段本身的合成对于工艺将是有利的。下一节将描述研究人员如何改进核心片段的合成、同时优化路线汇聚度和侧链片段的合成,以及用成本更低的试剂替代昂贵的试剂,以提供可靠的利托那韦公斤级生产路线。

4.5 利托那韦核心片段的大规模化学生产合成

大幅改进后的利托那韦核心合成路线采用市售(*S*)-苯丙氨酸(路线 8)作为其手性来源,(*S*)-苯丙氨酸(**26**)与苄基氯(3.3 当量)在回流水中和过量碳酸钾反应,以 94%的产率获得 **27**,且手性中心的消旋可以忽略不计。*N*,*N*-二苄基苄基酯产物 **27** 在下一步与过量乙腈阴离子反应(该阴离子通过在-40 ℃、低于-40 ℃的低温下向乙腈的四氢呋喃溶液中加入氨基钠生成),重结晶后可以高收率(78%~85%)获得 **28**。值得注意的是,在高于-40 ℃的温度下,**28** 将会消旋。腈 **28** 以 94%的收率转化为烯胺酮 **30**,其中产品的 *ee* 值在重结晶时被略微富集至>99%[16,17]。用适当的酸催化硼氢试剂可将烯胺酮 **30** 转化成 **32a**,此转化在一开始时[16] 需分为两阶段进行:首先在异丙醇/四氢呋喃中用硼氢化钠和甲烷磺酸还原 **30**,以 94∶6 的比例得到(*S*)∶(*R*)-构型的二胺 **31a**∶**31b** 的混合物;然后使用

预生成的 $NaBH_3(OTFA)$[18] 溶液进行还原,得到(*S*,*S*,*S*)∶(*S*,*S*,*R*)∶(*S*,*R*,*S*)∶(*S*,*R*,*R*)-混合构型的胺(**32a**∶**32b**∶**32c**∶**32d**=93∶4∶2∶1),其中 **32a** 为主要产物(93%)。

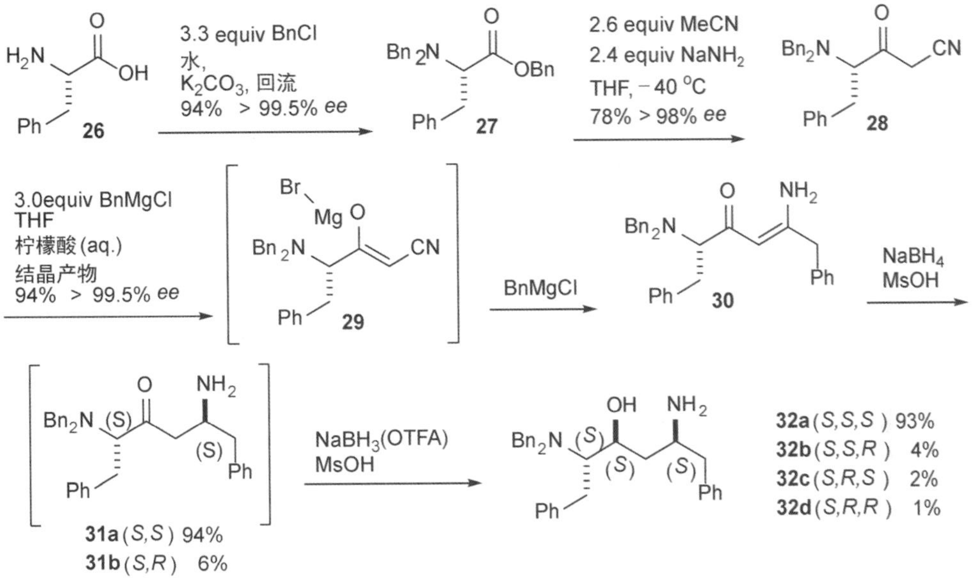

路线 8　通过(*S*)-苯丙氨酸 26 制备核心片段 32a 的工艺

通过转移氢化去除 **32a**,-**d** 的 *N*,*N*-二苄基,然后生成 **3** 的二盐酸盐,通过结晶可以去除不需要的异构体杂质,但伴随有显著的物料损失(路线 9)[16]。尽管这些结果在短期内是可接受的,但需要更多的研究来确定该工艺的可放大规模,且同时确定是否存在更有选择性的 **32a** 合成方法以及去除异构体杂质 **32b**-**d** 的改进结晶方案。另外合成路线中还需要保护烷基链上的两个伯胺中的一个,以确保在后续合成步骤中噻唑侧链部分的偶联选择性和无须使用苯基硼酸。

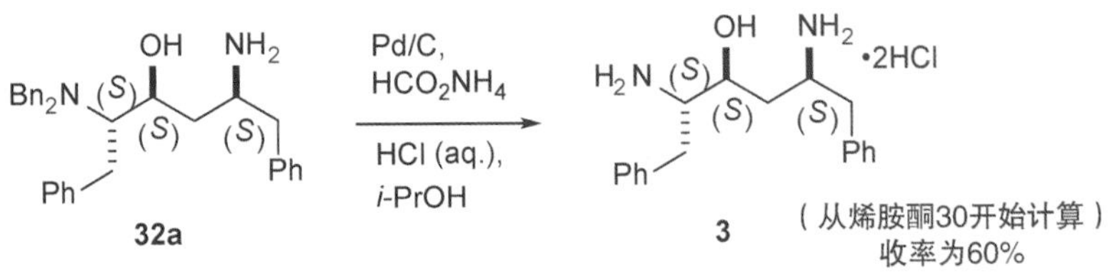

路线 9　化合物 3 的成盐/重结晶/纯化步骤

如前所述,烯胺酮 **30** 至 **32a** 的转化可通过首先在四氢呋喃/异丙醇混合溶剂中用硼氢化钠与甲烷磺酸处理,然后得到的 **31a**∶**31b** 混合物(94∶6)用硼氢化钠的三氟乙酸加合物处理的两步还原法实现优秀的立体化学控制。然而当将该反应规模扩大至更大量时,由于反应时间延长,共溶剂四氢呋喃开始分解,因此研究人员需要开发新的工艺。经过仔细筛选多种不同的无机酸和有机酸、硼烷试剂和溶剂,研究人员发现了一个优雅的解决方案：取 3.0 当量硼氢化钠的二甲氧基乙烷混悬液，在−5 ℃至 5 ℃下用 7.5 当量的甲烷磺酸处理，然后加入 123 kg 烯胺酮 **31** 的异丙醇溶液，并在 0～10 ℃下搅拌 12 h；之后加入 3.0 当量三乙醇胺淬灭反应，并在低于 5 ℃的条件下搅拌 30 min。缓慢加入 2.5 当量硼氢化钠的 *N*,*N*−二甲基乙酰胺溶液（7.9 当量），在 10～20 ℃下反应混合物搅拌 2 h，用水淬灭后通过叔丁基甲基醚萃取，得到含量测定结果为 83∶4∶6∶2（重量%）的 **32a∶32b∶32c∶32d** 混合物。尽管转化的立体选择性无法提高，并且在较大反应规模下有所降低，但仍有几种通过可靠的重结晶去除异构体杂质的方法，如路线 10 所示。在叔丁基甲基醚中用 Boc_2O 和 10%的碳酸钾水溶液[20]处理 **32a－d** 粗品，得到 *N*－Boc 衍生物 **33a－d**，然后在转移氢化条件下，所需的（*S*,*S*,*S*）−主要异构体 **34** 以半琥珀酸盐的形式结晶出来。该工艺可以提供 55～85 kg 的 **34**。

如有必要，烯胺酮 **30** 可转化为相应的 *N*－Boc 保护的烯胺酮 **35**，其也可选择性地还原为 **36**，并进一步还原为 **33a**，如路线 11 所示。[20] 通过形成 *N*－Boc 保护的化合物 **35**，还原顺序现在发生了颠倒：首先还原酮官能团，然后再还原 *N*－Boc 烯胺。在上述转化中有几种方式可以选择性地生成 **33a**，其中 *N*－Boc 保护的烯酰胺 **35** 通过用氢化铝锂或三乙基硼氢化锂处理可选择性地被还原为（*S*,*S*）－*N*,*N*−二苄基氨基醇 **36**，然后在氢气气氛下可用二氧化铂或氢氧化钯以 70%～75%的产率进一步将其还原为 **33a**。**35** 至 **33a** 的转化也可在一锅中进行：先用硼烷四氢呋喃络合物处理，再加入氢化铝锂或硼氢化钾，然后按照路线 10 中给出的结晶方法可去除其他次要的异构体 **33b－d**。

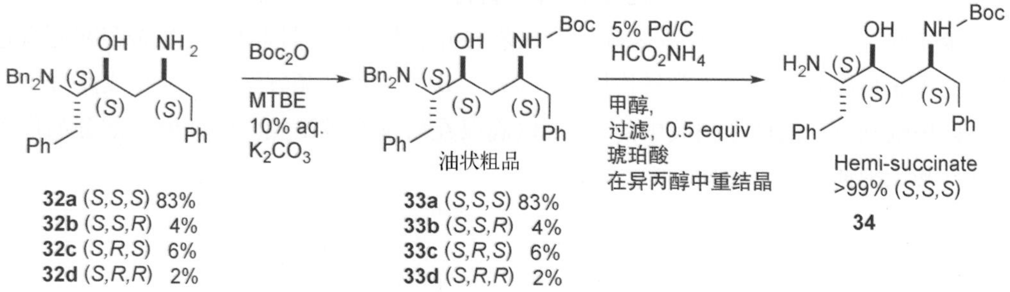

路线 10　32a－d 粗品至 *N*－Boc 保护的核心片段 34 的半琥珀酸盐的转化

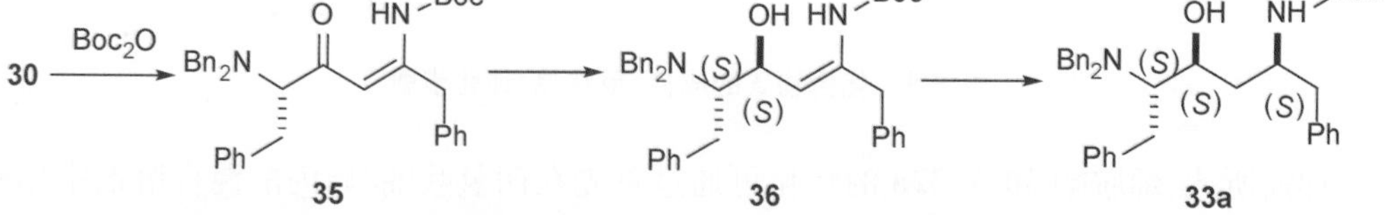

路线 11　*N*－Boc 保护的烯胺酮 35 的生成及其还原制备 33a 的过程

综上所述，研究人员发现了一种非常易于放大且可靠的方法来生产 *N*－Boc 保护的核心片段化合物 **34** 的高纯度半琥珀酸盐，因为现在利托那韦的核心部分被保护成（*S*）－*N*－

Boc 衍生物,故可选择性地连接每个噻唑侧链片段,而路线 8 和 11 中列出的两种将烯酮 **30** 立体选择性地转化为被保护的化合物 **3** 的方法均适合在更大规模下偶联噻唑- N/O -羰基化合物。接下来的章节将讨论以下研究工作: 5 -羟甲基噻唑(**16**)和 1 -(2 -异丙基噻唑- 4 -基)- *N* -甲基甲胺(**23**)的可靠合成,以及如何将它们的羰基活化衍生物 **17** 和 **19** 与保护后的核心片段偶联。

4.6 5 -羟甲基噻唑侧链片段(16)的大规模合成

5 -羟甲基噻唑(**16**)的初始合成路线若用于大规模制备会有一定风险,因为起始物料硫代甲酰胺(**13**)(路线 5)很难制备且不稳定,因此必须要开发一条不使用 **13** 的替代路线。研发人员最后开发出两种不使用硫代甲酰胺(**13**)且可用于放大制备(**16**)的方法,它们分别在路线 12 和 13 中展示。第一条路线[21] 从廉价的噻唑烷- 2,4 -二酮(**37**)开始,在 *N*,*N* -二甲基甲酰胺存在下与氧溴化磷加热反应生成 2,4 -二溴- 5 -噻唑羧醛(**38**),经重结晶提纯后收率为 72%。接下来的两步反应为: 用硼氢化钠的甲醇溶液还原 **38** 成醇 **39**,然后用氢气和钯碳脱卤生成 5 -羟甲基噻唑(**16**),两步收率 95%(路线 12)。

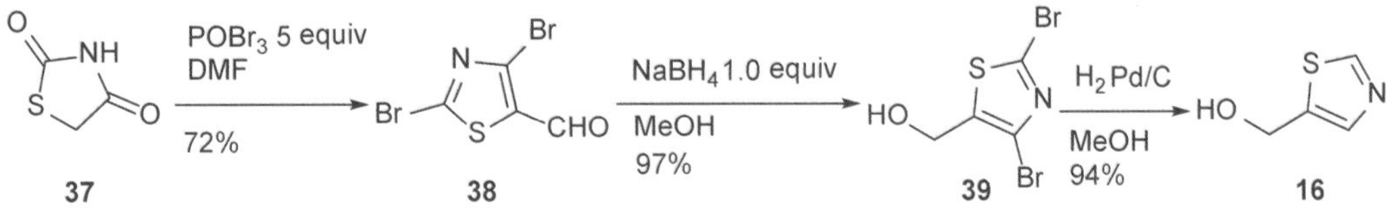

路线 12 从噻唑烷- 2,4 -二酮(37)开始合成 5 -羟甲基噻唑(16)

第二种方法首先用过量氯气或硫酰氯处理 *N* -异硫氰酸烯丙酯(**40**),蒸馏反应液后以约 50%的收率获得 2 -氯- 5 -氯甲基-噻唑(**41**)[22]。然后在水和叔丁基甲基醚混合溶剂中用甲酸钠将其转化为甲酸酯,经过氢氧化钠水解后得到 2 -氯- 5 -羟甲基噻唑(**42**),总收率为 95%。下一步是用氢气在钯碳和略微过量的醋酸钠上完成还原脱氯,以 94%的产率生成 5 -羟甲基噻唑[23],如路线 13 所示。

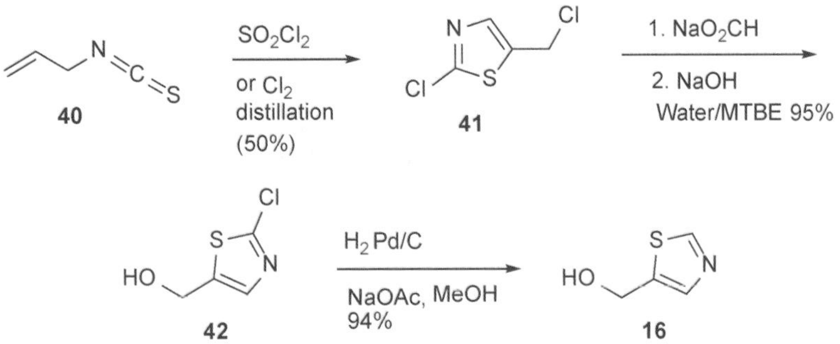

路线 13 从异硫氰酸烯丙酯(40)到 5 -羟甲基噻唑(16)的转化

尽管两种方法均非常可靠,但由于2-氯-5-氯甲基-噻唑的采购成本更低,因此两种方法中的后者(路线13)更受青睐。但如果我们能获得廉价的噻唑烷-2,4-二酮(**37**)来源,则前一种方法(方案12)亦可采用。至于1-(2-异丙基噻唑-4-基)-*N*-甲基-甲胺(**23**)的制备,路线7中描述的以硫代异丁酰胺(**20**)、1,3-二氯丙酮(**21**)和甲胺为起始物料的药化路线已可作为从易获得起始物料制备化合物的首选方法,因此此片段的合成无须再进行短期工艺研究。然而,利托那韦工艺中在侧链片段**17**、**19**和核心片段**34**以后的步骤仍需要进一步改进,这部分将在第7节中描述。

4.7 噻唑侧链片段(17)和(19)与核心部分(34)的大规模偶联

供应利托那韦的公斤级工艺开发的下一阶段是设计一个高效、短且稳健的方法来依次将**34**和**17**转化为**43**,除去*N*-Boc保护生成**18**,然后接上**19**生成利托那韦(**1**)。如路线14所示,在碳酸氢钠水溶液和乙酸乙酯中65 kg的**17**与75 kg的**34**反应生成**43**,**43**未经分离直接用盐酸处理脱去*N*-Boc保护基并分离得到**18**的二盐酸盐[24](化合物**18**即为脱Boc后的**43**)。在工艺的最后一步研究人员改进了肽偶联的方法,按照路线7中路线制备的{[(2-异丙基噻唑-4-基)甲基]-(甲基)氨基甲酰}-1-缬氨酸(**19**)经氯甲酸异丁酯和*N*-羟基琥珀酰亚胺活化原位生成活化的*N*-羟基琥珀酰亚胺酯,然后在溶剂交换

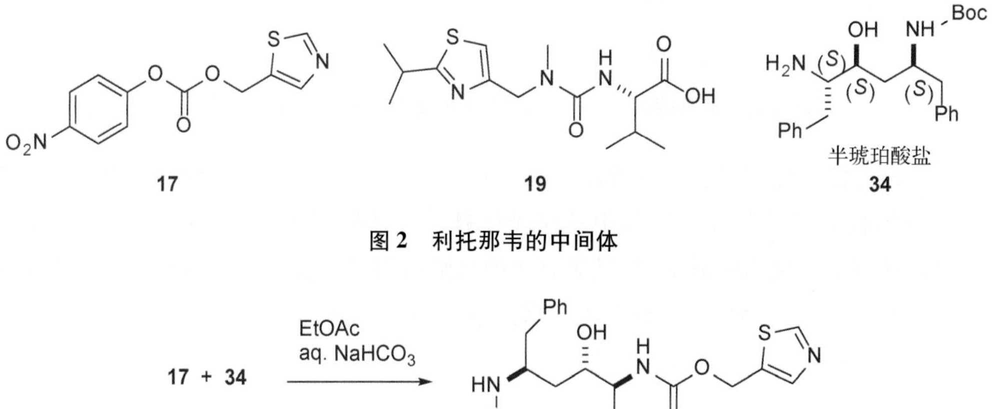

17 19 34

图2 利托那韦的中间体

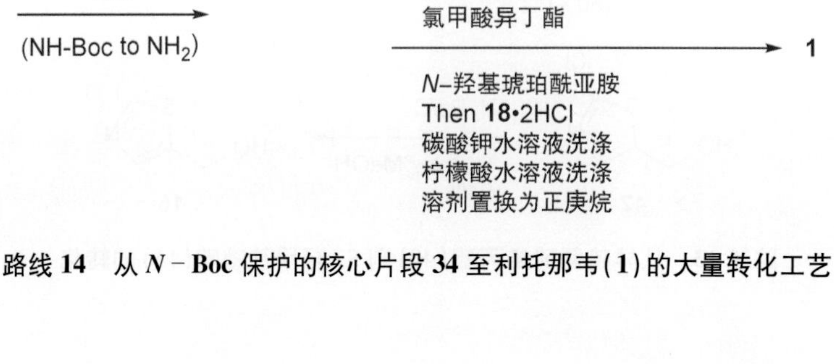

路线14 从*N*-Boc保护的核心片段34至利托那韦(1)的大量转化工艺

和过滤后与 **18** 反应生成利托那韦(**1**)[24]。

综上所述,制备利托那韦(**1**)的工艺从一开始的不具备选择性、包含数次柱层析用于分离所有已知异构体用于生物学评价的发现路线演变为多个高选择性且可靠的、不含色谱柱分离的可放大合成,最终可提供一批次大于 100 kg 的原料药。此工艺包括新的羟基二氨基核心片段合成,该合成方法以 *N*,*N*-二苄基-(*S*)-苯丙氨酸苄酯(**27**)为原料,能够以非对映选择的方式选择性地引入两个额外的手性中心。其中乙腈是烷基链上其他两个碳原子的来源,而另一个苄基则来自苄基氯化镁,另外有数种方法可以通过不同的试剂将关键的烯胺酮中间体 **30** 转化为 **34** 的半琥珀酸盐。同时噻唑末端或侧链片段的合成变得可靠且可放大,它们与核心片段(*N*,*N*-二苄基或 *N*-Boc 保护的)的偶联工艺也更加耐用。从大规模生产的角度来看,使用另一种成本更低的光气等同物去代替对硝基苯酚氯甲酸酯会更加合理,该工作在专利文献中[25] 已有叙述,亦超出了本文的讨论范围。中间体 **34** 还成为快速合成其他类似物的有用起点。另一方面,研究证明利托那韦是人类肝脏中主要的药物代谢酶细胞色素 P450 3A4 (cytochrome P450 3A4, CYP3A4)的抑制剂,这是其早期临床开发中的一个轻微缺陷。然而研究发现,利托那韦以亚治疗剂量给药时可增加经 CYP3A4 代谢的其他更强效 HIV 药物的血浆浓度,使得其临床疗效得以延长[26]。因此,寻找其他比利托那韦(**1**)更有效的化合物成为研究人员的主要目标:它要么能在上述药物药物相互作用中获益,要么在单独给药的情况下没有如利托那韦(**1**)一般的 CYP3A4 诱导抑制的不良副作用。洛匹那韦(**44**)就是此类型的化合物之一。

4.8 克力芝中的洛匹那韦(44)部分——药物发现阶段的合成和工艺研发

研究人员认为是噻唑侧链造成了利托那韦抑制 CYP3A4 的副作用,因此这部分需要被改造或者替代,从而更多的包含利托那韦核心部分的类似物被合成了出来。他们发现其中洛匹那韦(ABT-378)具有极高的 HIV 蛋白酶抑制活性,而且与利托那韦共服时其药代动力学性质可被大幅改善。[27] 这时候从药物研发的角度出发,当务之急便是它的大规模生产。因为之前已经有大量的研究投入到如何高效、持续且低成本地合成分子中的核心片段,故此时以高效而又廉价的方式制备洛匹那韦的侧链以及将核心片段与其偶联便成为工作的要点。此章的下一小节内容会从洛匹那韦的初始合成开始,最终讨论到公斤级的工艺制备方法。

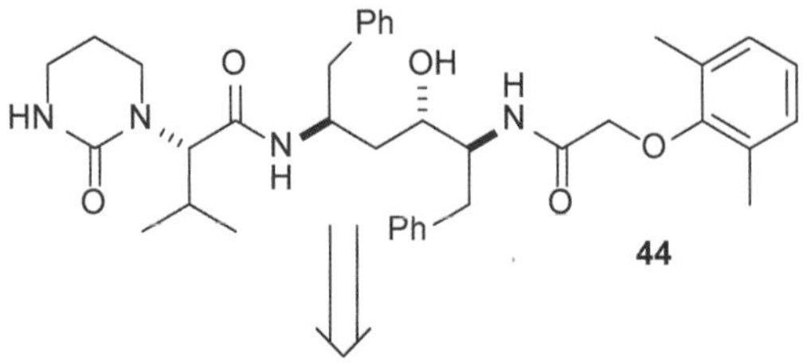

44

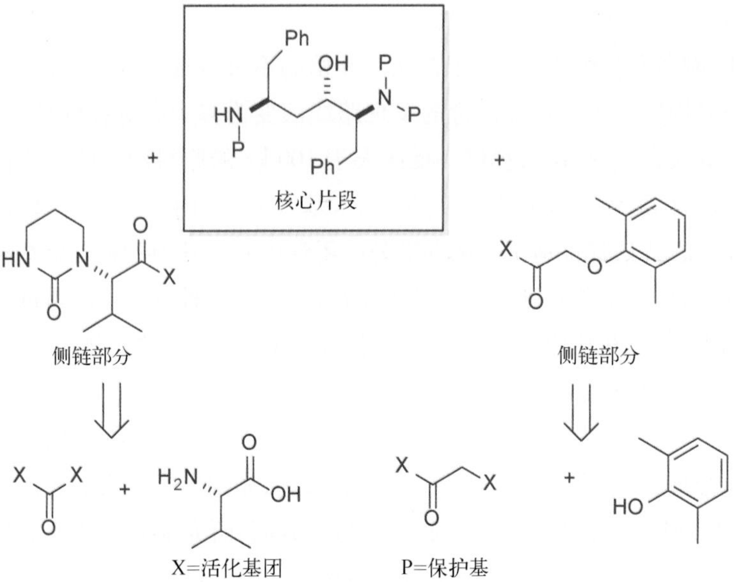

路线 15　洛匹那韦(44)的逆合成分析

4.9　洛匹那韦的药物发现阶段合成路线

洛匹那韦的药化合成起始于利托那韦制备路线中的核心片段[(2*S*,4*S*,5*S*)-5-氨基-4-羟基-1,6-二苯基己烷-2-基]氨基甲酸叔丁酯半琥珀酸盐(**34**),在 EDC 和 HOBt 存在的条件下与 2-(2,6-二甲基苯氧基)乙酸(**45**)反应,经正庚烷重结晶后以 90%的产率生成单取代的 *N*-Boc 保护核心片段化合物 **46**。用三氟乙酸的二氯甲烷溶液除去 **46**

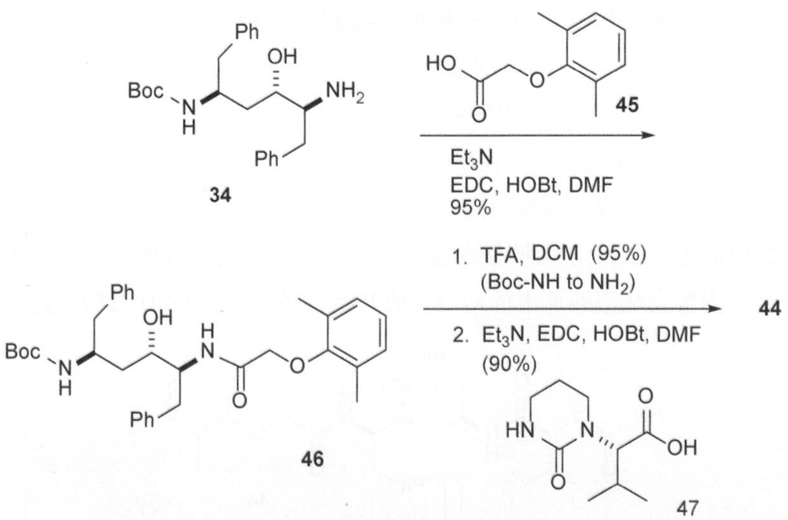

路线 16　洛匹那韦(无定形固体)的药物发现阶段合成

中的 *N* – Boc 保护基后，脱 Boc 中间体和 **47** 经 EDC 和 HOBt 处理，以两步 86%收率得到无定形的固体洛匹那韦产物[28,29]。

4.10 药物发现阶段侧链部分（45）和（47）的合成方法

通过用 2 –溴乙酸乙酯（**48**）的 *N*,*N* –二甲基甲酰胺溶液与 2,6 –二甲基苯酚（**49**）在氢化钠为碱的作用下反应，然后将得到的乙酯 **50** 在氢氧化锂的条件下水解即可以 75%的总收率制备 2 –（2,6 –二甲基苯氧基）乙酸（**45**）[28,30]，如路线 17 所示。

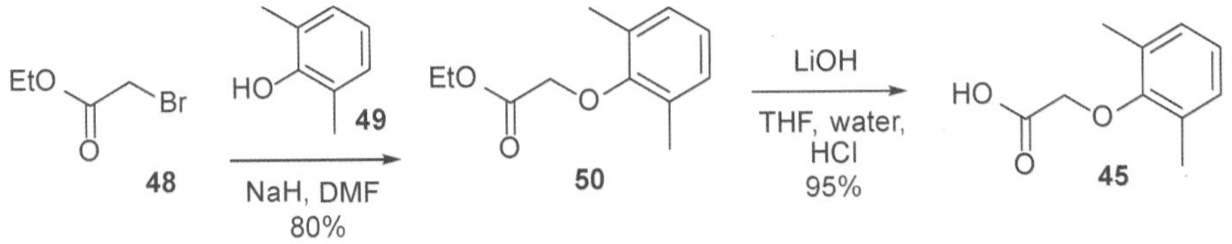

路线 17　药物发现阶段 2 –（2,6 –二甲基苯氧基）乙酸（45）的制备路线

缬氨酸侧链片段 **47** 的药化合成路线[28,30]（路线 18）对于制备 5 – 7 元环脲衍生物均是通用的，路线始于 1 –氨基– 3 –丙醇（**51**），通过将氮原子保护成 *N* – Cbz 衍生物然后进行 Swern 氧化[10] 的两步转化，可将其转化成醛 **52**。醛 **52** 与缬氨酸甲酯盐酸盐（**53**）在乙酸钠的乙酸/水溶液中进行缩合，所得亚胺盐中间体通过氰基硼氢化钠还原生成甲酯 **54**。接下来的三步反应为氢气还原脱除 *N* – Cbz 保护基、用 CDI 插入羰基生成环脲和氢氧化锂水解甲酯（无消旋），最终生成（*S*）– 3 –甲基– 2 –［2 –氧代四氢嘧啶– 1（2H）–基］–丁酸（**47**）。最后三步反应的收率为 70%，而整个六步合成的总收率为 45%。

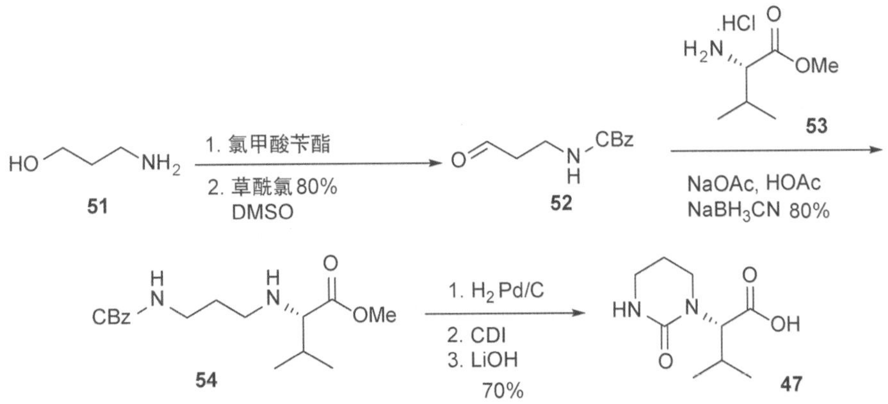

路线 18　从 1 –氨基– 3 –丙醇（51）开始制备（*S*）– 3 –甲基– 2 –［2 –氧代四氢嘧啶– 1（2H）–基］–丁酸（47）

片段 **45** 和 **47** 的合成路线优化以及降低与核心片段偶联方法的成本成为下一要务，另外在一开始的研究中，原料药仍为无定形固体，因此需要寻找结晶方法用于纯化分离和制剂工艺。若从生产效率的角度评估,寻求减少反应步数和分离过程,以及在路线中采用廉价的试剂也相当重要。

4.11 侧链片段(45)和(47)的工艺优化

从成本的角度去考虑,最初**45**的制备路线并没有使用最便宜的起始物料,溴乙酸乙酯和氢化钠/*N*,*N*-二甲基甲酰胺都是比较昂贵的试剂,而且大规模地使用氢化钠/*N*,*N*-二甲基甲酰胺混合物存在高温爆炸的安全隐患。在碱性条件下氯乙酸进行烷基化反应(氯原子取代)是已知的,因此可将**50**转化为2-(2,6-二甲基苯氧基)乙酸(**45**)的水解步骤省略,解决方案为让2,6-二甲基苯酚(**49**)在氢氧化钠水溶液中与廉价的氯乙酸钠反应生成**56**,**56**酸化后过滤即可得到产物**45**。在这个优化工艺下,合成以水为溶剂且无须萃取后处理,仅用一步便可得到**45**的晶体,如路线19所示。

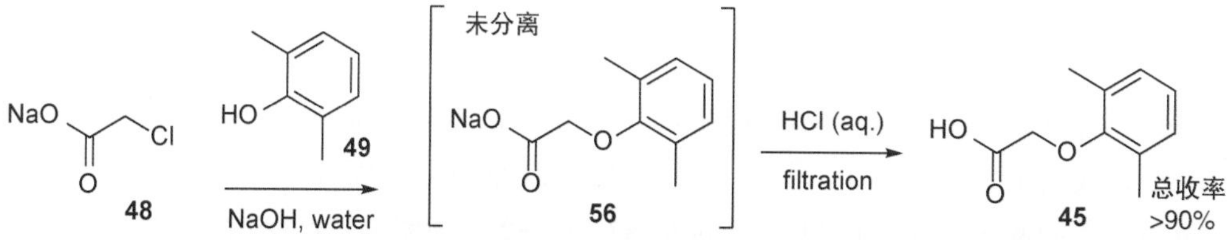

路线19 制备2-(2,6-二甲基苯氧基)乙酸(45)的工艺

同时由于(*S*)-3-甲基-2-[2-氧代四氢嘧啶-1(2H)-基]-丁酸(**47**)在药化阶段的合成路线较长(6步,见路线18),因此需要开发一条成本合理的从(*S*)-缬氨酸(**57**)开始的制备路线。其中一条优化后的路线是在缓冲条件下用氯甲酸苯酯处理(*S*)-缬氨酸,[31] 以92%的收率生成*O*-氨基甲酸苯酯(**58**)。**58**在下一步中以四氢呋喃为溶剂,与商业可得的3-氯-1-氨基丙烷盐酸盐(**59**)在氢氧化钠和叔丁醇钾的条件下反应生成中间体**60**,然后**60**继续反应,最后以75%的收率和>99%的*e.e.*值得到**47**(见路线20)。

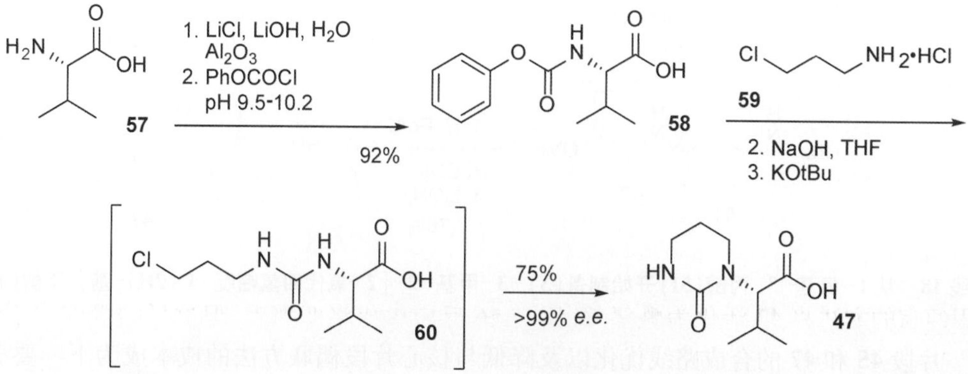

路线20 47的改进合成

路线 20 使用了氯甲酸苯酯作为化合物 **47** 环脲结构中羰基的来源,同时用 3-氯-1-氨基丙烷盐酸盐(**59**)引入了碳链,但这些试剂多少有一些昂贵,鉴于胺 **59** 来自乙腈,能否在路线中直接使用相对较便宜的乙腈成为一个值得思考的问题。实现这一想法的路线展示在路线 21 中,首先在水中(*S*)-缬氨酸(**57**)在 1 当量氢氧化钠作用下与乙腈反应定量生成氰乙基加合物 **61**[30,32],然后加入氯甲酸甲酯反应以 65%的总收率一锅得到氨基甲酸甲酯 **62**。接着在水中和高温下以碱性条件(兰尼镍类型的镍铝合金)在氢气氛围下还原 **62** 的钠盐得到胺,生成的胺可马上原位环化,酸化后过滤即以高产率得到 **47**[28,30]。因此,从(*S*)-缬氨酸、乙腈和氯甲酸甲酯开始,经过兰尼镍还原和环化后,可以中等收率在水中常规制备侧链片段 **47**。路线 21 中展示的这个合成工艺从起始原料(和试剂)的成本上来考虑是十分有利的,因为氯甲酸甲酯和乙腈要比氯甲酸苯酯和 3-氯-1-氨基丙烷盐酸盐便宜,兰尼镍、碱和溶剂的价格也不高。

在相对便宜的 **45** 和 **47** 合成路线确定之后,洛匹那韦工艺研发的下一阶段重点转为如何避免于侧链片段和核心部分的偶联反应中使用昂贵的多肽偶联试剂或者 Boc_2O。

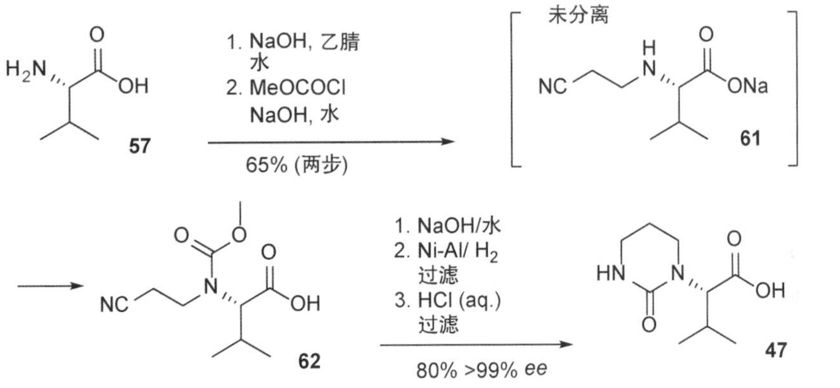

路线 21　化合物 47 的另一条工艺合成路线

4.12　自中间体 34 和 32 开始的洛匹那韦合成工艺优化

如前述,以立体纯的(*S*,*S*,*S*)-衍生物的半琥珀酸盐 **34** 作为洛匹那韦的大规模制备工艺起始原料是理想的,如今离实现低成本的洛匹那韦稳定生产的最后一步为找到核心片段 **34** 与侧链部分 **45** 和 **47** 的偶联方法。用二氯亚砜处理 **45** 得到酰氯 **63**,然后在过量碱的存在下将其与 **34** 反应生成 *N*-单取代的核心片段结构 **46** 晶体,化合物 **46** 在三氟乙酸作用下转化为脱 Boc 衍生物 **65** 的晶体 **66**。如路线 22 所示,早期工艺路线的最后一步是用便宜的方法将 **47** 活化为酰氯 **67** 后与 **66** 反应生成洛匹那韦,但这样的操作并不简单,因为酰氯 **67** 缺乏稳定性。一个解决方案是利用酰氯 **67** 在酸性介质中容易多聚[33]成如 **68** 和 **69** 等类似结构的性质,而这种聚合反应可以用强碱(大于 3.3 当量的咪唑)来控制（逆转），如此使得最后一步的收率达到95%。经过大量工作的验证，洛匹那韦存在有多种晶型[34]，而幸运的是，在商业化原料药生产的过程中并没有像利托那韦生产时那样出现了新的晶型[35]。

经过优化，如今酰氯**63**和**67**均可与**34**偶联，两步多肽偶联的成本进一步降低。目前仅剩的问题为是否仍然有必要对异构体混合物（**32a**－**d**）进行*N*－Boc保护和重结晶提纯去除异构体杂质生成半琥珀酸盐**34**，或者说，这两步保护-脱保护反应是否能从工艺中省略。因此，研究人员进行了大量关于制备**68**和**69**不同类型的酸铵盐及其重结晶工艺的探究，目的是如路线23中所示一般去除非对映异构体杂质[31]。

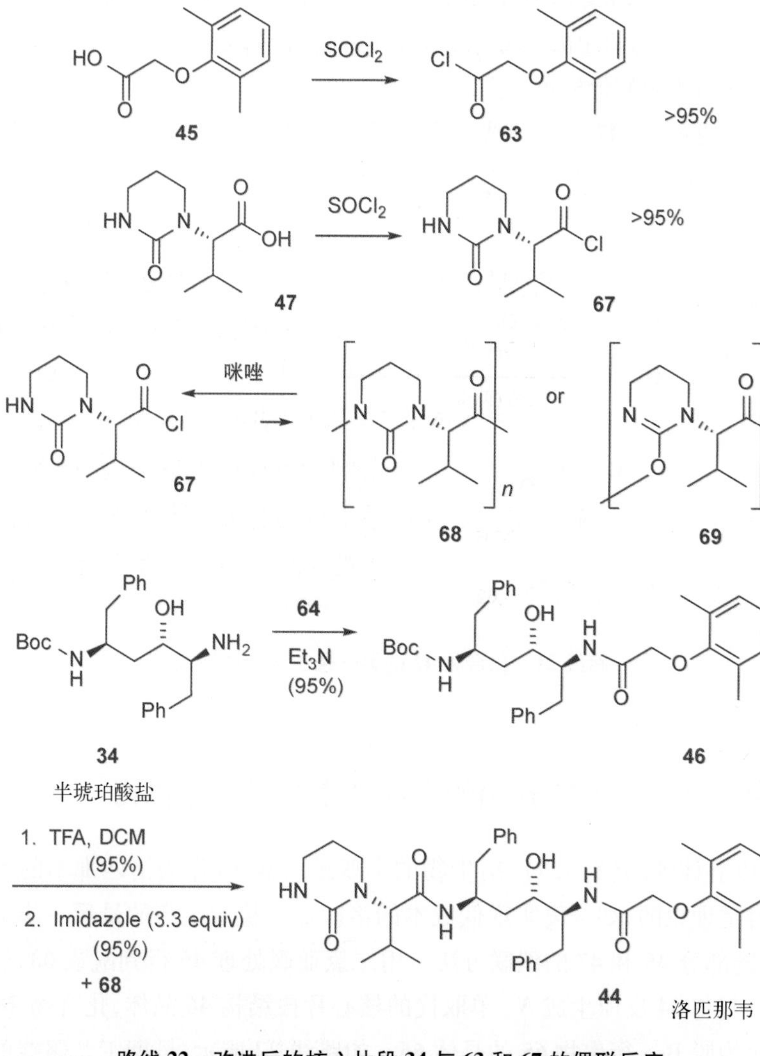

路线22 改进后的核心片段34与63和67的偶联反应

经过与30种不同类型的酸成盐，研究人员发现**69**的(*l*)-焦谷氨酸盐在重结晶后可以除去剩余~12%的(*S*,*S*,*R*)、(*S*,*R*,*S*)和(*S*,*R*,*R*)-异构体[31]，因此**32a**－**d**可以74%的总收率转化为高纯度的 **69** 的(*l*)-焦谷氨酸盐。在事先去除了立体异构体之后,工艺的最后一步——酰氯 **63** 与 **69** 的偶联反应,可以 89%的收率得到大公斤级批量的洛匹那韦。

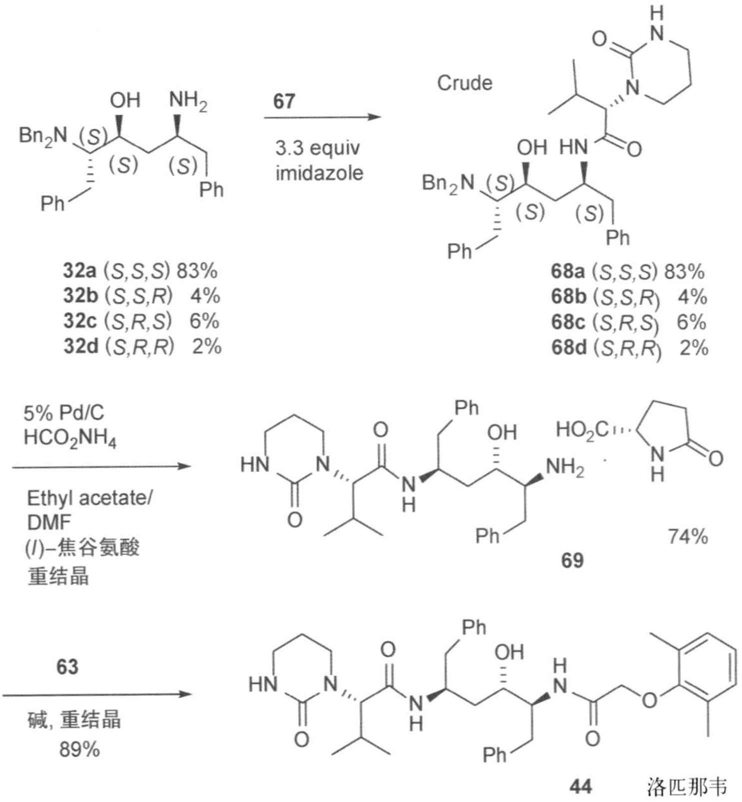

路线 23　缩短后的洛匹那韦合成路线

路线 23 中展示了洛匹那韦优越的合成工艺,路线中不含任何保护和脱保护步骤。因为洛匹那韦的重要性,在被发现四年之后,洛匹那韦和利托那韦的 4∶1 混合制剂(即药物克力芝®)快速获批上市。洛匹那韦的合成利用了利托那韦核心片段的新合成工艺,同时使用了标准的酰胺偶联化学以最佳方式连接上侧链部分 **45** 和 **47**。有趣的是洛匹那韦/利托那韦联合疗法(克力芝®)的药效比利托那韦联合茚地那韦(Crixivan®)或者奈非那韦(Viracept®)要更好,个中原因推测从药物代谢位点的角度来看,利托那韦和洛匹那韦在结构上比利托那韦/茚地那韦或利托那韦/奈非那韦更相似。

4.13　总结

总而言之,利托那韦和洛匹那韦成功的工艺和生产放大研究使得药物克力芝®能够快速上市,从而挽救了大量的生命,同时这两个化合物也被世界卫生组织列入必需药物名单。在路线中展示的全部反应均已公开于专利或者化学文献中,这其中代表了雅培公司的药物化学和工艺化学研究人员的大量心血，同时雅培公司（现为艾伯维）的大量生物、药化、工艺、制剂和生产研发人员为推进这款药物所作出的努力可谓史诗一般，参与研发的人员名单将列于引文部分。

4.14 参考文献

1. Lea, A. P.; Faulds, D. Ritonavir. *Drugs* **1996**, *52*, 541 - 546.
2. Oldfield, V.; Plosker, G. L. Lopinavir/Ritonavir: A review of its use in the management of HIV infection. *Drugs* **2006**, *66*, 1275 - 1299.
3. Young, T. P.; Parkin, N. T.; Stawiski, E.; Pilot-Matias, T.; Trinh, R.; Kempf, D. J.; Norton, M. Prevalence, mutation patterns, and effects on protease inhibitor susceptibility of the L76V mutation in HIV - 1 protease. *Antimicrob. Agents and Chemother.* **2010**, *54*, 4903 - 4906.
4. Kempf, D. J.; Sham, H. L.; Marsh, K. C.; Flentge, C. A.; Betebenner, D.; Green, B. E.; McDonald, E.; Vasavanonda, S.; Saldivar, A.; Wideburg, N. E.; Warren, M. K.; Ruiz, L.; Zhao, C.; Fino, L.-M.; Patterson, J.; Molla, A.; Plattner, J. J.; Norbeck, D. W. Discovery of ritonavir, a potent inhibitor of HIV protease with high oral bioavailability and clinical efficacy. *J. Med. Chem.* **1998**, *41*, 602 - 617.
5. Wlodawer, A.; Erickson, J. W. Structure-based inhibitors of HIV - 1 protease. *Annu. Rev. Biochem.* **1993**, *62*, 543 - 585.
6. Kempf, D. J.; Norbeck. D. W.; Codacovi, L.; Wang, X. C.; Kohlbrenner, W. E.; Wideburg, N. E.; Paul, D. A.; Knigge, M. F.; Vasavanoda, S.; Craig-Kennard, A.; Saldivar, A.; Rosenbrook, W., Jr.; Clement, J. J.; Plattner, J. J.; Erickson, J. Structure-based *C2* symmetric inhibitors of HIV protease. *J. Med. Chem.* **1990**, *33*, 2687 - 2689.
7. Kempf, D. J.; Codacovi, L.; Wang, X. C.; Kohlbrenner, W. E.; Wideburg, N. E.; Saldivar, A.; Vasavanoda, S.; Marsh, K. C.; Bryant, P.; Sham, H. L.; Green, B. E.; Betebenner, D. A.; Erickson, J.; Norbeck, D. W. Symmetry-based inhibitors of HIV protease. Structure-activity studies of acylated 2,4-diamino-1,5-diphenyl-3-hydroxypentane and 2,5-diamino-1,6-diphenylhexane-3,4-diol. *J. Med. Chem.* **1993**, *36*, 320 - 330.
8. Kempf, D. J.; Sowin, T. J.; Doherty, E. M.; Hannick, S. M.; Codavoci, L.-M.; Henry, R. F.; Green, B. E.; Spanton, S. G.; Norbeck, D. W. Stereocontrolled synthesis of *C2*-symmetric and pseudo-*C2*-symmetric diamino alcohols and diols for use in HIV protease inhibitors. *J. Org. Chem.* **1992**, *57*, 5692 - 5700.
9. Kempf, D. J.; Marsh, K. C.; Fino, L.-M. C.; Bryant, P.; Craig-Kennard, A.; Sham, H. L.; Zhao, C.; Vasavanonda, S.; Kohlbrenner, W. E.; Wideburg, N. E.; Saldivar, A.; Green, B. E.; Herrin, T.; Norbeck, D. W. Design of orally bioavailable, symmetry-based inhibitors of HIV protease. *Bioorg. Med. Chem.* **1994**, *2*, 847 - 858.
10. Mancuso, A. J.; Huang, S. L.; Swern, D. Oxidation of long-chain and related alcohols to carbonyls by dimethyl sulfoxide "activated" by oxalyl chloride. *J. Org. Chem.* **1978**, *43*, 2480 - 2482.
11. McMurry, J. E. Carbonyl-coupling reactions using low-valent titanium. *Chem. Rev.* **1989**, *89*, 1513 - 1524.
12. Fruedenberger, J. H.; Konradi, A. W.; Pedersen, S. F. Intermolecular pinacol cross coupling of electronically similar aldehydes. An efficient and stereoselective synthesis of 1, 2-diols employing a practical vanadium (II) reagent. *J. Am. Chem. Soc.* **1989**, *111*, 8014 - 8016.
13. Konradi, A. W.; Pedersen, S. F. Pinacol homocoupling of (*S*)-2-(N-benzyloxycarbonyl) amino aldehydes by $[V_2Cl_3(THF)_6]_2[Zn_2Cl_6]$. Synthesis of C2-symmetric (1*S*,2*R*,3*R*,4*S*)-1,4-diamino 2,3-diols. *J. Org. Chem.* **1992**, *57*, 28 - 32.
14. Reference 4, page 603, Sowin, T. J. (unpublished results).

15. Mashraqui, S. H.; Keehn, P. M. Cyclophanes. 14. Synthesis, structure assignment, and conformational properties of [2.2] (2,5) oxazolo-and thiazolophanes. *J. Am. Chem. Soc.* **1982**, *104*, 4461–4465.
16. Stuk, T. L.; Haight, A. R.; Scarpetti, D.; Allen, M. S.; Menzia, J. A.; Robbins, T. A.; Parekh, S. I.; Langridge, D. C.; Tien, J.-H. J.; Pariza, R. J.; Kerdesky, F. A. J. An efficient stereocontrolled strategy for the synthesis of hydroxyethylene dipeptide isosteres. *J. Org. Chem.* **1994**, *59*, 4040–4041.
17. Haight, A. R.; Stuk, T. L.; Menzia, J. A.; Robbins, T. A. A convenient synthesis of enaminones using tandem acetonitrile condensation, Grignard addition. *Tetrahedron Lett.* **1997**, *38*, 4191–4194.
18. Gribble, G. W.; Nutaitis, C. F. Sodium borohydride in carboxylic acid media. A review of the synthetic utility of acyloxyborohydrides. *Org. Prep. Proc. Int.* **1985**, *17*, 317–384.
19. Haight, A. R.; Stuk, T. L.; Allen, M. S.; Bhagavatula, L.; Fitzgerald, M.; Hannick, S. M.; Kerdesky, F. A. J.; Menzia, J.; Parekh, S. I.; Robbins, T. A.; Scarpetti, D.; Tien, J.-H. J. Reduction of an enaminone: Synthesis of the diamino alcohol core of ritonavir. *Org. Process Res. Dev.* **1999**, *3*, 94–100.
20. Stuk, T. L.; Allen, M. S.; Haight, A. R.; Kerdesky, F. A.; Langridge, D. C.; Leanna, M. R.; Lijewski, L. M.; Melcher, L.; Morton, H. E.; Norbeck, D. W.; Reno, D. S.; Robbins, T. A.; Scarpetti, D.; Sham, H. L.; Sowin, T. J.; Tien, J.-H. J.; Zhao, C. Process for the preparation of a substituted 2,5-diamino-3-hydroxyhexane. US 5,491,253 (1996).
21. Kerdesky, F. A. J.; Seif, L. S. A novel and efficient synthesis of 5-(hydroxymethyl) thiazole: An important synthon for preparing biologically active compounds. *Synth. Commun.* **1995**, *25*, 2639–2645.
22. Beck, G.; Heitzer, H. Preparation of 2-chloro-5-chloromethylthiazole. US 4,748,243 (1977).
23. Leanna, M. R.; Morton, H. E. Process for the preparation of 5-hydroxymethylthiazoles. WO 96/16050 (1996).
24. Tien, J.-H. J.; Mezia, J. A.; Cooper, A. J. Process for the preparation of an HIV protease inhibiting compound. US 5,567,823 (1996).
25. Bellani, P.; Frigerio, M.; Castoldi, P. A process for the synthesis of ritonavir. EP 1 133 485 B1 (2006).
26. Rock, B. M.; Hengel, S. M.; Rock, D. A.; Wienkers, L. C.; Kunze, K. L. Characterization of ritonavir-mediated inactivation of cytochrome P450 3A4. *Mol. Pharmacol.* **2014**, *86*, 665–674. and references cited therein.
27. Sham, H. L.; Kempf, D. J.; Molla, A.; Marsh, K. C.; Kumar, G. N.; Chen, C. M. ABT-378, a highly potent inhibitor of the human immunodeficiency virus protease. *Antimicrob. Agents Chemother.* **1998**, *42*, 3218–3224.
28. Sham, H. L.; Norbeck, D. W.; Chen, X.; Betebenner, D. A. Retroviral protease inhibiting compounds. US 5,914,332 (1999).
29. Sham, H. L.; Betebenner, D. A.; Chen, X.; Saldivar, A.; Vasavanonda, S.; Kempf, D. J.; Plattner, J. J.; Norbeck, D. W. Synthesis and structure-activity relationships of a novel series of HIV-1 protease inhibitors encompassing ABT-378 (lopinavir). *Bioorg. Med. Chem. Lett.* **2002**, *12*, 1185–1187.
30. Sham, H. L.; Norbeck, D. L.; Chen, X.; Betebenner, D. A.; Kempf, D. J.; Herrin, T.; Kumar, G. N.; Condon, S. L.; Cooper, A. J.; Dickman, D. A.; Hannick, S. M.; Kolaczkowski, L.; Oliver, P. A.; Plata, D. J.; Stengel, P. J.; Stoner, E. J.; Tien, J.-H. J.; Liu, J.-H.; Patel, K. M. Retroviral protease inhibiting compounds. US 6,472,529 B2 (2002).
31. Stoner, E. J.; Cooper, A. J.; Dickman, D. A.; Kolaczkowski, L.; Lallaman, J. E.; Liu, J.-H. Oliver-Shaffer, P. A.; Patel, K. M.; Paterson, J. B.; Plata, D. J.; Riley, D. A.; Sham, H. L.; Stengel, P. J.; Tien, J.-H. J. Synthesis of HIV protease inhibitor ABT-378 (Lopinavir). *Org. Process Res. Dev.* **2000**, *4*, 264–269.
32. McKinney, L. L.; Uhing, E. H.; Setzkorn, E.; Cowan, J. C. Cyanoethylation of alpha amino acids. I. Monocyanoethyl derivatives. *J. Am. Chem. Soc.* **1950**, *72*, 2599–2603.
33. Stoner, E. J.; Stengel, P. J.; Cooper, A. J. Synthesis of ABT-378, an HIV protease inhibitor

candidate: Avoiding the use of carbodiimides in a difficult peptide coupling. *Org. Process Res. Dev.* **1999**, *3*, 145 - 148.

34. Dickman, D. A.; Chemburkar, S.; Fort, J. J.; Henry, R. F.; Lechuga-Ballesteros, D.; Niu, Y.; Porter, W. Crystalline pharmaceutical. US 8,796,451 (2014). (And patents referenced therein).

35. Bauer, J.; Spanton, S.; Henry, R.; Quick, J.; Dziki, W.; Porter, W.; Morris, J. Ritonavir: An extraordinary example of conformational polymorphism. *Pharm. Res.* **2001**, *18*, 859 - 866.

5

依拉环素(Xerava®),一种新型、全合成的氟环素抗生素

Jie Jack Li

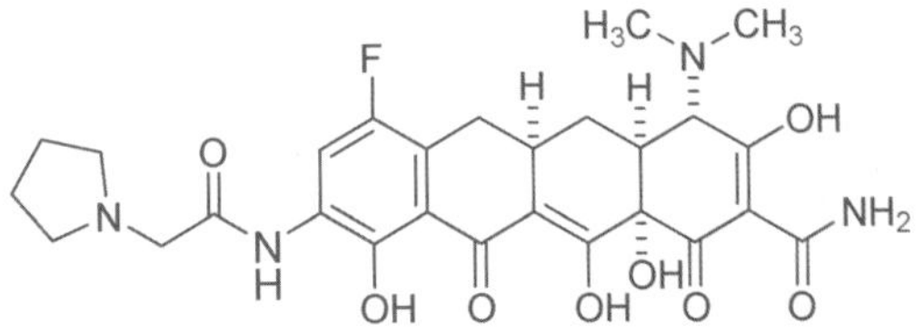

依拉环素
(Xerava, **1**)
Tetraphase, 2018
四环素类抗生素

5.1 背景

目前市场上有九种四环素类抗生素,其中三种是从自然界中分离得到,五种则是通过半合成制备得到,而 FDA 仅批准了一种全合成四环素,即 Tetraphase 制药公司的高活性化合物依拉环素(Xerava®,eravacycline, **1**)。

20 世纪 40 年代,来自纽约珍珠河的美国氰胺公司的 Lederle 实验室通过筛选土壤样本,来寻找安全性比链霉素更高的用于治疗结核病的抗生素。1945 年,Lederle 实验室聘请一位 73 岁的植物学家 Benjamin M. Duggar 作为顾问,领导开展新抗生素方面的筛选工作。巧合的是,从 Duggar 40 年前担任植物学教授的密苏里大学提供的一个样本中发现了一种抗生素,命名为氯四环素(**2**),并以商品名金霉素于 1948 年进行销售。与其他抗生素相比,金霉素增加了对广泛细菌的抗菌谱,且口服生物利用度高,因此在抗生素市场中赢得了很好的份额。如今,Duggar 教授仍被认为是四环素类抗生素的先驱。

第二种四环素类抗生素也是偶然发现的。20 世纪 40 年代末,抗生素领域市场风起云涌,一代抗生素产品青霉素价格一落千丈,辉瑞公司对其他抗生素的新兴产生了深深的担忧。与当时的众多制药公司一样,辉瑞立即投入到新型抗生素的研究中。1949 年,他们从土壤样品中分离出一种具有强抗菌性质的黄色粉末,即氧四环素(**3**)。氧四环素被证明对引起一百多种传染病的各类细菌有效,且十分安全。通过回溯发现,当时这个土壤

样本是在辉瑞公司拥有的印第安纳州 Terre Haute 工厂采集的，后来辉瑞公司以商品名土霉素(**3**)对其进行销售。

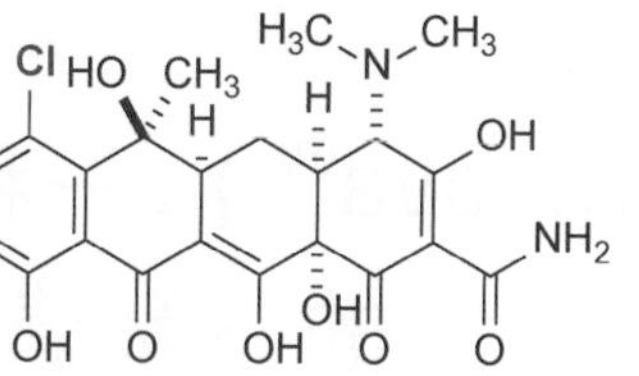

氯四环素（金霉素，**2**）

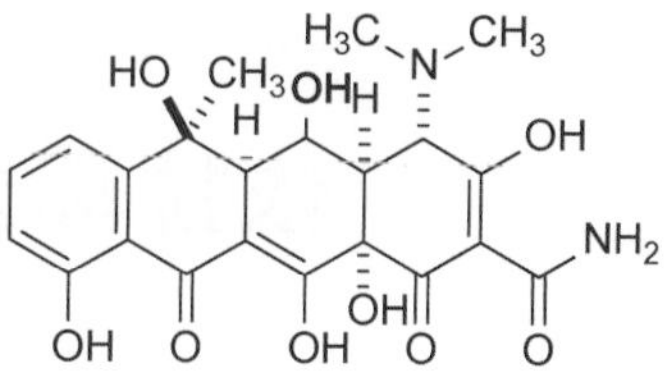

氧四环素(土霉素，**3**)

此外，辉瑞还组建了一个团队来研究土霉素的化学结构，他们也得到了哈佛大学 R. B. Woodward 教授的帮助。1952 年，辉瑞和 Woodward 教授共同发表了关于土霉素结构的重要研究工作。同时，团队中的一名成员 Lloyd Conover 通过化学方法从氯四环素(**2**)出发制备出另一种强力抗生素，震惊了他的同事。在使用氢气和钯/碳(Pd/C)并严格控制的催化加氢条件下，通过脱除氯四环素(**2**)环上的氯原子并用氢原子取代，制成了四环素(Tetracyn，**4**)。氯四环素(**2**)和四环素(**4**)在极端 pH 条件下不稳定，在人体中，它们倾向于在酸催化下脱除碳环上的 C-6 羟基，形成有毒性的脱水四环素衍生物。

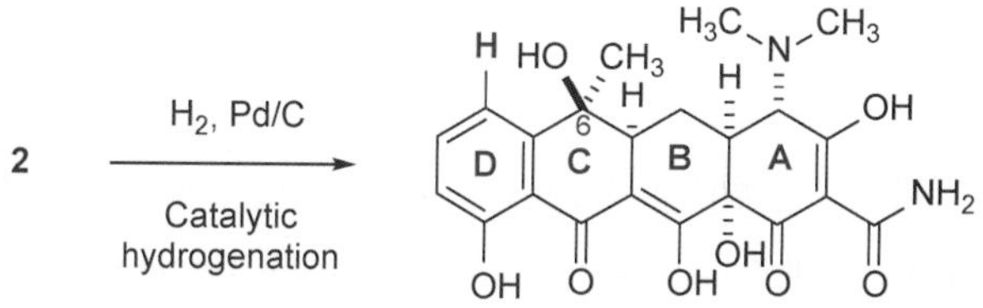

四环素(**4**)

Conover 的发现是真正的革命性的。在此之前，业界普遍认为，微生物代谢产生的“天然”抗生素是发现具有理想生物学特性抗生素的唯一途径，而 Conover 的发现证明化学修饰也可以提供活性抗生素。三年内，四环素类产品迅速成为美国处方量最大的广谱抗生素。这一发现还创造了一个全新的医学研究领域——半合成抗生素，它引发了对优势结构修饰抗生素的研究热潮。从那开始，半合成抗生素也逐渐成为抗生素发现的主要途径。辉瑞的多西环素(Doxylin®，doxycycline，**5**，1967)和 Lederle 的米诺环素(Minocin®，minocycline，**6**，1972)均采用半合成方法发现。多西环素(**5**)是通过还原去除天然四环素的 C-6 羟基从而产生了更稳定的 6-脱氧四环素，其可以由土霉素(**3**)经四步制备得到，目前仍然是处方使用最多的通用抗生素之一。从结构来说，在米诺环素(**6**)的 C-7 位加上二甲氨基是非常有益的，几乎所有后来的四环素类抗生素都以一种或另一种形式保留了它。值得一提的是，多西环素(**5**)和米诺环素(**6**)的口服生物利用度都很高，接近 100%！

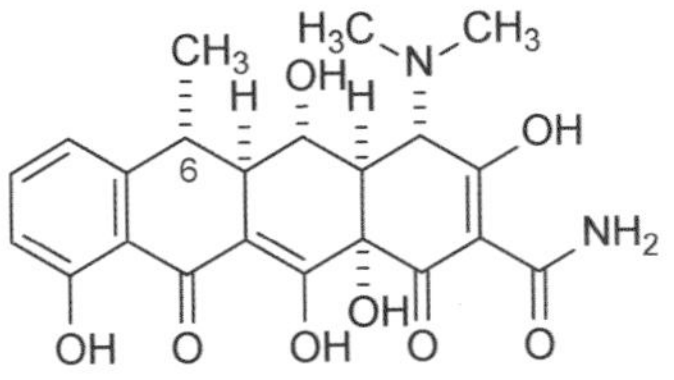

多四环素 (Doxylin, **5**)

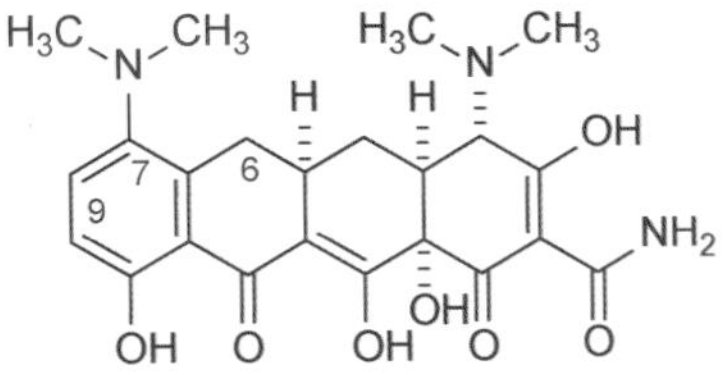

米诺环素 (Minocin, **6**)

细菌是一类具有强生存能力的微生物。出于微生物的生存本性,它们最终都会对抗生素产生耐药性。在许多细菌中均报道了多种四环素耐药基因,根据其序列相似性分别命名为 *tet* A、B、C、D、E、K、L、M、O、P、Q。根据这些耐药基因的作用机制不同,进而又可以分为三种类型:抗生素外排泵型(*tet* A－E、K、L、P)、靶点保护型(*tet* M、O、Q)和抗生素灭活型(*tet* X)。

想要克服临床上细菌耐药性就需要不断补充我们的抗生素武器库。研究报道,细菌对四环素类药物耐药有两种机制:一种是以跨膜蛋白为基础的抗生素外排泵[基因型 *tet* (A－E)]和[*tet* (K－L)];另一种是核糖体保护蛋白[基因型 *tet* (M－O)]。核糖体保护蛋白是这类基因型的细菌会产生一种细胞质蛋白,能与核糖体结合,引起核糖体构象的改变,阻止四环素与核糖体结合,从而保护核糖体,维持细菌蛋白合成。为了克服某些菌株对米诺环素(**6**)的耐药性,美国氰胺公司 Phaik－Eng Sum 团队在 Francis Tally 发起的一个项目中发现了替加环素(Tygacil®,tigecycline, **7**),并于 2005 年获得 FDA 批准。米诺环素(**6**)和替加环素(**7**)的主要区别在于后者在 C－9 位上有一个额外的 9－叔丁基甘氨酰氨基取代基,这个改变被认为有助于提高替加环素(**7**)与细菌核糖体的结合亲和力,从而克服了对其他所有四环素类抗生素的获得性耐药。替加环素(**7**)是该系列中作用最强的化合物之一,在患者中具有半衰期长、组织分布广泛的特点[1]。

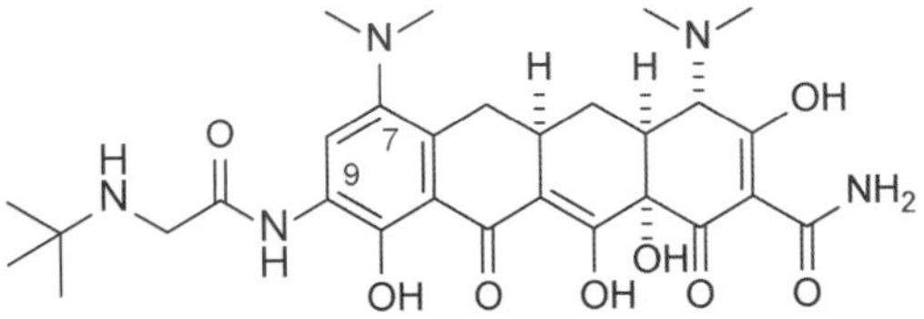

替加环素
(Tygacil, **7**)
Wyeth, 2005
四环素类抗生素

但是,替加环素(**7**)生物利用度低,只能通过静脉给药(IV),而且因其胃肠道副作用和患者死亡率增加的风险而被 FDA 黑框警告。波士顿的 Paratek 制药公司努力通过对替加环素(**7**)进行结构优化,提高其生物利用度并降低其不良反应,成功开发出奥玛环素(Nuzyra®, omadacyclinc, **8**)和沙瑞环素(Seysara®, sarecycline, **9**)。奥玛环素(**8**)是一种广谱抗菌药物,对革兰氏阳性和革兰氏阴性需氧菌、厌氧菌和非典型细菌具有活性,可口服或静脉给药[2];而沙瑞环素(**9**)则是一种窄谱四环素,获批用于治疗中重度寻常痤疮,其通过干扰转运核糖核酸(transfer ribonucleic acids, tRNA)调节发挥作用,并将信使核糖核酸(messenger ribonucleic acid, mRNA)连接至核糖体 70S 处(70S,S 是沉降系数,S 值不是累加的)[3]。

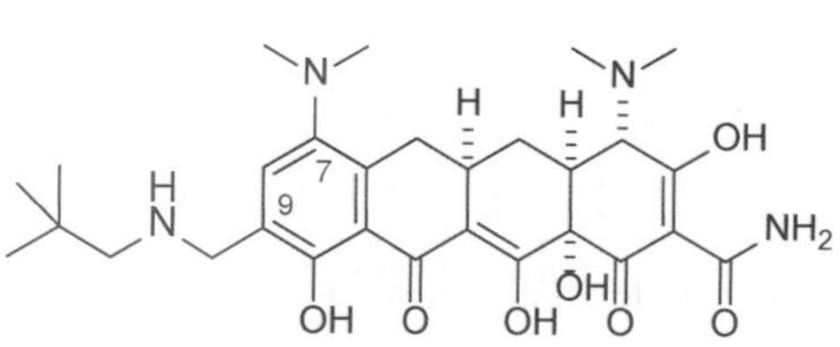
奥玛环素 (Nuzyra, **8**)
Tufts/Parateck, 2018

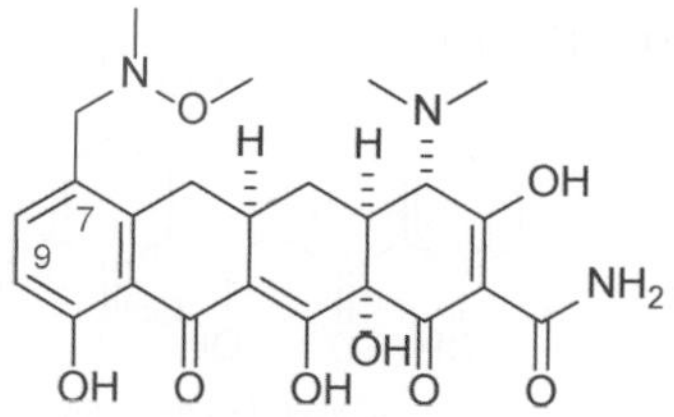
沙瑞环素 (Seysara, **9**)
Parateck, 2018

5.2 药理学

所有四环素类抗生素，包括依拉环素（eravacycline, **1**），具有相同的作用机制（molecular of action, MoA）。它们选择性地抑制细菌蛋白质合成，特别是与细菌核糖体的一个结合亚单位，如30S（蛋白质合成的部位），以阻止tRNA与mRNA核糖体复合物上的受体部位（A部位）结合，最终无法将新的氨基酸递送至增长中的肽链，从而中止蛋白质合成。

蛋白质合成是一个复杂的过程，核糖体扮演了核心角色，它的任务是借助tRNA将mRNA翻译为相应的氨基酸序列。

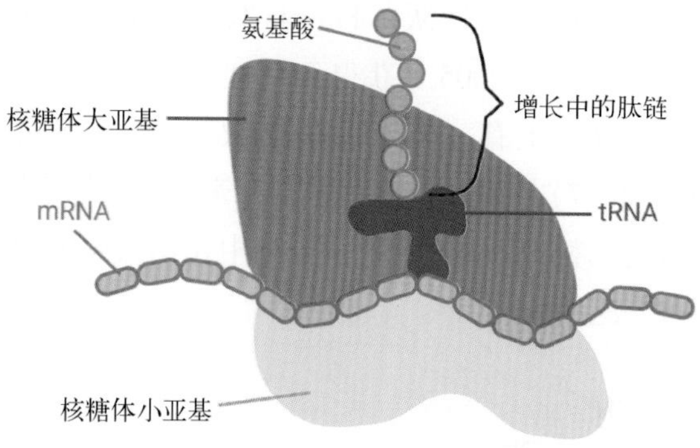

图1 核糖体的结构，由 Alexandra H. Li 绘制

什么是核糖体？

核糖体是一种复杂的核蛋白颗粒复合体，由两个亚基组成，主要成分之一是核糖体RNA（ribosomal RNA, rRNA），其他则是蛋白质。在结构上，核糖体是由50S大亚基和30S小亚基以及夹在两者之间的mRNA组成。同时，tRNA充当“桥梁”，携带氨基酸到达核糖体，将mRNA中的一个密码子和其对应编码的氨基酸相匹配（图1）。

氨基酸与肽的结合通常涉及以下四个步骤：

a. 核糖体将两个密码子集中在mRNA上，一个结合了它的tRNA-氨基酸复合物；另一个准备接受下一个tRNA-氨基酸复合物。

b. 两个相邻复合物的氨基酸通过肽基转移酶连接。

c. tRNA从mRNA上解离。

d. 右侧的tRNA-氨基酸复合物向左移动，使得下一个复合物接着结合在右侧。

四环素类，包括依拉环素（**1**），其作用机制为中断步骤a，抑制核糖体和tRNA-氨基酸复合物的结合。这样的机制可以作为抑菌剂，并对广谱病原体均有抗菌活性。四环素抑制结合过程中的第一和第二步骤之间的转换，即阻止A位点对tRNA的完全容纳，从而导致tRNA从A位点丢失。

2000 年,Bodersen 发表了关于四环素(**4**)-30S 核糖体共晶结构的解析。非常清楚的是,四环素(**4**)的"西北"区域并不直接参与与核糖体的相互作用,可以在不显著丢失活性的情况下进行化学修饰。另一方面,"东南"区域结构直接参与细菌核糖体 A 位点广泛的氢键网络,因此,保留这部分氢键网络对于维持核糖体紧密结合至关重要,这也解释了为什么"东南"区域结构在所有四环素类抗生素中是保持不变的。如图 2 所示,左图为四环素(**4**)主要结合位点的概述,是 A 位点的 tRNA(红色)和 mRNA(黄色)的结合模型,描绘了靠近结合位点的 RNA 组分,以及与 A 位点的 tRNA 中 H34(蓝色)、H31(绿色)、H18(橙色)和 H44(青色)基团的相互作用。右图则展示了四环素(**4**)的化学结构图,以及可能与主要位点 16S RNA 的相互作用(蓝色),阴影区域代表分子上可被修饰而不影响其抑制作用的位置[4]。由此可见,C7 和 C9 是提高抗菌活性最有希望的修饰位点,也因此发现了米诺环素(minocycline,**6**)和替加环素(Tygacil®, tigecycline,**7**)。

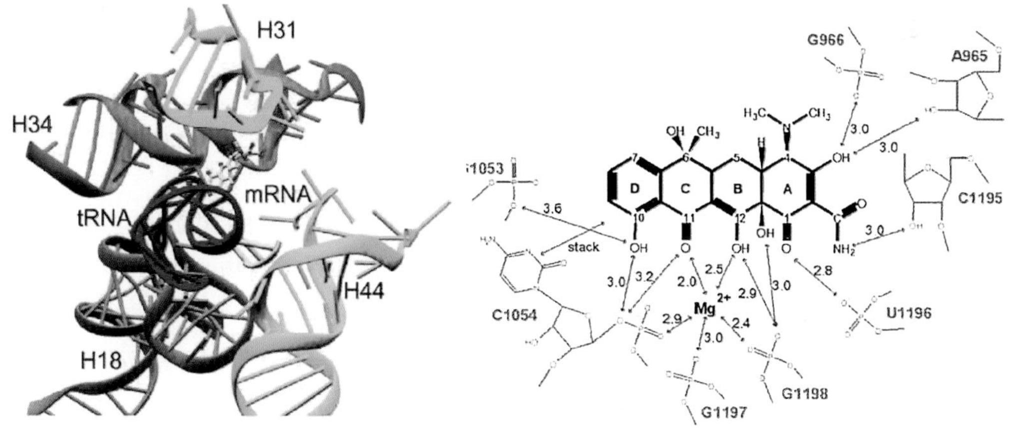

图 2 左图:四环素(4)的主要结合位点;右图:四环素(4)与主要位点 16S RNA 的可能相互作用(经 Elsevier 许可改编自参考文献 4)

2015 年,Zhou 及其同事展现了替加环素与细菌核糖体另一种结合模式的结构特征。在这个结合模式下,四环素 D 环的东南部分通过氢键结合、镁离子的相互配位、π 键堆积作用与核糖体的 A 位点发生了广泛的相互作用[5]。

核糖体小亚基(30S 亚基)有三个能与 tRNA 分子结合的位点,分别命名为 A(氨基酰基)、P(肽基)和 E(出口)位点。四环素类通过与核糖体的 30S 亚基结合而抑制蛋白质合成。与氨基糖苷类相似,四环素类抑制 tRNA 与核糖体 A 位点的结合,结合位点之一是 7S 核糖体蛋白,而另一个高度保守区域 16S rRNA 也可能是结合位点的一部分,这也解释了四环素的广谱性。替加环素(**7**)也与核糖体 30S 亚基的 A 位点结合,抑制细菌蛋白质合成的活性分别是米诺环素(**6**)和四环素(**4**)的 3 倍和 20 倍。替加环素(**7**)活性的增加源于叔丁基-甘氨酰氨基侧链和核糖体之间额外的相互作用,特别是甘氨酰胺部分与 C1054 之间的堆叠相互作用(H34,见图 1)。

四环素通过占据核糖体的 A 位点而发挥作用。

四环素是肽链延长循环抑制剂,它特异性地阻止 tRNA 与 A 位点的结合。虽然 tRNA 与 A 位点的非酶结合(延伸因子 EF－Tu 不参与)被完全抑制,但 tRNA 以三元复合物氨基酸- tRNA · EF－Tu · GTP 形式结合的第一步仍然是可能的。然而,当 EF－Tu 将 GTP 水解为 GDP 时,进入的 tRNA 从核糖体中丢失。

翻译机制确保 mRNA 的遗传信息准确转换为相应的多肽序列,核糖体提供了 mRNA 可以被 tRNA 解码的场所,每种 tRNA 都携带一种特定的氨基酸,它被准确地安装到不断增长的多肽链中。核糖体上存在三个 tRNA 结合位点: A 位点为解码发生的位点,根据该位点显示的 mRNA 密码子选择结合正确的肽基- tRNA;在肽键形成之前,P 位点携带肽基- tRNA,即携带伸长多肽链的 tRNA;E 位点仅结合酰基已脱除的 tRNA,即那些准备从核糖体中退出的已完成肽键形成的 tRNA。

5.3 构效关系(SAR)

四环素类抗生素相当脆弱,它们在 pH≥10 时容易分解,这也是市场上可用的半合成四环素类药物很有限的原因。

1995 年前后,Cal Tech 公司的 Myers 开始了一个雄心勃勃的项目,即通过全合成方法合成四环素衍生物,从而获得一个半合成不可能获得的四环素类药物。1998 年 Myers 移居哈佛后,工作仍在继续,Myers 的四环素类汇聚式合成方法创造了革命性的发现引擎!到目前为止,使用他的可实践、可放大的合成工艺制备了超过 3 000 种四环素衍生物,也因而获得了许多无法通过半合成获得的四环素衍生物。在全合成的四环素中最好的可能是依拉环素(eravacycline, **1**)。已上市四环素类抗生素的构效关系见表 1,其中 MIC 代表平均抑制浓度。为了检测抗生素对耐药菌株的活性,还加入核糖体保护蛋白 M(*tet* M)并检测了其体外活性[6]。

表 1 已上市四环素类抗生素的构效关系

	体外 MIC	(mg/mL)
抗生素	空白组	*Tet* (M)
依拉环素(**1**)	0.063	0.063
替加环素(**7**)	0.063	0.13
米诺环素(**6**)	0.5	64
多西环素(**5**)	2	64
四环素(**4**)	2	128

如图 3 所示,依拉环素(**1**)在初治和耐药细菌菌株中的效力均显著高于四环素(**4**)和替加环素(**7**)。来源:参考文献 6。

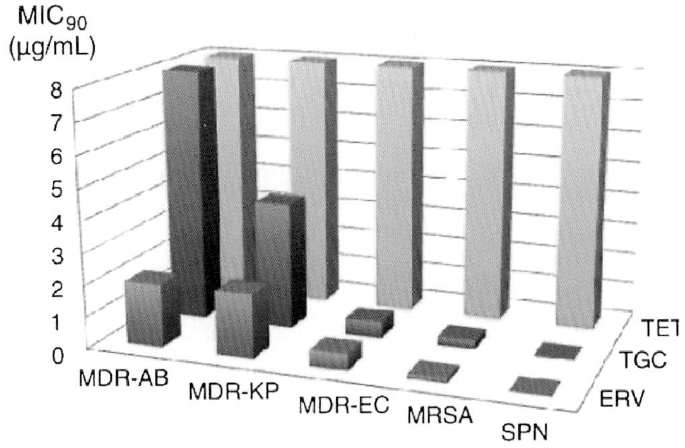

图 3 依拉环素(1)、四环素(4)和替加环素(7)的相对活性
(经 Elsevier 许可改编自参考文献 6)

5.4 药代动力学和药物代谢

在一项复杂性尿路感染(cUTI)的Ⅲ期临床研究中,考察了依拉环素(**1**)每日 1 次,每次 300 mg 或 400 mg,或每 12 小时 100 mg 口服给药的药效,但由于疗效不理想而终止试验。对于依拉环素(**1**)的静脉(Ⅳ)给药,在 1 mg/kg 剂量下每 12 小时给药一次,其最大药物浓度 C_{max} 为 1.82 g/mL;半衰期($t_{1/2}$)非常长,为 20 h;其分布容积 V_d 为 321 L,表明依拉环素(**1**)高度分布于机体组织中。依拉环素(**1**)的暴露量(area under the curve, AUC)为 6.31 μg · h/mL,在人体中具有中等程度的血浆蛋白结合率(plasma protein binding, PPB),范围为 79%~90%[7]。

依拉环素(**1**)主要通过 CYP3A4 和含黄素单加氧酶(FMO)代谢[8]。

5.5 有效性和安全性

相对于其他四环素类,依拉环素(**1**)极大改善了广谱抗生素活性,特别是对多重耐药菌,MIC_{90} 值范围为<0.008~2 μg/mL,并被证明不受主要的四环素特异性耐药机制所影响,如核糖体保护和外排。

依拉环素(**1**)能有效地抑制一系列临床上重要的革兰氏阴性菌的生长,包括其中对多数甚至所有第三代头孢菌素、氨基糖苷类和氟喹诺酮类耐药的菌株。

治疗后最常见的不良事件包括呕吐(5.7%)、血淀粉酶升高(5.7%)、脂肪酶升高

(5.7%)、腹痛(3.8%)、肠梗阻(3.8%)、恶心(1.9%)和血栓性静脉炎(1.9%)[9]。

几篇关于依拉环素(**1**)治疗复杂性腹腔内感染(complicated intra-abdominal infections, cIAI)的疗效和安全性的 Meta 分析研究论文已发表。依拉环素(**1**)对外排泵和核糖体保护蛋白等机制导致的四环素类耐药保持有效。虽然依拉环素(**1**)的疗效与碳青霉烯类抗生素(如厄他培南和美罗培南)相当,但治疗后出现的不良反应(TEAE)风险似乎更高,尤其是恶心和呕吐[10, 11]。

5.6 合成

依拉环素/Eravacycline(**1**)的第一代和第二代合成路线由哈佛大学的 Myers 小组开发。Tetraphase 制药公司成立于 2006 年,公司开展了广泛的工艺优化工作,以优化依拉环素(**1**)的大规模合成。为了节省空间,本章仅讨论工艺/生产合成路线。

下图给出了逆合成分析,从本质上讲,依拉环素(**1**)是通过 D 环 **10** 和 A－B 环 **11** 之间关键的 Michael－Dieckmann 环化组装的,而三环 **11** 是通过糠醛 **12** 和异噁唑 **13** 之间的偶联制备的。

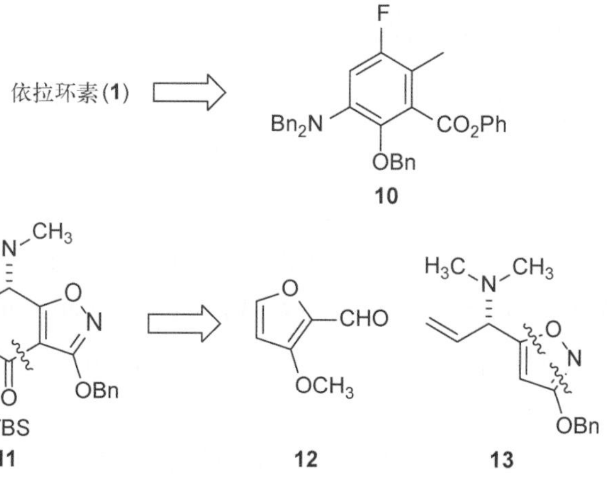

在实践中,光学纯的异噁唑烯丙胺 **13** 的工艺合成始于自由基引发的廉价马来酸二甲酯 **14** 的二溴化,在 200 kg 批次下进行溴化,得到的二溴化物 **15** 和 *N*－羟基脲 **16** 在 *t*－BuOK 促进下缩合得到羟基-异噁唑 **17**。随后羟基苄基化,经 DIBAL－H 还原得到醛 **18**。在 $CuSO_4$ 辅助下,醛 **18** 与 Ellman 助剂的(*S*)-异构体,即(*S*)-叔丁基亚磺酰胺 **19**,缩合制备得到手性亚磺酰亚胺 **20**,收率为 85%。在甲基锂和氯化锌存在下,用乙烯基格氏试剂对亚磺酰亚胺 **20** 进行了关键的乙烯化反应,得到了 98% *de* 值的加成物 **21**。叔丁基亚磺酰基手性助剂在酸性条件下易于去除,暴露的伯胺在醋酸钠存在下用甲醛处理,然后用甲基吡啶-硼烷复合物还原得到二甲胺 **13**,*ee* 值为 95%。通过形成相应的酒石酸盐 **13′**,可以大大提高 *ee* 值,重结晶后 *ee* 值为 99%[12, 13]。

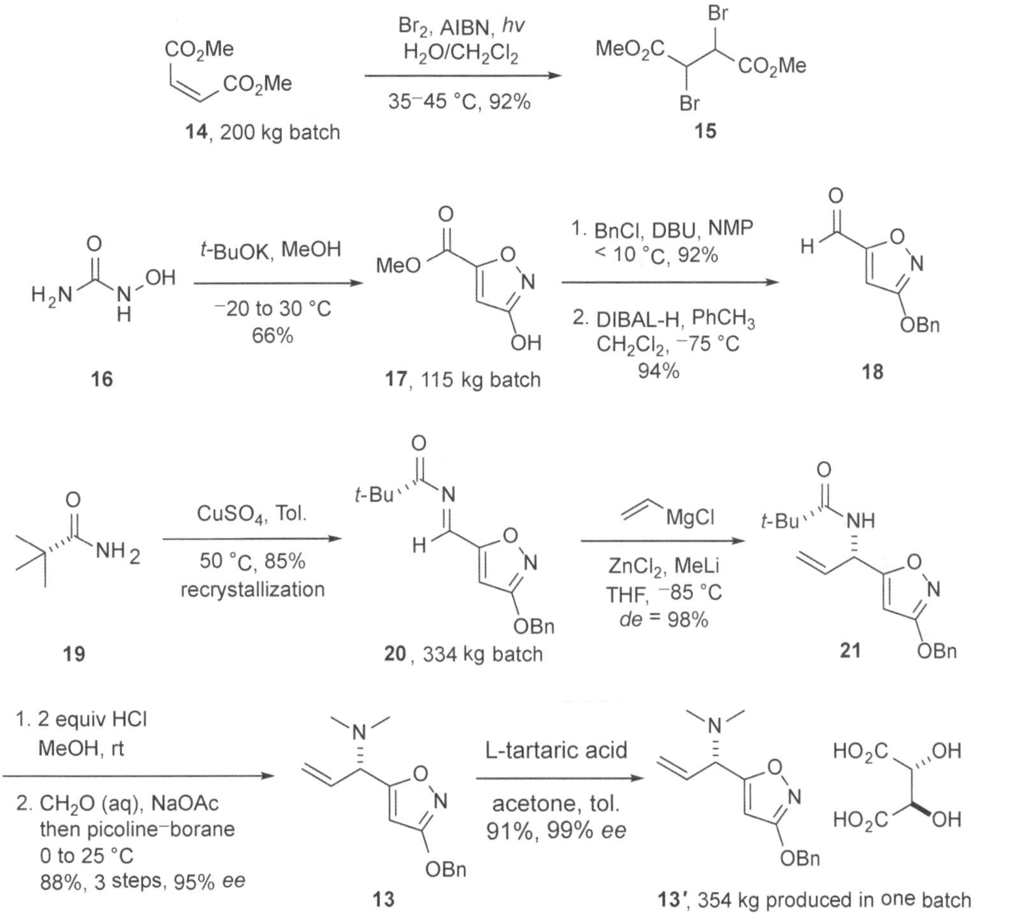

Tetraphase 在 2017 年披露了他们制备 A-B 环中间体 TP-808(**11**)的工艺,首先用氢氧化钠处理酒石酸盐 **13′**得到游离碱 **13**,再使用 Knochel's Turbo 格氏试剂对异噁唑 **13** 的 4-位进行去质子化,并向去质子化中间体中加入醛 **12**,生成加成物 **22**,其为非对映异构体混合物(3.57∶1 *de*)中的优势构型,如图所示。随后,醇 **22** 与 Hünig 碱在 DMSO 中回流,促进关键的分子内 Diels-Alder 反应,所得醇中间体经三氧化硫-吡啶复合物氧化后得到酮 **23**。用三氯化硼在低温下完成了亚甲基烯醇醚 **23** 的去甲基化,同时促进了氧杂环的开环,以 90%的产率生成烯酮 **24**。以叔丁基二甲基硅烷醚保护醇 **24**,然后在异丙醇中重结晶,得到 A-B 环中间体 **11**[14, 15]。

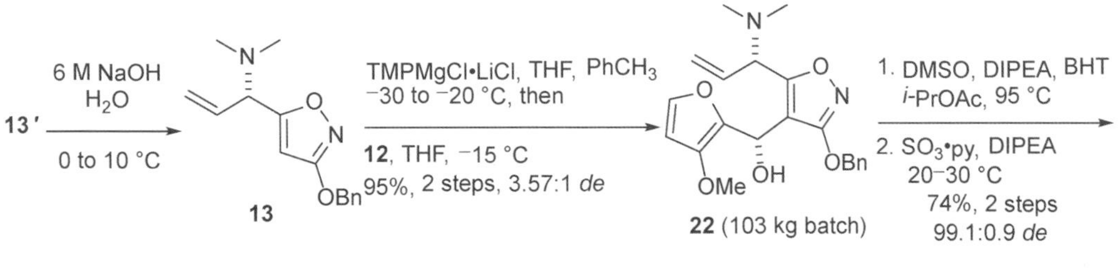

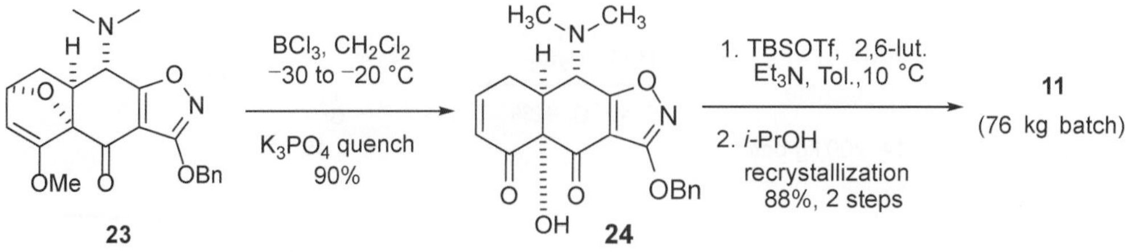

Tetraphase 于 2017 年报道了 D 环(**10**)的合成。使用 2 当量 LDA 对苯甲酸 **25** 进行去质子化,提供相应的二价阴离子,并在 2 -位选择性发生甲基化,得到 **26**,羧酸阴离子未酯化生成甲酯。将羧酸 **26** 转化为对应的苯酯后,使用 BBr_3 去甲基化得到苯酚 **27**。为了使合成路线更汇聚,9 -位苯胺的引入时间宜更早,而非更晚。因此,对 **27** 进行硝化,然后对苯酚官能团进行苄基化,生成硝基芳烃 **28**。用亚硫酸钠还原硝基,得到苯胺 **29**,上述六个步骤的最终总收率达到了惊人的 83%! 最后,苯胺 **29** 经双苄基化得到的 D 环 **10**,产率为 80%[16]。

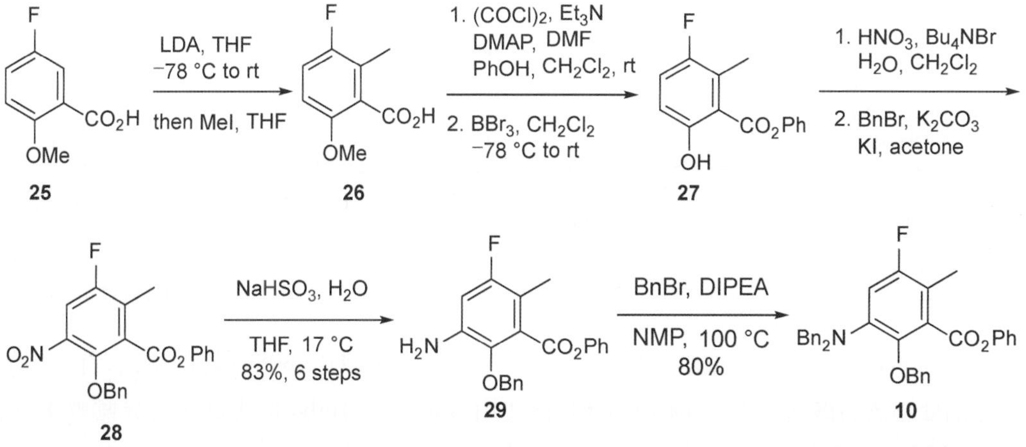

最后的压轴大戏是将依拉环素(**1**)的所有四个环进行组装,通过使用 Michael - Dieckmann 环化将片段 **10** 和 **12** 偶联来实现。用 LDA 处理 **10**,然后加入 **12** 和 LiHMDS 以 94%的产率得到加成物 **30**。随后,HF 水溶液被证明是去除 TBS 保护基团得到醇 **31** 的最佳试剂,尽管它具有高度腐蚀性。采用钯催化加氢反应一次性脱除了三个苄基保护基团,得到苯胺 **32**,并与酰氯 **33** 发生酰胺化得到依拉环素(**1**)游离碱,最后用过量 HCl 处理得到相应的双盐酸盐,即活性药物成分 API[17]。

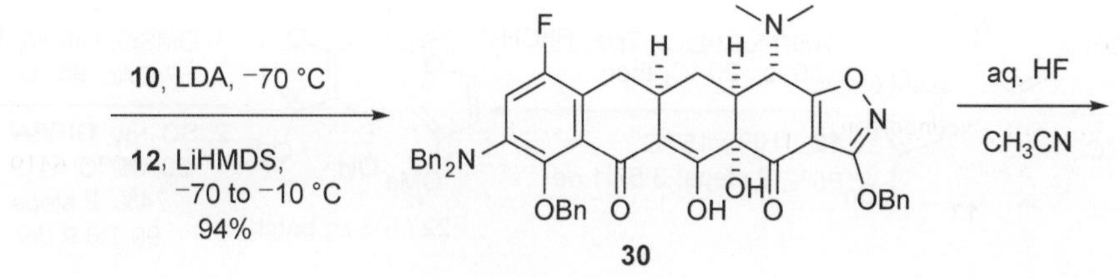

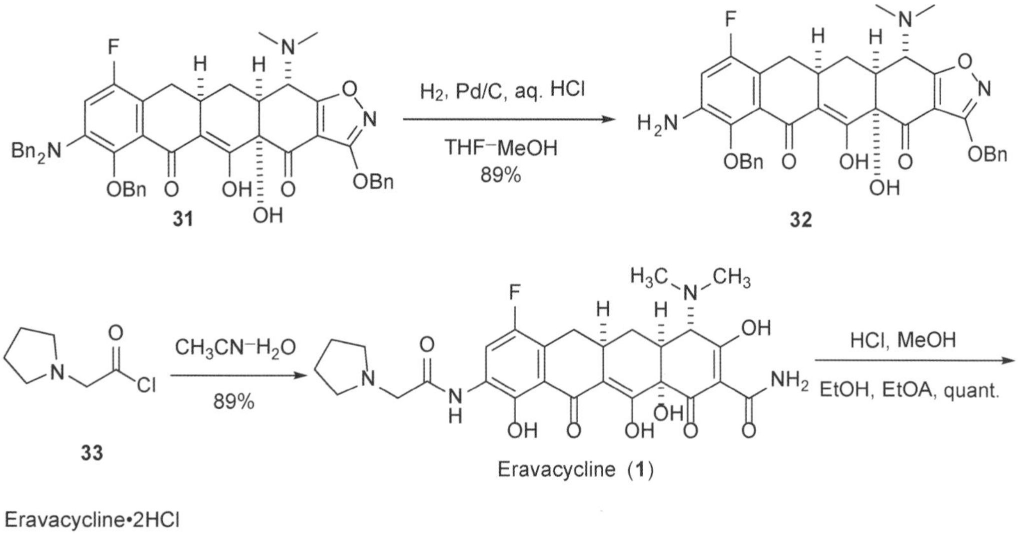

5.7 总结

Myers 对依拉环素(**1**)的精妙汇聚式合成证明了全合成的力量,这使人们获得了许多不能从半合成获得的四环素类药物。基于药物设计来增强药效和尽可能减少耐药,从而发现和开发了这一高效四环素抗生素,能有效治疗对旧四环素类药物产生耐药性的细菌性病原体。

一种成功的抗生素的发现过程确实是一项伟大的科学成就,它能极大地造福人类。然而,科学上的成功并不总是转化为经济上的成功,大多数专攻抗生素的生物技术公司在财务上做得都不好。例如,位于南旧金山的 Achaogen Inc. 公司在 2018 年获得了 FDA 对其新型氨基糖苷类抗生素 Plazomicin (Zemdri®)的批准,但由于该药的销售惨淡,公司于 2019 年破产。同样地,尽管在发现和开发依拉环素(Xerava®,**1**)方面取得了巨大的科学和医学上的胜利,但 Tetraphase 制药公司并不是一家盈利公司。2020 年,当 La Jolla 制药公司以 5 900 万美元的价格收购 Tetraphase 时,其股票价值仅为几美元。

5.8 参考文献

1. (a) Jones, C. H.; Petersen, P. J. Tigecycline: a review of preclinical and clinical studies of the first-in-class glycylcycline antibiotic. *Drugs Today* **2005**, *41*, 637 – 659. (b) Sum, P.-E.; Petersen, P. Synthesis and structure-activity relationship of novel glycylcycline derivatives leading to the discovery of GAR – 936. *Bioorg. Med. Chem. Lett.* **1999**, *9*, 1459 – 1462.
2. Tanaka, S. K.; Steenbergen, J.; Villano, S. Discovery, pharmacology, and clinical profile of omadacycline, a novel aminomethylcycline antibiotic. *Bioorg. Med. Chem.* **2016**, *24*, 6409 – 6419.
3. (a) Deeks, E. D. Sarecycline: First Global Approval. *Drugs* **2019**, *79*, 325 – 329. (b) Batool, Z.; Lomakin, I. B.; Polikanov, Y. S.; Bunick, C. G. Sarecycline interferes with tRNA accommodation and

tethers mRNA to the 70S ribosome. *Proceed. Natl. Acad. Sci.* **2020**, *117*, 20530 – 20537.

4. Bodersen, D. E.; Clemons, W. M.; Carter, A. P.; Morgan – Warren, R. J.; Wimberly, B. T.; Ramakrishan, V. The Structure Basis for the Action of the Antibiotics Tetracycline, Pactamycin, and Hygromycin B on the 30S Ribosomal Subunit. *Cell* **2000**, *103*, 1143 – 1154.
5. Schedlbauer, A.; Kaminishi, T.; Ochoa-Lizarralde, B.; Dhimole, N.; Zhou, S.; Lo'pez-Alnoso, J. P.; Connell, S. R.; Fucini, P. Structural characterization of an alternative mode of tigecycline binding to the bacterial ribosome. *Antimicrob Agents Chemother* **2015**, *59*, 2849 – 2854.
6. Liu, F.; Myers, A. G. Development of a platform for the discovery and practical synthesis of new tetracycline antibiotics. *Cur. Opin. Chem. Biol.* **2016**, *32*, 48 – 57.
7. (a) Heaney, M.; Mahoney, M. V.; Gallagher, J. C. Eravacycline: The Tetracyclines Strike Back. *Ann. Pharmacother.* **2019**, *53*, 1124 – 1135. (b) McCarthy, M. W. Clinical Pharmacokinetics and Pharmacodynamics of Eravacycline. *Clin. Pharmacokinet.* **2013**, *58*, 1149 – 1153.
8. Newman, J. V.; Zhou, J.; Izmailyan, S.; Tsai, L. Mass balance and drug interaction potential of intravenous eravacycline administered to healthy subjects. *Antimicrob. Agents Chemother.* **2019**, *63*, e01810 – 18/1 – e01810 – 18/11.
9. Thakare, R.; Dasgupta, A.; Chopra, S. Eravacycline for the treatment of patients with bacterial infections. *Drugs Today* **1998**, *54*, 245 – 254.
10. (a) Eljaaly, K.; Ortwine, J. K.; Shaikhomer, M.; Almangour, T. A.; Bassetti, M. Efficacy and safety of eravacycline: A meta-analysis. *J. Global Antimicrobial Resis.* **2021**, *24*, 424 – 428. (b) Tang, H. -J.; Lai, C. -C. The safety of eravacycline in the treatment of acute bacterial infection. *Clin. Infect. Dis.* **2020**, *70*, 2750 – 2751.
11. Scott, L. J. Eravacycline: A Review in Complicated Intra-Abdominal Infection. *Drugs* **2019**, *79*, 315 – 324.
12. Xiao, X. -Y.; Hunt, D. K.; Zhou, J.; Clark, R. B.; Dunwoody, N.; Fyfe, C.; Grossman, T. H.; O'Brien, W. J.; Plamondon, L.; Ronn, M.; et al. Fluorocyclines. 1. 7-Fluoro-9-pyrrolidinoacetamido-6-demethyl-6-deoxytetracy-cline: A Potent, Broad Spectrum Antibacterial Agent. *J. Med. Chem.* **2012**, *55*, 597 – 605.
13. (a) Zhang, W. -Y.; Hogan, P. C.; Chen, C. -L.; Niu, J.; Wang, Z.; Lafrance, D.; Gilicky, O.; Dunwoody, N.; Ronn, M. Process Research and Development of an Enantiomerically Enriched Allylic Amine, One of the Key Intermediates for the Manufacture of Synthetic Tetracyclines. *Org. Process Res. Dev.* **2015**, *19*, 1784 – 1795. (b) Brubaker, J. D.; Myers, A. G. A Practical, Enantioselective Synthetic Route to a Key Precursor to the Tetracycline Antibiotics. *Org. Lett.* **2007**, *9*, 3523 – 3525.
14. Zhang, W. -Y.; Chen, C. -L.; He, M.; Zhu, Z.; Hogan, P.; Gilicky, O.; Dunwoody, N.; Ronn, M. Process Research and Development of TP – 808: A Key Intermediate for the Manufacture of Synthetic Tetracyclines. *Org. Process Res. Dev.* **2017**, *21*, 377 – 386.
15. Clark, R. B.; Hunt, D. K.; He, M.; Achorn, C.; Chen, C. -L.; Deng, Y.; Fyfe, C.; Grossman, T. H.; Hogan, P. C.; O'Brien, W. J.; et al. Fluorocyclines. 2. Optimization of the C – 9 Side-Chain for Antibacterial Activity and Oral Efficacy *J. Med. Chem.* **2012**, *55*, 606 – 622.
16. (a) Myers, A. G.; Kummer, D. A.; Li, D.; Hecker, E.; Dion, A.; Wright, P. M. Synthesis of Tetracyclines and Intermediates for the Treatment of Infection. WO 2010126607A2, 2010. (b) Zhang, W. -Y.; Che, Q.; Crawford, S.; Ronn, M.; Dunwoody, N. A. Divergent Route to Eravacycline. *J. Org. Chem.* **2017**, *82*, 936 – 943.
17. Ronn, M.; Zhu, Z.; Hogan, P. C.; Zhang, W. -Y.; Niu, J.; Katz, C. E.; Dunwoody, N.; Gilicky, O.; Deng, Y.; Hunt, D. K.; et al. Process R&D of Eravacycline: The First Fully Synthetic Fluorocycline in Clinical Development. *Org. Process Res. Dev.* **2013**, *17*, 838 – 845.

6

艾博卫泰(艾可宁®),一种作为 HIV-1 融合抑制剂的 gp41 类似物

Yvonne M. Angell, Wendy J. Hartsock, Timothy M. Reichart

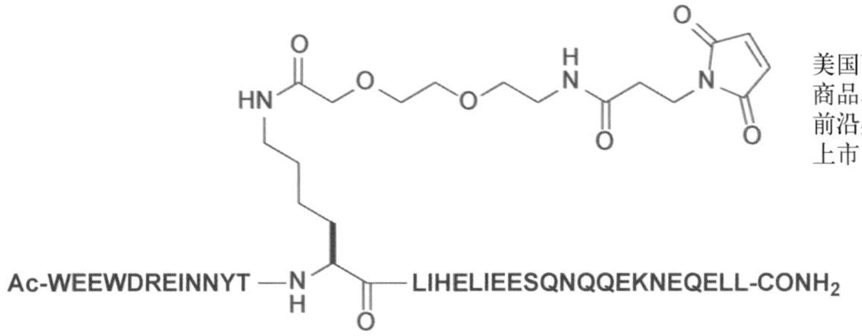

1

美国药物通用名：艾博卫泰
商品名：艾可宁
前沿生物药业
上市日期：2018年

6.1 背景

在 2018 年 6 月 6 日,前沿生物公司在一则新闻稿中宣布一款新的一周注射一次的艾滋病药物在中国获得批准[1],而与此同时美国食品药品监督管理局并没有公布相关消息,一种抗艾滋病疗法不是首先在美国或者欧洲获得批准这是很罕见的。艾博卫泰(albuvirtide,艾可宁®,**1**,一种 gp41 类似物和 HIV-1 融合抑制剂)的获批,意味着首款二代长效多肽类的 HIV 融合抑制剂获得批准,这是一个经马来酰亚胺修饰的 HIV-1 病毒 gp41 蛋白多肽序列衍生物,在初次接受抗病毒注射治疗的病人身上具有长达 11 天的血浆半衰期[2]。

第一个多肽类的 HIV 融合抑制剂恩夫韦肽(enfuvirtide, T20,福艾®)于 2003 年获得美国食品药品监督管理局批准,用于对其他抗病毒药物无响应的艾滋病人的救援疗法[3,4]。恩夫韦肽是新一类型的 HIV/AIDS 药物(HIV 融合抑制剂),批准用于与其他抗 HIV 药物联合治疗成人和 6~16 岁之间儿童 HIV 病毒感染者[5]。恩夫韦肽可与 HIV-1 病毒包膜糖蛋白 gp41 的特定区域结合,以阻止接下来病毒与宿主细胞膜的融合。然而恩夫韦肽作为此类型的第一代药物,由于相对较低的活性、较短的体内半衰期(导致需要一天两次皮下注射的不便利给药方式)[6] 和很快出现耐药突变[7,8,9],其临床应用受到了限制。于是大量

研究者致力于发现活性更高、不易产生耐药和药代动力学性质更佳的下一代多肽类 HIV 融合抑制剂。

为了成功改善恩夫韦肽的抗 HIV 病毒药效、耐药特征、半衰期和药代动力学性质，有很多方法被尝试，包括在 T20 的 N 端加上一个口袋结合结构域（pocket-binding domain, PBD）、在 PBD 的 N 端连接一个 M－T 钩状结构，还有在含有 PBD 的 C 端重复七肽结构的化合物上偶联一分子能与人血白蛋白或者 gp120 蛋白结合的胆固醇。各研究机构也据此开发了一批恩夫韦肽的二代产品，如来自天津扶素生物的西夫韦肽[10]、前沿生物的艾博卫泰（**1**）[11]、中国医学科学院病原生物学研究所的偶联胆固醇的 HIV 融合抑制剂[12]、二价 HIV 融合抑制剂/灭活剂 2DLT[13] 和纽约血液中心的恩夫韦肽/西夫韦肽联合疗法[14]等。与 T20 相比，这些含 PBD 结构新设计的 HIV 融合抑制剂，既展示出更优的抗 HIV 病毒药效、耐药特征、半衰期、药代动力学性质以及药学特性，而且这些下一代的靶向 gp41 蛋白的 HIV 融合抑制剂在临床上还可能改善病人的生活质量。在这一章中，我们会讨论从这些激动人心的多肽类药物崭新设计是如何一步一步导向艾博卫泰的最终成功获批。

6.2 药理学

人类免疫缺陷病毒（human immunodeficiency virus, HIV）是需用药物控制和治疗难度最具挑战性的病原体之一，同时对全球重大公共卫生问题造成巨大威胁。世界卫生组织估计 HIV 至今已致 3 630 万人死亡，至 2020 年底会有 3 770 万 HIV 病毒携带者，其中超过 2/3（2 540 万）的人生活在世界卫生组织定义的非洲地区[15]。

据推测 HIV 进化自猴免疫缺陷病毒[16]，它可以感染和杀死 CD4 细胞（T 细胞），继而破坏艾滋病人的免疫系统。一般来说艾滋病不可被治愈，因而病人需要终身接受治疗，如果不接受治疗的话，低下的免疫力会使病人受到多重感染，最终导致极高的病死率。HIV 具有高度异质性、可快速变异，潜伏期可长达 10 年，这些性质使预防和治疗 HIV 感染变得极具挑战[17]。

抗逆转录病毒疗法（antiretroviral therapy, ART）被证明可有效降低病人体内的病毒载量、病毒传染力以及艾滋病相关的发病率和致死率，因此国际抗病毒学会推荐所有出现病毒血症的 HIV 感染者，无论 CD4 细胞数量多少均应在确诊后尽快开始接受抗逆转录病毒疗法[18]。另一方面，多药联合疗法被用于减缓病程进展，降低机会性感染概率、住院率和死亡率。现有上市药物的功效是将病毒复制水平压制在检测水平以下（小于 50 RNA 拷贝数每毫升），然后通过增加 CD4+ T 细胞数量来恢复人体免疫力[19]，市场上目前已有属于 5 个药物类型的超过 25 种抗逆转录病毒药物，除了前面提到的融合抑制剂，还有核苷逆转录酶抑制剂（nucleoside reverse transcriptase inhibitors, NRTIs）、非核苷类反转录酶抑制剂（non-nucleoside reverse transcriptase inhibitors, NNRTIs）、蛋白酶抑制剂和整合酶抑制剂可用于初始治疗。

数十年以来,主流的抗 HIV 疗法一直是两个核苷逆转录酶抑制剂加上第三种药物的联合用药[20],其中被推荐用于初始治疗的药物有两个核苷逆转录酶抑制剂加上一个整合酶抑制剂的组合或者多替拉韦(**2**)/拉米夫定(**3**)的两药组合。近年来,只包含一个核苷逆转录酶抑制剂[如洛匹那韦(**4**)/利托那韦(**5**)加上拉米夫定]或者不包含核苷逆转录酶抑制剂的组合疗法[如达芦那韦(**6**)/利托那韦加上拉替拉韦(**7**)]展现出与传统三药疗法相当的病毒学结果,但这两种组合有它们各自的弱点:洛匹那韦/利托那韦加拉米夫定组合服用剂量更高且具有更大毒性,而达芦那韦/利托那韦加上拉替拉韦组合在 CD4 细胞数量小于 200/μL 或者病毒 RNA 拷贝数大于 100 万拷贝每毫升的人群中的疗效不如传统三药疗法[18]。而新数据也证明了两药组合疗法多替拉韦/拉米夫定在初始和维持治疗中的疗效[18]。另一方面,一种长效抗逆转录病毒疗法被学会首次推荐,用于治疗时它可每 4 周或每 8 周(此剂型正在等待监管机构批准后销售)注射一次[18]。

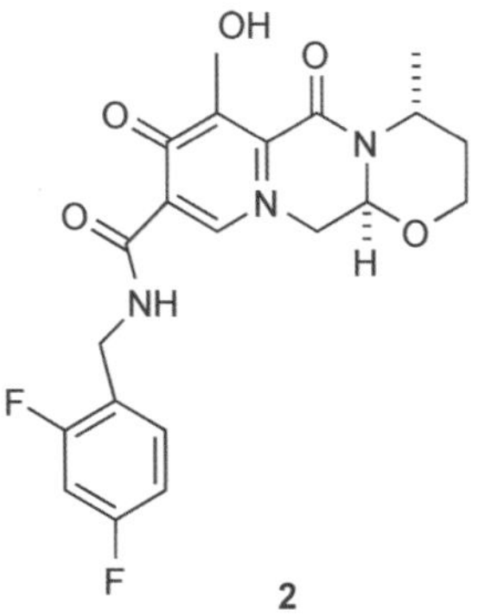

2

多替拉韦(多伟托)
GSK, 2019
整合酶链转移抑制剂(INSTI)

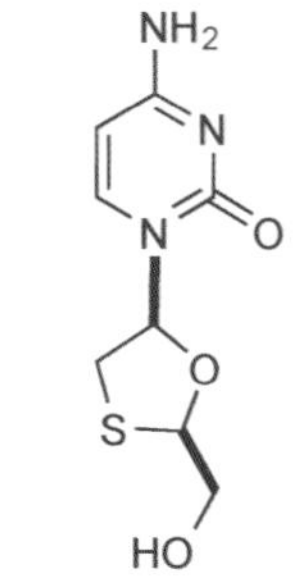

3

拉米夫定(益平维)
GSK, 1995
核苷逆转录酶抑制剂(NRTI)

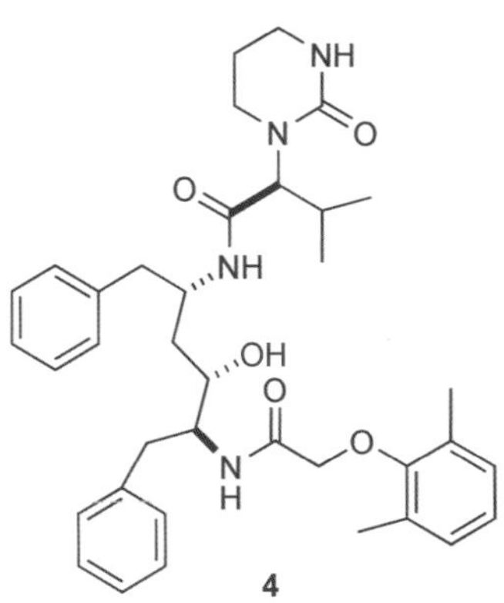

4

洛匹那韦(ABT-378)
克力芝(洛匹那韦/利托那韦复方制剂)
雅培, 2000
蛋白酶抑制剂(PI)

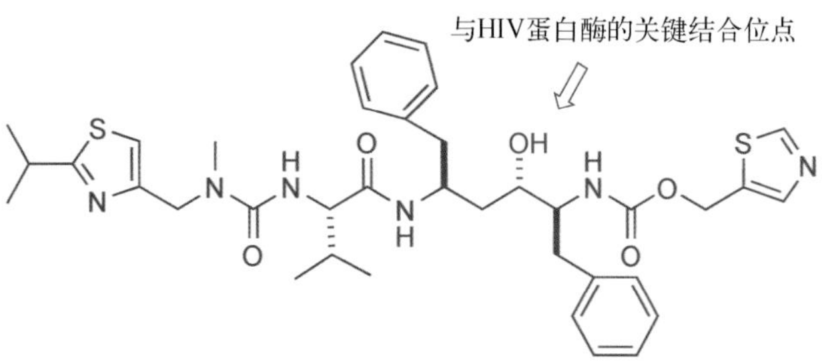

5

利托那韦(Norvir)
雅培, 1996
HIV protease inhibitor

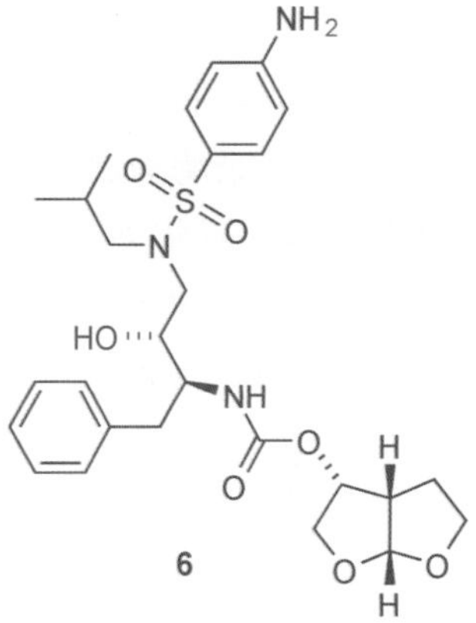

6

达芦那韦 (Prezista)
Tibotec, 2006
非多肽类蛋白酶抑制剂 (PI)

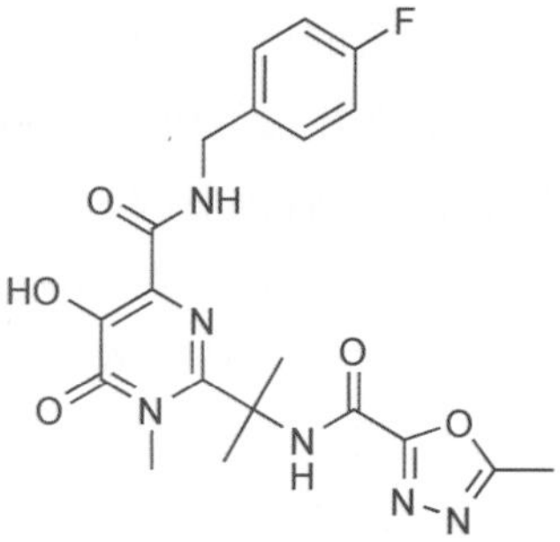

7

拉替拉韦（艾生特）
默沙东, 2007
整合酶抑制剂

虽然目前使用的抗逆转录病毒药物组合疗法可显著降低感染 HIV－1 病毒后的发病率和死亡率，然而世界卫生组织在一份报告中指出，有相当一部分患者(13.5%)因为耐药原因而无法继续使用他们原有的治疗手段，在这之中针对 NRTI 和 NNRTI 的耐药突变是最常见的[21]。除此之外，现有的治疗方法还会受限于药物副作用的出现和终身治疗每日口服药物所产生的长期毒性。因此，我们仍然需要全新机制的药物。

HIV－1 融合抑制剂阻断了病毒生命周期中病毒和细胞膜融合的过程，这是一个不同于以往 HIV 标准疗法全新的靶点，而艾博卫泰(**1**)在这之中又是第一个长效的多肽类 HIV 融合抑制剂。它被设计成可以迅速与血清蛋白以 1∶1 的摩尔比共价结合，从而生成偶联药物，防止被蛋白酶降解并使体内半衰期延长至恩夫韦肽的~10 倍[22]。

除此以外，此前的体外研究表明艾博卫泰(**1**)具有广谱和高效的抗病毒活性，抑制效果甚至高于 T20。其中针对在世界范围内流行的 HIV－1 亚型(亚型 A、B 和 C)以及在中国流行的亚型(亚型 B′、重组亚型 CRF07_BC 和 CRF01_AE)，艾博卫泰(**1**)的抑制活性 IC_{50} 值在 2.92~27.41 nmol/L 之间，而恩夫韦肽的 IC_{50} 值在 14.47~214.04 nmol/L 之间。另外，艾博卫泰(**1**)对恩夫韦肽的诱导突变耐药株也保持有活性[22]。

包膜病毒(例如 HIV－1，即 1 型人类免疫缺陷病毒)采取与细胞膜融合的策略来侵入宿主[23]，在这过程中病毒编码的融合蛋白从介稳的融合前构象重排成稳定的融合后构象[24,25,26]，而在 HIV－1 病毒这个例子中，包膜糖蛋白(Envelope, Env)起到了融合蛋白的作用。这个包膜蛋白的前体 gp160 首先被合成并以三聚体$(gp160)_3$的形式存在，然后被细胞中的类弗林蛋白酶水解断裂成以非共价作用结合的两个亚基：与受体结合的亚基 gp120 和融合蛋白亚基 gp41[27]，每个亚基的三份拷贝组成了成熟的包膜突刺蛋白$(gp120/gp41)_3$。之后 gp120 与它的主要受体 CD4 和协同受体(例如趋化因子受体 CCR5 或者 CXCR4)的结合引起了 gp41 的一系列重新折叠，从而导致了细胞膜的融合[28,29]。最近在冷冻电镜下观测到了经表面活性剂纯化后的两个全长度 HIV－1 包膜蛋白的结构[30,31]，其中

gp41 在融合前的构象完全不同于融合后的六束螺旋结构。包膜蛋白促进细胞膜融合时产生的构象变化会暴露出一些高度保守且功能重要的区域,这些区域有希望成为广谱有效的融合抑制剂的靶点。另外,融合抑制剂无须跨过细胞膜即可到达它的靶点。

成熟的包膜糖蛋白突刺是位于病毒粒体表面的抗原,会引起感染者强烈的免疫反应[32,33],因此 HIV-1 病毒包膜糖蛋白是开发疫苗和抗病毒治疗药物的重要靶点。事实上,第一个成功的多肽类融合抑制剂恩夫韦肽就是脱胎自一次失败的艾滋疫苗研发。

因为 gp41 六束螺旋结构的形成是病毒具有传染性的必要条件[26],至今科研人员已设计开发了多款多肽类抑制剂用于阻断这一过程:从 N 端七肽重复序列(N-terminal heptad repeat, NHR)或者 C 端七肽重复序列(C-terminal heptad repeat, CHR)等重复序列区衍生出来的多肽作为 α 螺旋的拟合物,其可与 gp41 的融合中间体结合从而阻止六束螺旋结构的形成[34,35]。首款被 FDA 批准,由罗氏和 Trimeris 公司共同开发的多肽类融合抑制剂恩夫韦肽(enfuvirtide, T20,福艾®)就是一个由 gp41 的 C 端七肽重复序列(CHR)衍生包含 36 个残基的多肽[36,37]。

尽管恩夫韦肽是一个成功的药物,但它仍有一些不足之处:例如要求低温储存、现配现用和每天需皮下注射给药两次,而且注射部位的不适反应、耐药病毒株的迅速出现和生产的高成本均限制了它的长期使用[38]。另外恩夫韦肽在体内的作用时间窗口相当窄,仅有在 HIV 病毒包膜进入与宿主融合时 gp41 蛋白发生构象变化并暴露出来的时候能起效,因而需要在病人体内维持高药物浓度,使得他们每天需皮下注射两次 90 mg 剂量的恩夫韦肽,而这在资源有限或病人依从度不高的情况下相当难实现。

6.3 构效关系(SAR)

一些基于 HIV 病毒包膜糖蛋白 gp41 的 C 端七肽重复序列设计的临床候选药物已在体外试验中展现出抗融合活性(图 1):T20 于 2003 年被 FDA 批准上市;C34 多肽对应于 C 端七肽重复序列的一个区间,和 T20 的序列局部重合,但继续往 N 端方向延伸了少许(图 2);还有其他的多肽,它们的结构或基于 C34 的 C 端[39],又或基于它的 N 端序列[40]。

C34-chol: Ac-WMEWDREINNYTSLIHSLIEESQNQQEKNEQELLGSGC(Chol)-NH_2

C34: Ac-WMEWDREINNYTSLIHSLIEESQNQQEKNEQELL-NH_2

艾博卫泰: Ac-WEEWDREINNYTKLIHELIEESQNQQEKNEQELL-NH_2

西夫韦肽: SWETWEREIENYTRQIYRILEESQEQQDRNERDLLE-NH_2

恩夫韦肽: Ac-YTSLIHSLIEESQNQQEKNEQELLEDKWASLWNWF-NH_2

图 1 多肽序列对比

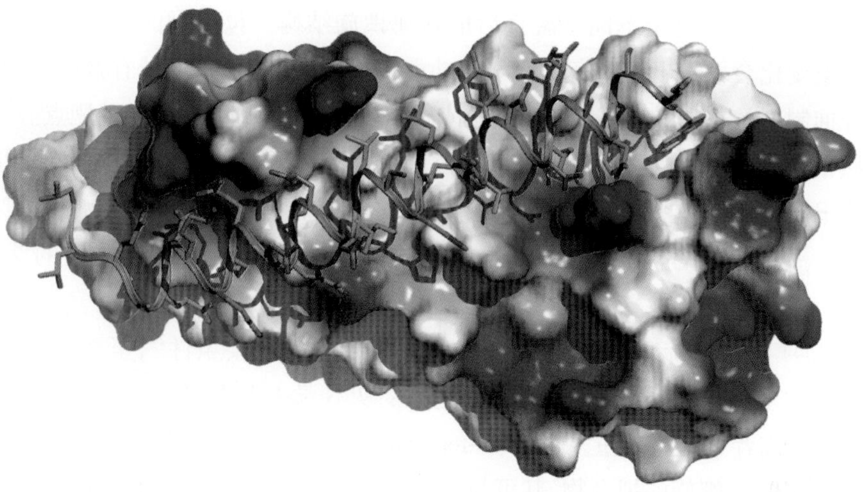

图 2 C34 的晶体结构。数据来自 PDB: 3o3x [42]（图像由 Marc Adler 博士设计生成）

研究人员在 C34 的结构上做了大量的改造和构效关系探索：在一项研究中，在 C34 的 C 端通过短的连接子加入胆固醇结构能提高化合物的抗病毒活性，视不同的分离株活性提高幅度可达到原来的 20~50 倍[41]，但在 N 端引入胆固醇却没有观察到活性提高，同时引入胆固醇比引入棕榈酸酯基团更有效。有意思的是，有效性提高并不是因为化合物与靶点结合得更紧密，而是由于它与细胞膜的亲和力更好使得局部药物浓度更高，且能延长多肽在体内的半衰期。

另一种对 C34 的改造策略造就了西夫韦肽，目前这个多肽候选药物正接受临床试验的评估。西夫韦肽在结构上采取了一系列改进措施来增加多肽的螺旋度，从而减弱了 gp41 蛋白形成六束螺旋结构的能力，其中最主要的变动是引入了一系列 i, $i+4$ 盐桥，如图 1 中的蓝色标记所示。这些改构使得化合物对 HIV－1 病毒的体外活性比 T20 提高了~10 倍，同时还能维持对 T20 耐药株的活性[10]。

艾博卫泰(**1**)的改构也同样基于 C34 的序列，其中有三个关键点：将 M2 和 S17 的残基变为谷氨酸，同时将 S13 的残基改为赖氨酸，使其作为之后化学修饰的位点。对 13 位赖氨酸侧链的化学修饰包括连上一段聚乙二醇短链，然后接入马来酰亚胺结构，艾博卫泰(**1**)中的马来酰亚胺部分可与血清蛋白偶联（通过血清蛋白中的游离巯基与马来酰亚胺共价连接），使药物的体内半衰期得以延长。艾博卫泰(**1**)与血清蛋白的共价偶联使得它可以降低被蛋白酶降解的概率，同时也不易被肾脏排泄出体外，而这两点是其他多肽类药物常见的问题。与 C34－chol 相似，艾博卫泰(**1**)为了增加在体内的半衰期而牺牲了一小部分它的结合活性，但总体上它的体内有效性得到大幅提高。

6.4 药代动力学和药物代谢

艾博卫泰的临床前评估实验表明，药物可分布到大鼠体内的所有组织和器官，其中分布最高的组织器官是全血、肾脏和子宫,分布最低的是大脑、体脂肪和睾丸,另外它的血浆蛋白结合率大于 96%[43]。

艾博卫泰在体内的清除主要是通过肾脏,预测的代谢途径和其他的多肽类药物一样为分解代谢。在人肝微粒体实验中表明艾博卫泰(1)对六个主要细胞色素 P450 酶(Cyp1A2、2C8、2C9、2C19、2D6 和 3A4)没有能检测到的抑制作用[43]。没有修饰过的多肽在大鼠体内的半衰期只有 1.7 h,而相较之下经过 3-马来酰亚胺基丙酸(MPA)修饰的多肽半衰期可达 25.8 h[11]。类似地通过引入 MPA 修饰使其在体内与白蛋白结合,在猴中的半衰期可从 10.9 h 延长到 102.4 h。

研究人员在单剂量和多剂量临床研究中测定了艾博卫泰的药代动力学性质,这个经过 3-马来酰亚胺基丙酸修饰的多肽通过静注给药:向药物固体加入 5%碳酸氢钠溶液,再用 0.9%氯化钠溶液稀释可得到给药制剂。在 I 期研究中,单剂量的艾博卫泰在 HIV-1 成人患者中半衰期可达 10~12 天,并能在 6~10 天的时间内持续压制病毒[2]。

由于艾博卫泰的半衰期被延长,所以到达稳态浓度的时间也需要更长,因此艾博卫泰的 2 期和 3 期临床研究中(表 1)均采用了联合疗法以防止可能的耐药在长时间的单药治疗中过早产生[43]。

表 1 临床研究汇总

临床研究(场所)	试验分组*1	空白或活性对照组*¥	主要有效性终点	预估完成日期
Ⅱ期 ChiCTR-TRC-13003140(中国)	160 mg ABT qw + LPV/r 或者 320 mg ABT qw + LPV/r		在第 7 周的病毒抑制情况	已完成
Ⅲ期 TALENT(中国)	320 mg ABT qw + LPV/r	LPV/r + TDF + 3TC	在第 48 周感染 HIV-1 的受试对象中病毒 RNA 拷贝数小于 50 拷贝每毫升的比例	已完成
Ⅱ期 艾博卫泰和 3BNC117 作为病毒学上已被阻抑对象的长效维持治疗方案,研究分为三部分(美国)	第 1 部分 320 mg ABT q2w + 3BNC117 2g q2w 或者 320 mg ABT q4w + 3BNC117 2g q4w 第 2 部分 160 or 320 mg ABT q4w + 3BNC117 q4w 第 3 部分 最优剂量	接受基线抗逆转录病毒疗法的对象	在研究第 3 部分的治疗阶段结束时受试者中病毒 RNA 拷贝数小于 50 拷贝每毫升的比例	2022 年 12 月
Ⅱ期 艾博卫泰(1)联合 3BNC117 用于治疗病毒学上已被阻抑的 HIV-1 感染对象(中国)	320 mg ABT q2w + 3BNC117 2 g q2w		在第 26 周接受试验的 HIV-1 感染者中病毒 RNA 拷贝数小于 50 拷贝每毫升的比例	2022 年 12 月

续 表

临床研究(场所)	试验分组 [*1]	空白或活性对照组 [*¥]	主要有效性终点	预估完成日期
Ⅱ期 艾博卫泰联合 3BNC117 用于多重耐药 HIV-1 患者的治疗(美国)	320 mg ABT qw + 3BNC117 2 g q2w or 320 mg ABT q2w + 3BNC117 2 g q2w		受试者中病毒载量下降值与基线相比至少有 0.5 个 log 的比例(%)	2022 年 12 月

[*] LPV/r 代表洛匹那韦/利托那韦分别以 400 mg/100 mg 剂量一天两次给药；
[1] 3BNC117 为能与 HIV-1 病毒的 gp120 蛋白结合的 IgG1κ 同种型的全人源重组体单抗；
[¥] TDF=每天一次 300 mg 替诺福韦；
3TC=每天一次 300 mg 拉米夫定。

研究人员在Ⅱ期临床试验中评估了在未接受过抗病毒疗法的 HIV-1 感染对象(年龄介于 18~50 岁)中艾博卫泰与蛋白酶抑制剂洛匹那韦和利托那韦的药物-药物相互作用以及如表 1 所示联合用药[160 mg 艾博卫泰(ABT)+洛匹那韦/利托那韦(LPV/r)或者 320 mg 艾博卫泰(ABT)+洛匹那韦/利托那韦(LPV/r)]的药代动力学性质，受试对象(每组 $N=10$)在第 1~46 天每天给予两次洛匹那韦/利托那韦(400/100 mg)，同时在第 5~7 天连续 3 天、之后每周给予一次艾博卫泰直至第 40 天，然后观察 47 天。

如前述，由于顾及单药治疗可能会产生耐药，艾博卫泰的药代动力学性质考察需要不同于传统的手段，[43] 因此研究人员采用了人群结构药代动力学模型来模拟艾博卫泰单独给药时的稳态浓度-时间曲线，这个模型是基于以前的临床数据建立的，与本次临床研究所获得的数据一起用于评估动力学上的药物-药物相互作用。

例如 320 mg 艾博卫泰+洛匹那韦/利托那韦(400/100 mg)剂量组共入组了 10 名患者，其中 9 名完成了试验、1 人中途退出。除了实际进行的研究，还进行了与实际研究数量等同的虚拟试验(9 名受试者共 100 次)。在联合用药研究中实测的药物浓度与每组虚拟试验预测的 $AUC_{(0-t)}$(在到达稳态后一次给药间隔内的血浆药物浓度-时间曲线下面积)、C_{end}(注射结束时艾博卫泰的血浆浓度)和 C_{trough}(到达稳态后给药前的药物血浆浓度)比较，可得到相互作用的比例系数。

与单独服用 LPV/r 相比，尽管联合给予艾博卫泰和洛匹那韦/利托那韦会导致洛匹那韦和利托那韦的 AUC、C_{max} 和 C_{trough} 降低，但似乎并不会影响联合疗法的药效。与之相反，联合给予艾博卫泰和洛匹那韦/利托那韦除了使艾博卫泰的 C_{end}(注射结束时 ABT 的血浆浓度)升高以外，对其暴露量并没有太大的影响，而 C_{end} 的升高也没有和洛匹那韦/利托那韦共服用建立确切的联系，并且临床意义不明确。总而言之，Ⅰ期和Ⅱ期临床试验结果表明艾博卫泰的半衰期达到 10~12 天，且能在 6~10 天内持续抑制病毒增殖；艾博卫泰和洛匹那韦/利托那韦联合用药不会造成艾博卫泰的暴露量下降，但会降低洛匹那韦/利托那韦的暴露量。

6.5 有效性和安全性

艾博卫泰与洛匹那韦/利托那韦联合疗法的短期有效性在一项Ⅱ期试验中进行了评估,感染了 HIV-1 的受试对象(18~50 岁)一天服用两次洛匹那韦/利托那韦,并且同时每周注射一次 160 mg 或者 320 mg 剂量的艾博卫泰[44]。在第 7 周,两个剂量组均有受试者体内的病毒增殖得到抑制(HIV-1 病毒 RNA 拷贝数小于 50 拷贝每毫升),且在 320 mg 艾博卫泰每周一次剂量组(55.6%)的比例要高于 160 mg 艾博卫泰每周一次组(11.1%)。

一项随机、开放标签、多中心、采用平行组设计的非劣效性Ⅲ期试验(Test Albuvirtide in Experienced Patients (TALENT) study)近期公布了中期分析结果[45],入组该项 TALENT 研究的受试者(介于 16~60 岁)均在此前接受过不短于 6 个月、至少两种不同类型的抗病毒药物(如 NRTI 和 NNRTI)的治疗,且血浆中病毒 RNA 载量大于 1 000 拷贝每毫升。

本项试验的目的是验证艾博卫泰联合洛匹那韦/利托那韦的疗法相对于标准二线疗法洛匹那韦/利托那韦加两个 NRTI 药物(如替诺福韦和拉米夫定)具有非劣效性。非劣效性定义为:治疗组与活性对照组对比,达到病毒抑制标准(在第 48 周病毒 RNA 拷贝数小于 50 拷贝每毫升)的受试者比例差异的双尾 95%置信区间下限等于或大于-12%,即非劣效性界值规定为 12%。本研究在确定非劣效性的同时,在 5%的显著性水平上检验优效性。在中期数据公布的时间点,已有 347 名受试者接受随机分组,其中 208 名受试者的数据可用于中期分析。

试验的主要临床有效性终点为在第 48 周时 HIV-1 病毒 RNA 拷贝数小于 50 拷贝每毫升的受试者比例。次要终点包括在第 48 周时 HIV-1 病毒 RNA 拷贝数小于 400 拷贝每毫升的受试者比例。在第 48 周时 HIV-1 病毒 RNA 拷贝数相较于基线的改变值和在第 48 周时 CD4 细胞数相较于基线的改变值。

本研究中改良的意向治疗(modified intent to treat, mITT)人群由接受试验药物(艾博卫泰+洛匹那韦/利托那韦)或者活性对照(洛匹那韦/利托那韦+替诺福韦+拉米夫定)治疗的受试者组成(治疗组 $N=83$、活性对照组 $N=92$),严重违反治疗方案或者还没有产生有效性数据的受试者会从 mITT 人群中移除。符合方案(per protocol, PP)人群(治疗组 $N=76$、活性对照组 $N=85$)将额外剔除失访、撤回知情同意书、根据研究者的判断移除或因不良事件而中止试验的受试者。

在第 48 周进行的中期分析对象当中,有 80.4%($N=46$)的治疗组(艾博卫泰+洛匹那韦/利托那韦)受试者和 66%($N=50$)的活性对照组(洛匹那韦/利托那韦+泰诺福韦+ 300 mg 拉米夫定)受试者达到体内 HIV-1 病毒 RNA 水平低于 50 拷贝每毫升的标准,因此非劣效性的主要终点已达到(治疗组和活性对照组的差异为 14.4%,95%置信区间为[-3~31.9])。

表 2　临床试验的次要终点结果

	第 48 周		第 24 周	
研究臂	ABT + LPV/r (N = 46)	LPV/r + NRTIs (N = 50)	ABT + LPV/r (N = 83)	LPV/r + NRTIs (N = 92)
HIV－1 RNA <400 拷贝每毫升	84.8%	74.0%	89.2%	82.6%
HIV－1 RNA log10 拷贝每毫升变化	−2.27±0.96	−1.77±1.33	−2.00±1.01	−1.85±1.16
CD4 T 细胞数量变化（个细胞每微升）	120.5	150.3	79.0	86.0

在第 24 周从 mITT 人群中获得的数据也验证了非劣效性：有 79.5%(N=83)的治疗臂受试者和 78.3%(N=92)的活性对照臂受试者达到体内 HIV－1 病毒 RNA 水平低于 50 拷贝每毫升的标准，两组的差异为 1.2%，95%置信区间为[−10.8～13.4]。PP 人群中在第 48 周时达到病毒 RNA 水平低于 50 拷贝每毫升标准的对象比例分别为 94.9%(治疗组：N=39)和 74.4%(活性对照组：N=43)，在第 24 周时此比例分别为 84.2%(治疗组：N =76)和 83.5%(活性对照组：N=83.5)。结果同时显示次要临床终点亦已达到(表 2)。总之，本次的中期数据分析主要基于病毒学上的结果，证明了艾博卫泰加洛匹那韦/利托那韦的联合疗法与 NRTI 加洛匹那韦/利托那韦的疗法对比，具有非劣效性和统计学上的优效性(p=0.01)。

6.5.1　安全性(不良反应，AEs)

两个研究臂的不良反应(adverse effects, AE)分布相似，其中大部分不良反应为轻微到普通程度，最常见的 AE 为腹泻、上呼吸道感染和甘油三酯升高(3～4 级)，未见注射部位产生不适。

6.5.2　病毒突变

在受试对象中可以观察到至少对一种抗病毒疗法产生基因型耐药的基线值为 81.7%，3 期 TALENT 临床研究中对病毒载量大于 400 拷贝每毫升的受试者(艾博卫泰组 5 名，NRTI 组 13 名)进行了耐药突变出现情况的评估，其中在两个给药臂中各自至少有一名受试对象身上观察到针对 NRTI 和 NNRTI 产生的耐药突变，而在艾博卫泰给药组中未观察到针对 gp41 基因产生的耐药突变。

6.6　合成

艾博卫泰(**1**)的制备完全通过固相合成完成，这在如它一般大小的多肽药物中是不常见的。从最初的报道[10]、到之后的研究[22]、再到专利[46,47]，在所有文献中均指出艾博卫泰

(**1**)由标准的固相多肽合成技术制备。具体来说,根据所需的肽链 C 端的官能团不同,Fmoc 保护的氨基酸被依次偶联至对应的树脂上,如 C 端为羧基则使用 4-羟甲基苯氧基乙酰基-4-甲基苄胺(hydroxymethylphenoxyacetyl-4′-methylbenzhydrylamine, HMP)树脂,C 端为酰胺则使用 Fmoc 保护的 Ramage 树脂(图 3A)。

Fmoc 保护的氨基酸可用苯并三唑四甲基脲六氟磷酸盐(hexafluorophosphate benzotriazole tetramethyl uranium, HBTU,见图 3B)与二异丙乙胺(DIEA)的 *N*,*N*-二甲基甲酰胺溶液活化,氨基酸的侧链则可以使用对酸敏感的保护基保护。

艾博卫泰(**1**)最初是在自动多肽合成仪上完成多肽链组装,然后将 Lys13 上的 Alloc 保护基用四(三苯基膦)钯去除,使其可在后续与连接子和马来酰亚胺人工偶联(路线 1)。

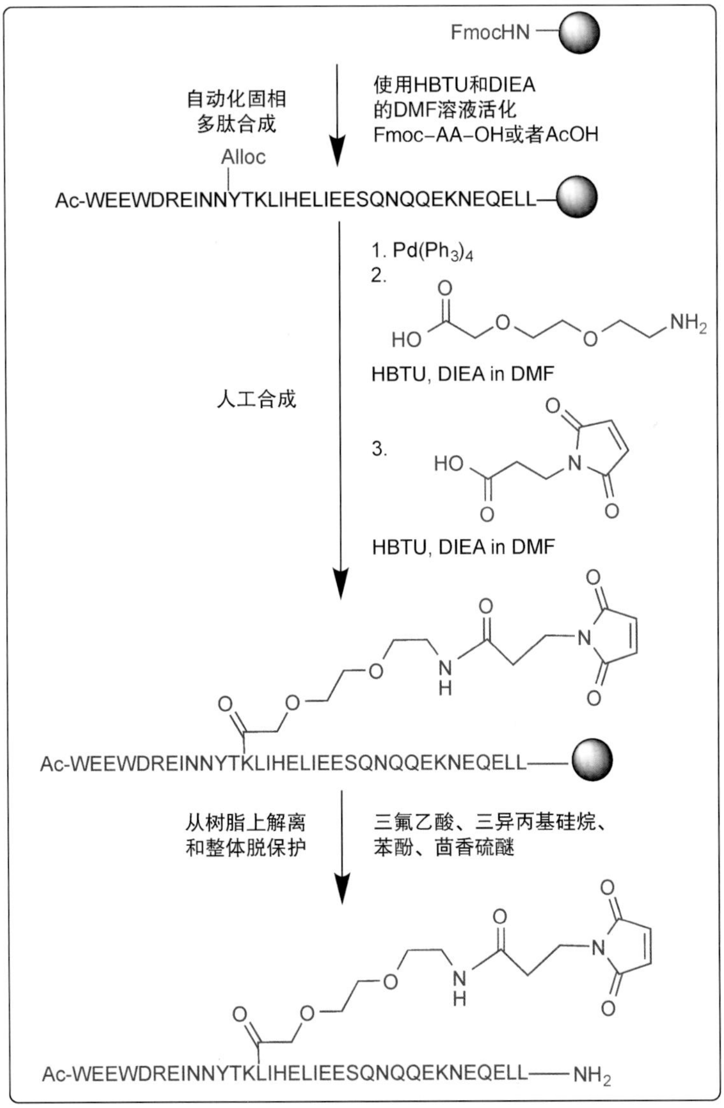

路线 1　艾博卫泰(1)的合成

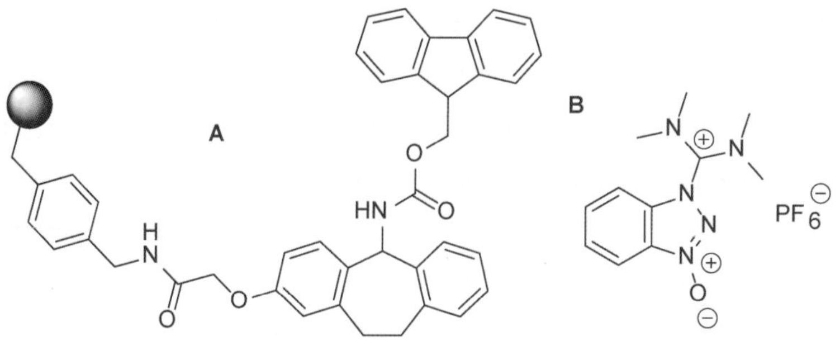

图 3　A. Fmoc 保护的 Ramage 树脂的结构；B. 偶联试剂 HBTU 的结构

6.7　总结

中国国家药品监督管理局于 2018 年首次批准了艾博卫泰（**1**）的上市[1]，此次批准的依据是该药在前沿生物开展的Ⅲ期 TALENT 临床研究中展现的积极顶线结果。我们从一则最近公布的新闻稿中获悉，试验的中期数据分析表明：以艾博卫泰为基础的两药联合疗法与洛匹那韦为基础的三药疗法对比具有非劣效性（75.7% vs 77.3%）[48]，达到了这项随机对照、开放标签、多中心的非劣效性临床研究的主要终点，其中相当一部分受试者在接受艾博卫泰联合疗法治疗以后在第 48 周成功将 HIV 病毒 RNA 水平降低至 50 拷贝数每毫升以下。该药物对主要的 HIV 病毒株（包括一些耐药的毒株）均有疗效，且在第 48 周经受抗病毒治疗失败的受试者中也没有观察到因治疗而产生针对 gp41 蛋白的耐药相关突变。艾博卫泰+洛匹那韦/利托那韦的高耐药基因屏障意味着病毒对这些药物不会产生进一步的耐药，这个现象对接受过药物治疗的 HIV 患者很重要，因为这可避免患者因耐药而在未来无药可用的情况[43]。

厄瓜多尔成为除中国以外的第一个销售使用此款前沿生物开发的药物的国家[49]。艾可宁®（艾博卫泰，**1**）被设计成每周一次给药 320 mg，在厄瓜多尔和其他南美国家则以 Alfusid 的品牌名称销售。艾博卫泰（**1**）联合其他的抗病毒药物可被用于治疗使用其他疗法无法压制病毒的患者，而该药对大部分已知的 HIV 病毒株（包括耐药株）均有效。目前前沿生物与国际合作伙伴正在总数大于 20 个的国家中积极寻求药物获批，这些国家横跨东南亚、非洲、南美和欧洲等地区。

在临床试验和实际应用当中，并未发现该药与其他抗菌、抗真菌、抗结核和抗肿瘤等 HIV 进展患者常用的药物有药物相互作用，艾博卫泰的数据可在利物浦药物相互作用数据库（https://www.hiv-druginteractions.org/）中查询[44]。

目前在艾滋防治方面仍有紧迫的研发新药和预防策略的需求，以解决患者对现有抗 HIV-1 病毒疗法依从性较低、药物耐药出现、药物治疗不耐受和不良反应，以及缺乏备选疗法等问题。艾博卫泰（**1**）的获批源于在福艾首次获批以后历经 15 年的多肽类融合抑制剂研究成果,是 HIV－1 治疗的一次重大进展。得益于艾博卫泰(**1**)较理想的副作用特征、一周仅一次的给药方式和在抑制病毒方面的有效性,它正在逐渐改善那些对现有疗法产生耐药的 HIV－1 患者的生活质量。

6.8 参考文献

1. Frontier Biotech press release. Frontier Biotech Receives Marketing Authorization from China FDA for Aikening (Albuvirtide for Injection), China's first new drug for the treatment of HIV. (06 June 2018). http://www.frontierbiotech.com/en/news
2. Wu, H.; Yao, C.; Lu, R. J. Albuvirtide, the first long-acting HIV fusion inhibitor, suppressed viral replication in HIV-infected adults. 52nd Interscience Conference on Antimicrobials and Chemotherapy (ICAAC). September 9－12, 2012. San Francisco. Abstract H－554.
3. Kilby, J. M.; Hopkins, S.; Venetta, T. M.; DiMassimo, B.; Cloud, G. A.; Lee, J. Y.; Alldredge, L.; Hunter, E.; Lambert, D.; Bolognesi, D.; Matthews, T.; Johnson, M. R.; Nowak, M. A.; Shaw, G. M.; Saag, M. S. Potent suppression of HIV－1 replication in humans by T－20, a peptide inhibitor of gp41-mediated virus entry. *Nat. Med.* **1998**, *4*, 1302－1307.
4. Lalezari, J. P.; Henry, K.; O'Hearn, M.; Montaner, J. S. G.; Piliero, P. J.; Trottier, B.; Walmsley, S.; Cohen, C.; Kuritzkes, D. R.; Eron Jr., J. J.; Chung, J.; DeMasi, R.; Donataci, L.; Drobnes, C.; Delehanty, J.; Salgo, M.; TORO 1 Study Group. Enfuvirtide, an HIV－1 fusion inhibitor, for drug-resistant HIV infection in North and South America. *N. Engl. J. Med.* **2003**, *348*, 2175－2185.
5. FDA. FDA Approves Fuzeon. Available from: http://www.fda.gov/ForConsumers/ByAudience/ForPatientAdvocates/HIVandAIDSActivities/ucm125088.htm2003.
6. Patel, I. H.; Zhang, X.; Nieforth, K.; Salgo, M.; Buss, N. Pharmacokinetics, Pharmacodynamics and Drug interaction potential of enfuvirtude. *Clin. Pharmacokinet.* **2005**, *44*, 175－186.
7. Rimsky, L. T.; Shugars, D. C.; Matthews, T. J. Determinants of human immunodeficiency virus type 1 resistance to gp41-derived inhibitory peptides *J. Virol.* **1998**, *72*, 986－993.
8. Poveda, E.; Briz, V.; Soriano, V. Enfuvirtide, the first fusion inhibitor to treat HIV infection. *AIDS Rev.* **2005**, *7*, 139－147.
9. Lu, J.; Deeks, S. G.; Hoh R.; Beatty, G.; Kuritzkes, B. A.; Martin, J. N.; Kuritzkes, D. R. Rapid emergence of enfuvirtide resistance in HIV－1-infected patients: results of a clonal analysis. *J. Acquir. Immune Defic. Syndr.* **2006**, *43*, 60－64.
10. He, Y.; Xiao, Y.; Song, H.; Liang, Q.; Ju, D.; Chen, X.; Lu, H.; Jing, W.; Jiang, S.; Zhang, L. Design and evaluation of sifuvirtide, a novel HIV－1 fusion inhibitor. *J. Biol. Chem.* **2008**, *283*, 11126－11134.
11. Xie, D.; Yao, C.; Wang, Li.; Min, W.; Xu, J.; Xiao, J.; Huang, M.; Chen, B.; Liu, B.; Li, X.; Jiang, H. An albumin-conjugated peptide exhibits potent anti-HIV activity and long in vivo half-life. *Antimicrob. Agents Chemother.* **2010**, *54*, 191－196.
12. Zhu, Y.; Chong, H.; Yu, D.; Guo, Y.; Zhou, Y.; He, Y. Design and characterization of cholesterylated peptide HIV－1/2 fusion inhibitors with extremely potent and long-lasting antiviral activity. *J. Virol.* **2019**, *93*, e02312－e02318.
13. Lu, L.; Pan, C.; Li, Y.; Lu, H.; He, W.; Jiang, S. A bivalent recombinant protein inactivates HIV－1 by targeting the GP41 prehairpin fusion intermediate induced by CD4 D1D2 domains. *Retrovirology* **2012**, *9*, 104－117.
14. Pan, C.; Lu, H.; Qi, Z.; Jiang, S. Synergistic efficacy of combination of enfuvirtide and sifuvirtide, the first- and next generation HIV-fusion inhibitors. *AIDS* **2009**, *23*, 639－641.
15. World Health Organization. HIV/AIDS Fact Sheet, 2021.

16. Burke, D. S. Recombination in HIV: an important viral evolutionary strategy. *Emerg. Infect. Dis.* **1997**, *3*, 253.
17. Levy, J. A. Dispelling myths and focusing on notable concepts in HIV pathogenesis. *Trends Mol. Med.* **2015**, *21*, 341–353.
18. Saag, M. S.; Gandhi, R. T.; Hoy, J. F.; Landovitz, R. J.; Thompson, M. A.; Paul, Sax, P. E.; Smith, D. M.; Benson, C. A.; Buchbinder, S. P.; del Rio, C.; Eron Jr, J. J.; Fätkenheuer, G.; Günthard, H. F.; Molina, J.-M.; Jacobsen, D. M.; Volberding, P. A. Antiretroviral drugs for treatment and prevention of HIV infection in adults: 2020 recommendations of the international antiviral society-USA panel. *J. Am. Med. Assoc.* **2020**, 312.
19. Este, J. A.; Cihlar, T. Current status and challenges of antiretroviral research and therapy. *Antivir. Res.* **2010**, *85*, 25–33.
20. Saag M. S., Benson C. A., Gandhi R. T., Hoy, J. F.; Landovitz, R. J.; Mugavero, M. J.; Sax, P. E.; Smith, D. M.; Thompson, M. A.; Buchbinder, S. P.; del Rio, C.; Eron, J. J.; Fatkenheuer, G.; Gunthard, H. F.; Molina, J.-M.; Jacobsen, D. M.; Volberding, P. A. Antiretroviral drugs for treatment and prevention of HIV infection in adults: 2018 recommendations of the international antiviral society-USA panel. *J. Am. Med. Assoc.* **2018**, *320*, 379–396.
21. World Health Organization. WHO HIV Drug Resistance Report 2012, Geneva, World Health Organization.
22. Chong, H.; Yao, X.; Zhang, C.; Cai, L.; Cui, S.; Wang, Y.; He, Y. Biophysical property and broad anti-HIV activity of albuvirtide, a 3-maleimimidopropionic acid-modified peptide fusion inhibitor. *PLoS One* **2012**, *7*, e32599.
23. Rand, R. P.; Parsegian, V. A. Physical force considerations in model and biological membranes. Can. *J. Biochem. Cell Biol.* **1984**, *62*, 752–759.
24. Harrison, S. C. Viral membrane fusion. *Virology* **2015**, 479–480, 498–507.
25. Kielian, M. Mechanisms of virus membrane fusion proteins. *Ann. Rev. Virol.* **2014**, *1*, 171–189.
26. Weissenhorn, W.; Dessen, A.; Calder, L. J.; Harrison, S. C.; Skehel, J. J.; Wiley, D. C. Structural basis for membrane fusion by enveloped viruses. *Mol. Membr. Biol.* **1999**, *16*, 3–9.
27. Harrison, S. C. Viral membrane fusion. *Nat. Struct. Mol. Biol.* **2008**, *15*, 690–698.
28. Weissenhorn, W.; Dessen, A.; Harrison, S. C.; Skehel, J. J.; Wiley, D. C. Atomic structure of the ectodomain from HIV–1 gp41. *Nature* **1997**, *387*, 426–430.
29. Chan, D. D.; Fass, D.; Berger, J. M.; Kim, P. S. Core structure of gp41 from the HIV envelope glycoprotein. *Cell* **1997**, *89*, 263–273.
30. Pan, J.; Peng, H.; Chen, B.; Harrison, S. C. Cryo-EM structure of full-length HIV–1 Env bound with the Fab of antibody PG16. *J. Mol. Biol.* **2020**, *432*, 1158–1168.
31. Torrents de la Pena, A.; Rantalainen, K.; Cottrell, C. A.; Allen, J. D.; van Gils, M. J.; Torres, J. L.; Crispin, M.; Sanders, R. W.; Ward, A. B. Similarities and differences between native HIV–1 envelope glycoprotein trimers and stabilized soluble trimer mimetics. *PloS Pathog.* **2019**, *15*, e1007920.
32. Wei, X.; Decker, J. M.; Wang, S.; Hui, H.; Kappes, J. C.; Wu, X.; Salazar-Gonzalez, J. F.; Salazar, M. G.; Kilby, J. M.; Saag, M. S.; Antibody neutralization and escape by HIV–1. *Nature* **2003**, *422*, 307–312.
33. Richman, D. D.; Wrin, T.; Little, S. J.; Petropoulos, C. J. Rapid evolution of the neutralizing antibody response to HIV Type 1 infection. *Proc. Natl. Acad. Sci.* **2003**, *100*, 4144–4149.
34. Jiang, S.; Lin, K.; Strick, N.; Neurath, A. R. HIV–1 entry inhibitor. *Nature* **1993**, *365*, 113.
35. Root, M. J.; Kay, M. S.; Kim, P. S. Protein design of an HIV–1 entry inhibitor. *Science* **2001**, *291*, 884–888.
36. Kilby, J. M.; Eron, J. J. Novel therapies based on mechanisms of HIV–1 cell entry. *NEJM* **2003**, *348*, 2228–2238.
37. Robertson, D. US FDA approves new class of HIV therapeutics. *Nat. Biotechnol.* **2003**, *21*, 470–471.
38. Poveda, E.; Rodes, B.; Lebel-Binay, S.; Faudon, J. L.; Jimenez, V.; Soriano, V. Dynamics of enfuvirtide resistance in HIV-infected patients during and after long-term enfuvirtide salvage therapy. *J.*

Clin. Virol. **2005**, *34*, 295-301.

39. He, Y.; Cheng, J.; Lu, H.; Li, J.; Hu, J.; Qi, Z.; Liu, Z.; Jiang, S.; Dai, Q. Potent HIV fusion inhibitors against enfuvirtide-resistant HIV-1 strains. *PNAS* **2009**, *105*, 16332-16337.
40. Crespillo, S.; Cámara-Artigas, A.; Casares, S.; Morel, B.; Cobos, E. S.; Mateo, P. L.; Mouz, N.; Martin, C. E.; Roger, M. G.; Habib, R. E.; Su, B.; Moog, C.; Conejero-Lara, F. Single-chain protein mimetics of the N-terminal heptade repeat region of gp41 with potential as Anti-HIV-1 drugs. *PNAS.* **2014**, *111*, 18207-18212.
41. Ingallinella, P.; Bianchi, E.; Ladwa, N. A.; Wang, Y. J.; Hrin R.; Veneziano, M.; Bonelli, F.; Ketas, T. J.; Moore, J. P.; Miller, M. D.; Pessi, A. Addition of a cholesterol group to an HIV-1 peptide fusion inhibitor dramatically increases its antiviral potency. *PNAS* **2009**, *106*, 5801-5806.
42. Johnson, L. M.; Horne, W. S.; Gellman, S. H. Broad distribution of energetically important contacts across an extended protein interface. *J. Am. Chem. Soc.* **2011**, *133*, 10038-10041.
43. Yang, W.; Xiao, Q.; Wang, D.; Yao, C.; Yang, J. Evaluation of pharmacokinetic interactions between long-acting HIV-1 fusion inhibitor albuvirtide and lopinavir/ritonavir, in HIV-infected subjects, combined with clinical study and simulation results, *Xenobiotics* **2017**, *47*, 133-143.
44. Zhang, H.; Jin, R.; Yao, C.; Zhang, T.; Wang, M.; Xia, W.; Peng, H.; Wang, X.; Lu, R.; Wang, C.; Xie, D.; Wu, H. Combination of long-acting HIV fusion inhibitor albuvirtide and LPV/r showed potent efficacy in HIV-1 patients. *AIDS Res. Ther.* **2016**, *13*, 8-11.
45. Su, B.; Yao, C.; Zhao, Q.-X.; Cai, W.-P.; Wang, M.; Lu, H.-Z.; Chen, Y.-Y.; Liu, L.; Wang, H.; et al. TALENT Study Team. Efficacy and safety of the long-acting fusion inhibitor albuvirtide in antiretroviral-experienced adults with human immunodeficiency virus-1: interim analysis of the randomized, controlled, phase 3, non-inferiority TALENT study. *Chin. Med. J.* **2020**, *133*, 2919-2927.
46. Xie, D.; Jiang, H. Peptide derivative fusion inhibitors of HIV infection. Patent application AU 2010200823 Al (2010).
47. Lu, R.; Min, W. Stable albuvirtide compositions. World Patent Application WO 2020/223906 A1 (2020).
48. Press Release First Word Pharma. Frontier Biotechnologies' First Long-acting Injectable (Aikening), in a Two Drug Regimen for HIV, Proves Safe and Efficacious for Patients. Berlin, July 19, 2021, PRNewswire, https://www.firstwordpharma.com/node/1846974? tsid=17
49. Haynes, T. Chinese HIV drug, Aikening, gets first approval outside China. 4Life4Me+ 24 March 2021, https://life4me.plus/en/news/china-aikening-Albuvirtide-7327/.

第二部分

癌症药物

7

达罗他胺(Nubeqa®),一种治疗非转移性去势抵抗性前列腺癌的雄激素受体拮抗剂

Dao-Qian Chen and JiZhang

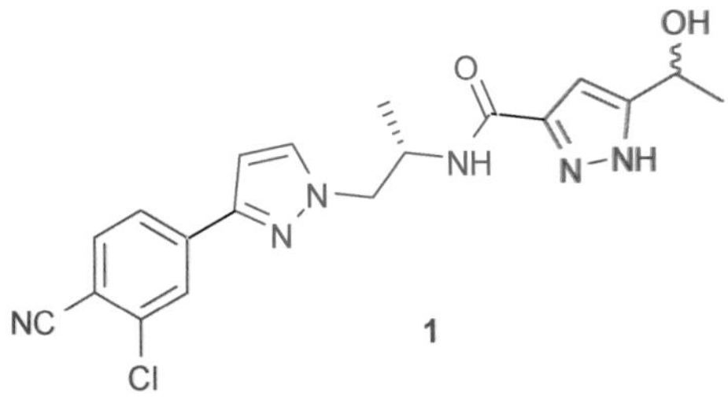

1

美国药物通用名：达罗他胺
商品名：诺倍戈
拜耳/Orion 公司
上市日期：2019年(美国)

7.1 背景

基于 ARAMIS(NCT02200614)临床试验[1],达罗他胺(darolutamide,前身为 ODM-201 或 BAY-1841788)于 2019 年被 FDA 批准用于治疗男性非转移性去势抵抗性前列腺癌(nonmetastatic castration-resistant prostate cancer, nmCRPC),随后于 2020 年在欧盟上市,并在日本(2020 年)和中国(2021 年)相继上市。达罗他胺最初由 Orion 公司在 2010 年开发,2014 年由拜耳医疗保健共同开发和商业化,随后进入Ⅲ期研究。

根据 2020 年全球癌症统计数据[2],前列腺癌(预计在 1 930 万新发癌症病例中有近 140 万例前列腺癌,占 7.3%)病例和死亡人数位居全球前四,是 2020 年男性癌症死亡的第五大原因。该病最高发病率出现在北欧和西欧,而南亚中南部最低。最初,80%至 90%的晚期前列腺癌患者可通过雄激素剥夺治疗(androgen deprivation therapy, ADT)获得病情缓解,中位无进展生存期为 12~33 个月[3],而从 ADT 开始进展为去势抵抗性前列腺癌,中位总生存期(overall survival, OS)为 23~37 个月[3]。

随着对去势抵抗性前列腺癌(CRPC)的理解增加,新型药物也竞相出现[4],包括靶向 Hsp900(IPI-504)、靶向雄激素生物合成(醋酸阿比特龙,CYP17A1 抑制剂)、靶向雄激素受体(androgen receptor, AR)的药物(类固醇或非类固醇 AR 拮抗剂)、靶向 DNA 修复的

药物(奥拉帕尼,PARP 抑制剂)、化疗药物(多西他赛和卡巴他赛)以及免疫调节药物 Sipuleucel－T 和放射性制剂 Radium－223。

至今,抗雄药物的广泛使用显著提高了前列腺癌患者的生活质量。其中,类固醇抗雄药(乙酰环孕酮、乙酰甲羟孕酮和乙酰甲睾酮)最早在 20 世纪 50 年代后期就被引入。不过,自从 Huggins 和 Hodges 在 1941 年报道雄激素剥夺治疗在前列腺癌转移患者中的疗效以来,还没有一种类固醇抗雄药被 FDA 批准用于前列腺癌的治疗[5]。而关于非类固醇抗雄药 AR 拮抗剂,已经开发出两代药物用于治疗前列腺癌患者(图 1)。然而,第一代 AR 拮抗剂氟他胺(flutamide, **2**)和比卡鲁胺(bicalutamide, **4**)会在 AR 的配体结合区(ligand-binding domain, LBD)发生突变后从拮抗剂转变为激动剂。因此,第二代 AR 拮抗剂(表 1)的开发专注于优化来维持拮抗作用并克服耐药性。

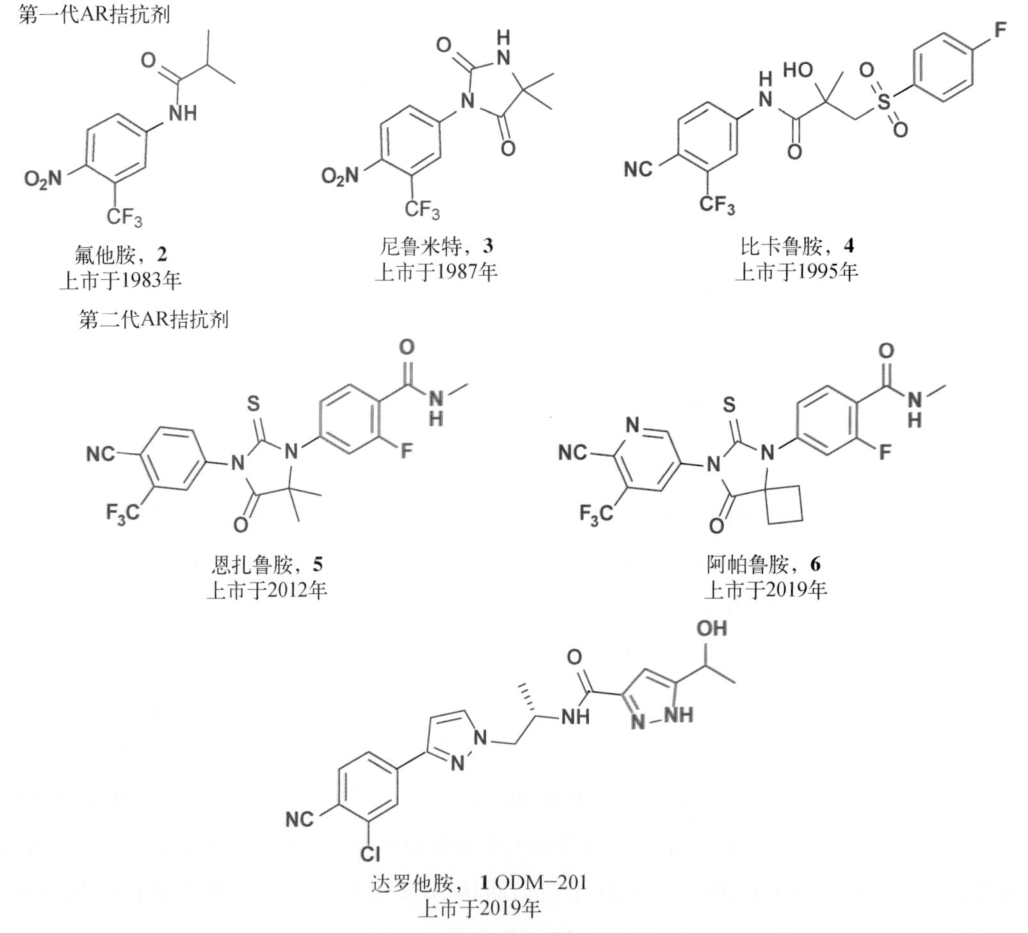

图 1　非类固醇 AR 拮抗剂

值得一提的是,恩扎鲁胺(enzalutamide, **5**)已经获得批准,用于治疗三种晚期前列腺癌(表 1),其后是阿帕鲁胺(apalutamide, **6**)和达罗他胺(darolutamide, **1**)。恩扎鲁胺(**5**)

对 AR 的亲和力高于比卡鲁胺(**4**)。在一项包括 140 名晚期前列腺癌患者的Ⅰ/Ⅱ期临床试验中,78 名(56%)患者显示血清前列腺特异性抗原(prostate-specific antigen, PSA)下降 50%。11%的不良事件是剂量依赖性的疲劳。

表 1 FDA 批准的治疗前列腺癌的 AR 拮抗剂

通用名	mCRPC	nmCRPC	mCSPC	公　司	2020 年销量[a]
恩扎鲁胺,5	✓	✓	✓	加利福尼亚大学 麦迪韦逊医疗/安斯泰来/辉瑞	3.716
阿帕鲁胺,6	×	✓	✓	加利福尼亚大学 强生	0.76
达罗他胺,1	×	✓	×	Orion/拜耳	—

mCRPC: 转移性去势抵抗性前列腺癌;
nmCRPC: 非转移性去势抵抗性前列腺癌;
mCSPC: 转移性去势敏感性前列腺癌;
a: 十亿美元。

在Ⅲ期临床试验中,以 2∶1 的比例对 1 199 名接受过化疗的去势抵抗性前列腺癌患者进行随机分配,其中 800 名接受口服恩扎鲁胺,剂量为每天 160 mg,399 名接受安慰剂。在中位总生存期和 50%血清前列腺特异性抗原(PSA)方面,恩扎鲁胺组的患者获益显著(中位生存期-恩扎鲁胺组: 18.4 个月 vs 安慰剂组: 13.6 个月),血清 PSA 下降 50%(恩扎鲁胺组: 54% vs 安慰剂组: 2%)。5 名(0.6%)接受恩扎鲁胺的患者出现癫痫。在另一项三期试验中,口服阿帕鲁胺(**6**,240 mg/天)可帮助患有非转移性去势抵抗性前列腺癌的男性获得比安慰剂更长的无转移生存期和无症状进展时间。阿帕鲁胺组的皮疹(23.8% vs 5.5%),甲状腺功能减退(8.1% vs 2.0%)和骨折(11.7% vs 6.5%)等不良事件发生率高于安慰剂组,包括观察到 2 例癫痫事件。Hager 和 Korpal 发现,由于雄激素受体(AR)蛋白的 LBD 区的错义突变 F876L(876 位苯丙氨酸变为亮氨酸),从而恩扎鲁胺和阿帕鲁胺都表现出拮抗剂到激动剂的转换。值得注意的是,达罗他胺(ODM－201,**1**)是包括 F876L,M896V/T,I882L,V731M,H875Y,T878A,W742C/L 突变的全 AR 拮抗剂。基于脑/血浆比的研究表明,与恩扎鲁胺(**5**)和阿帕鲁胺(**6**)相比,达罗他胺在大脑穿透性方面显示出最小值(最高的血脑屏障),从而临床表现出与中枢神经系统相关的不良事件发生率低。

从机理上,雄激素受体(AR)信号在前列腺癌细胞的增殖、存活和分化中发挥关键作用。阻断 AR 信号可以阻止核转位、AR 辅因子招募以及 AR 与 DNA 的结合[4]。当 AR 不活跃时,它与细胞质中的热休克蛋白结合。AR 的激活是由内源性配体睾酮(testosterone, T)和二氢睾酮(dihydrotestosterone, DHT)驱动的,配体一旦结合便从热休克蛋白中分离出来,并对 AR 受体具有不同的亲和力和诱导下游信号的能力[14]。当与 AR 拮抗剂一起使用时,化合物会和内源性配体竞争结合 AR,然后诱导 AR 蛋白发生构象变化,抑制 AR 信号,从而实现前列腺癌的治疗。AR 拮抗剂和 T(**7**)、DHT(**8**)之间的竞争关系见图 2 说明。

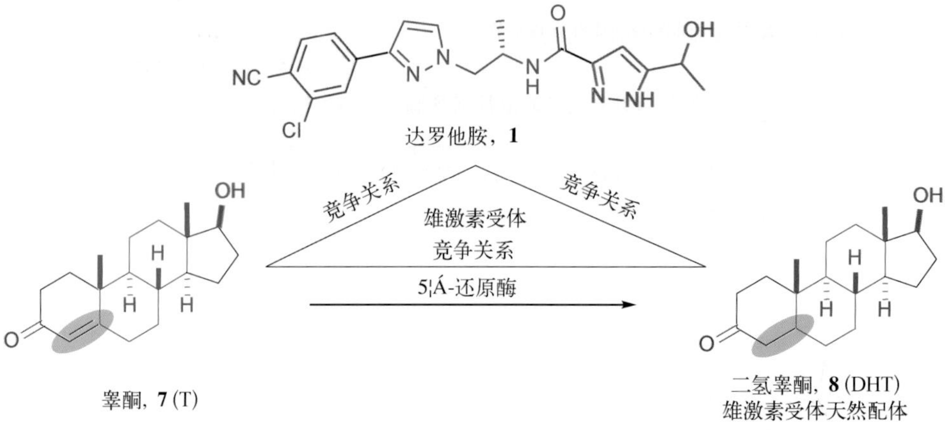

图 2　达罗他胺(1),7(T)和 8(DHT)的竞争关系

达罗他胺(**1**)是一种选择性非甾体二代 AR 受体拮抗剂,临床上口服 300 mg 剂量,其分子结构与比卡鲁胺(**4**)、恩扎鲁胺(**5**)和阿帕鲁胺 **6** 明显不同。值得注意的是,对映异构体(*S*,*S*)-达罗他胺(**9**)和(*S*,*R*)-达罗他胺 **10** 的 1∶1 混合物以及主要代谢产物酮基-达罗他胺 **11**(ORM－15341)在体外表现出类似的药理活性(图 3)[16],因此达罗他胺(**1**)的对映异构体被用作最终的 API,这将使放大工艺从根本上变得简单得多。

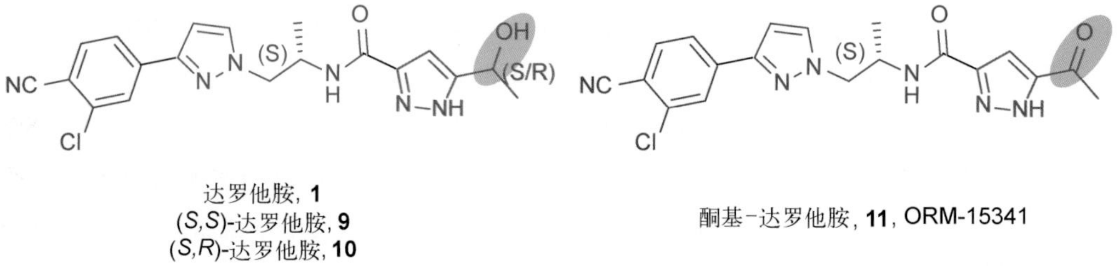

图 3　达罗他胺 1 及其代谢物酮基-达罗他胺 11 的非对映异构体

7.2　药理学

当提及达罗他胺(**1**)时,两种对映异构体(*S*－Me,*S*－OH 和 *S*－Me,*R*－OH)和主要代谢产物酮基-达罗他胺 **11** 自然会引起一些大家普遍关心的问题:为什么达罗他胺(**1**)被开发成对映异构体的混合物而不是单一纯手性对映异构体?主要代谢产物是否安全?临床前研究和临床研究从药理学和药代动力学的角度已经回答了这两个问题。达罗他胺 600 mg 剂量下每天两次给药,这样的药物暴露会产生平均超过 90%的 PSA 降低。抗雄激素治疗的产生耐药的主要原因是 AR 基因突变,约占去势抵抗性前列腺癌患者的 15%～

20%。在 Moilanen 的研究中,在瞬转 AR 突变基因(F876L,T877A 或 W741L)的细胞上用三种第二代 AR 拮抗剂处理,用第一代比卡鲁胺(**4**)作为参照,发现比卡鲁胺(**4**)在 F876L AR 突变,恩扎鲁胺 **5** 和阿帕鲁胺 **6** 在 W741L AR 突变上都发生了拮抗-激动效果转换。达罗他胺(**1**),两种不对称体 **9**、**10** 和酮基-达罗他胺 **11** 对 W742C 和 W742L 突变体则表现出强烈的拮抗作用。同时,达罗他胺 **1** 在更多的突变体包括 F877L、M896V/T、I882L、V731M、H875Y、T878A 和 W742C 表现拮抗作用;虽然具有不同的活性,但整体仍然优于恩扎鲁胺 **5** 和阿帕鲁胺 **6**。体外实验显示,达罗他胺(**1**)、达罗他胺的不对称体及酮基达罗他胺 **11** 在 VCaP 和 LAPC－4 前列腺癌细胞中具有良好的抑制作用(IC_{50} 值为 0.25~0.5 mol/L 和 0.44~0.84 mol/L),这也证明它们在前列腺癌模型中发挥了类似的拮抗剂作用。有趣的是,另一项体外研究显示,带有(*R*)－Me 的异丙胺连接剂的达罗他胺不对称体混合物对 LNCaP/AR 细胞表现出相同的抗增殖活性,IC_{50} 为 1.65 mol/L,也直接说明了活性并不依赖于异丙胺连接剂的(*S*)－Me 构型,也就是说它不是抗增殖活性的关键。

达罗他胺(**1**)和酮基达罗他胺 **11** 对核转位同样存在抑制作用。通过 HS－HEK293 细胞和 LNCaP 细胞的免疫细胞化学标记实验,结果显示达罗他胺(**1**)和酮基达罗他胺 **11** 均阻断了胞质的核转位,恩扎鲁胺 **5** 和阿帕鲁胺 **6** 也是如此。然而,比卡鲁胺 **4** 没有活性。

达罗他胺(**1**)的抑制常数(K_i)值和 IC_{50} 值分别为 11 nmol/L 和 26 nmol/L,与酮基达罗他胺 **11**(8 nmol/L,38 nmol/L)相似,发现时间稍晚的恩扎鲁胺 **5** 为 86 nmol/L,219 nmol/L 以及阿帕鲁胺 **6** 为 93 nmol/L,200 nmol/L。在体内和体外实验中,达罗他胺(**1**)显示出对 AR 蛋白依赖的前列腺癌细胞有良好特异性。与对照组相比,50 mg/kg 剂量每天两次给药抗肿瘤活性显著($p<0.001$)。当给予含平均血清 PSA 值≈5.5 g/L 的雄性小鼠 3 周药物治疗后,恩扎鲁胺 **5** (20 mg/kg,每天给药)增加了血清睾酮浓度($p<0.05$),但达罗他胺 **1** (50 mg/kg,每天两次给药)与对照组相比睾酮水平无变化,这提示该药物并没有通过下丘脑-垂体-性腺轴影响雄激素的产生。临床 I 期研究显示,达罗他胺对血清卵泡刺激激素(follicle-stimulating hormone, FSH)、黄体生成素(luteinizing hormone, LH)、睾酮或 DHT 浓度没有影响[19]。体内研究通用全身放射自显影技术显示,[^{14}C]达罗他胺(**1**)的脑部浓度比[^{14}C]恩扎鲁胺 **5** 和[^{14}C]阿帕鲁胺 **6** 的低 46 倍和 26 倍[20]。由于酮基达罗他胺 **11** 有高蛋白结合率,使其在人体循环中自由药物浓度较低[16],因而药理学活性大部分是由达罗他胺(**1**)提供的。

7.3 构效关系(SAR)

在 2010 年,Orion 公司报道了达罗他胺(**1**)的发现,它具有与其他非类固醇 AR 拮抗剂(第一代和第二代)不同的结构。其结构主要参考杀虫剂(线虫杀虫剂)的专利结构[21]。迄今为止,没有关于 Orion 公司如何设计达罗他胺 **1** 的详细文献报道。但是,达罗他胺 **1**

基于这种特殊结构的优势已在临床前和临床上得到验证。根据 Li 等人总结的基于两代非类固醇 AR 拮抗剂的 LBD(图 4)的构效关系(structure-activity relationship, SAR),一代和二代 AR 拮抗剂分子中含吸电子基(—CN,—NO_2,—CF_3)取代的芳香环、亲脂性环及侧链(图 4)对于活性是必需的。

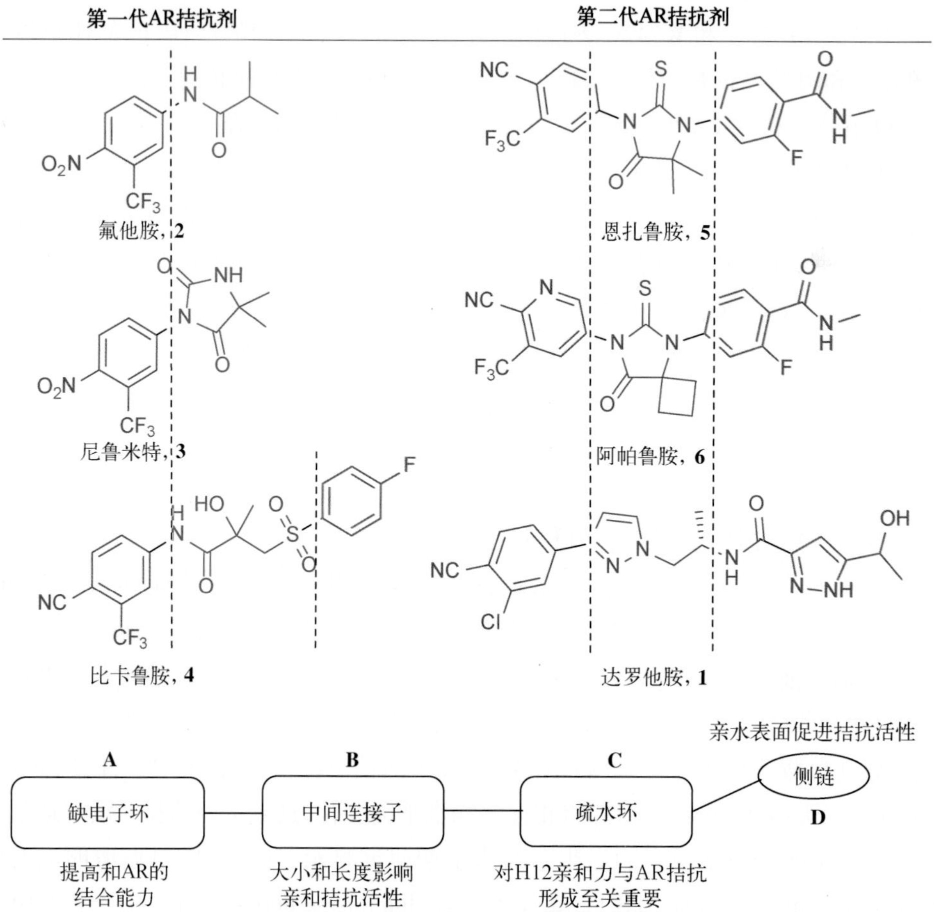

图 4 非类固醇 AR 拮抗剂的构效关系

一代和二代的 AR 拮抗剂均包含吸电子基团(—CN,—NO_2,—CF_3)(图 4A),因为 CN 的 N 原子可以像二氢睾酮(dihydrotestosterone, DHT)的酮基一样与 Gln711 和 Arg752 残基发生相互作用,增加了亲和力(图 5)。在 AR W742L 形式的激动构象中,达罗他胺(**1**)的异丙胺连接子的更高灵活性可以维持与亮氨酸侧链的范德华相互作用(图 4B),使达罗他胺(**1**)表现出强于恩扎鲁胺 **5** 和阿帕鲁胺 **6** 的拮抗活性。而在比卡鲁胺(**4**)却表现出激动作用[12]。恩扎鲁胺 **5** 和阿帕鲁胺 **6** 的咪唑啉环(图 4B)的结构刚性使得其在这个突变 LBD 中失去范德华相互作用。疏水的 C 环结合了 LBD 中的一个侧链,这个侧链原本的作用是通过消除"锁扣"式相互作用来激动 AR。C 环还通过 pi 键堆叠和疏水相互作用生成

AR H12 结合,进一步形成拮抗构象[4]。为维持拮抗活性,侧链的亲水性基团(图 4D)形成了亲水性的表面。例如,达罗他胺(**1**)的 OH 基团可能与 AR 野生型中的半胱氨酸 SH 基团生成氢键[12]。确切地说,在活性接近的前提下,可以考虑达罗他胺(**1**),**9**,**10** 二对映体和酮基达罗他胺 **11** 可能会通过氧原子与 AR 形成氢键。

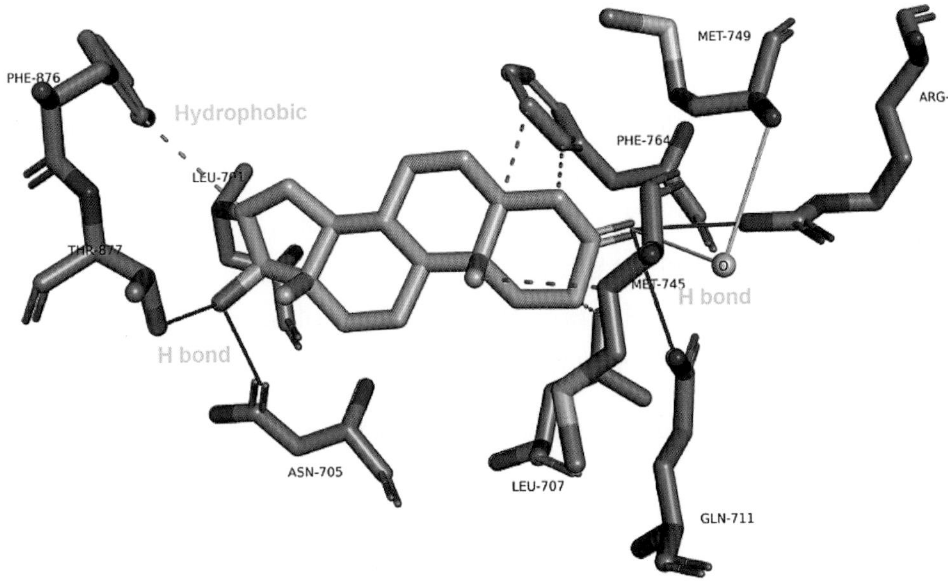

图 5　二氢睾酮和雄激素受体 LBD 相互作用

关于达罗他胺(**1**)更多的构效关系可以通过对其进行改构而得到。其中,化合物 **12** 和 **13** 表现出很好的抗增殖活性和抗肿瘤活性(图 6)[18]。

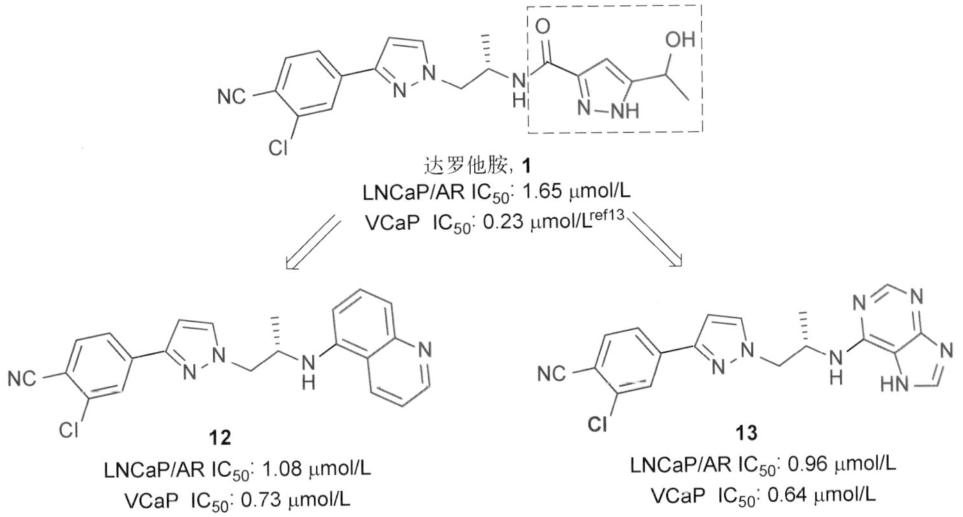

图 6　达罗他胺(1)的结构修饰 AR 拮抗剂(12 和 13)

值得注意的是,如表 2 所示[18],达罗他胺(**1**)的各种构型,包括[混合物 **1**;(*S*,*S*)- **9**;(*S*,*R*)- **10**;(*R*,*S* /*R*)- **14**],对 VCaP(AR 阳性的人前列腺癌细胞系)及 LNCaP /AR 细胞表现出类似的抗增殖活性。当将 R^1 位置的 OH 基团改变为酮基时,化合物 **11** 和 **15** 都对 LNCaP /AR 细胞表现出相同的抑制活性,IC_{50} 值分别为 1. 13 μmol/L 和 1. 08 μmol/L。因此,达罗他胺(**1**)或其主要代谢产物酮基达罗他胺 **11** 的构型对抗增殖活性影响很小。没有 R^1 位置 1H 吡唑替位基的化合物 **14** 甚至比达罗他胺(**1**)表现出更好的活性。此外,具有 1H -吡唑替位基的化合物表现出浓度非依赖的抑制 VCaP 细胞的增殖[注:(*S*,*S*)- 9;(*S*,*R*)- 10 没有数据]。不幸的是,化合物 **17** - **22** 的抗增殖活性似乎随着从 1H -吡唑替位基转化为苯基 **17** - **19** 或烷基 **20** - **22** 而降低,也进一步凸显出取代基在 R1 位置的影响。

R2 位置的酰胺基的 SAR 如表 3 所示。与化合物 **16** 和 **18**(表 2)相比,在 R^2 位置翻转胺基和羰基基团(化合物 **23** 和 **24**)导致的抑制活性降低或完全消失,低于达罗他胺(**1**),表明酰胺在 R^2 位置非常重要。用磺酰胺 **25** - **27** 或尿素基团结合芳环 **28** 替换酰胺基团会略微降低对 LNCaP /AR 和 VCap 的活性[18]。

表 2 达罗他胺及其衍生物的体外活性

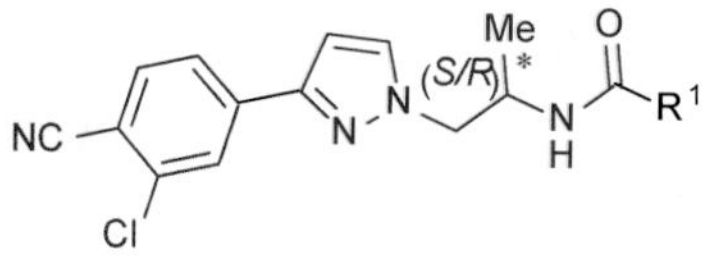

化合物	(*S*/*R*)-Me	R^1	IC_{60}(μmol/L)	
			LNCaP/AR	VCaP
恩扎鲁胺, **5**			0. 19	30
达罗他胺, **1**	*S*	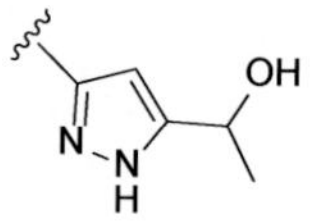	1. 65	0. 26~0. 56[ref12]
(*S*, *S*)-达罗他胺, **9**	*S*	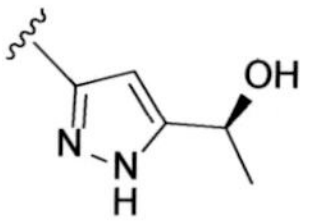	—	0. 27~0. 47[ref12]
(*S*, *R*)-达罗他胺, **10**	*S*	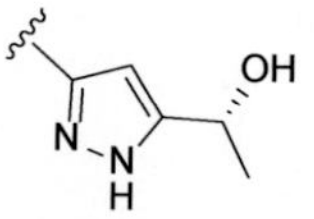	—	0. 19~0. 31[ref12]
14	*R*	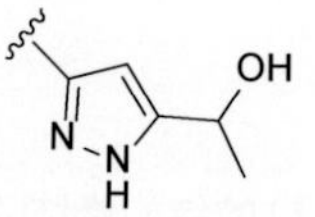	1. 65	NC

续 表

化合物	(*S*/*R*)-Me	R^1	IC_{60}(μmol/L)	
			LNCaP/AR	VCaP
酮基达罗他胺, **11**	*S*	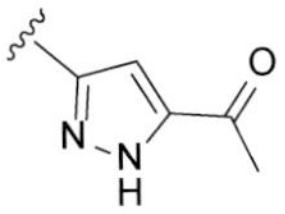	1.13	0.36~0.64[ref10]
15	*R*	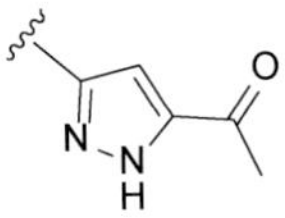	1.08	NC
16	*S*	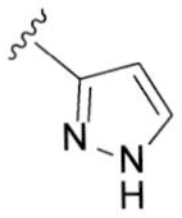	1.00	NC
17	*S*	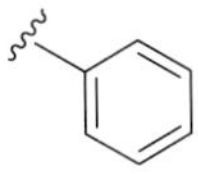	1.83	NC
18	*S*	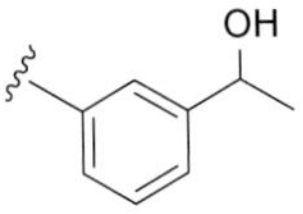	2.28	0.90
19	*S*	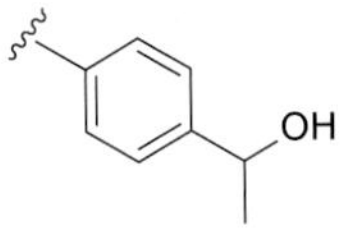	3.69	0.91
20	*S*	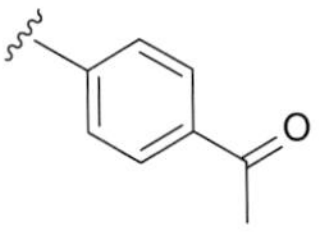	3.60	1.40
21	*S*	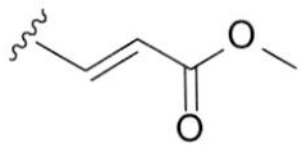	2.46	5.23
22	*S*	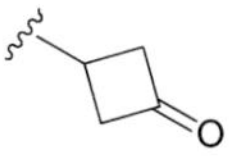	3.04	22.47

来源:参考文献 8。

表 3　达罗他胺及其衍生物的体外活性

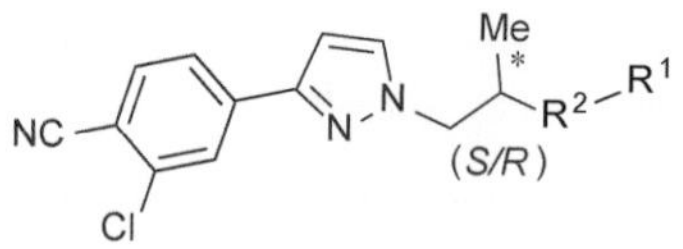

化合物	(*S/R*)-Me	R^2	R^1	IC_{50}(μmol/L)	
				LNCaP/AR	VCaP
达罗他胺, **1**	*S*	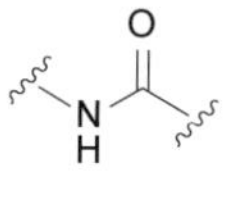	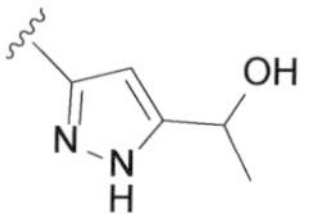	1.65	0.26~0.56[ref12]
23	*racemate*	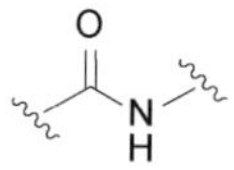	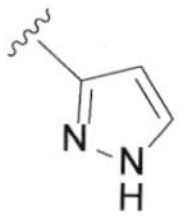	>30	>30
24	*racemate*	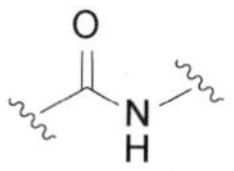	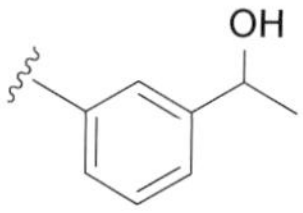	4.15	>30
25	*S*	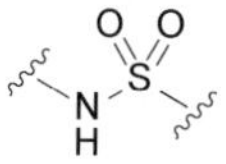	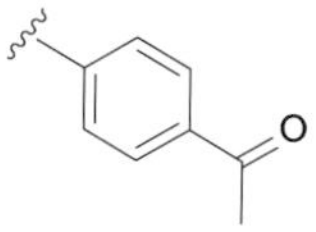	5.23	3.95
26	*S*	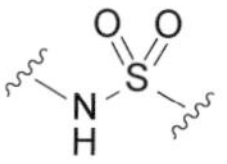	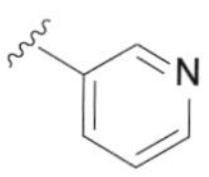	6.14	2.45
27	*S*	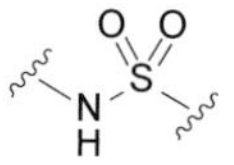	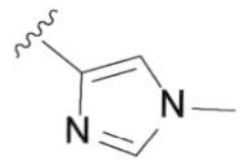	>30	13.59
28	*racemate*	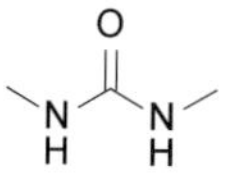	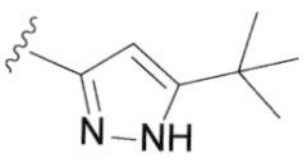	1.63	5.12

没有酰胺羰基在 R^2 位置会发生什么？22Rv1 细胞系（也称为 CWR22Rv1）是人前列腺癌细胞系之一。在表格 4 中描述了使用各种芳香环修饰与胺直接结合的 R^3 位置的尝试，包括苯基 **29**、吡啶基（**30**、**31**）、嘧啶基 **32**、吲哚基 **33**、异喹啉基 **34**、喹啉基（**12**）和嘌呤基（**13**）（表 4）。尽管在 LNCaP/AR（化合物 **29** - **33**）中观察到亚微摩尔级的 IC_{50} 值，但 VCap 上 IC_{50} 却比达罗他胺 **1** 更高。此外，化合物 **29**、**30**、**31** 对 22Rv1 的活性较低，而化合物 **32**、**33** 对 22Rv1 的活性稍高。更多含有双环的化合物被合成出来进行评估。其中，含有位于 6 - R^3 N 的化合物 **34**，对 VCaP 没有展现抑制作用，但当 N 从 6 变为 5 - R^3 时，抗增殖活

性恢复(表 4,化合物 **12**)。更重要的是,化合物 **12** 和 **13** 具有喹啉和嘌呤基,明显表现出对 LNCaP/AR、VCaP 和 AR－V7 阳性细胞 22Rv1 优异的增殖抑制活性。化合物 **12** 和 **13** 还可以抑制野生型 AR 的转录活性,并强烈降低 LNCaP 细胞中 AR 的蛋白表达(见图 6)[18]。

表 4 达罗他胺及其衍生物的体外活性

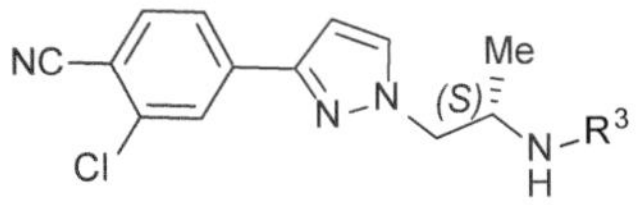

化合物	R^3	IC_{50}(μmol/L)		
		LNCaP/AR	VCaP	22Rv1
达罗他胺, **1**	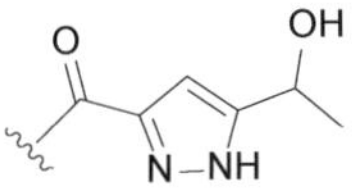	1.65	0.26~0.56[ref12]	>30
29	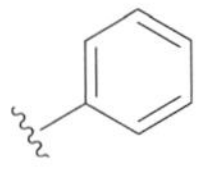	0.71	>30	>30
30	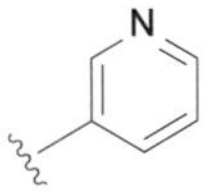	0.43	>30	>30
31	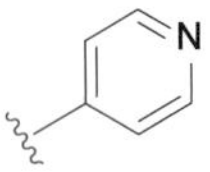	2.56	9.90	>30
32	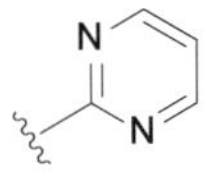	1.18	0.48	4.76
33	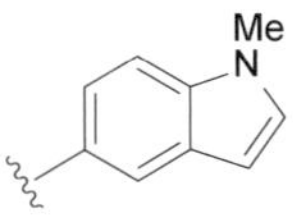	0.49	2.13	11.98
34	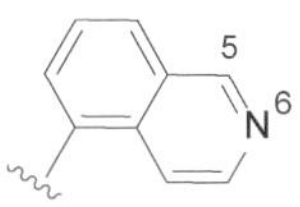	0.87	>30	21.20
12	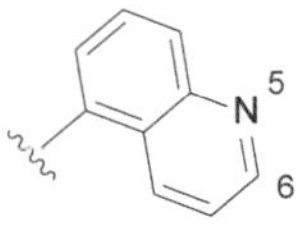	1.08	0.73	3.92
13	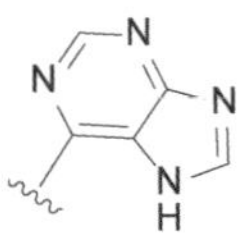	0.96	0.64	4.24

在体外实验中，在萤光素酶表达和核转运测试上，化合物 **12** 和 **13** 对野生型 AR 和恩扎鲁胺耐药的 F876L 突变株表现出明显的增殖抑制作用。在体内实验（表 5），与化合物 **12** 相比（C_{max} = 521 ng /mL；AUC_{0-t} = 783. 55 ng · h /mL），化合物 **13** 表现出更高的 C_{max}（最大血浆浓度 = 2 648. 88 ng/mL）和更优的系统暴露（AUC_{0-t} = 7 280. 76 ng · h /mL）。值得注意的是，在雄性 Balb/c 裸鼠中，给予化合物 **13**（60 mg /kg 和 30 mg /kg）表现比恩扎鲁胺更好地抑制[5]：77. 8%和 64. 7%的 VCaP 肿瘤生长抑制率（TGI），而恩扎鲁胺 **5** 的 TGI 为 43%。不幸的是，我们无法获得关于达罗他胺（**1**）和化合物 **13** 之间的差异信息。

表 5　达罗他胺（1）和化合物 12,13 的药代动力学参数

	达罗他胺，**1**，bid		化合物 **13**	化合物 **12**
剂量	25 mg	50 mg	30 mg，qd	30 mg，qd
$T_{1/2}$(h)	1.4	1.6	1.79	3.14
T_{max}(h)	8.5	8.5	0.65	0.33
C_{max}	27 608	42 712	2 648.88	521
AUC_{0-24}(ng · h/mL)	108 618	174 807	7 379.8	796.54

来源：参考文献 18 和 24。

综上所述，不考虑种属和剂量差异，根据之前的报道和化合物 **14** 数据（表 5），达罗他胺（**1**）的系统暴露优于化合物 **12** 和 **13**。

7.4　药物动力学和药物代谢

Moilanen 在 2015 年最先报道了达罗他胺（**1**）和主要代谢物酮基达罗他胺 **11** 的小鼠药代动力学性质，证明了其相对于恩扎鲁胺 **5** 和阿帕鲁胺 **6** 具有更优的脑分布。[13] 然而，在 Moilanen 的工作发表之前，单一对映体[（*S*，*S*）或（*S*，*R*）]的药代动力学特征尚未被公开。

进食可使达罗他胺（**1**）的 AUC 和 C_{max} 增加 2 倍，同时 t_{max} 也有延长。在一项针对日本 mCRPC 患者的 I 期临床研究中，[19] 达罗他胺（**1**）、单一对映体[（*S*，*S*）和（*S*，*R*）]和代谢物酮基达罗他胺 **11** 在 300 mg 和 600 mg 剂量下均观察到类似的显著的食物效应（C_{max} 比值进食/禁食 = 2. 11 ~ 3. 29 ∶ 1；AUC（0 ~ t_{last}）比值进食/禁食 = 2. 02 ~ 2. 83 ∶ 1），这与 ARAFORE 试验报道的结果类似[25]。在进食状态下，AUC（0~t_{last}）显示（*S*，*S*）-达罗他胺 **9** 与（*S*，*R*）-达罗他胺 **10** 的比值高（300 mg 剂量为 5 ∶ 1；600 mg 剂量为 8 ∶ 1），表明（*S*，*S*）-达罗他胺具有更高的暴露量和生物利用度。此外，代谢物酮基达罗他胺 **11** 的暴露量也比达罗他胺（**1**）高[19]。在一项西方患者的六剂量递增试验（ARADES 试验）中，观察到达罗他胺（**1**）的暴露量-剂量呈线性关系,并在 1 400 mg 时进入平台期(图 7)。稳态时,平均酮基达罗他胺 **11**:母药比值为 1.6~2.3:1。达罗他胺(**1**)和酮基达罗他胺 **11** 的中位 t_{max} 分别为 3.0~5.1 h 和 1.5~5.0 h[26]。

在人体中,稳态时酮基达罗他胺 **11** 的平均半衰期(10 h)小于达罗他胺(**1**)(15.8 h)。通过静脉注射给药后,达罗他胺(**1**)的清除率(%CV)为 116 mL/min(39.7%)[26]。

对映体[(*S*,*S*)和(*S*,*R*)]的比值在动物体内给药后发生改变,这是由两种胞质还原酶(主要为 AKR1C3 和次要为 AKR1D1)对主要代谢物酮基达罗他胺 **11** 催化转化所致[27]。

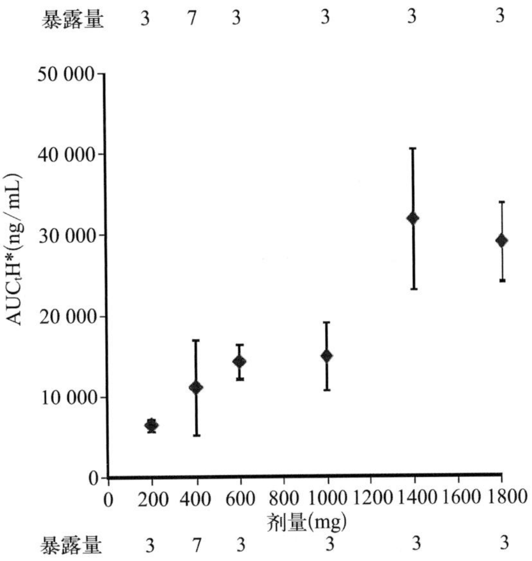

图 7 达罗他胺(1)在人体中不同剂量下平均曲线下面积

Koshinen 研究了(*S*,*S*)向(*S*,*R*)达罗他胺的转化,在冷冻保存的 Balb/c 小鼠肝细胞中并未检测到再转化,但在口服达罗他胺(**1**)后,小鼠血浆中可以显著地检测到(*S*,*R*)-达罗他胺 **10**。单晶 X 射线衍射确定了二对映异构体[(*S*,*S*)和(*S*,*R*)]的立体化学。然而,Mullangi 的先前研究发现,仅在小鼠中(*S*,*S*)-达罗他胺 **9** 能够转化成(*S*,*R*)-达罗他胺 **10**,不过没有进行单晶 X 射线衍射确认[24]。这些不同的结果可能是由于不同物种之间的差异所致(图 8)。

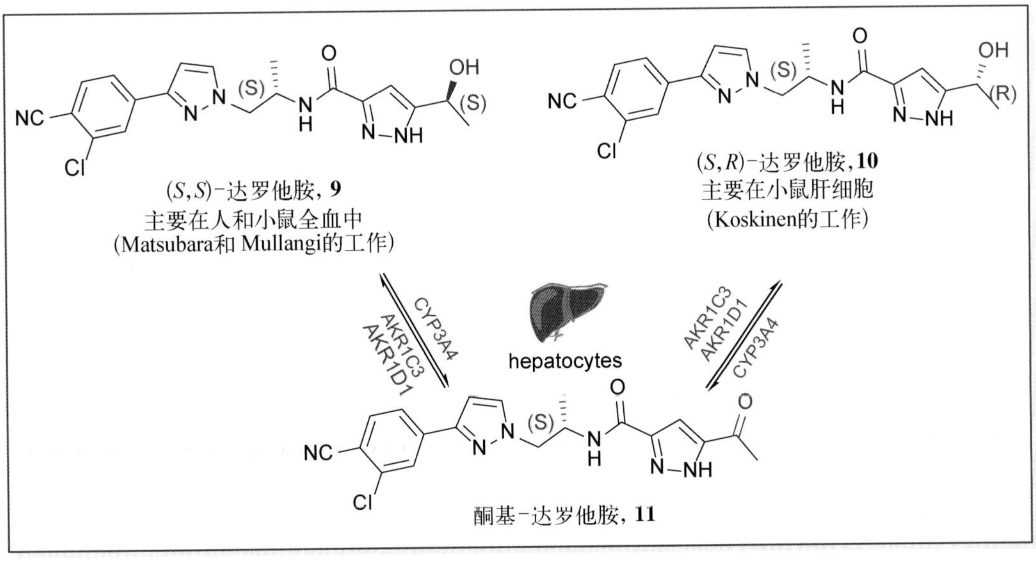

图 8 非对映异构体 9,10 和酮基-达罗他胺 11 之间的转化

在体外研究中，CYP3A4 将达罗他胺（**1**）氧化成主要代谢产物酮基达罗他胺 **11**，30%的达罗他胺通过这个途径清除。达罗他胺（**1**）还是 P－gp 和 BCRP 的底物。一项针对健康志愿者的一期临床研究进一步评估了该药物联合用药的效果。当与伊曲康唑（一种 CYP3A4，P－gp 和 BCRP 抑制剂）联合使用时，达罗他胺（**1**）的暴露量增加了 1.75 倍，而与利福平（一种 CYP3A4 和 P－gp 诱导剂）联合使用时则减少了 72%。二对映异构体 **9**、**10** 和酮基达罗他胺 **11** 的结果相似[27]。

达罗他胺（**1**）的血浆蛋白率结合为 92%，活性代谢产物酮基达罗他胺 **11** 为 99.8%。人血白蛋白是达罗他胺（**1**）和酮基达罗他胺 **11** 的主要结合蛋白。

在给予放射性标记的达罗他胺 **1** 后，63.4%的达罗他胺相关物质从尿中回收（约 7%为母药），32.4%从粪便中回收（约 30%为母药物）。

7.5 有效性和安全性

达罗他胺（**1**）是一种高活性、完全的非类固醇雄激素受体（androgen receptor，AR）拮抗剂，在雄激素竞争性结合 AR 实验中，达罗他胺活性远低于恩扎鲁胺 **5**（K_i = 86 nmol/L）和阿帕鲁胺 **6**（K_i = 93 nmol/L）。达罗他胺（**1**）在体外实验中可以抑制 AR 诱导的核移位。此外，达罗他胺（**1**）还在体外实验中特异性地抑制 VCaP 细胞增殖，IC_{50} 值为 230 nmol/L，低于恩扎鲁胺 **5**（IC_{50} = 410 nmol/L）和阿帕鲁胺 **6**（IC_{50} = 420 nmol/L）。在体内，达罗他胺（**1**）在每天两次 50 mg/kg 的剂量下抗肿瘤活性显著。在为期 37 天的给药期间，未观察到治疗相关毒性和体重下降。达罗他胺（**1**）（每天两次 50 mg/kg）的给药 3 周不会增加的血清睾酮水平，并且具有少量可忽略的入脑特性。值得注意的是，达罗他胺（**1**）仍然对 AR 突变体（F876L、W741L 和 T877A）产生拮抗作用，拥有这些突变体患者已知可导致对第一或第二代抗雄药物的耐药。在患者中，达罗他胺（**1**）的治疗实际上维持血清睾酮水平在去势水平，而恩扎鲁胺 **5** 会导致血浆和骨髓中睾酮水平升高[28]。

在临床上，达罗他胺（**1**）除了针对乳腺癌耐药蛋白（breast cancer resistance protein，BCRP）如罗伊司他汀以及有机阴离子转运多肽（organic anion-transporting polypeptide，OATP）底物之外，很少会发生药物-药物相互作用（drug-drug interactions，DDIs），几乎没有 CYP 或 P－gp 介导的 DDIs，而恩扎鲁胺 **5** 和阿帕鲁胺 **6** 与抗凝药和阿片样物质可能会发生 DDIs。[27]

在 ARAMIS 三期临床研究入组了 1 509 名 nmCRPC 男性，患者 PSA 值不低于 2ng/mL，PSA 倍增时间不超过 10 个月，对其 2∶1 随机分组并给予达罗他胺（**1**）（600 mg，每天两次）。对于研究性前列腺癌而言，无转移生存期（metastasis-free survival，MFS）是总生存期的一个有力的代用指标[29]。ADT 治疗联用的达罗他胺（**1**）显著延长了中位无转移生存期至 22 个月，首次使用细胞毒性化疗时间更长（风险比 0.58），疼痛进展时间更长（40.2 月 vs 25.4 月）以及症状性骨事件时间也更长（风险比 0.48），均超过了安慰剂。基于对

nmCRPC 的不同试验的数据,恩扎鲁胺 **5** 和阿帕鲁胺 **6** 与达罗他胺(**1**)相比,在无转移生存期方面展现出类似的结果(表 6)[30]。尽管阿帕鲁胺 **6** 和安慰剂对比的话没有癫痫发作的差异,但达罗他胺(**1**)的不良反应风险低于恩扎鲁胺 **5** 和阿帕鲁胺 **6**,这与其低穿透血脑屏障低透过性有关。正如达罗他胺(**1**)的美国处方说明所反映的那样,其最常见的副作用包括疲劳、四肢疼痛和皮疹。

表 6　已上市第二代 AR 拮抗剂治疗 nmCRPC 的临床获益

	PROSPER		SPARTAN		ARAMIS	
终点	恩扎鲁胺,5	安慰剂	阿帕鲁胺,6	安慰剂	达罗他胺,1	安慰剂
中位 MFS	36.6	14.7	40.4	16.2	40.4	18.4
中位 PSAP	37.2	3.9	NR	3.7	33.2	7.3
中位 PFS	—	—	40.5	14.7	36.8	14.8
中位 PP	18.5	18.4	—	—	40.3	25.36
癫痫	—	—	0.2%	0	0.2%	0.2%
疲倦	33%	14%	30.4%	21.1%	13.2%	8.3%

MFS:无转移生存期;
PSAP:PSA 进展;
PFS:无进展生存期;
PP:疼痛进展;
NR:未达到;
时间:月。

7.6 合成

Orion 公司开发和放大验证了达罗他胺(**1**)化学工艺,完成了产品开发,并获得了 FDA 优先评审资格[31]。截至目前,Orion 公司的达罗他胺(**1**)开发策略保持不变,工艺改进[32] 主要集中在结晶工艺、消除自 2012 年公开的路线里面的不良试剂。在本章中,我们披露了三种使用相同中间体 **40** 的合成路线。

通过著名的 Suzuki 反应,Orion 公司的合成路线始于硼酸酯 **36** 与含有 THP 保护吡唑的偶联(图 9)。用钯催化的 Suzuki 偶联将 **36** 与 4-溴-2-氯苯腈 **35** 反应,得到 **37**,收率为 92%,然后进行后处理和结晶。应用甲醇 HCl 溶液在 10 ℃下去保护 THP,再通过简单的结晶操作得到收率为 96%的吡唑 **38**。然而,为了实现 **40** 的 N 的选择性偶联(也是其他两种路线的关键中间体),工艺化学家选择了很少在工厂中使用的 Mitsunobu 反应,因为该反应的后处理(去除肼和三苯基膦氧化物)很难。他们巧妙地通过 pH 调节来使胺 **40** 成盐并分布于水相,萃取后水相调节 pH=9,再通过有机溶剂萃取和结晶即可完成 **40** 的纯化。通过 T3P 介导的胺 **40** 和羧酸 **41** 的缩合,可以以 88%的收率得到酮基达罗他胺 **11**。最后,使用 $NaBH_4$ 在 EtOH 中还原酮基达罗他胺 **11**,可以得到达罗他胺(**1**),收率为 76%。

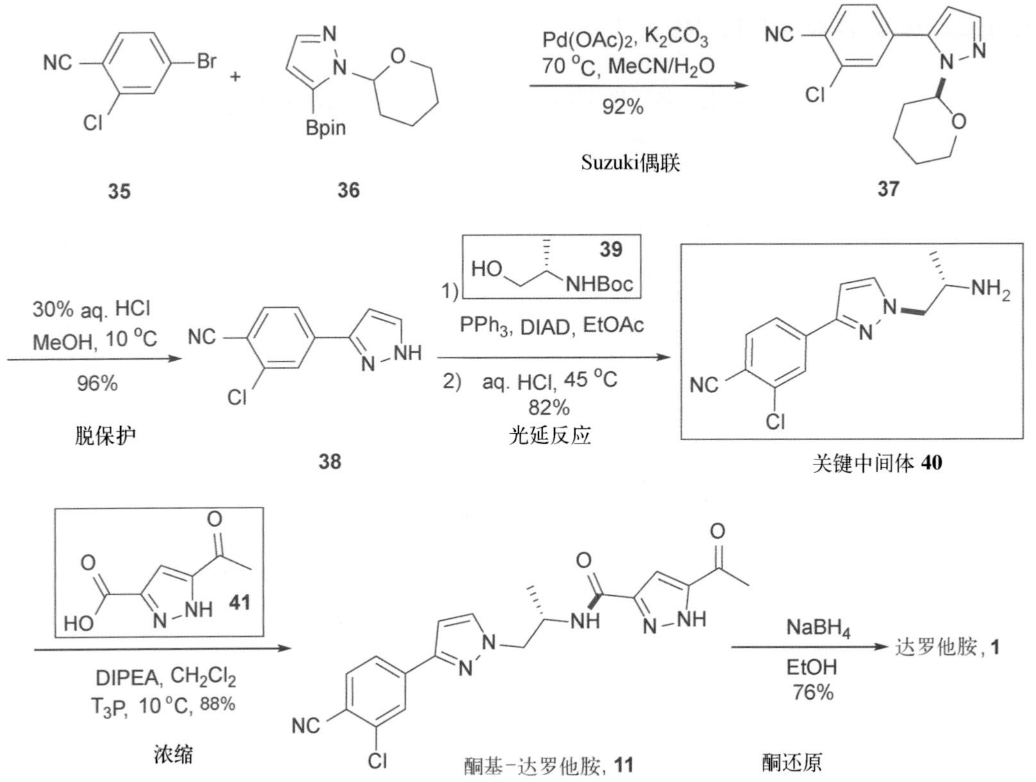

图 9 达罗他胺在 Orion 原合成路线

第二种路线仍为 Orion 实验室开发的(图 10),它可以用来合成达罗他胺(**1**)的每个对映异构体。酶催化还原反应可以得到具有对映选择性的 **43** 和酮 **42**,收率为 87%,对映选择性为 100%(图 10,通路 A)。通路 B 使用 3-丁炔-2-醇通过与重氮乙酸乙酯 **44** 的[3+2]环化反应得到 **45**。接下来,在对 **45** 进行常规的 TBDPSCl(*t*-BuPh2SiCl)硅保护和碱催化水解酯 **46**,可以得到 **47**。使用中间体 **40** 介导的与缩合试剂 EDI 的相似缩合反应形成硅醚 **48**,随后通过 TBAF 去保护以得到(*S*,*S*)-达罗他胺 **9**。

2018 年,Pan 及其合作者开发了一种替代路线,其中包含 **53** 的环化反应(图 11)[36]。醛类化合物 **51** 可以高收率制备,随后进行 TBS 保护和 DIBAL-H 催化还原。LiHMDS 促进的与 **44** 的缩合反应获得 **52**,收率为 81%。通过脱水反应制备了关键中间体 **53**,收率为 85%。在反流辛烷中进行[1,3]-双极环化反应,然后使用 10% NaOH 水解酯键,以 76%的收率得到 **54**。随后,相同的策略进行了中间体 **40** 的缩合反应,使用 TBAF 进行脱保护反应,最终制得达罗他胺(**1**)。

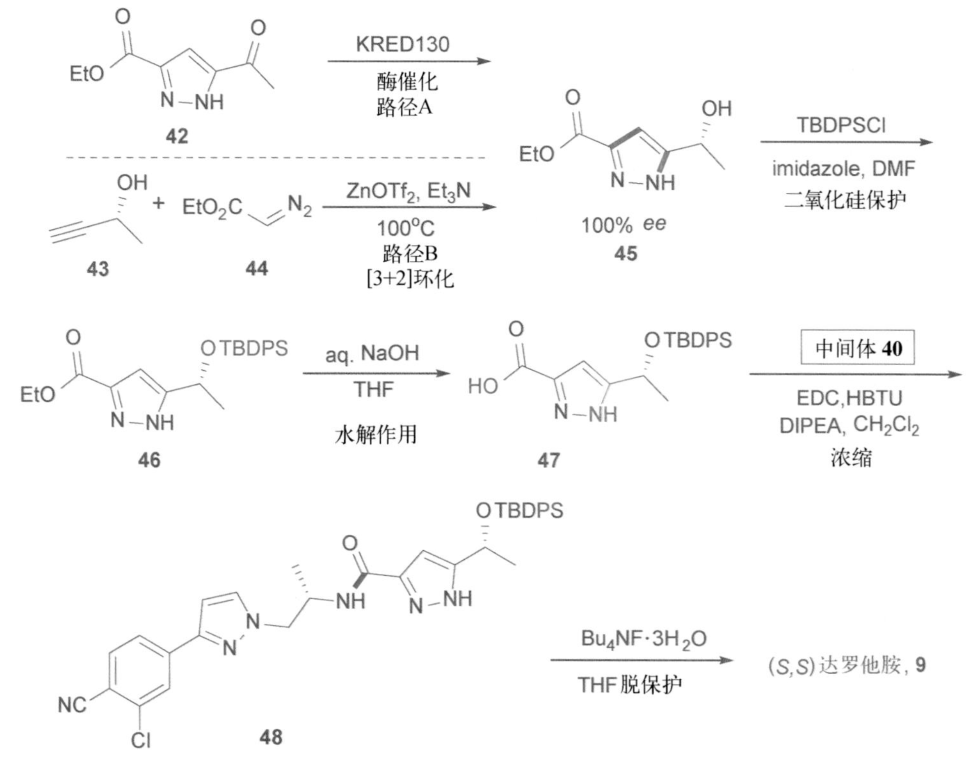

图 10 Orion 合成(S,S)-达罗他胺 9 手型路线

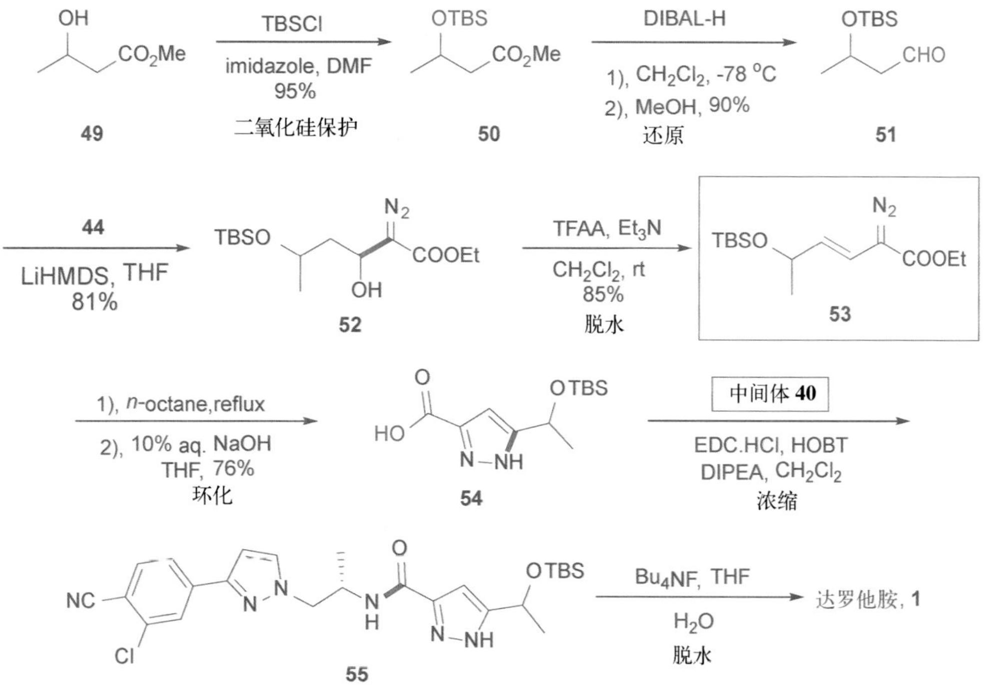

图 11 达罗他胺(1)其他合成路线

7.7 未来展望

当我们回顾某个事物时,我们可以去追溯药物故事的进度条。临床需求始终是新药开发的首要考虑因素。最初,第一代抗雄激素药物,如氟他胺 **2**[6],尼鲁米特(nilutamide, **3**)和比卡鲁胺 **4**,被证明对早期前列腺癌的治疗有效。当患者进展到激素疗法耐药阶段时,第一代抗雄激素药物会从拮抗转换为激动作用。第二代抗雄激素药物于 2012 年问世,第二代抗雄激素药物的设计重点是避免激动活性并保持 AR 突变体的拮抗活性。我们发现,达罗他胺(**1**)对野生型 AR,和导致恩扎鲁胺 **5** 和阿帕鲁胺 **6** 的拮抗-激动转换的 AR(F876L)突变体,以及导致比卡鲁胺 **4** 拮抗-激动转换的 AR(W742L)突变体和 AR(T876L)突变体均有抑制活性。而且达罗他胺(**1**)对小鼠和大鼠中的 BBB 穿透力较低,这对解决前列腺癌的耐药性来说是一个重要进步。截至目前,达罗他胺(**1**)已获批用于治疗非转移性去势抵抗性前列腺癌(nmCRPC),更多新的适应证(转移性去势抵抗性前列腺癌,转移性激素敏感性前列腺癌,转移性荷尔蒙敏感性前列腺癌)正在临床验证中。目前,还在积极研究达罗他胺(**1**)耐药机制,这可能对去势抵抗性前列腺癌(mCRPC)患者的未来治疗和预后产生影响。值得注意的是,由 Arvinas 开发的新型口服 ARV－110(**57**)[37] 已进入Ⅰ/Ⅱ期研究(NCT03888612,ARV－110－mCRPC－101),用于治疗 mCRPC。它可以通过蛋白质酶解靶向嵌合物(PROTAC)的概念降解 AR 蛋白以抑制 AR 信号。当疾病进展到对 AR 拮抗剂或雄激素合成抑制剂产生抵抗时,这种疗法可能非常有效(图 12)。

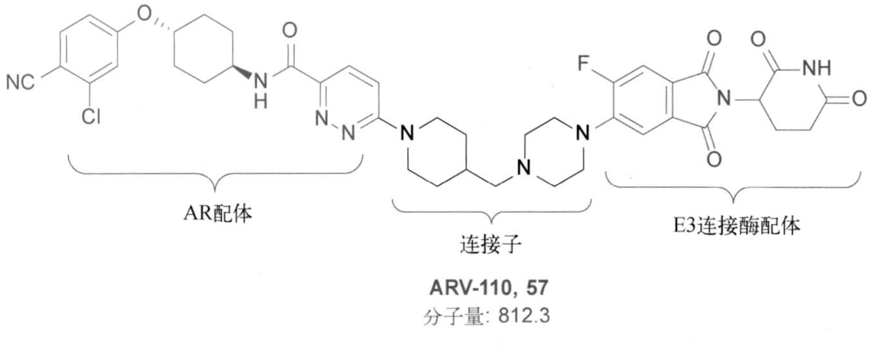

图 12 ARV－110 (57)的结构

7.8 参考文献

1. Fizazi, K. ; Shore, N. ; Tammela, T. L. ; et al. Nonmetastatic, castration-resistant prostate cancer and survival with darolutamide. *N. Eng. J. Med.* **2020**, 383, 1040－1049.
2. Sung, H. ; Ferlay, J. ; Siegel, R. L. ; et al. Global cancer statistics 2020: GLOBOCAN estimates of incidence and mortality worldwide for 36 cancers in 185 countries. *CA Cancer J. Clin.* **2021**, 71, 209－

249.

3. Hellerstedt, B. A.; Pienta, K. J. The current state of hormonal therapy for prostate cancer. *CA Cancer J Clin.* **2002**, 52, 154-179.
4. Zuo, M.; Xu, X.; Li, T.; Ge, R.; Li, Z. Progress in the mechanism and drug development of castration-resistant prostate cancer. *Future Med. Chem.* **2016**, *8*, 765-788.
5. Huggins, C.; Hodges, C. V. Studies on prostatic cancer. I. The effect of castration, of estrogen and of androgen injection on serum phosphatases in metastatic carcinoma of the prostate. *Cancer Res.* **1941**, *1*, 293.
6. Kelly, W. K.; Scher, H. I. Prostate specific antigen decline after antiandrogen withdrawal: the flutamide withdrawal syndrome. *J. Urol.* **1993**, *149*, 607-609.
7. Culig, Z.; Hoffmann, J.; Erdel, M.; Eder, I. E.; Hobisch, A.; Hittmair, A.; Bartsch, G.; Utermann, G.; Schneider, M. R.; Parczyk, K.; Klocker, H. Switch from antagonist to agonist of the androgen receptor bicalutamideis associated with prostate tumour progression in a new model system. *Br. J. Cancer* **1999**, *81*, 242-251.
8. Scher, H. I.; Beer, T. M.; Higano, C. S.; et al. Antitumour activity of MDV3100 in castration-resistant prostate cancer: a phase 1-2 study. *The Lancet* **2010**, *375*, 1437-1446.
9. Scher, H. I.; Fizazi, K.; Saad, F.; et al. Increased survival with enzalutamide in prostate cancer after chemotherapy. *N. Engl. J. Med.* **2012**, *367*, 1187-1197.
10. Joseph, J. D.; Lu, N.; Qian, J.; Sensintaffar, J.; Shao, G.; Brigham, D.; Moon, M.; Maneval, E. C.; Chen, I.; Darimont, B.; Hager, J. H. A clinically relevant androgen receptor mutation confers resistance to second-generation antiandrogens enzalutamide and ARN-509. *Cancer Discov.* **2013**, *3*, 1020-1029.
11. Korpal, M.; Korn, J. M.; Gao, X.; et al. An F876L mutation in androgen receptor confers genetic and phenotypic resistance to MDV3100 (enzalutamide). *Cancer Discov.* **2013**, 3, 1030-1043.
12. Sugawara, T.; Baumgart, S. J.; Nevedomskaya, E.; et al. Darolutamide is a potent androgen receptor antagonist with strong efficacy in prostate cancer models. *Int. J. Cancer* **2019**, *145*, 1382-1394.
13. Moilanen, M.; Riikonen, R.; Oksala, R.; et al. Discovery of ODM-201, a new-generation androgen receptor inhibitor targeting resistance mechanisms to androgen signaling-directed prostate cancer therapies. *Sci. Rep.* **2015**, *5*, 1-11.
14. Vis, A. N.; Schröder, F. H. Key targets of hormonal treatment of prostate cancer. Part 1: the androgen receptor and steroidogenic pathways. *BJU Int.* **2009**, *104*, 438-448.
15. Markham, A.; Duggan, S. Darolutamide: First Approval. *Drugs* **2019**, *79*, 1813-1818.
16. Saini, N. K.; Gabani, B. B.; Todmal, U.; Sulochana, S. P.; Kiran, V.; Zainuddin, M.; Balaji, N.; Polina, S. B.; Srinivas, N. R.; Mullangi, R. Pharmacokinetics of Darolutamide in Mouse - Assessment of the Disposition of the Diastereomers, Key Active Metabolite and Interconversion Phenomenon: Implications to Cancer Patients. *Drug Metab. Lett.* **2021**, *14*, 9-16.
17. Robinson, D.; Van Allen, EM.; Wu, Y.; et al. Integrative clinical genomics of advanced prostate cancer. *Cell.* **2015**, *161*, 1215-1228.
18. Yu, J.; Zhou, P.; Hu, M.; Yang, L.; Yan, G.; Xu, R.; Deng, Y.; Li, X.; Chen, Y. Discovery and biological evaluation of darolutamide derivatives as inhibitors and down-regulators of wild-type AR and the mutants. *Eur. J. Med. Chem.* **2019**, *182*, 111608.
19. Matsubara, N.; Mukai, H.; Hosono, A.; Onomura, M. et al. Phase 1 study of darolutamide (ODM-201): a new-generation androgen receptor antagonist, in Japanese patients with metastatic castration-resistant prostate cancer. *Cancer Chemother. Pharmacol.* **2017**, *80*, 1063-1072.
20. Zurth, C.; Sandman S.; Trummel, D, Seidel, D.; Nubbemeyer, R.; Gieschen, H.; Higher blood-brain barrier penetration of [$_{14}$C] apalutamide and [$_{14}$C] enzalutamide compared to [$_{14}$C] darolutamide in rats using whole-body autoradiography. *J. Clin. Oncol.* **2019**, *37*, 156. abstract. DOI: 10.1200/JCO.2019.37.7.
21. Tanaka, K.; Motohiro, H.; Nobutaka. K.; Akiyuki, S. Novel pyrazole derivative, harmful organism control agent, and use of the control agent. WO-2008062878A1(2008).

22. (a) Guo, C. ; Linton, A. ; Kephart, S. ; et al. Discovery of aryloxy tetramethylcyclobutanes as novel androgen receptor antagonists. *J. Med. Chem.* **2011**, *54*, 7693 – 7704. (b) Hur, E. ;Pfaff, S. J. ;Payne, E. S. ; Gron, H. ; Buehrer, B. M. ; Fletterick, R. J. Recognition and accommodation at the androgen receptor coactivator binding interface. *PLoS Biol.* **2004**, *2*, e274.
23. Watson, P. A. ; Arora, V. K. ; Sawyers, C. L. Emerging mechanisms of resistance to androgen receptor inhibitors in prostate cancer. *Nat. Rev. Cancer.* **2015**, *15*, 701 – 711.
24. Nykänen, P. ; Korjamo, T. ; Gieschen, H. ; Zurth, C. ; Koskinen, M. Pharmacokinetics of Darolutamide, its Diastereomers and Active Metabolite in the Mouse: Response to Saini NK et al. *Drug Metab. Lett.* **2021**, *14*, 9 – 16.
25. Massard, C. ; Penttinen, H. M. ; Vjaters, E. ; Bono, P. ; Lietuvietis, V. ; Tammela, T. L. ; Vuorela, A. ; Nykanen, P. ; Pohjanjousi, P. ; Snapir, A. ; Fizazi, K. Pharmacokinetics, antitumor activity, and safety of ODM – 201 in patients with chemotherapy-naive metastatic castration-resistant prostate cancer: an open-label phase 1 study. *Eur. Urol.* **2016**, *69*, 834 – 840.
26. Fizazi, K. ; Massard, C. ; Bono, P. ; Jones, R. Activity and safety of ODM – 201 in patients with progressive metastatic castration-resistant prostate cancer (ARADES): an open-label phase 1 dose-escalation and randomized phase 2 dose expansion trial. *Lancet Oncol.* **2014**, *15*, 975 – 985.
27. Zurth, C. ; Koskinen, M. ; Fricke, R. ; Prien, O. ; Korjamo, T. ; Graudenz, K. ; Denner, K. ; Bairlein, M. ; von Bühler, C. J. ; Wilkinson, G. ; Gieschen, H. Drug-Drug interaction potential of darolutamide: In vitro and clinical studies. *Eur. J. Drug Metab. Pharmacokinet.* **2019**, *44*, 747 – 759.
28. Efstathiou, E. ; Titus, MA. ; Tsavachidou, A. ; et al. MDV3100 effects on androgen receptor (AR) signaling and bone marrow testosterone concentration modulation: A preliminary report. *J. Clin. Oncol.* **2011**, *29*, abstract 4501.
29. Xie, W. ; Regan, M. M. ; Buyse, M. ; et al. Metastasis-Free Survival Is a Strong Surrogate of Overall Survival in Localized Prostate Cancer. *J. Clin. Oncol.* **2017**, *35*, 3097 – 3104.
30. (a) Hussain, M. ; Fizazi, K. ; Saad, F. ; et al. Enzalutamide in men with nonmetastatic, castration-resistant prostate cancer. *N. Engl. J. Med.* **2018**, *378*, 2465 – 2474; (b) Smith, M. R. ; Saad, F. ; Chowdhury, S. ; et al. Apalutamide treatment and metastasis free survival in prostate cancer. *N. Engl. J. Med.* **2018**, *378*, 1408 – 1418.
31. U. S. FDA approves darolutamide (NCE) with Orion and Fermion supply chain. https://www.fermion.fi/about-us/news/u.s.-fda-approves-darolutamide-nce-with-orion-and-fermion-supply-chain.
32. Hughes, D. L. Review of Synthetic Routes and Crystalline Forms of the Antiandrogen Oncology Drugs Enzalutamide, Apalutamide, and Darolutamide *Org. Process Res. Dev.* **2020**, *24*, 347 – 362.
33. Wohlfahrt, G. ; Törmäkangas, O. ; Salo, H. ; Höglung, L. ; Karjalainen, A. ; Knuuttila, P. ; Holm, P. Androgen Receptor Modulating Compounds WO2011051540A1(2011).
34. Laitinen, I. ; Karjalainen, O. Process for the Preparation of Androgen Receptor Antagonists and Intermediates ThereofWO2016162604A1(2016).
35. Törmäkangas, O. ; Heikkinen, R. A Carboxamide Derivative and Its Diastereomers in Stable CrystallineFormWO20161230530A1(2016).
36. Pan, T. ; Xia, C. ; Yang, Y. ; Zhang, A. Process for Preparation of Novel Androgen Receptor AntagonistWO2018108130A1(2018).
37. Crew, A. P. ; Snyder, L. B. ; Wang, J. ; Haskell, R. J. III; Moore, M. D. Methodsof treating prostate cancerUS20210113557A1(2021).

8

维奈托克(Venclexta®),一种治疗慢性淋巴细胞白血病的 BCL-2 抑制剂

Nadia M. Ahmad and Jie Jack Li

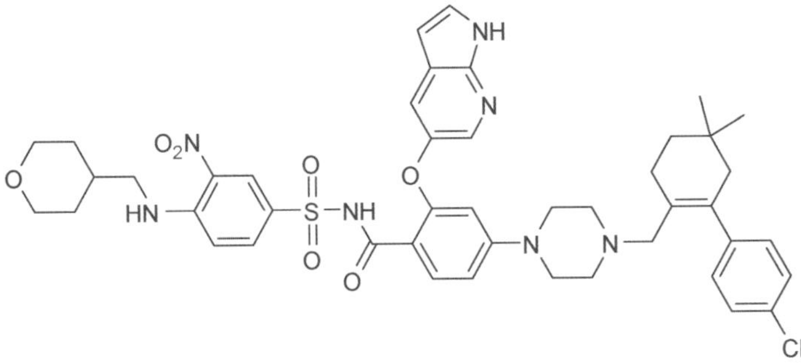

美国药物通用名：维奈托克
(商品名：Venclaxta, **1**)
艾伯维，2016
BCL-2 抑制剂

8.1 背景

慢性淋巴细胞白血病(chronic lympocyic leukemia, CLL)是西方世界最常见的一种白血病。艾伯维公司的维奈托克(商品名 Venclexta®, **1**)于 2016 年被 FDA 批准用于治疗 17p 缺失突变的,且接受过至少一种治疗手段的慢性淋巴细胞白血病患者。维奈托克(venetoclax, **1**)是一种口服给药的 B 细胞淋巴瘤蛋白(B-cell lymphoma, BCL-2)选择性抑制剂。BCL-2 蛋白能够阻止细胞色素 C(cytochrome c, Cyt C)从线粒体释放到细胞质,从而抑制细胞凋亡[1]。

在药物设计方面,维奈托克(**1**)作为首个 BCL-2 蛋白拮抗剂,是利用基于片段的药物设计策略(fragment-based drug design, FBDD)发现药物的一个很好的案例,它是第二个获得 FDA 批准的利用 FBDD 方法发现的药物,第一个是 Plexxikon 公司 2011 年获批的 B-Raf 抑制剂维罗非尼(Vemurafenib, Zelboraf®)。与维罗非尼发现中使用的共晶策略不同,"基于核磁共振发现蛋白高亲和力配体"方法(SAR by NMR)是产生与 BCL-2 结合的片段的关键。值得一提的是,维奈托克(**1**)是为数不多针对蛋白-蛋白相互作用(protein-protein interactions, PPIs)的抑制剂之一,众所周知这也是一类非常具有挑战性的药物

靶点。

维奈托克(**1**,也称为 ABT－199 或 GDC－0199)可恢复恶性肿瘤的凋亡能力,是由雅培实验室(现为艾伯维)和基因泰克共同开发,于 2016 年获批,成为首批靶向治疗 BCL－2 通路的慢性淋巴细胞白血病药物之一。除此之外,类似适应证的靶向药物还包括布鲁顿酪氨酸激酶(bruton tyrosine kinase, BTK)抑制剂伊布替尼(ibtutinib, **2**)和选择性磷脂酰肌醇 3－激酶(phosphatidylinositol-3-Kinase, PI3K)δ 亚型抑制剂艾代拉利司(idelalisib, **3**)。

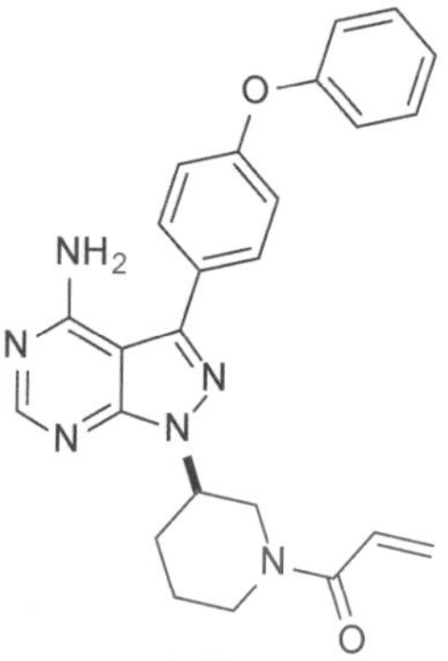

伊鲁替尼(伊布替尼, **2**)
Pharmacyclics/Jansen, 2013
BTK抑制剂

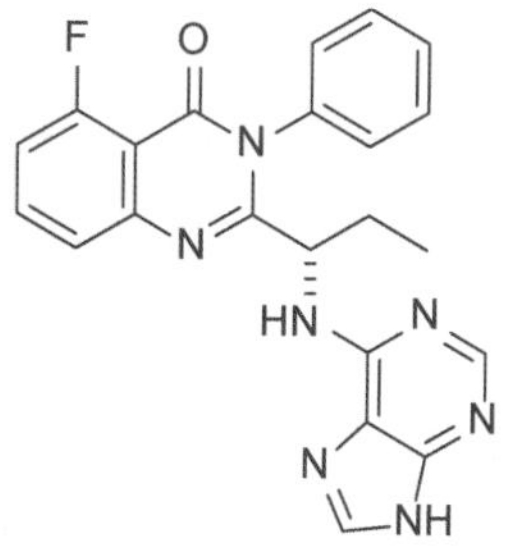

艾代拉利司(商品名Zydelig, **3**)
Gilead, 2014
磷脂酰肌醇3－激酶δ亚型抑制剂

目前,维奈托克(**1**)已上市,用于治疗慢性淋巴细胞白血病或小淋巴细胞淋巴瘤(small lymphocytic lymphoma, SLL)成人患者,也可与阿扎胞苷(azacytidine)或地西他滨(decitabine)联用治疗 75 岁或以上的急性髓系白血病(acute myeloid leukemia, AML)初诊成人患者[2]。

8.2 药理学

8.2.1 BCL－2 蛋白是癌症发展的重要驱动因素

细胞凋亡机制失调是癌症的一个重要标志。细胞凋亡是 1972 年提出的一个术语,是指细胞程序性死亡,作为体内平衡的一部分,它负责从健康的多细胞生物中清除老化和受损的细胞。事实上,细胞凋亡失调是在所有癌症中都能观察到的特征!这种胞内的凋亡过程是由例如 BCL－2 家族蛋白等蛋白介导的。在细胞质内,BCL－2 通过蛋白-蛋白相互作用直接调节线粒体外膜通透性来调控细胞凋亡过程。事实上,BCL－2 蛋白家族成员在人体内广泛分布,并都是通过相同的线粒体凋亡途径来运作的[3]。

促凋亡蛋白,如 BCL－2 相关 X 蛋白(BCL－2-associated X protein, BAX)、BCL－2 拮抗剂/杀伤剂 1(BCL－2-antagonist/killer 1, BAK)、BCL－2 相互作用细胞死亡介质(BCL－

2-interacting mediator of cell death, BIM)等,促进细胞死亡。而抗凋亡蛋白,如 BCL-2 蛋白、超大 B 细胞淋巴瘤(B-cell lymphoma X long, BCL-X_L)、BCL-2 样蛋白 2/W(B-cell lymphoma-like 2/W, BCL-W)、骨髓性白血病细胞分化蛋白 1(myeloid cell leukemia sequence 1, MCL-1)和 A-1 等,保持细胞存活。BAX 和 BAK 能诱导线粒体外膜(mitochondrial outer membrane, MOM)通透性变化,导致半胱天冬酶(caspase)激活和细胞程序性死亡。因此,促凋亡蛋白如 BAX 和 BAK 也被称为死亡蛋白,而 BCL-2 蛋白又称为促生存蛋白。

然而,促生存蛋白 BCL-X_L 同时也是血小板存活所必需的。因此,血小板减少(即血液中血小板数量异常减少)是 BCL-X_L 抑制剂的剂量限制性毒性。

BCL-2 同源性区域(BH)是所有抗凋亡蛋白共有的保守残基,又分为 BH1、BH2、BH3 和 BH4 结构域[4]。维奈托克(**1**)是一个小分子 BH3 蛋白类似物。

8.2.2 BCL-2 蛋白家族的功能

BCL-2 蛋白家族是细胞凋亡的主要调节因子,而 BCL-2 也是肿瘤发生的驱动因子。研究发现 BCL-2 蛋白的功能包括抗氧化、钙离子通路、自噬和线粒体动力学;然而,该家族的主要(非唯一)作用是通过调节线粒体外膜的完整性来调控细胞存活。如果线粒体外膜被破坏,就会启动细胞程序性死亡[5]。

在癌细胞中,BCL-2 蛋白过表达,并与死亡蛋白(如 BIM)结合,关闭细胞程序性死亡的开关,从而使癌变细胞不受控地恶性存活。BCL-2 家族蛋白抑制剂可以竞争性地与 BCL-2 结合,阻止 BCL-2 蛋白与死亡蛋白(如 BAX)结合,从而释放死亡蛋白来启动细胞程序性死亡的联级事件。由此可见,癌细胞不仅有能力不受控制地增殖,而且可以不受控制地存活。

一些血液系统恶性肿瘤过度表达 BCL-2 家族促生存蛋白,使其成为治疗此类恶性肿瘤的值得关注的靶点。从 1988 年首次发现 BCL-2 蛋白是通过限制细胞死亡而不是增强增殖作用来促进癌症起,经过近 30 年的征程,许多国际研究团队参与其中,并最终于 2016 年推出了靶向 BCL-2 蛋白治疗慢性淋巴细胞白血病的维奈托克(**1**)[5]。

8.2.3 维奈托克(1)与 BCL-2 蛋白的结合方式

维奈托克(**1**)是通过对第一代小分子促生存蛋白抑制剂 navitoclax(**9**, ABT-263)进行逆向工程改造得到的。Navitoclax 是一种 BCL-2 和 BCL-X_L 的双重抑制剂[6],但其选择性的缺乏导致其血小板减少的靶点毒性,从而使该化合物的疗效受到了剂量限制。这种血小板减少的副作用可归因于 BCL-X_L 的抑制,而 BCL-X_L 被认为是血小板的主要存活蛋白。Navitoclax(**9**)则是通过对 ABT-737(**8**,首个报道的 BH3 蛋白类似物)进行靶向修饰得到的。ABT-737 是一种 BCL-2、BCL-X_L 和 BCL-W 多靶点抑制剂,在小鼠异种移植肿瘤模型中显示出疗效,但没有口服生物利用度[7]。相反,维奈托克(**1**)对 BCL-2 的亲和力比 BCL－X_L 高 200 倍,可以在不对血小板产生不利靶向作用的情况下有效抑制异种移植肿瘤。这个靶点选择性的提高是通过一种独特的 BCL－2－复合物晶体堆积二聚体发现的,可以观察到第二个 BCL－2 蛋白的色氨酸侧链残基(Trp30)会插入到第一个 BCL－2 蛋白的 P4 热点中,并形成一个小的分子作用键。维奈托克(**1**)的硝基芳基与 Trp30 残基形成分子间堆积相互作用,强调了 P4 区疏水作用的重要性;其次,吲哚的氮原子与 BCL－2 蛋白的 Asp103 残基之间会形成一个氢键(图 1c),这是 BCL－2 和 BCL－X_L 之间的一个关键残基差异,在 BCL－X_L 中该位置是残基 Glu96[8,9]。维奈托克(**1**)与 BCL－2 晶体结合图示可见第 8.3.1 节末尾图 1(见下文)。

8.2.4 维奈托克(1)的靶点选择性

Navitoclax(**9**)结构优化的一个关键挑战是获得更好的选择性。在时间分辨荧光共振能量转移(Time-resolved fluorescence resonance energy transfer, TR－FRET)竞争结合试验中,维奈托克(**1**)与 BCL－X_L 的结合力相比 BCL－2 小了 3 个数量级(表 1),验证了上述药物设计思路的合理性,该选择性将进一步降低 navitoclax 临床中观察到的血小板减少的副作用[8]。

表 1 TR－FRET 检测 navitoclax(9)和 venetoclax(1)与 BCL－2 家族蛋白成员的结合亲和力

	TR－FRET K_i(nmol/L)			
化合物	BCL－2	BCL－X_L	MCL－1	BCL－W
Navitoclax (**9**)	0.044	0.055	>224	7
维奈托克(**1**)	<0.010	48	>444	245

8.3 构效关系(SAR)

8.3.1 用 FBDD 开发得到维奈托克(1)

维奈托克(**1**)的发现是一条漫长而曲折的道路,因为从一开始这样一个宽广的疏水性蛋白界面可以被一个小分子靶向的基本前提就受到广泛质疑,这样的蛋白界面在很大程度上被认为是"不可成药的"。当雅培公司开始雄心勃勃地开发 BCL－2 抑制剂时,他们首先寻找直接能与 BH3 结构竞争结合的小分子化合物,也被称为 BH3 类似物("魔法子弹")。原本目的是设计一种模拟与死亡蛋白 BAK 结合的化合物,但是由于 BH3 结合位点的疏水性质、BCL－2 家族成员之间的结构相似性,以及与内源性配体高亲和力竞争结合等原因,设计出特异性的抗凋亡 BCL－2 家族的选择性抑制剂尤其具有挑战性。雅培公司的策略是重点关注溶剂中的疏水残基: Arg76、Asp83 和 Asp84。

随着 BCL－X_L/BAK 肽复合物单晶 NMR 结构的解析,雅培公司便雄心勃勃地开启了靶向 BCL－2 蛋白-蛋白相互作用的小分子拮抗剂的发现之旅。在高通量筛选(high-throughput screening, HTS)努力未果后,雅培开始寻求 FBDD 的方法,采用 Fesik 的"SAR by NMR"方法获得目标片段。在 1 mmol/L 浓度下,从分子量小于 215 的 10 000 个化合物库中初步筛选找到了对氟苯基苯甲酸(**4**,LE＝配体效率),成为 BCL－X_L 蛋白第一个位点(P1)的配体之一。随后在 5 mmol/L 浓度下对分子量约为 150 的 3 500 个化合物库进行第二轮筛选,确定 5,6,7,8－四氢-萘-1－醇(**5**)成为第二个位点(P2)的配体[10]。再经过长时间的优化来提高活性,并选择酰基磺胺 **6** 作为羧酸的等排体来延长右手部分,从而得到高活性化合物 **7**,也同时占据了第三个结合位点(P3)。令人遗憾的是,由于与人血白蛋白(HSA－Ⅲ)结构域Ⅲ的高度结合,有 7 例患者发生了血清失活。基于结构的进一步优化得到了 ABT－737(**8**),它具有更多的极性胺,并降低与蛋白的结合作用。

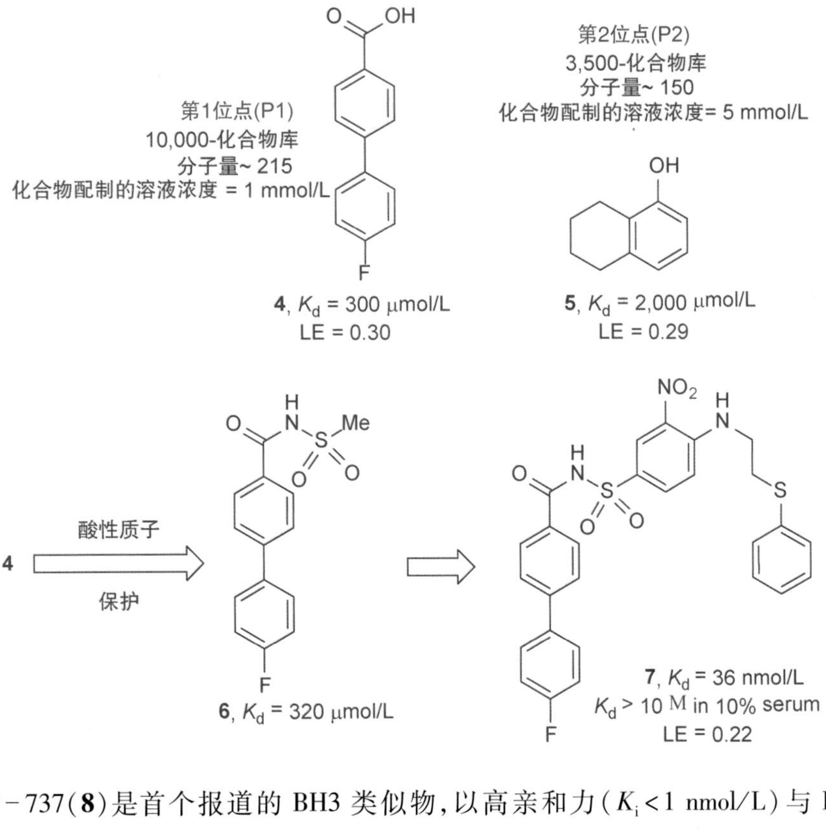

ABT－737(**8**)是首个报道的 BH3 类似物,以高亲和力(K_i<1 nmol/L)与 BCL－2、BCL－X_L 和 BCL－W 结合。然而,较差的理化性质阻碍了其进一步开发,ABT－737(**8**)没有口服生物利用度,且水溶性较低,可能是因为其刚性且扁平的联苯基团("分子平地")导致了其广泛的 π－堆叠和致密晶格的形成。

为了降低 ABT－737(**8**)分子底部联苯结构的刚性,将一个苯环转化为环已烯,以提供与芳香环完全不同的环修饰机会。此后，通过添加烷基增大环位阻，得到了二甲基环己烯化合物 navitoclax(**9**)，其在血浆中可以保持较高水平，并且也改善了各种药代动力学模型中的组织/血浆分布[8]。添加二甲基是一个很好的策略，因为它消除了与简单环己烯相关的代谢倾向，而简单环己烯更容易氧化成相应的芳香苯基类似物。

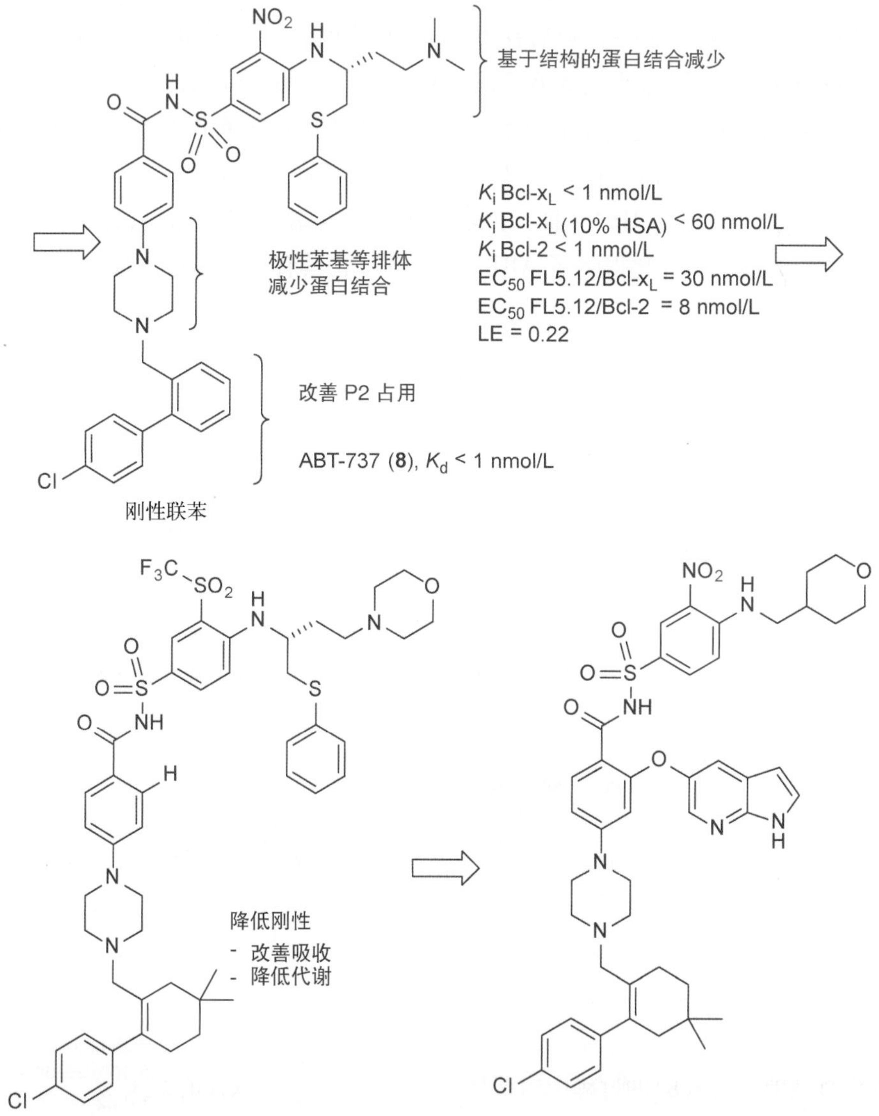

Navitoclax (**9**)
K_i = 0.04 nmol/L, F ~ 30%, LE > 0.20

Venetoclax (Venclexta, **1**)
K_i = 0.01 nmol/L, F ~ 29%, LE > 0.25

Navitoclax(**9**)作为首个可口服吸收的强效 BCL－2 抑制剂，对 BCL－X_L 无选择性（见表 1）。BCL－X_L 对成熟血小板的存活至关重要，navitoclax(**9**)可诱导血小板快速、浓度依赖性降低，但这与大多数类型的化疗诱导的血小板减少症不同，因为 navitoclax(**9**)不会杀死巨核细胞或抑制新血小板的生成[7]。

最终,navitoclax(**9**)对血小板的剂量限制性耗竭副作用(如血小板减少症)被发现的第四个结合位点(P4)所克服。在 P4 结合位点连接 7-氮杂吲哚醚能够使其 N 原子捕获靶标上 Arg104 的额外氢键,从而得到维奈托克(**1**)作为一种强效、选择性(针对 BCL-X_L、BCL-W 和 BCL-1)和高口服生物利用度的 BCL-2 抑制剂。维奈托克(**1**)诱导 CLL 细胞凋亡的活性是 navitoclax(**9**)的 10 倍,对血小板凋亡的脱靶效应所需浓度比 navitoclax(**9**)高 200 倍。在不抑制 BCL-X_L 的同时,选择性抑制 BCL-2,可以在没有血小板减少的同时增强细胞凋亡的治疗作用[8, 11]。

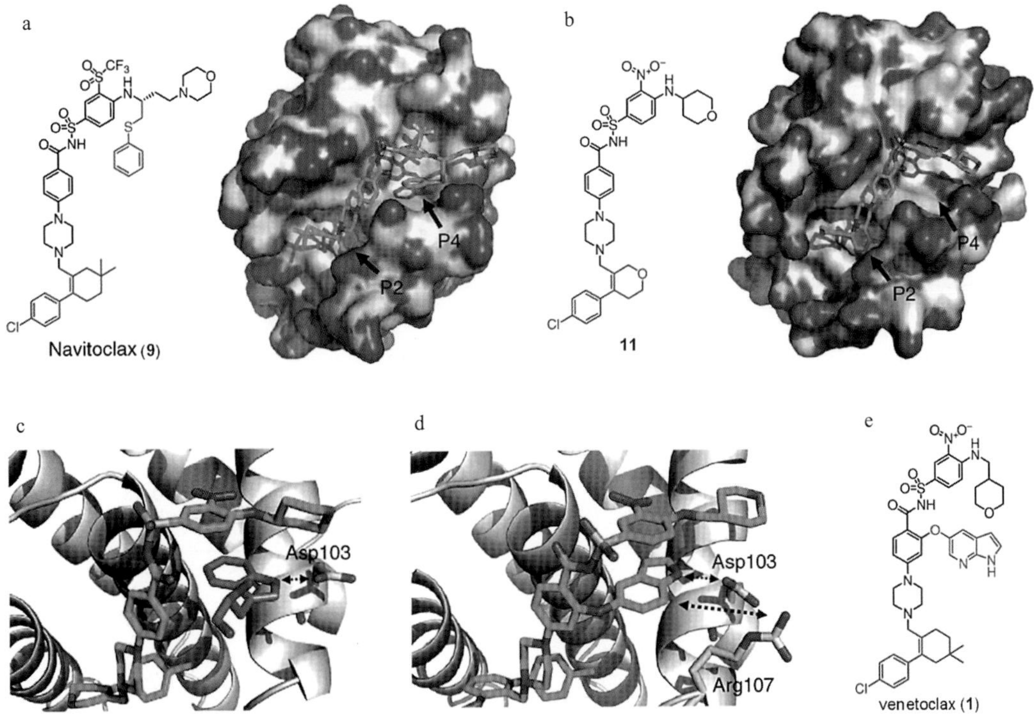

图 1 Nivatoclax (9)、11 和 venetoclax (1) 与 BCL-2 结合的晶体结构
(经参考文献 8 许可改编,版权 2013 自然出版集团)

8.3.2 维奈托克(1)的结构-活性关系

在发现 ABT-737(**8**)的过程中,对化合物 **10** 上末端苯基取代的 SAR 开展了研究,如表 2 所示。SAR 研究表明,与末端苯基的其他取代基相比,对氯苯基得到的衍生物活性最强[6]。

Fairbrother 等报道了酰基磺胺类化合物 **11** 和 **12** 上 R 取代基的部分 SAR,如表 3 所示。R 取代基对其结合亲和力有深远的影响,缺乏与 P4 结合的"回弯"硫苯基结构的化合物与 BCL-2 和 BCL-X_L 的亲和力都显著降低。例如,与 ABT-7373(**8**)、**11a** 和 **11b** 相比,**11c**-**11f** 活性明显较弱,且该变化对 BCL-X_L 结合更差,从而得到了目标蛋白的中等选择性抑制剂。

表 2 化合物 10 上末端苯基取代的 SAR

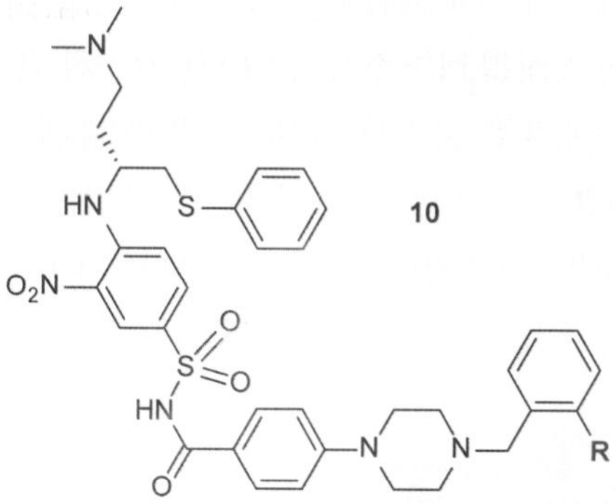

10

化合物	R	BCL－2 K_i(μmol/L)	BCL－X_L K_i(μmol/L)
10a	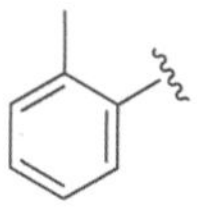	0.016	0.018
10b	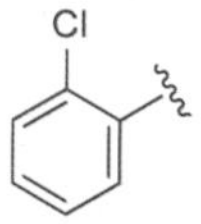	0.027	0.056
10c	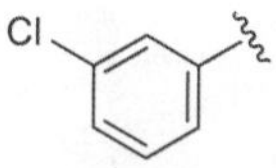	0.033	0.18
ABT－737（**8**）	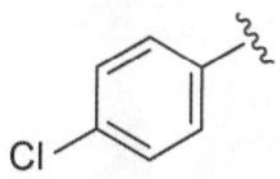	0.008	0.030
10d	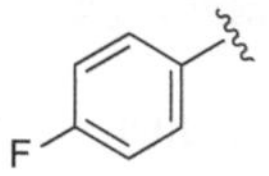	0.027	0.66
10e	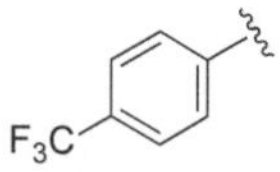	0.013	0.040

表 3 缺乏与 P4 结合的"回弯"硫苯基结构的酰基磺胺类化合物对 BCL－2 具有中等选择性

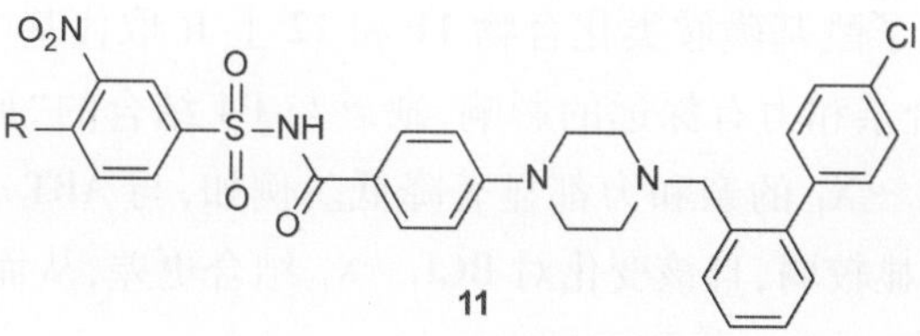

11

化合物	R	BCL－2 K_i (μmol/L)	BCL－X_L K_i (μmol/L)	BCL－X_L K_i / BCL－2 K_i
ABT－737 (**8**)	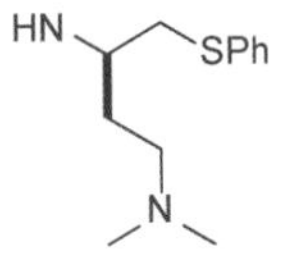	<0.001	<0.001	—
11a	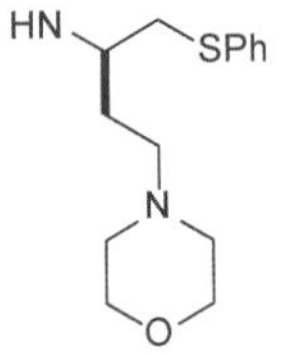	<0.001	<0.001	—
11b	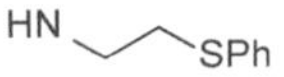	<0.001	<0.001	—
11c	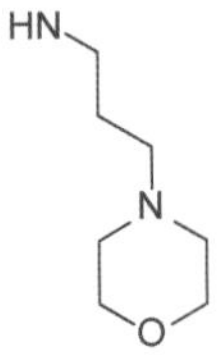	0.034	0.335	10
11d	HN—CH_3	0.088	2.12	24
11e	H	0.170	3.54	21
11f	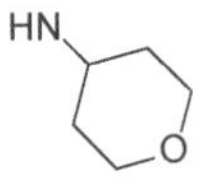	0.019	0.496	27

虽然上述努力实现了选择性,但化合物的难溶性意味着开发前景有限。因此,进一步调整中间体结构,在 P2 或 P4 结合区域引入含氧杂环的结构,得到二氢吡喃衍生物 **12**。相对于母体化合物 **11f**,尽管化合物 **12** 对 BCL－2 的亲和力出现了 3 倍的降低,但其溶解度得到了显著提高。更重要的是,溶解性较好的二氢吡喃衍生物 **12** 最终成功结晶,提供了第一个中等 BCL－2 选择性酰基磺胺类化合物的晶体结构[12]。

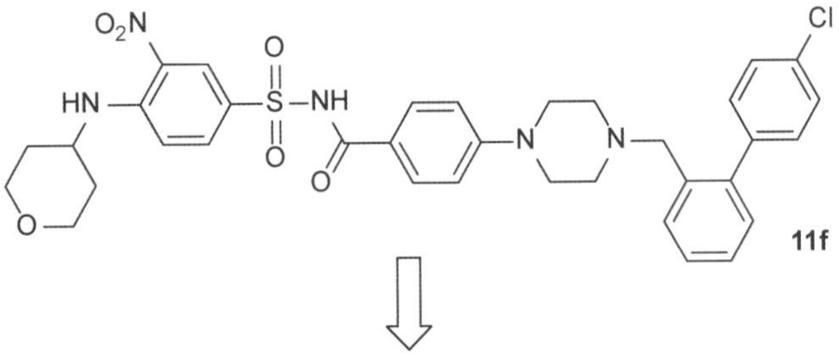

11f

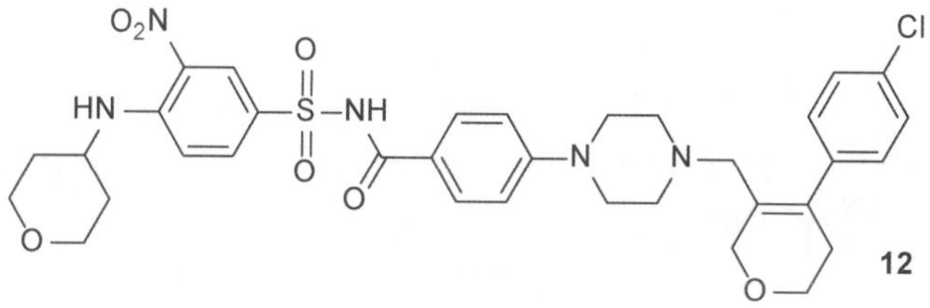

12

8.4 药代动力学和药物代谢

雅培/艾伯维多学科不同领域科学家组成了一个庞大的团队，经过多年的专注和耐力，最终得到了维奈托克(**1**)，这是一个能够与内源性死亡蛋白竞争结合的高选择性、高亲和力(亚皮摩尔级)的 BCL－2 结合分子。

优化分子的理化性质以获得较好的口服生物利用度尤其具有挑战性，这需要在药物化学开发策略中应用许多独创性的技巧。毫不奇怪，抑制 BCL－2 家族蛋白-蛋白相互作用所需的疏水型高分子量化合物并不符合"类药五原则"[12, 13]。

维奈托克(**1**)通过剂量滴定或递增方案口服给药，先每日 20 mg，持续一周，随后每周给药剂量逐步增加至 50 mg、100 mg 和 200 mg。此后，每日剂量调整为 400 mg，周期不限。维奈托克(**1**)在重复口服给药后 5~8 h 达到最大血浆浓度(C_{max})；与空腹状态相比，进食状态下的暴露量增加 3~5 倍，具体取决于食物的脂肪含量[14]。

维奈托克(**1**)的半衰期 $t_{1/2}$ 为 26 h，主要排泄途径为经粪便排泄(> 99.9%的剂量，20.8%为原形药物)，次要排泄途径为经尿液排泄(<0.1%)；其表观分布容积 V_d 较大，为 256~321 L，表明维奈托克(**1**)高度分布于机体组织中；其血浆蛋白结合率(plasma protein binding, PPB)较高，血浆中游离药物比例小于 0.01%，考虑到分子极高的疏水性，这并不奇怪。维奈托克(**1**)主要由 CYP3A4 代谢，表明其发生药物-药物相互作用(drug-drug interaction, DDI)的可能性较高。维奈托克(**1**)也是 P－gp 的底物和抑制剂，因此应避免维奈托克(**1**)与 P－gp 抑制剂合并使用[15-17]。

8.5 有效性和安全性

临床前研究中，在多种肿瘤异种移植模型中均证实了口服给药维奈托克(**1**)的体内药效，包括单药治疗和与抗癌生物制剂联合治疗。维奈托克(**1**)在代表性的过表达 BCL－2 蛋白的血液恶性肿瘤动物模型中均表现出强烈的疗效，这些癌细胞的生存高度依赖于 BCL－2，或者高水平的"致死性"BCL－2：BIM 复合物。联合治疗在癌症治疗中非常常见，令人欣慰的是，维奈托克(**1**)与标准治疗(standard of care, SOC)药物，如苯达莫司汀和利妥昔单抗(简称 BR)以及利妥昔单抗+环磷酰胺、羟基柔红霉素、长春新碱和泼尼松联合治疗(简称 R-CHOP)可显著增加慢性淋巴细胞白血病的疗效[18]。

维奈托克(**1**)的临床前药效很好地转化到了临床试验中。一项Ⅰ期研究评价了维奈托克(**1**)单药治疗高风险复发性/难治性慢性淋巴细胞白血病和小淋巴细胞淋巴瘤的安全性和疗效。在剂量递增阶段,患者口服给予维奈托克(**1**)的剂量范围为 150~1 200 mg/d($n=56$)。考虑到总体缓解率和安全性数据的平衡,扩展队列的治疗剂量定为 400 mg/d($n=60$)。总体而言,安全性可控。

临床Ⅱ期研究中入组了 107 例表达 17p 缺失的慢性淋巴细胞白血病患者,这些患者既往接受过至少一种治疗。维奈托克(**1**)在这项试验中的疗效和安全性足以说服 FDA 在Ⅲ期临床试验开始之前,在 2016 年 4 月即批准该药上市。在一项纳入 54 名患者的特定Ⅱ期研究中,在伊布替尼(**2**)或艾代拉利司(**3**)治疗后的复发或难治型患者上,维奈托克(**1**)的疗效同样得到了证实[19]。

维奈托克(**1**)的临床Ⅲ期研究验证了其作为单药治疗以及与新型抗 CD20 或化疗免疫疗法联合治疗的疗效和安全性。由于维奈托克(**1**)作为小分子药物依从性好,经济适用性高,这些特点使维奈托克(**1**)在一线临床应用中治疗持续时间达到 12 个月,对复发/难治型患者治疗持续时间达到 24 个月。得益于其大量的临床研究,一些肿瘤学家将维奈托克(**1**)称为治疗慢性淋巴细胞白血病的“魔法药丸”和“真正的游戏规则改变者”[20]。

维奈托克(**1**)的选择性显著优于其前身 ABT-737(**8**)和 navitoclax(**9**),因此不存在这两者的副作用倾向,尤其是血小板减少症导致的血小板减少。在一项针对 116 例慢性淋巴细胞白血病和小淋巴细胞淋巴瘤患者的研究中,所有患者的总响应率为 79%,完全缓解率(complete response, CR)为 20%。所有患者都曾接受过早期治疗,其中 89% 的患者具有包括 17p 缺失这样特殊的不良预后特征。所有患者 2 年总生存率预计约为 84%[16]。

维奈托克(**1**)尽管最初获批用于慢性淋巴细胞白血病,但其在治疗其他癌症中同样显示出巨大的潜力,包括非霍奇金淋巴瘤(non-Hodgkin's lymphoma, NHL)、套细胞淋巴瘤(mantle cell lymphoma, MCL)、多发性骨髓瘤(Multiple myeloma, MM)和滤泡性淋巴瘤,其中许多疾病可以使用维奈托克(**1**)和其他小分子抑制剂或单克隆抗体的联合疗法进行治疗。维奈托克(**1**)已获批用于其中一些适应证,而其他适应证正在进行临床研究[15]。

长期服用维奈托克(**1**)一般不会引起严重的血小板减少,最常见的治疗相关不良事件包括肿瘤溶解综合征、中性粒细胞减少、血小板减少、腹泻、发热、便秘、贫血和外周水肿[15]。维奈托克(**1**)最严重的毒副作用是肿瘤溶解综合征,发生原因是药物过于有效地杀死肿瘤细胞,这曾导致 1 名接受高剂量 1 200 mg 治疗的患者死亡,临床试验停止[5]。另一常见的不良反应是中性粒细胞减少。

8.6 合成

维奈托克(**1**)的药物化学路线是一条汇聚合成的路线,依赖于三个主要片段的合成,然后将其偶联组装成维奈托克(**1**),下文概述了从药物化学路线到后续工艺生产路线的变更[21]。

药物化学路线始于二芳基醚 **17** 的合成。市售 5-溴氮杂吲哚 **13** 经 TIPS 保护后得到中间体 **14**;经过钯催化 Miyaura 硼化,再进一步氧化得到羟基氮杂吲哚 **15**,完成溴取代基到羟基的转化;然后,通过羟基氮杂吲哚 **15** 和 2,4-二氟苯甲酸甲酯 **16** 之间的 S_NAr 反应合成二芳基醚 **17**。显然,S_NAr 反应对邻位氟和对位氟没有选择性,反应得到了两种区域异构体的混合物。

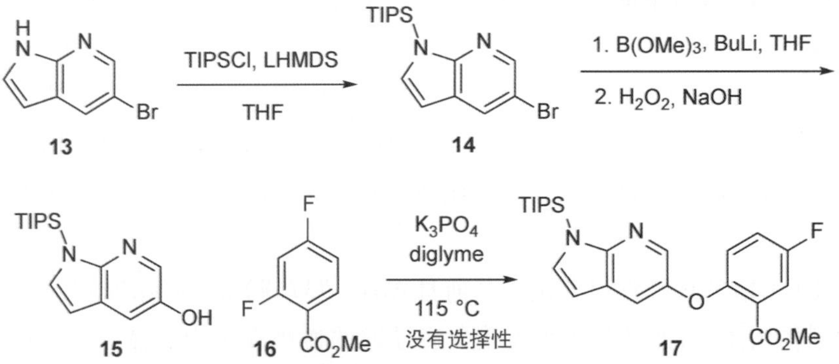

同时,4-氟-3-硝基苯磺酰胺 **18** 与胺 **19** 通过温和的 S_NAr 反应,合成了另一个片段磺胺 **20**。由于分子中具有两个吸电子基团,化合物 **18** 的氟被高度活化,而 **18** 的类似物 4-氯-3-硝基苯磺酰胺发生 S_NAr 反应时则需要加热至 80 ℃。由于 4-氯-3-硝基苯磺酰胺起始物料较为易得,因此该路线被用于生产工艺。

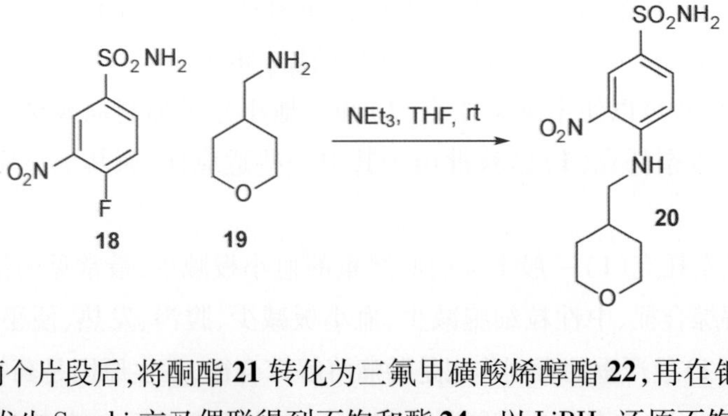

拿到上述两个片段后,将酮酯 **21** 转化为三氟甲磺酸烯醇酯 **22**,再在钯催化条件下与对氯苯硼酸 **23** 发生 Suzuki 交叉偶联得到不饱和酯 **24**。以 $LiBH_4$ 还原不饱和酯 **24** 得到烯丙醇 **25**,再转化为相应的甲磺酸酯,所得甲磺酸酯与 N-Boc 保护的哌嗪 **26** 进行 S_N2 取代

反应得到化合物 **27**。在酸性条件下除去 Boc 基团,得到哌嗪 **28**。随后,哌嗪 **28** 和氮杂吲哚 **28A**(由氮杂吲哚 **17** 通过脱硅烷化制备)通过 S_NAr 反应得到中间体 **29**。经过甲酯水解,随后与磺酰胺 **20** 发生酰胺偶联得到维奈托克(**1**)。

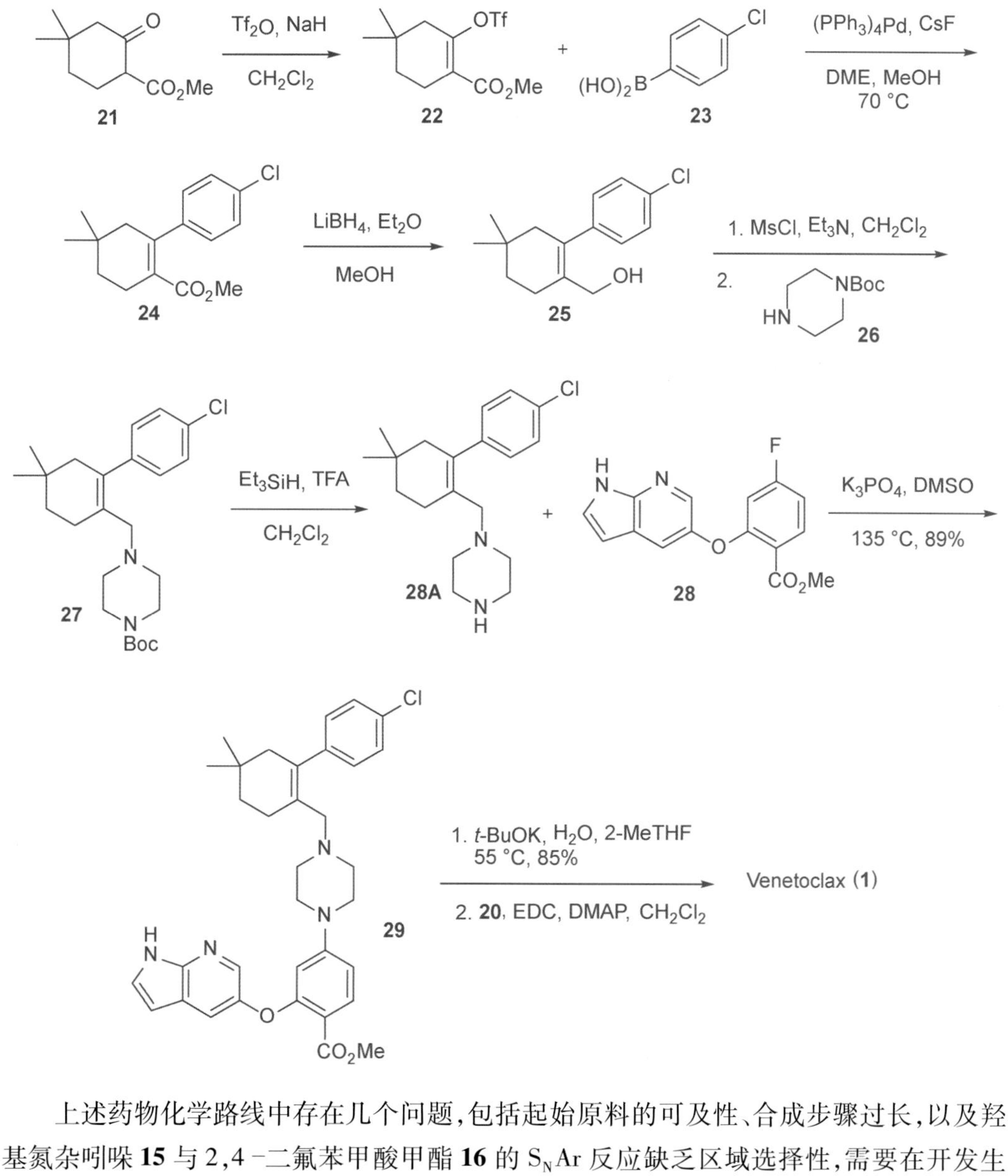

上述药物化学路线中存在几个问题,包括起始原料的可及性、合成步骤过长,以及羟基氮杂吲哚 **15** 与 2,4-二氟苯甲酸甲酯 **16** 的 S_NAr 反应缺乏区域选择性,需要在开发生产工艺路线中加以解决。

为了克服缺乏区域选择性,以 1-溴-3-氟-4-碘苯 **30** 作为起始物料,与异丙基氯化镁格氏试剂通过卤素-金属交换得到有机镁中间体,再与 Boc 酸酐反应得到酯 **31**,进一步与羟基氮杂吲哚 **32** 进行 S_NAr 反应生成了中间体 **33**,使用乙酸乙酯/庚烷重结晶后总收率为 86%。

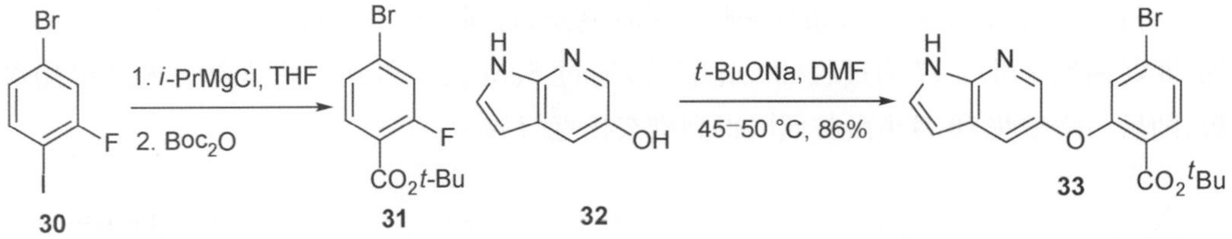

考虑到制备磺酰胺 **20** 的起始物料成本和工艺可行性，在生成过程中使用 4 -氯- 3 -硝基苯磺酰胺，而不是在药物化学路线中使用的 4 -氟- 3 硝基苯磺酰胺 **18**。

在生成工艺路线中，首先以三氯氧磷处理 3,3 -二甲基环己酮 **34** 得到氯乙烯 **35**，然后在钯催化条件下与对氯苯硼酸 **23** 交叉偶联得到化合物醛 **36**，再立即与 N - Boc 哌嗪 **26** 发生还原胺化反应，并在甲苯/乙腈体系中结晶后得到化合物 **37**，收率为 86%。用酸除去 Boc 保护基团后得到关键中间体 **28**，随后与溴吲哚 **33** 发生 Buchwald - Hartwig 反应得到 **38**，以半胱氨酸处理从反应体系中除去钯，最后再使用与上述相似的化学方法，将中间体 **38** 转化为维奈托克(**1**)，7 步线性反应的总收率为 52%[21]。

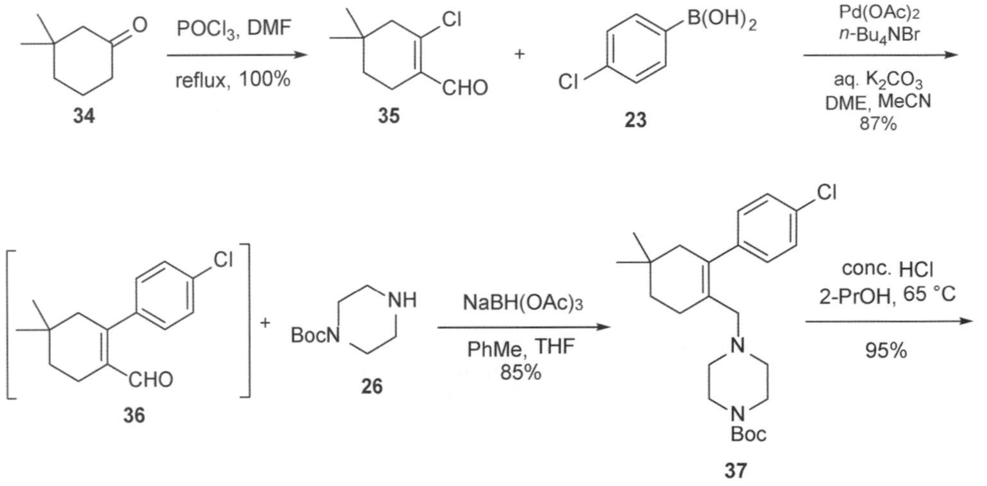

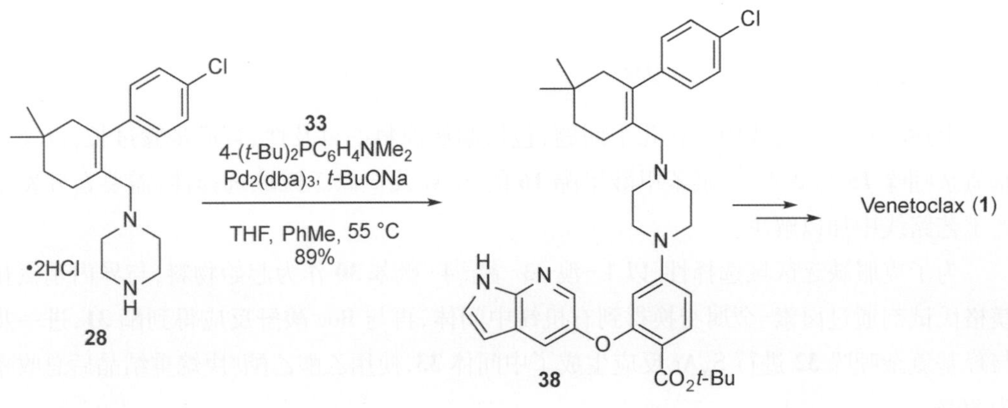

维奈托克(**1**)的最终晶型在美国专利 8 722 657 中被加以保护,为无水游离碱的 A 晶型,是通过二氯甲烷和乙酸乙酯溶剂化物干燥获得。另一种 B 晶型是通过乙腈溶剂化物干燥获得的无水游离碱多晶型[22]。

8.7 总结

自从发现细胞凋亡是一种程序性细胞死亡形式以来,以凋亡相关靶点诱导癌症细胞死亡就一直是癌症治疗的优选目标。

从非选择性 BH3 类似物 ABT－737(**8**)和 navitoclax(**9**)出发,合理的药物设计提高了活性,并提高了对其他 BCL－2 家族蛋白的选择性,从而发现并开发了一种用于治疗对既往治疗产生耐药性或对现有药物完全无应答的常见白血病的有效分子维奈托克(**1**),维奈托克(**1**)提供了一种通过调节 BCL－2 通路治疗淋巴恶性肿瘤的新策略。经历过严重毒性或激酶抑制剂治疗后复发的患者通常预后不佳,而维奈托克(**1**)具有良好的安全性和显著的抗肿瘤活性,为既往难以治疗的患者提供了一种治疗选择。

需要说明的是,这些药物在临床上的真正疗效可能是与其他抗癌药物联合使用,而靶向特定癌症的"致命弱点"(比如使用致癌激酶靶点抑制剂)可能是最安全的,因为在此类药物组合中,仅 BH3 类似物可能会对健康组织造成附带损伤。对 BCL－2 二聚体在晶体学中的研究也是极其重要的,其最终导致了特异性疏水结合口袋和差异性残基的发现,从而产生了一种疗效更好、安全性更高的可选择性的 BCL－2 抑制剂。

随着 BCL－2 在各种恶性肿瘤中的作用机制变得明确,维奈托克(**1**)将可能为许多其他患者人群(包括实体瘤患者)提供临床获益。

8.8 参考文献

1. Deeks, E. D. Venetoclax: First Global Approval. *Drugs* **2016**, *76*, 979－987.
2. King, A. C.; Peterson, T. J.; Horvat, T. Z.; Rodriguez, M.; Tang, L. A. Venetoclax: A First-in-Class Oral BCL－2 Inhibitor for the Management of Lymphoid Malignancies. *Ann. Pharmacother.* **2017**, *51*, 410－416.
3. Besbes, S.; Mirshahi, M.; Pocard, M.; Billard, C. New dimension in therapeutic targeting of BCL－2 family proteins. *Oncotarget* **2015**, *6*, 12862－12871.
4. Hafezi, S.; Rahmani, M. Targeting BCL－2 in Cancer: Advances, Challenges, and Perspectives. *Cancers* **2021**, *13*, 1292.
5. Schenk, R. L.; Strasser, A.; Dewson, G. BCL－2: Long and winding path from discovery to therapeutic target. *Biochem. Biophys. Res. Comm.* **2017**, *482*, 459－469.
6. Wendt, M. D. Discovery of ABT－263, a Bcl-family protein inhibitor: observations on targeting a large protein－protein interaction. *Expert Opin. Drug Discov.* **2008**, *3*, 1123－1143.
7. Park, C.-M.; Bruncko, M.; Adickes, J.; Bauch, J.; Ding, H.; Kunzer, A.; Marsh, K. C.; Nimmer, P.; Shoemaker, A. R.; Song, X.; et al. Discovery of an Orally Bioavailable Small Molecule Inhibitor of Prosurvival B-Cell Lymphoma 2 Proteins. *J. Med. Chem.* **2008**, *51*, 6902－6915.

8. Souers, A. J.; Leverson, J. D.; Boghaert, E. R.; et al. ABT-199, a potent and selective BCL-2 inhibitor, achieves antitumor activity while sparing platelets. *Nat. Med.* **2013**, *19*, 202-208.
9. Yap, J. L.; Chen, L.; Lanning, M. E.; Fletcher, S. Expanding the Cancer Arsenal with Targeted Therapies: Disarmament of the Antiapoptotic Bcl-2 Proteins by Small Molecules. *J. Med. Chem.* **2017**, *60*, 821-838.
10. Wendt, M. D.; Shen, W.; Kunzer, A.; McClellan, W. J.; Bruncko, M.; Oost, T. K.; Ding, H.; Joseph, M. K.; Zhang, H.; Nimmer, P. M.; et al. Discovery and Structure-Activity Relationship of Antagonists of B-Cell Lymphoma 2 Family Proteins with Chemopotentiation Activity in Vitro and in Vivo. *J. Med. Chem.* **2006**, *49*, 1165-1181.
11. Valenti, D.; Hristeva, S.; Tzalis, D.; Ottmann, C. Clinical candidates modulating protein-protein interactions: The fragment-based experience. *Eur. J. Med. Chem.* **2019**, *167*, 76-95.
12. Fairbrother, W. J.; Leverson, J. D.; Sampath, D.; Souers, A. J. Discovery and development of Venetoclax, a Selective Antagonist of BCL-2. In *Successful Drug Discovery*; Fischer, J.; Klein, C.; Childers, W. E., eds.; Wiley: Weinheim, Germany, 2019, *Vol. 4*. pp 225-245.
13. Lipinski, C. A. Lead- and drug-like compounds: the rule-of-five revolution. *Drug Discov. Today Technol.* **2004**, *1*, 337-341.
14. Package insert, available at: https://dailymed.nlm.nih.gov/dailymed/drugInfo.cfm? setid=b118a40d-6b56-cee3-10f6-ded821a97018.
15. Salem, A. H.; Dunbar, M.; Agarwal, S. Pharmacokinetics of venetoclax in patients with 17p deletion chronic lymphocytic leukemia. *Anticancer Drugs* **2017**, *28*, 911-914.
16. Roberts, W. W.; Davids, M. S.; Pagel, J. M.; et al. Targeting BCL2 with venetoclax in relapsed chronic lymphocytic leukemia. *N. Engl. J. Med.* **2016**, *274*, 311-322.
17. Waldron, M.; Winter, A.; Hill, B. T. Pharmacokinetic and pharmacodynamic considerations in the treatment of chronic lymphocytic leukemia: ibrutinib, idelalisib, and venetoclax. Clin. Pharmacokinet. 2017, 56, 1255-1266.
18. Leverson, J. D., Sampath, D., Souers, A. J. et al. Found in translation: how preclinical research is guiding the clinical development of the BCL2-selective inhibitor venetoclax. *Cancer Discov.* **2017**, *7*, 1376-1393.
19. Vitale, C.; Griggio, V.; Todaro, M.; Salvetti, C.; Boccadoro, M.; Coscia, M. Magic pills: new oral drugs to treat chronic lymphocytic leukemia. *Exp. Opin. Pharmacother.* **2017**, *18*, 411-425.
20. Molica, S. Venetoclax: a real game changer in treatment of chronic lymphocytic leukemia. *Int. J. Hematol. Oncol.* **2020**, *9(4)*, IJH31.
21. Hughes, D. L. Patent Review of Manufacturing Routes to Oncology Drugs: Carfilzomib, Osimertinib, and Venetoclax. *Org. Process. Res. Dev.* **2016**, *20*, 2028-2042.
22. Catron, N.; Chen, S.; Gong, Y.; Zhang, G. G. Salts and crystalline forms of an apoptosis-inducing agent. US patent 8,722,657 B2 (2014).

9

奥希替尼(Tagrisso®),一种用于治疗EGFR 敏感型和 T790M 耐药突变疾病的强效、选择性第三代 EGFR 抑制剂

Fengtao Zhou and Ke Ding

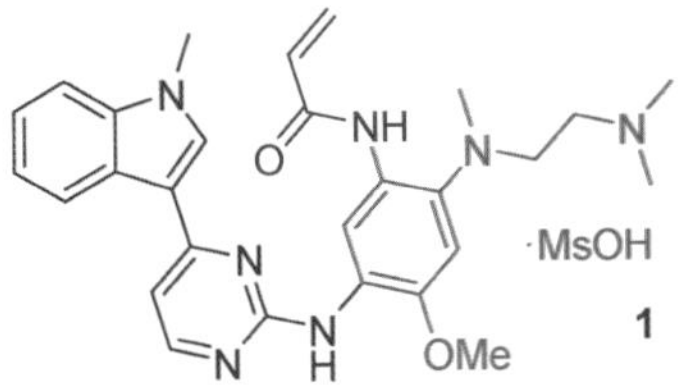

1

美国药物通用名：奥希替尼
商品名：Tagrisso®
第三代EGFR抑制剂
上市日期：2015年

9.1 背景

肺癌是最常见的癌症之一,也是全球癌症相关死亡的主要原因。非小细胞肺癌(non-small-cell lung cancer,NSCLC)是一类异质性肿瘤,包括鳞状细胞癌、腺癌(腺体形成)和大细胞癌等组织亚型,约占所有新发肺癌病例的 85%[1]。

表皮生长因子受体(epidermal growth factor receptor, EGFR)属于受体酪氨酸激酶(receptor tyrosine kinase,RTK)的 HER 亚家族,在与肿瘤细胞增殖、存活、黏附、迁移和降低凋亡等有关的细胞信号传导中起重要作用。在 40%~85%的非小细胞肺癌患者中发现 EGFR 蛋白的过表达[2]。同时,信号通路的异常激活被发现与非小细胞肺癌的产生和进展密切相关[3]。通过小分子抑制剂来抑制 EGFR 激酶的催化功能被认为是非小细胞肺癌最有潜力的治疗方法。EGFR 最常见的激活突变是 L858R 突变(外显子 21 的单点突变)和外显子 19(delE746 - A750)的缺失[4]。携带这些特定激活突变的非小细胞肺癌患者对第一代 EGFR 抑制剂,比如吉非替尼(gefitinib)[5] 和厄洛替尼(erlotinib)[6] 表现出非常积极的临床反应(图 1)。然而,患者通常会在数月内对第一代 EGFR 抑制剂(吉非替尼和厄洛替尼)产生获得性耐药,并导致患者病情复发。在这些病例中,约 50%的获得性耐药是由门卫残基突变(T790M)引起的。发生 T790M 突变后,蛋白对 ATP 的亲和力增加了,从而减

弱了 ATP 竞争性激酶抑制剂的抑制活性[1]。

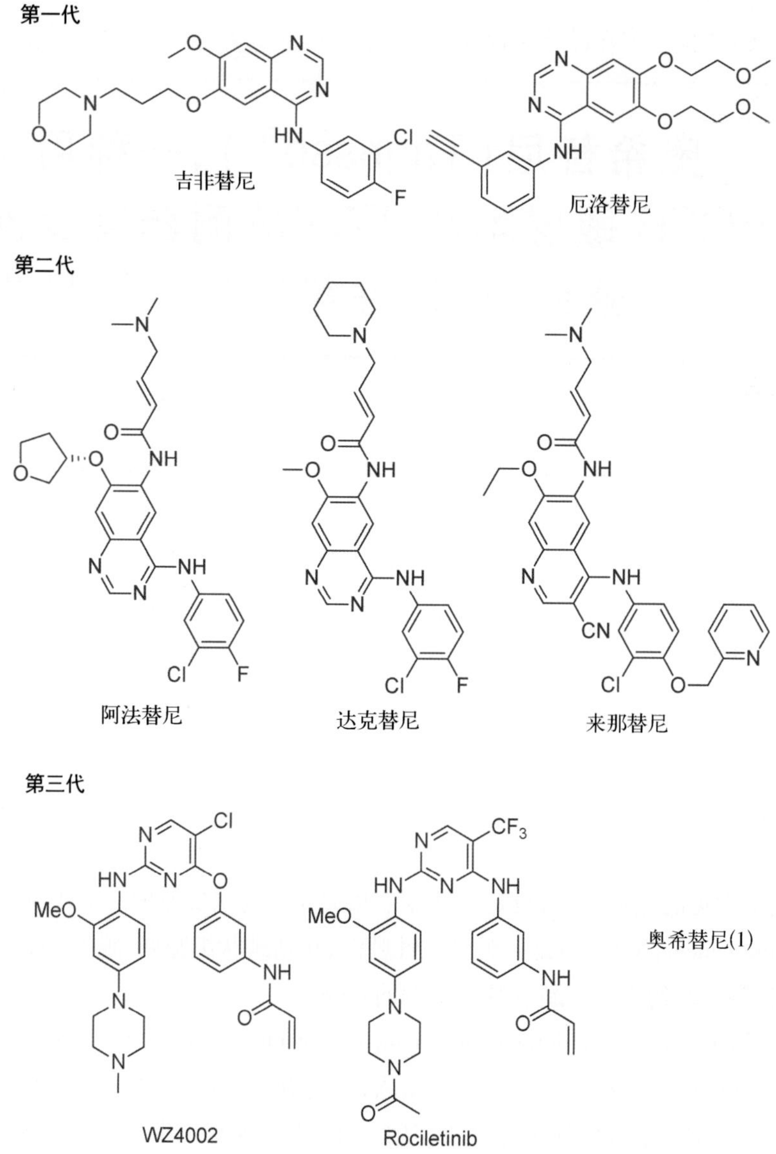

图 1　第一代、第二代和第三代 EGFR 抑制剂

第二代 EGFR 抑制剂，包括来那替尼[7]（neratinib）、达克替尼[8]（dacomitinib）和阿法替尼[9]（afatinib）等（图 1），在设计上旨在通过丙烯酰胺等一些亲电 Michael 受体官能团与 EGFR 蛋白 Cys797 残基的活性巯基（-SH）形成共价键来克服 T790M 耐药。尽管体外结果令人振奋，但这些抑制剂在临床试验中对非小细胞肺癌患者并没有展现出足够的疗效。例如，第二代不可逆抑制剂来那替尼（图 1），由于其对 L858R/T790M 突变相比野生型 EGFR 未展现出选择性抑制[10]，在临床试验中未展现出药效。因此，由于野生型 EGFR 抑制相关的剂量限制性毒性引起的腹泻和皮疹等副作用,第二代 EGFR 抑制剂在 T790M 突变的非小细胞肺癌患者中的临床疗效相对有限。

第三代 EGFR 抑制剂在设计上旨在靶向 EGFRT790M 突变,以克服获得性耐药。与野生型 EGFR 相比,这些第三代抑制剂对多种 EGFR 突变展现出较好的选择性,并减少了野生型 EGFR 抑制导致的不良反应。其中,阿斯利康的甲磺酸奥希替尼[1](osimertinib mesylate,Tagrisso®)作为典型的第三代 EGFR 抑制剂,于 2015 年获 FDA 批准用于 EGFR－T790M 突变非小细胞肺癌的治疗(图 1)。甲磺酸奥希替尼(**1**)被设计为一种不可逆的共价抑制剂,高活性靶向 T790M 突变,同时对野生型 EGFR 抑制活性较低[3, 11, 12]。

9.2 药理学

EGFR 激酶是一种受体酪氨酸激酶,分子量为 170 kDa,由位于染色体 7p11.2 的基因编码组成,其结构中包含一个携带自磷酸化位点的 α 螺旋的 C 端,一个富含半胱氨酸的胞外结构域,以及一个包含酪氨酸激酶位点的胞内结构域[2]。EGFR 激酶对细胞的增殖、存活、分化、迁移和黏附极其重要。在正常生理环境下,EGFR 与 EGF、TGF－α 等配体的结合,诱导了 EGFR 与 EGFR 或与其他 HER 家族成员发生同源或异源二聚化,激活了 EGFR 的胞内酪氨酸激酶活性,招募下游信号分子,从而实现 EGFR 功能的调节[3],详见图 2。

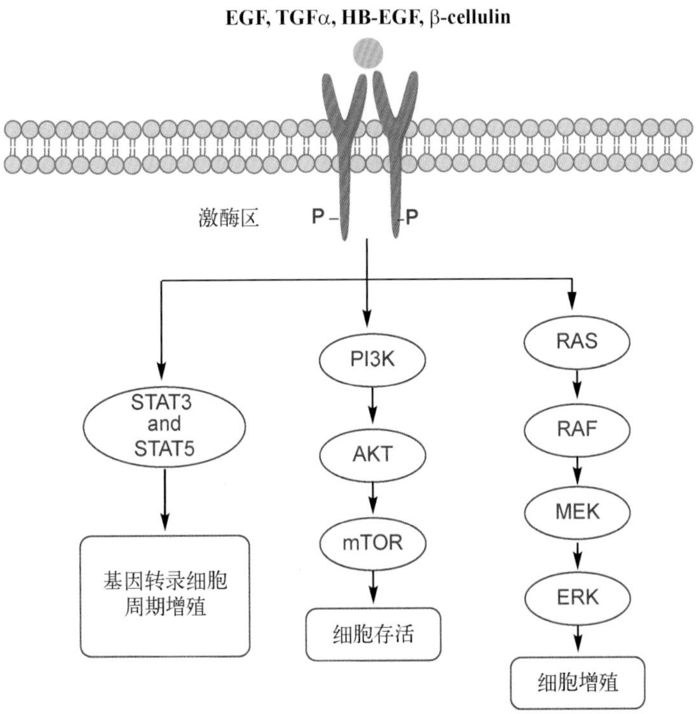

图 2 EGFR 诱导受体发生同源或异源二聚化,激活下游通路

事实上,外显子 19 缺失和 L858R 点突变是非小细胞肺癌患者中观察到的最主要激活突变类型[13],分别占比 44%和 41%。其他一些突变,如 G719X 点突变和外显子 20 插入,也经常被报道。而 EGFR 基因外显子 20 的另一个主要点突变(T790M)一直被认为是患者治疗过程中获得性耐药的主要原因,约占所有接受 EGFR 酪氨酸激酶抑制剂(TKI)治疗患者的 50%[14](图 3)。对于携带外显子 21 的 L858R 突变和外显子 19 的 delE746 - A750 缺失等常见 EGFR 突变患者,用第一代可逆性 EGFR 抑制剂(厄洛替尼或吉非替尼)治疗就获得良好的获益。然而,在厄洛替尼或吉非替尼治疗 9~14 个月后,通常发生第二个位点突变,即临床治疗中最常见的 T790M 突变(约 50%的病例),这导致了第一代可逆型 EGFR 抑制剂产生获得性耐药[1]。因此,第三代 EGFR 抑制剂奥希替尼(**1**)在设计上旨在解决包括 L858R 和 T790M 等 EGFR 突变,并在体外研究中对 L858R/T790M 突变的抑制展现了相比野生型 EGFR 的抑制高达 200 倍选择性。事实上,奥希替尼(**1**)是多靶点激酶抑制剂,奥希替尼也可以抑制 HER2、HER3、HER4、ACK1 和 BLK 的活性[15]。

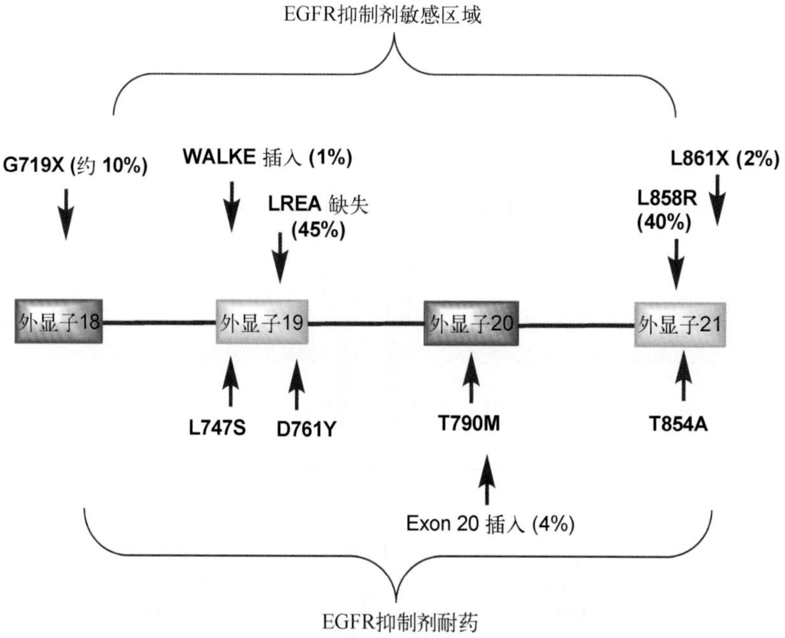

图 3 EGFR 突变在肺癌中的分布(基于文献 3)

9.3 构效关系(SAR)

第三代 EGFR 抑制剂的开发应满足以下两个临床需求:(1) 可以克服 L858R/T790M 双突变导致的获得性耐药;(2) 与野生型 EGFR 相比,对 EGFR 突变具有良好的选择性,以便降低毒副作用。在阿斯利康的早期研究中,先导化合物 **2** 的苯胺-嘧啶(MAP)支架结构上含有一个吲哚环,其对 L858R/T790M 双突变(DM)激酶的抑制活性为 0.009 μmol/L,对野生型 EGFR 激酶的抑制展现出 88 倍的选择性(图 4)。尽管先导化合物 **2** 在双突变激酶测试中具有较高抑制活性,但其在 H1975 双突变细胞抑制活性测试中活性仅为 0.77 μmol/L,降低到 1/90[16]。

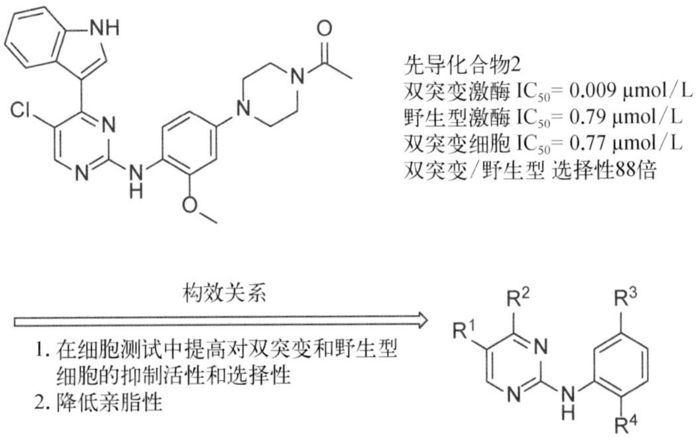

图 4 先导化合物优化策略

在苯胺的间位 R3 处引入丙烯酰胺侧链后,可将 **2** 转化为不可逆的共价抑制剂。化合物 **3** 在双突变细胞抑制活性测试(IC_{50} = 0.081 μmol/L)中相比野生型(WT)细胞抑制(IC_{50} = 3.5 μmol/L)展现出更高的选择性,其在 PC9(外显子 19 缺失)AM 细胞抑制活性测试中也显示出良好的活性(IC_{50} = 0.27 μmol/L,表 1)。相似地,在苯胺的 R4 处引入邻甲氧基后,化合物 **4** 也展现出激酶抑制活性和选择性的提高。化合物 **4** 与野生型 EGFR 激酶的共晶结构显示,其丙烯酰胺与 Cys − 797 之间形成了共价双键(PDB 代码 4LI5)[16]。这种结合模式对于进一步修饰先导化合物,以提高其抑制活性和选择性非常有用。然而,这些化合物的高亲脂性(Log $D_{7.4}$ > 4.3)是个严重问题,将导致其药代动力学和理化性质均较差,将阻碍药物的开发。因此,下一个主要任务是通过修饰吲哚环结构以及在丙烯酰胺上引入碱性官能团来进一步改善化合物的理化性质。含吡唑并吡啶结构的化合物 **5** 在双突变细胞和 AM 细胞的抑制活性测试中均保持了优异的抑制活性,且对野生型 EGFR 的选择性提高到 390 倍。接下来,含有碱性丙烯酰胺基侧链的化合物 **6** 和 **7** 对双突变细胞的抑制活性均下降,但其 Log $D_{7.4}$ 显著降低。进一步的研究揭示了 5 位氯原子取代基对活性和选择性的重要性,其影响了化合物的抑制活性和对野生型的选择性,去除 5 位氯原子将导致 Log $D_{7.4}$ 降低一个数量级(3.6 与 2.6)。这些 5 位取代化合物的生物学数据表明,通过去除 5 位氯原子,可以改善化合物的理化性质,并有可能在 EGFR 双突变细胞和 AM 细胞测试中达到较好的活性[16](表 1)。

表 1　先导化合物 2 的优化

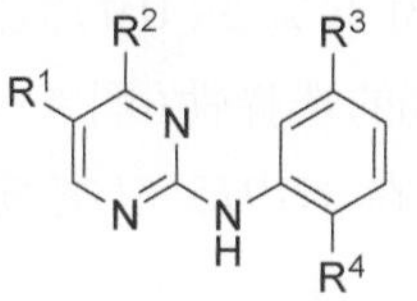

化合物	R^1	R^2	R^3	R^4	DM/WT 细胞（μmol/L）	DM/WT 细胞（选择性）	AM 细胞实验	Log $D_{7.4}$
3	Cl	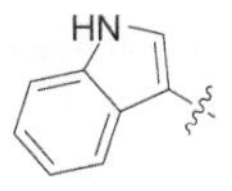	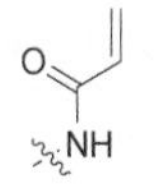	—H	0.081/3.5	43	—	>4.3
4	Cl	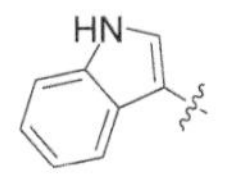	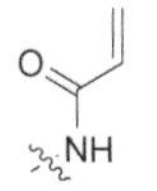	—OMe	0.022/0.55	25	0.029	>4.3
5	Cl	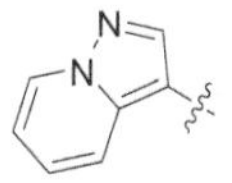	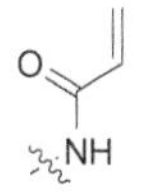	—OMe	0.033/12.8	390	0.15	>4.3
6	Cl	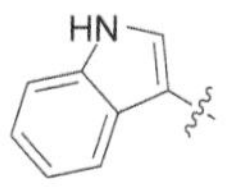	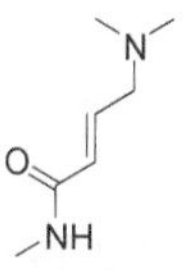	—OMe	0.053/1.55	29	0.085	4.1
7	Cl	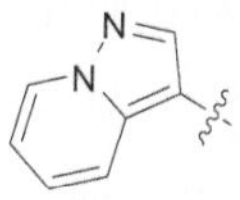	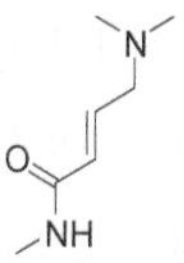	—OMe	0.096/23	240	0.40	3.6
8	H	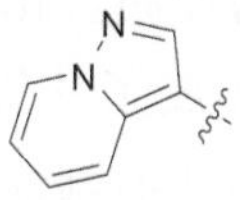	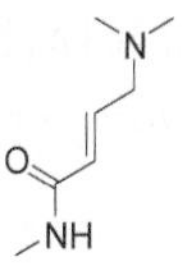	—OMe	0.25/20	80	0.39	2.6
9	F	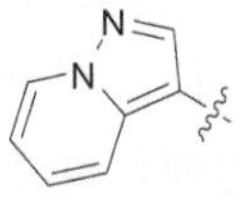	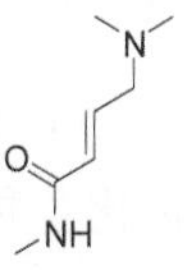	—OMe	0.22/19	85	0.38	3.3
10	Me	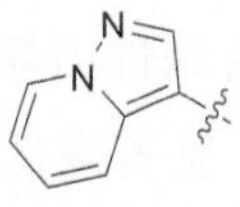	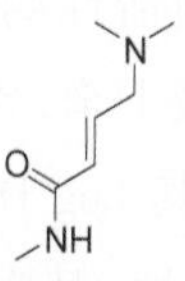	—OMe	0.29/24	82	0.25	3
11	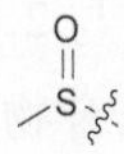	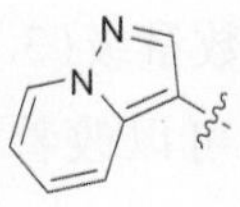	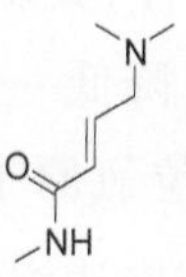	—OMe	15.2/>30	>2	1.3	1.3

接下来,在丙烯酰胺邻位引入哌嗪取代基会影响两个取代基的空间构象和几何形状。数据显示,引入哌嗪取代基后,在 EGFR 双突变(DM)细胞和 AM 细胞测试中,化合物 **12** 的抑制活性显著提高,并优于化合物 **7**,同时保持了对野生型抑制的良好选择性。当哌嗪基团被其他碱性侧链取代时,化合物的细胞抑制活性进一步增强,化合物 **16** - **18** 显示出优异的细胞抑制活性[15](表 2)。嘧啶环 5 位取代基会影响双突变细胞的抑制活性、对野生型抑制的选择性、与 hERG 的结合力,以及对 IGF1R 的抑制活性。将化合物 **21** 和 **23** 相比,很显然,5 位氯取代基对保持双突变细胞的抑制活性和对野生型的抑制选择性非常重要,但对 IGF1R 和 hERG 的抑制活性有不利影响。与化合物 **23** 相比,化合物 **1** 对双突变细胞的抑制活性和对野生型的抑制选择性有所降低,但对 IGF1R 和 hERG 的抑制活性却显著降低。然而,这可以通过在吲哚基团上引入 *N*-甲基在一定程度上加以弥补,从而提高对野生型的抑制选择性。最终,化合物 **1**(命名为 AZD9291)被选择作为临床候选药物,之后被命名为奥希替尼[15](表 2)。

表 2 化合物 12 - 23 的结构与部分理化性质

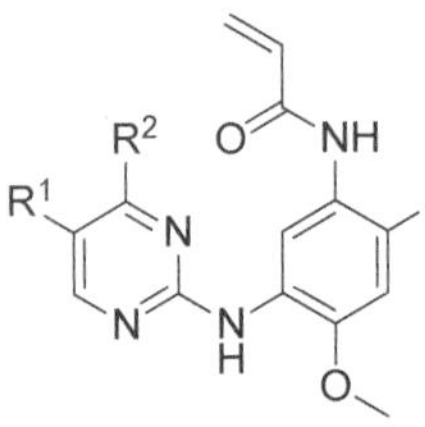

化合物	R^1	R^2	R^3	AM 细胞 (μmol/L)	DM/WT 细胞 (μmol/L)	DM/WT 细胞 (选择性)	Log $D_{7.4}$	LLE (DM)	hERG IC_{50} (μmol/L)	IGF1R (酶) IC_{50} (μmol/L)
12	Cl	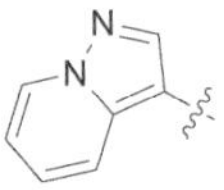	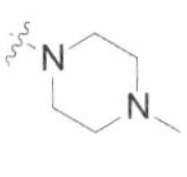	0.14	0.019/12	620	4.1	4.1	7.1	0.002
13	H	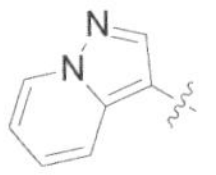	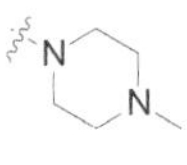	0.14	0.071/19	270	NT	—	—	—
14	Cl	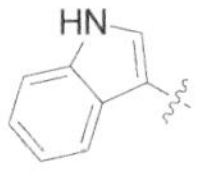	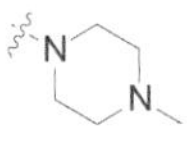	0.023	0.005 6/0.77	140	3.7	4.6	—	—
15	H	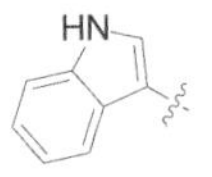	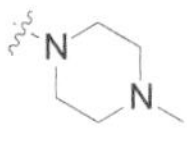	0.017	0.068/1.3	19	3.4	3.7	9.1	0.813 (*n*=1)
16	Cl	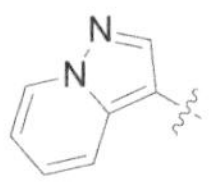	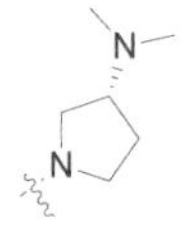	0.016	0.002/0.357	179	3.1	5.6	5.6	0.007 (*n*=1)

续 表

化合物	R^1	R^2	R^3	AM 细胞 (μmol/L)	DM/WT 细胞 (μmol/L)	DM/WT 细胞 (选择性)	Log $D_{7.4}$	LLE (DM)	hERG IC_{50} (μmol/L)	IGF1R (酶) IC_{50} (μmol/L)
17	Cl	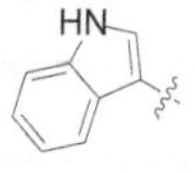	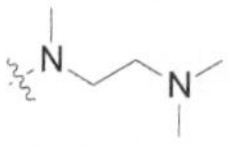	0.002	0.000 6/ 0.145	241	2.8	6.4	6.7	0.006 (n=1)
18	Cl	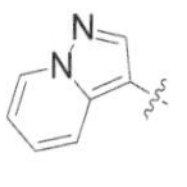	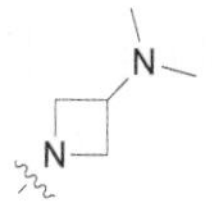	0.021	0.004/ 0.938	235	3.3	5.1	4.0	0.026 (n=1)
19	CN	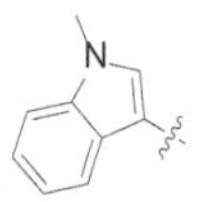	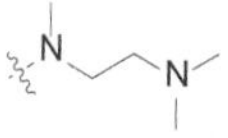	0.001	0.000 9/ 0.046	51	2.7	—	4.3	0.038 (n=1)
20	Cl	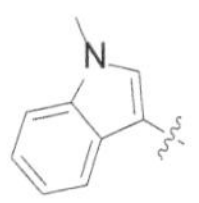	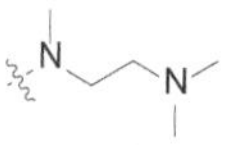	0.002	0.002/ 0.058	29	3.3	—	7.4	0.04 (n=1)
21	Cl	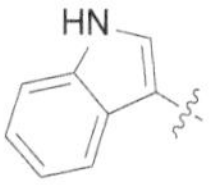	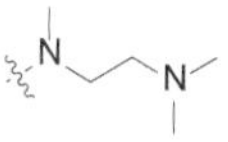	0.000 6	0.000 2/ 0.011	55	3.3	—	14.8	0.007 (n=1)
22	Me	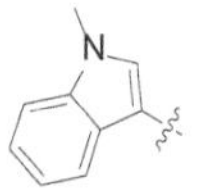	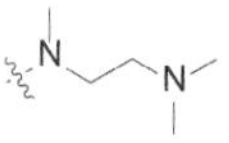	0.002	0.001/ 0.071	71	2.8	—	15.6	0.196 (n=1)
1	H	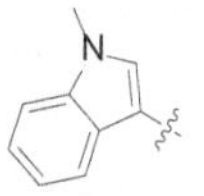	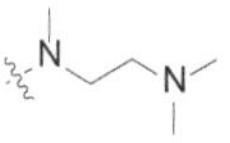	0.017	0.015/ 0.48	32	3.4	—	16.2	2.9
23	H	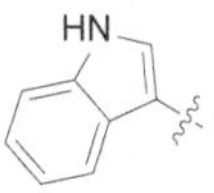	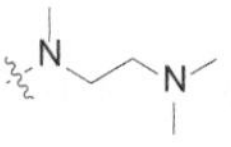	0.002	0.002/ 0.033	17	2.9	—	17.5	0.263

（基于参考文献 15 和 16）

9.4 药代动力学和药物代谢

在一项针对 EGFR 抑制剂耐药的非小细胞肺癌症患者的 Ⅰ/Ⅱ 期 AURA 临床试验中，在 20~240 mg 剂量范围内经口单次给予奥希替尼(**1**)胶囊后，奥希替尼的吸收 C_{max} 中位时间为 6 h(范围：3~24 h)[17]。EGFR 抑制剂耐药的非小细胞肺癌症患者每日一次连续多次给药期间，奥希替尼的药代动力学几乎呈线性；连续给药 22 天后的稳态暴露量展现出 4.5 倍的暴露量蓄积。在稳态时，奥希替尼的 C_{max} 与 C_{min} 比值为 1.6，其平均分布容积 (V_{ss}/F) 为 996 L；奥希替尼血浆浓度随时间降低，其估计平均半衰期为 55 小时，口服清除率(CL/F)为 14.2(L/h)。奥希替尼主要通过粪便消除(68%),少量通过尿液消除(14%),仅 2%的奥希替尼以原型被排泄[18]。

在体外,奥希替尼最常见的代谢途径为氧化和 *N*-脱烷基化。事实上,经口给予奥希替尼后在血浆中发现了两种具有药理活性的代谢产物,即 AZ7550 和 AZ5104(图 5)。AZ7550 与奥希替尼展现出非常相似的抑制活性,而 AZ5104 对野生型 EGFR 的抑制活性比奥希替尼强约 15 倍,对外显子 19 缺失和 T790M 突变的抑制活性也比奥希替尼强约 8 倍。因此,当患者暴露于奥希替尼时,这种对野生型 EGFR 抑制活性的增加和抑制选择性的降低可能导致了其临床不良反应[19, 20]。

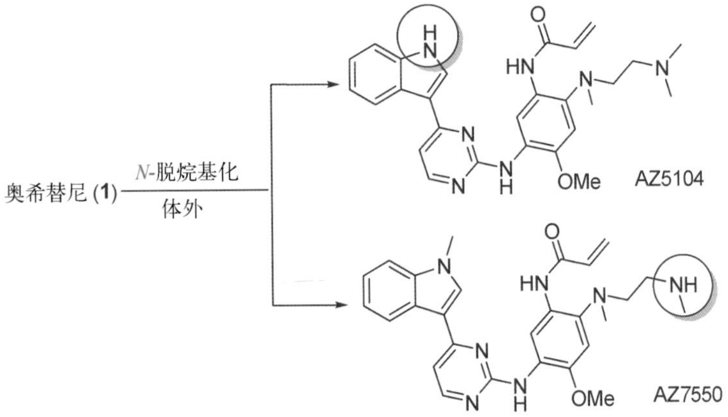

图 5　两个具有药理活性的代谢产物 AZ7550 和 AZ5104

9.5　有效性和安全性

在携带 EGFRT790M 突变的肺癌小鼠模型中,与阿法替尼和溶剂对照组相比,奥希替尼以 5 mg/(kg · d)剂量连续给药 1~2 周后,小鼠肿瘤体积显著减小。值得注意的是,奥希替尼以 5 mg/kg 剂量单次给药后,可以抑制 EGFR 的磷酸化,并下调下游信号通路[19]。

奥希替尼片剂(40 和 80 mg 规格)可每日一次口服给药,无须考虑食物因素。FDA 推荐的奥希替尼给药剂量为 80 mg,每日一次。如果患者存在固体吞咽困难,奥希替尼也可以分散在 50 mL 非碳酸水中口服给药[17]。

在一项随机、多地区、开放标签、Ⅰ/Ⅱ期 AURA 临床试验(NCT01802632)中,大多数晚期或转移性携带 EGFR 抑制剂耐药基因的非小细胞肺癌患者临床响应积极。在 AURA 试验Ⅰ期研究中,所有携带 EGFR 抑制剂耐药基因的非小细胞肺癌患者(n=239,可评价)经过奥希替尼治疗后的客观缓解率(objective, response rate, ORR)为 51%,疾病控制率(disease control rate, DCR)为 84%[17]。在所有人群中,奥希替尼各剂量组的客观缓解率均未存在任何明显差异。在携带 EGFRT790M 突变的患者(n=127,可评价)中,奥希替尼给药后显示出良好的客观缓解率(ORR 61%)和极佳的疾病控制率(DCR 95%)。然而,未携带 EGFRT790M 突变的患者(n=61,可评价)的客观缓解率(21%)和客观缓解率(61%)较低[17]。研究表明,奥希替尼对携带 EGFRT790M 突变患者中的治疗效果优于未携带该突变的患者。

此外,奥希替尼经口给药后还可穿过血脑屏障(blood-brain barrier,BBB),在猴、大鼠和小鼠等多种动物种属中均能入脑,口服给药后大脑和血浆的暴露量比约为 2。这些数据表明奥希替尼可以作为治疗和预防 EGFR 突变阳性非小细胞肺癌患者中枢神经系统(central nervous system, CNS)转移的一种有前景的药物[19]。在 AURA 试验的 I 期分析中,当患者接受奥希替尼治疗时,最常见的任何级别的不良事件包括腹泻(47%)、皮疹和痤疮(40%)、恶心(22%)、食欲下降(21%)和皮肤干燥(20%)[17]。

综上所述,在 EGFRT790M 突变阳性患者中,奥希替尼展现出良好的疗效和可接受的耐受性。此外,在 AURA 临床试验的剂量递增队列中,在携带 EGFR 抑制剂耐药突变的非小细胞肺癌患者中,奥希替尼在 20~240 mg/d 剂量下未观察到剂量限制性毒性[17]。

9.6 合成

奥希替尼的逆合成分析如路线 1 所示,其可由芳香环 A、环 B 和环 C 组装而成。一方面(路线 A),环 A 和环 B 可通过 Friedel－Crafts 芳基化连接;通过酰胺化和 S_NAr 反应,可将三个片段 **27**、**29** 和 **34** 组装为片段 **33**。另一方面(路线 B),奥希替尼也通过 S_NAr 反应

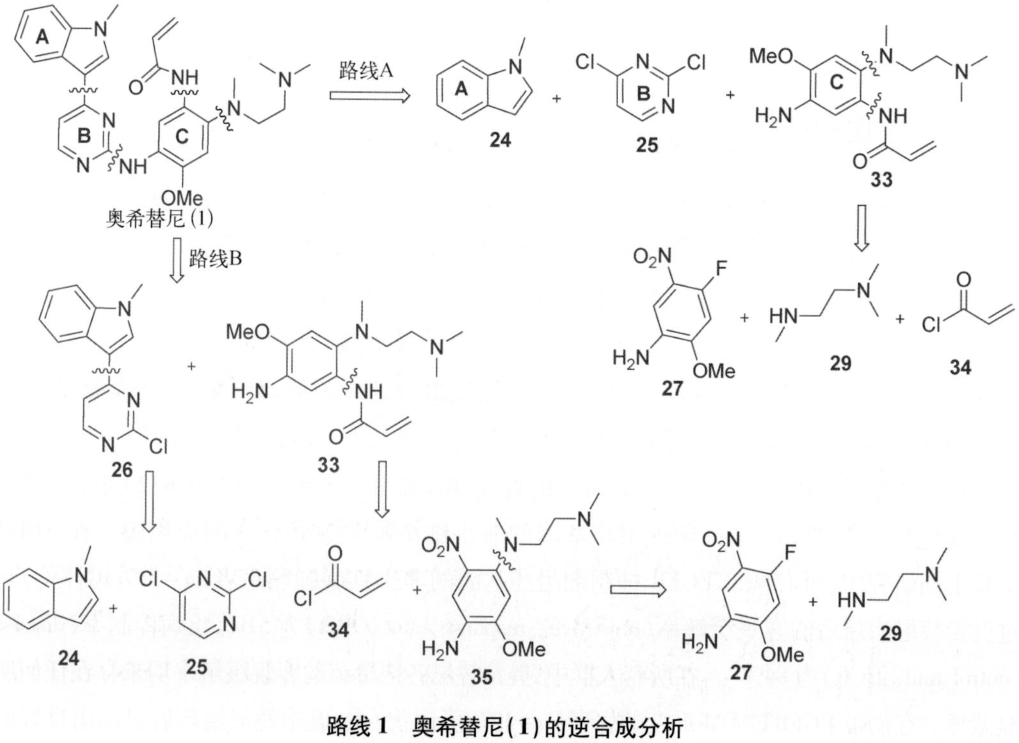

路线 1　奥希替尼(1)的逆合成分析

由片段 **26** 和 **33** 组装而成。通过 Friedel – Crafts 芳基化,可将片段 **24** 与 **25** 连接组装为片段 **26**;通过酰胺化,可将片段 **35** 与 **34** 组装为片段 **33**;通过 S_NAr 反应,可将片段 **27** 和 **29** 组装成片段 **35**。

阿斯利康披露了以 *N* –甲基吲哚 **24**、2,4 –二氯嘧啶 **25**、2 –甲氧基– 4 –氟– 5 –硝基苯胺 **27** 为起始物料,经过六步(最长线性合成路线)来制备奥希替尼的合成路线 2[21, 22]。中间体 **26** 的制备是以 *N* –甲基吲哚 **24** 与 2,4 –二氯嘧啶 **25** 为原料,以 $FeCl_3$ 为 Lewis 酸催化剂,以 DME 为溶剂,在 60 ℃下反应,并通过甲醇/水混合溶剂重结晶的方式,以 82%的收率一步制备得到。中间体 **26** 与 4 –氟– 2 –甲氧基– 5 –硝基苯胺 **27** 在对甲苯磺酸存在下,在 105 ℃下,在 2 –戊醇中发生 S_NAr 反应,以 95%的产率得到中间体 **28**。随后,在 85 ℃的 DMA 中,采用 DIPEA 将中间体 **28** 转化为中间体 **30**(收率为 96%)。在酸性条件下,以乙醇为溶剂,以铁粉还原硝基,以 85%的产率顺利得到中间体 **31**。最后,以碳酸钾为碱,以丙酮为溶剂,以 3 –氯丙酰氯 **32** 对中间体 **31** 进行酰胺化(产率为 95%);随即以乙腈为溶剂,以三甲胺为碱进行消除反应,最终生成奥希替尼(产率为 94%)。该路线从现有起始物料开始,采用 6 步工艺,以 57%的总收率得到最终产品[16],详见路线 2。

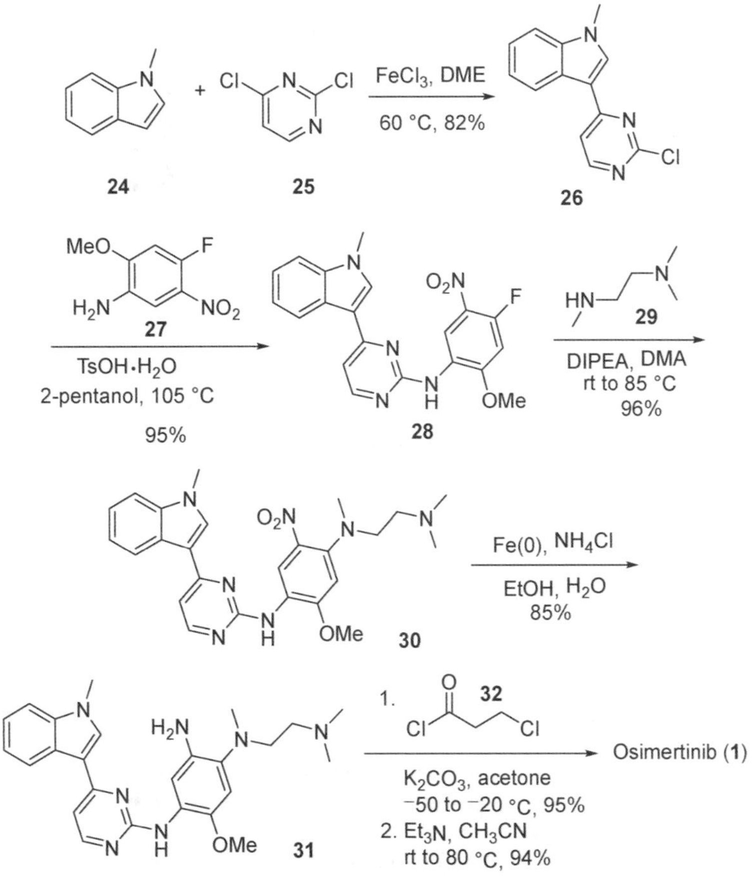

路线 2　奥希替尼(1)的阿斯利康合成路线

最近，邱等[23]改进了阿斯利康合成奥希替尼的工艺。在二氯化钴催化下，2,4-二氯嘧啶 **25** 与 *N*-甲基吲哚 **24** 发生 Friedel—Crafts 芳基化反应，以 70%的产率生成中间体 **26**。在对甲苯磺酸存在下，中间体 **26** 与 4-氟-2-甲氧基-5-硝基苯胺 **27** 发生 S_NAr 反应，以 90%的产率生成中间体 **28**。接着，以 *N*-乙基-*N*-异丙基-2-胺(DIPEA)为碱，中间体 **28** 与 **29** 经过 S_NAr 反应以 91%的产率得到中间体 **30**。在七水合硫酸钴的催化下，以水合肼为还原剂，中间体 **30** 的硝基还原得到中间体 **31**，产率为 92%。最后，以碳酸钠为碱，中间体 **31** 与丙烯酰氯 **34** 反应得到奥希替尼。该合成路线简明、高效，从现有起始物料 *N*-甲基吲哚 **24**、2,4-二氯嘧啶 **25** 和 2-甲氧基-4-氟-5-硝基苯胺 **27** 开始，以接近 42.5%的总收率得到最终产物。此外，该工艺后处理操作简单，易于进行，在大多数情况下，简单的过滤和重结晶操作足以纯化粗品，无须色谱柱纯化(路线 3)。

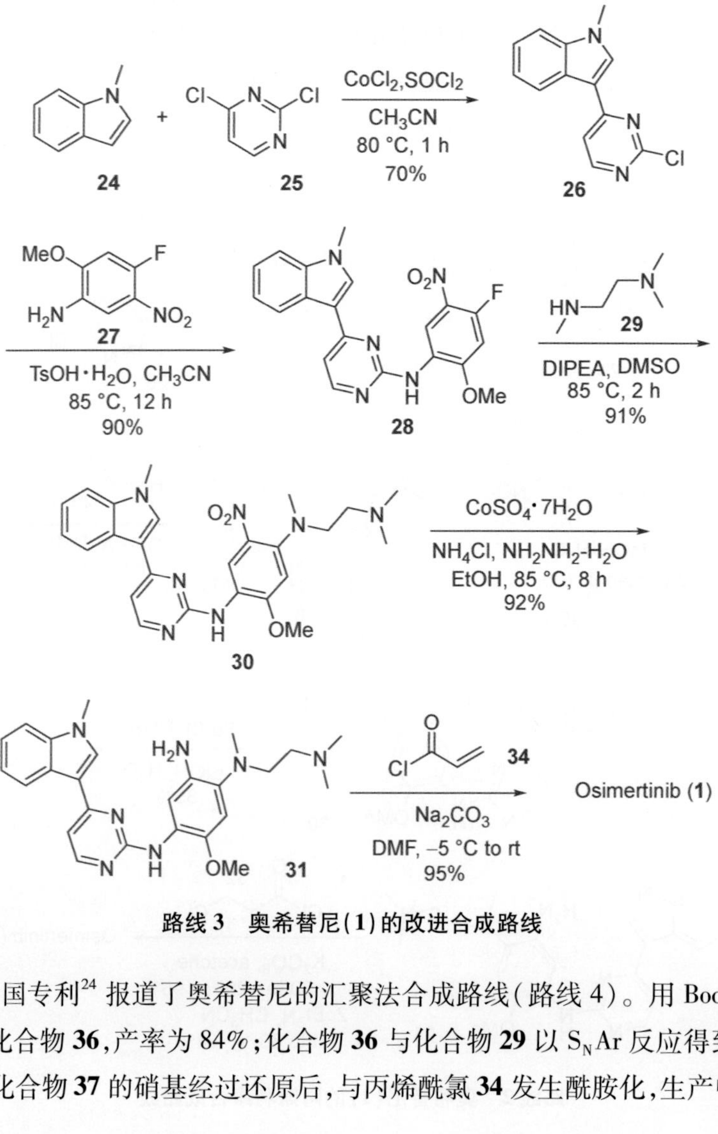

路线 3　奥希替尼(1)的改进合成路线

另一项中国专利[24]报道了奥希替尼的汇聚法合成路线(路线 4)。用 Boc 基团保护化合物 **27** 得到化合物 **36**，产率为 84%；化合物 **36** 与化合物 **29** 以 S_NAr 反应得到化合物 **37**，产率为 98%；化合物 **37** 的硝基经过还原后，与丙烯酰氯 **34** 发生酰胺化，生产中间体 **33**；最后,在 55 ℃的温和条件下,中间体 **26** 和中间体 **33** 通过 S_NAr 反应生成奥希替尼,收率为 93%,该高收率可能归因于胺 **33** 相比 **27** 具有更高的亲核性。该路线以 6 步汇聚合成工艺得到最终产物,总收率 65%,在未来的生产中将具有潜在的应用前景。

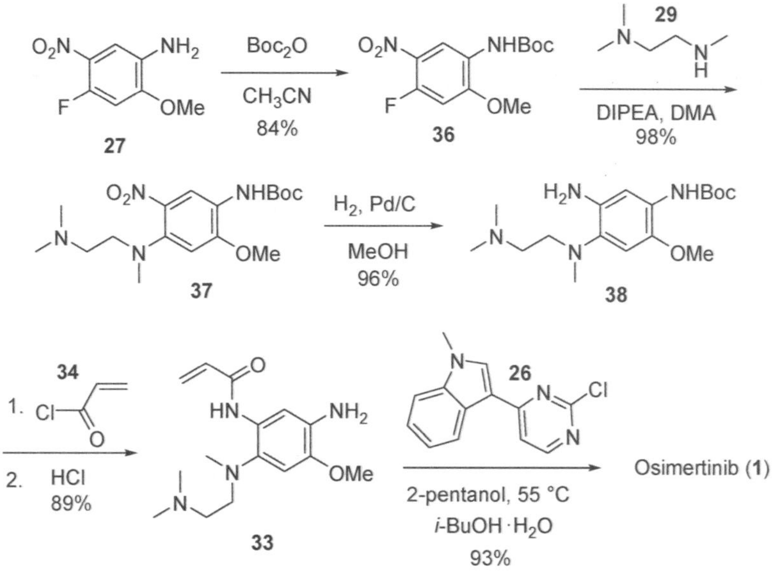

路线 4　奥希替尼(1)的汇聚合成路线

9.7　总结

第三代 EGFR 抑制剂甲磺酸奥希替尼(Tagrisso®,**1**),已经于 2015 年获 FDA 批准用于 EGFRT790M 突变阳性非小细胞肺癌的治疗。奥希替尼展现了较高的细胞抑制活性、良好的疗效、可接受的不良反应,以及对野生型 EGFR 良好的选择性。奥希替尼的研发故事尤其引人入胜,是药物发展史上进展最快的案例之一。从第一个患者入组到美国 FDA 批准,奥希替尼只用了 2 年 8 个月。由于在 EGFRT790M 突变阳性的非小细胞肺癌患者中具有较高的疗效和可接受的副作用,奥希替尼在临床治疗中取得了巨大成功。然而,获得性耐药的发生是肺癌治疗中长期获益的主要障碍。临床数据表明,一部分非小细胞肺癌患者通过 EGFRC797S 突变对奥希替尼产生耐药[25]。在生理条件下,EGFRC797S 突变不能与第三代 EGFR 抑制剂以 Michael 加成的方式形成共价键,这一直被认为是产生耐药的关键机制。因此,开发新一代 EGFR 抑制剂以克服 C797S 突变和 EGFR 激酶结构域 ATP 位点的其他突变,将具有非常重要的紧迫性。此外,寻找新的变构抑制剂或开发 EGFR 蛋白降解剂也是克服 EGFR 抑制剂获得性耐药的替代方法。总之,对于 EGFR 突变阳性非小细胞肺癌的治疗,找寻其最佳疗法路阻且长,还有很多研究要开展。

9.8 参考文献

1. Gridelli, C.; Rossi, A.; Carbone, D. P.; Guarize, J.; Karachaliou, N.; Mok, T.; Petrella, F.; Spaggiari, L.; Rosell, R. Non-small-cell lung cancer. *Nat. Rev. Dis. Primers* **2015**, *1*, 15009.
2. Singh, M.; Jadhav, H. R. Targeting non-small cell lung cancer with small-molecule EGFR tyrosine kinase inhibitors. *Drug Discov. Today* **2018**, *23*, 745–753.
3. Ohashi, K.; Maruvka, Y. E.; Michor, F.; Pao, W. Epidermal growth factor receptor tyrosine kinase inhibitor-resistant disease. *J. Clin. Oncol.* **2013**, *31*, 1070–1080.
4. Engel. J.; Richters, A.; Getlik, M.; Tomassi, S.; Keul, M.; Termathe, M.; Lategahn, J.; Becker, C.; Mayer-Wrangowski, S.; Grütter, C.; Uhlenbrock, N.; Krüll, J.; Schaumann, N.; Eppmann, S.; Kibies, P.; Hoffgaard, F.; Heil, J.; Menninger, S.; Ortiz-Cuaran, S.; Heuckmann, J. M.; Tinnefeld, V.; Zahedi, R. P.; Sos, M. L.; Schultz-Fademrecht, C.; Thomas, R. K.; Kast, S. M.; Rauh, D. Targeting drug resistance in EGFR with covalent inhibitors: a structure-based design approach. *J Med. Chem.* **2015**, *58*, 6844–6863.
5. Barker, A. J.; Gibson, K. H.; Grundy, W.; Godfrey, A. A.; Barlow, J. J.; Healy, M. P.; Woodburn, J. R.; Ashton, S. E.; Curry, B. J.; Scarlett, L.; Henthorn, L.; Richards, L. Studies leading to the identification of ZD1839 (iressa^{TM}): an orally active, selective epidermal growth factor receptor tyrosine kinase inhibitor targeted to the treatment of cancer. *Bioorg. Med. Chem. Lett.* **2001**, *11*, 1911–1914.
6. Pao, W.; Miller, V.; Zakowski, M.; Doherty, J.; Politi, K.; Sarkaria, I.; Singh, B.; Heelan, R.; Rusch, V.; Fulton, L.; Mardis, E.; Kupfer, D.; Wilson, R.; Kris, M.; Varmus, H. EGF receptor gene mutations are common in lung cancers from "never smokers" and are associated with sensitivity of tumors to gefitinib and erlotinib. *Proc. Natl. Acad. Sci. USA.* **2004**, *101*, 13306–13311.
7. Singh, H.; Walker, A. J.; Amiri-Kordestani, L.; Cheng, J.; Tang, S.; Balcazar, P.; Barnett-Ringgold, K.; Palmby, T. R.; Cao, X.; Zheng, N.; Liu, Q.; Yu, J.; Pierce, W. F.; Daniels, S. R.; Sridhara, R.; Ibrahim, A.; Kluetz, P. G.; Blumenthal, G. M.; Beaver, J. A.; Pazdur, R. U. S. food and drug administration approval: neratinib for the extended adjuvant treatment of early-stage HER2-positive breast cancer. *Clin. Cancer Res.* **2018**, *24*, 3486–3491.
8. Shirley, M. Dacomitinib: first global approval. *Drugs* **2018**, *78*, 1947–1953.
9. Ou, S.-H. I. Second-generation irreversible epidermal growth factor receptor (EGFR) tyrosine kinase inhibitors (TKIs): a better mousetrap? a review of the clinical evidence. *Crit. Rev. Oncol. Hemat.* **2012**, *83*, 407–421.
10. Yan, X.-E.; Ayaz, P.; Zhu, S.-J.; Zhao, P.; Liang, L.; Zhang, C. H.; Wu, Y.-C.; Li, J.-L.; Choi, H. G.; Huang, X.; Shan, Y.; Shaw, D. E.; Yun, C.-H. Structural basis of AZD9291 selectivity for EGFR T790M. *J. Med. Chem.* **2020**, *63*, 8502–8511.
11. Hsiao, S.-H.; Lu, Y.-J.; Li, Y.-Q.; Huang, Y.-H.; Hsieh, C.-H.; Wu, C.-P. Osimertinib (AZD9291) attenuates the function of multidrug resistance-linked atp-binding cassette transporter ABCB1 *in vitro*. *Mol. Pharmaceut.* **2016**, *13*, 2117–2125.
12. Chen, L.; Fu, W.; Zheng, L.; Liu, Z.; Liang, G. Recent progress of small-molecule epidermal growth factor receptor (EGFR) inhibitors against C797S resistance in non-small-cell lung cancer. *J. Med. Chem.* **2018**, *61*, 4290–4300.
13. Bronte, G.; Rizzo, S.; La Paglia, L.; Adamo, V.; Siragusa, S.; Ficorella, C.; Santini, D.; Bazan, V.; Colucci, G.; Gebbia, N.; Russo, A. Driver mutations and differential sensitivity to targeted therapies: a new approach to the treatment of lung adenocarcinoma. *Cancer Treat. Rev.* **2010**, 36, 21–29.
14. Sullivan, I., Planchard, D. Next-generation EGFR tyrosine kinase inhibitors for treating EGFR-mutant lung cancer beyond first line. *Front. Med.* **2017**, *18*, 3–76.

15. Finlay, M. R. V.; Anderton, M.; Ashton, S.; Ballard, P.; Bethel, P. A.; Box, M. R.; Bradbury, R. H.; Brown, S. J.; Butterworth, S.; Campbell, A.; Chorley, C.; Colclough, N.; Cross, D. A. E.; Currie, G. S.; Grist, M.; Hassall, L.; Hill, G. B.; James, D.; James, M.; Kemmitt, P.; Klinowska, T.; Lamont, G.; Lamont, S. G.; Martin, N.; McFarland, H. L.; Mellor, M. J.; Orme, J. P.; Perkins, D.; Perkins, P.; Richmond, G.; Smith, P.; Ward, R. A.; Waring, M. J.; Whittaker, D.; Wells, S.; Wrigley, G. L.. Discovery of a potent and selective EGFR inhibitor (AZD9291) of both sensitizing and T790M resistance mutations that spares the wild type form of the receptor. *J. Med. Chem.* **2014**, *57*, 8249–8267.
16. Ward, R. A.; Anderton, M. J.; Ashton, S.; Bethel, P. A.; Box, M.; Butterworth, S.; Colclough, N.; Chorley, C. G.; Chuaqui, C.; Cross, D. A. E.; Dakin, L. A.; Debreczeni, J. É.; Eberlein, C.; Finlay, M. R. V.; Hill, G. B.; Grist, M.; Klinowska, T. C. M.; Lane, C.; Martin, S.; Orme, J. P.; Smith, P.; Wang, F.; Waring, M. J. Structure- and reactivity-based development of covalent inhibitors of the activating and gatekeeper mutant forms of the epidermal growth factor receptor (EGFR). *J. Med. Chem.* **2013**, *56*, 7025–7048.
17. Greig, S. L. Osimertinib: first global approval. *Drugs* **2016**, *76*, 263–273.
18. AstraZeneca Pharmaceuticals LP. TagrissoTM (osimertinib) Tablet, for Oral Use: US Prescribing Information. **2015**. http://www.fda.gov. Accessed 10 Dec 2015.
19. Cross, D. A. E.; Ashton, S. E.; Ghiorghiu, S.; Eberlein, C.; Nebhan, C. A.; Spitzler, P. J.; Orme, J. P.; Finlay, M. R. V.; Ward, R. A.; Mellor, M. J.; Hughes, G.; Rahi, A.; Jacobs, V. N.; Brewer, M. R.; Ichihara, E.; Sun, J.; Jin, H.; Ballard, P.; Al-Kadhimi, K.; Rowlinson, R.; Klinowska, T.; Richmond, G. H. P.; Cantarini, M.; Kim, D.-W.; Ranson, M. R.; Pao, W. AZD9291, an irreversible EGFR TKI, overcomes T790M-mediated resistance to EGFR inhibitors in lung cancer. *Cancer Discov.* **2014**, *4*, 1046–1061.
20. Dickinson, P. A.; Cantarini, M. V.; Collier, J.; Frewer, P.; Martin, S.; Pickup, K.; Ballard, P. Metabolic disposition of osimertinib in rats, dogs, and humans: insights into a drug designed to bind covalently to a cysteine residue of epidermal growth factor receptor. *Drug Metab. Dispos.* **2016**, *44*, 1201–1212.
21. Hughes, D. L. Patent review of manufacturing routes to oncology drugs: carfilzomib, osimertinib, and venetoclax. *Org. Process. Res. Dev.* **2016**, *20*, 2028–2042.
22. Butterworth, S.; Finlay, M. R. V.; Ward, R. A.; Kadambar, V. K.; Chandrashekar, R. C.; Murugan, A.; Redfearn, H. M. 2-(2-,4-,5-Substituted-anilino) pyrimidine derivatives as EGFR modulators useful for treating cancer. WO2013014448A1, **2013**.
23. Qiu, R.; Li, D.; Fu, L.; Zhang, D.; Kanbe, N. Process for preparation of osimertinib AZD9291, CN109134435A (2019).
24. Ji, M.; Li, Y.; Liu, H.; Li, R.; Cai, J.; Hu, H. Synthesis of antitumor drugs. CN104817541A (2015).
25. Thress, K. S.; Paweletz, C. P.; Felip, E.; Cho, B. C.; Stetson, D.; Dougherty, B.; Lai, Z.; Markovets, A.; Vivancos, A.; Kuang, Y.; Ercan, D.; Matthews, S. E.; Cantarini, M.; Barrett, J. C.; Janne, P. A.; Oxnard, G. R. Acquired EGFR C797S mutation mediates resistance to AZD9291 in non-small cell lung cancer harboring EGFR T790M. *Nat. Med.* **2015**, *21*, 560–562.

10

索托拉西布(LUMAKRAS®)，KRAS^{G12C} 不可逆共价抑制剂

Brian A. Lanman and Andrew T. Parsons

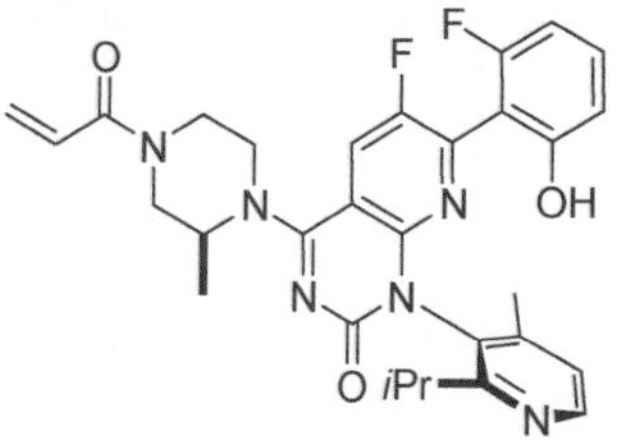

美国药物通用名：索托拉西布
商品名：
LUMAKRAS (US)/LUMYKRAS (UK)
安进公司
上市时期：2021年

10.1 背景

1967 年，Kirsten 和 Mayer 分离出一种鼠类逆转录病毒(Ki－MuSV 病毒)，这种病毒感染的啮齿动物能引起肉瘤的快速形成，并在组织培养中引起细胞的致癌转化[1]。通过 20 世纪 70 年代和 80 年代初期的工作，人们确定该病毒为一种 21 kDa 的磷蛋白[3] 加上了一种正常哺乳动物的基因[2]，这种蛋白质的突变体转移到受感染的细胞是细胞发生癌变的原因[4]。该转化基因的非突变细胞同系物随后被称为 *KRAS*，因为它最初被鉴定为 Kirsten 大鼠肉瘤病毒(Kirsten rat sarcoma virus)的转化因子[5–7]。*KRAS* 基因中的单点突变就足以使其发生致癌转化[8]。

随后的研究表明，*KRAS* 及其细胞同源基因 *HRAS* 和 *NRAS* 的突变是约 30% 的人类癌症中的常见驱动突变[9]。*KRAS* 突变是最常见的 *RAS* 突变，在 86% 的 *RAS* 驱动肿瘤中被发现[10]。最常见的 *KRAS* 的激活突变位置是密码子 12，KRAS 蛋白中的甘氨酸 12 被半胱氨酸取代的 *KRAS p. G12C* 突变是肺腺癌(lung adenocarcinoma，LAC)最常见的 *KRAS* 突变(占 *KRAS* 突变的 42%，所有肺腺癌患者的 13%)，并且也是结直肠癌(colorectal cancer，CRC)中的常见突变(占 *KRAS* 突变的 9%，所有 CRC 患者的 4%)[10]。考虑到 *KRAS p. G12C* 突变在非小细胞肺癌(non-small cell lung cancer，NSCLC；一类包括肺腺癌的肺癌)和结直肠癌以及携带这些激活 *KRAS* 突变的患者中的不良预后[11]，这些致癌 *KRAS* 突变抑制剂的开发被认为具有非常大的临床价值。

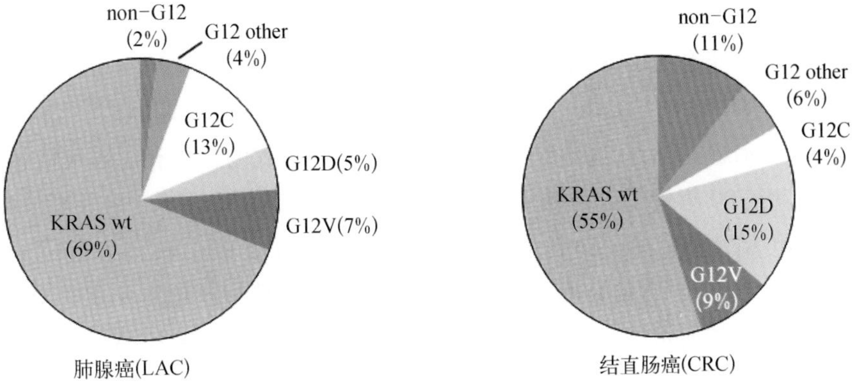

10.2 药理学

20 世纪 80 年代和 90 年代在定义 *KRAS* 调节细胞生长和增殖的信号通路方面做了很多工作[9]。这些工作明确了 KRAS 蛋白是更大的生长调节通路的一部分,即有丝分裂原活化蛋白激酶(mitogen-activated protein kinase, MAPK)通路,它将胞外生长信号与胞内促生存和促增殖信号相结合。KRAS 作为调节该通路的"分子开关",在鸟嘌呤核苷酸交换因子(guanine nucleotide exchange factors, GEF)的作用下,在与鸟苷二磷酸(guanosine diphosphate, GDP)结合的非活性形式以及与鸟苷三磷酸(guanosine triphosphate, GTP)结合的活性形式之间切换。当受体酪氨酸激酶(receptor tyrosine kinase, RTK)接收到细胞外生长因子信号,KRAS 被募集到细胞膜,并进一步进行信号传导。

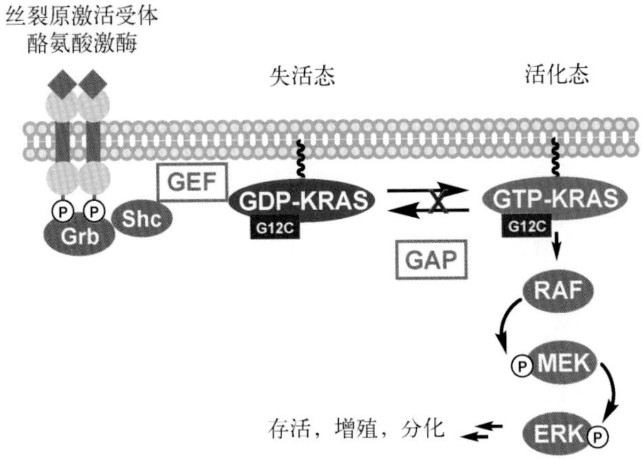

MAPK 信号通路[12]

KRAS p. G12C 突变损害 GAP -介导的 KRAS 失活

GTP 与 KRAS 的结合能诱导蛋白质的构象变化,使其能够与下游效应蛋白(如 RAF)相互作用,从而启动下游磷酸化级联反应,进而细胞转录变化,从而促进细胞存活、增殖和分化。这种促增殖信号通常通过 GTP 酶激活蛋白(GTPase-activating proteins, GAPs)的作用进行调节,GAPs 催化 KRAS 结合的 GTP 水解为 GDP,使 KRAS 恢复到非活性状态并终止促增殖信号。KRAS 的甘氨酸 12 突变为半胱氨酸(生成致癌的 KRAS^{G12C} 蛋白)削弱了 GAPs 催化 GTP 水解的能力,这导致 KRAS 的 GTP 结合形式的积累和促增殖信号的失调。

尽管 20 世纪 90 年代和 21 世纪初的工作研发产生了 KRAS 上游[13] 和下游[14] 的 MAPK 通路抑制剂,但 KRAS 的直接抑制剂仍然难以捉摸,RAS 蛋白也被誉为“不可成药”靶点[10]。一般来说,开发 GTP 结合形式(活性态)的 KRAS 直接抑制剂的主要困难在于 RAS 蛋白的结构。如下图所示,GTP 结合形式的致癌 RAS(如 KRAS 或 HRAS)蛋白只有一个可成药(深且封闭良好)的抑制剂表面结合口袋,即核苷酸结合位点(以蓝色突出显示)。然而,这个口袋对 GDP 和 GTP 都具有亚纳摩尔级的亲和力,两者在细胞中的浓度都接近毫摩尔。这些因素结合在一起,使 KRAS 的可逆、核苷酸竞争性抑制成为一个几乎难以解决的挑战。

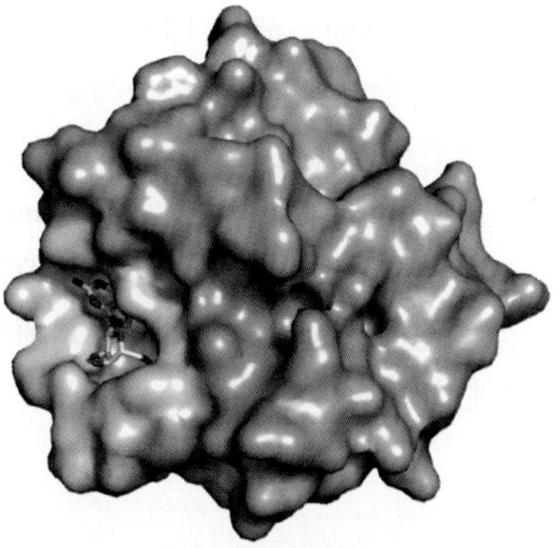

GTP-HRAS^{G12C} (PDB 4L9W)
*SwII*口袋残基以粉色显示

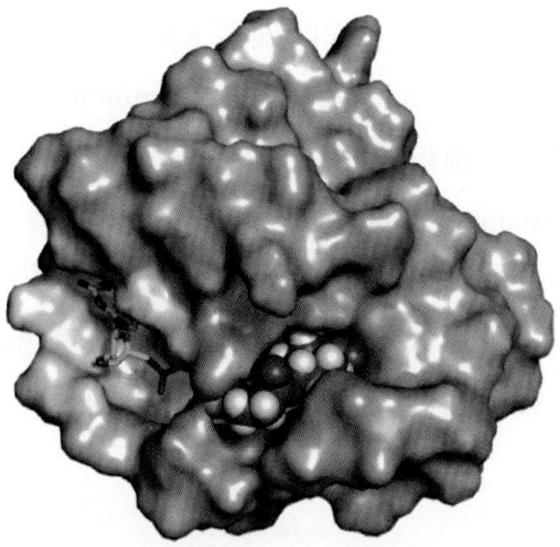

二硫化物配体**1**结合于
GDP-KRAS^{G12C} (PDB 4LUC)*

* 为了清晰显示,去除了 Glu62 残基

从 20 世纪 90 年代开始,寻找 KRAS 变构抑制剂的长期努力始终未能发现有希望的契机[15]。直到 2013 年才出现了重大突破,发现并报道了 GDP 结合形式的非活化态 KRAS^{G12C} 共价抑制剂(二硫化物配体 **1**,见表 1)[16]。该抑制剂通过非共价形式结合于 GDP - KRAS^{G12C} 的 P2 口袋[17] 或“Switch - Ⅱ”(SwII)口袋[16](上图粉红色区域),同时以共价形式结合于 12 位点的突变半胱氨酸残基,从而与 KRAS^{G12C} 发生作用。化合物 **1** 与 GDP - KRAS^{G12C} 的结合表明 KRAS 的 P2/SwII 口袋构象具有明显的柔性:这个配体结合口袋处于 GTP 结合状态时对于化合物 **1** 是不可接近的(左上图),只有在 GDP 结合下才能使 P2/SwII 口袋的残基发生构象变化以适应配体结合。对后续优化得到的抑制剂研究表明,此类共价抑制剂尽管仅与 KRAS^{G12C} 的非活性状态结合,却能够破坏随后的 KRAS 激活及其与下游效应器的相互作用[18]。在化合物 **1** 公开时,安进公司已经在着手开发

KRAS^{G12C} 的高亲和力共价抑制剂,这些文献的报道掀起了大家对共价靶向策略研究的热潮。

10.3　构效关系(SAR)

起初,KRAS^{G12C} 的共价配体对 KRAS 的亲和力相对较低,需要高浓度(~100 μmol/L)和长时间孵育才能实现蛋白质的明显共价修饰。为了找到更高亲和力的配体,我们使用质谱和荧光生化分析相结合的方法筛选了定制设计的、带有较低内在反应活性的丙烯酰胺片段库[19]。这些工作发现了一系列基于氮杂环丁烷丙烯酰胺的分子(例如苯氧乙酰胺 **2**),随后通过迭代筛选和基于结构的设计优化得到了高活性的吲哚乙酰胺抑制剂 **3**。

化合物 **3** 与 KRAS^{G12C} 的共结晶显示该化合物与二硫配体 **1** 同样结合在 KRAS 的 P2 口袋中(粉红色,见下图),并与半胱氨酸 12 形成共价结合。然而,与配体 **1** 不同的是化合物 **3** 另外占据了一个近端的"隐蔽"口袋[20](蓝色),其存在是在结合配体的情况下,通过诱导组氨酸 95 侧链旋转远离 P2 口袋而形成的。

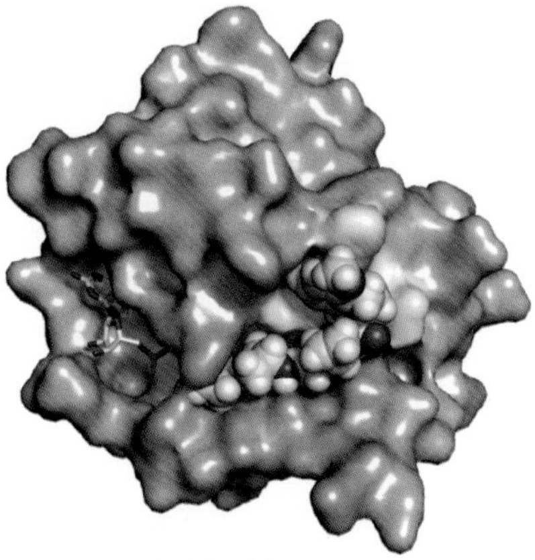

化合物**3**结合于
GDP-KRAS^{G12C} (PDB 6P8Z)

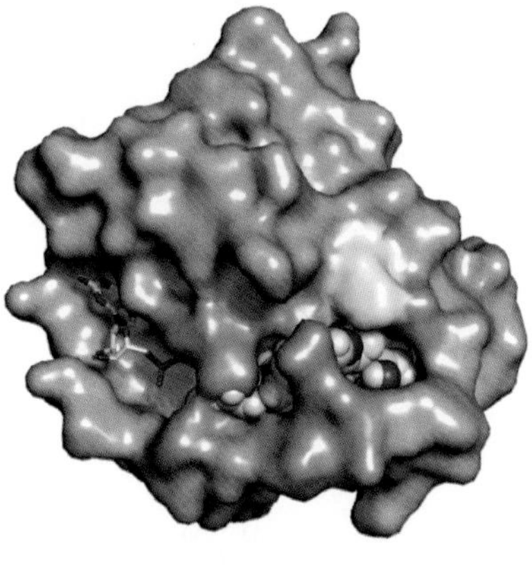

ARS-1620(化合物**4**)结合于
GDP-KRAS^{G12C} (PDB 5V9U)

占据这一隐蔽口袋使这一系列化合物发挥了非凡的功效。不幸的是,这些化合物在啮齿类动物肝微粒体和肝细胞中表现出较高的固有清除率、快速的体内清除和较低的口服生物利用度。

在这项工作进行的同时,Araxes Pharma 也在努力进行二硫先导化合物 **1** 的优化工作,并发现了化合物 **4** [21]。此时,离该分子以 ARS-1620 名称公布还有数年时间,然而我们根据其初始专利公开中的活性数据制备了化合物 **4**,发现化合物 **4** 虽然对 KRAS^{G12C} 仅有中等的抑制活性,但其代谢稳定性显著优于化合物 **3**。化合物 **4** 与 KRAS^{G12C} 的共晶结构表明它也结合在 KRAS 的 P2 口袋中,但没有诱导形成化合物 **3** 结合中所见的隐蔽口袋,而是与向 P2 口袋内旋转的组氨酸 95 侧链(蓝色)结合,并与化合物 **4** 的 N1 形成氢键。

表 1　KRAS^{G12C} 共价抑制剂

序　号	结　　构	2 h p－ERK IC_{50}(μmol/L; Mia PaCa－2)[a]
1	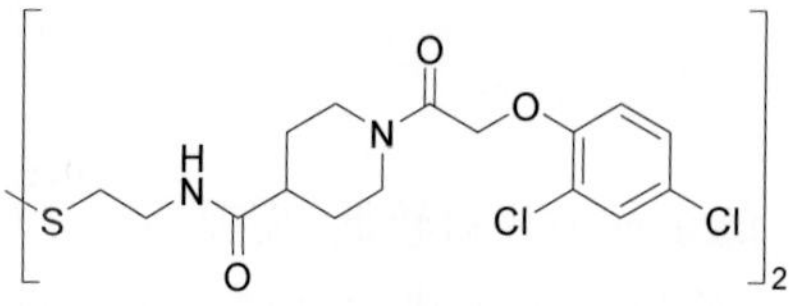	>80% KRAS^{G12C} 烷基化 (100 μmol/L, 1 h)
2	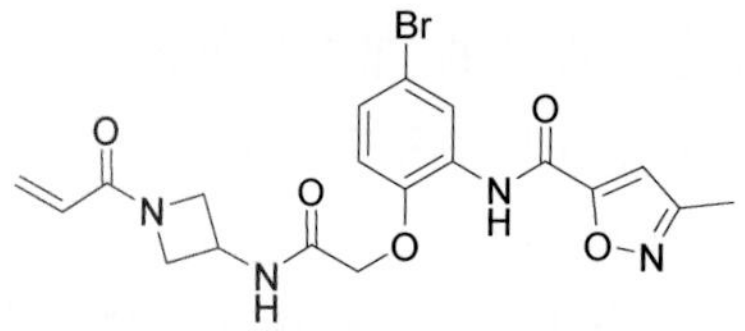	63% KRAS^{G12C} 烷基化 (10 μmol/L, 20 h)
3	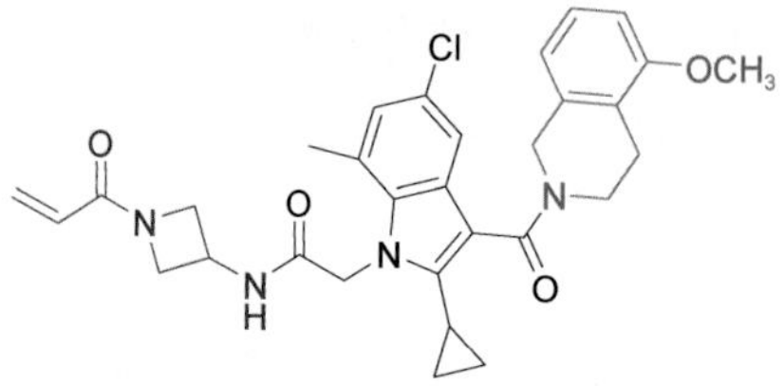	0.220
4	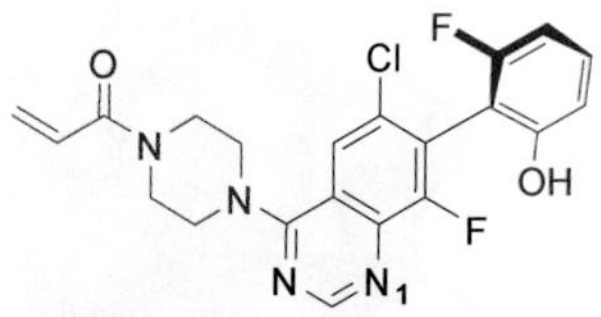	0.831
5	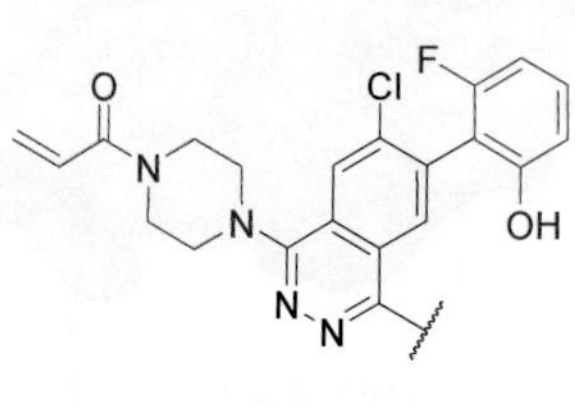 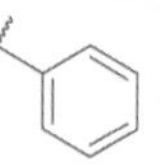	58.0
6	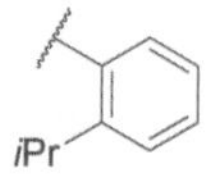	1.80
7	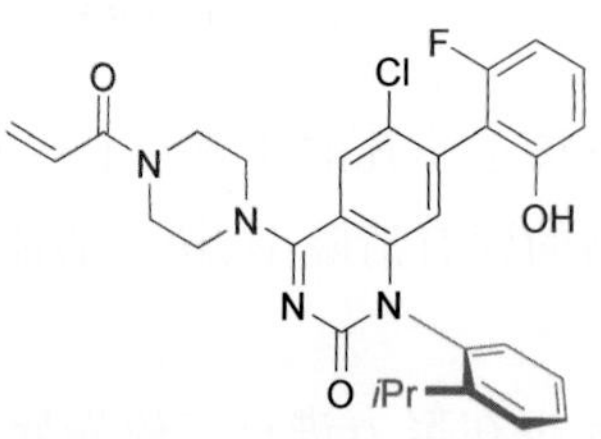	0.335
8	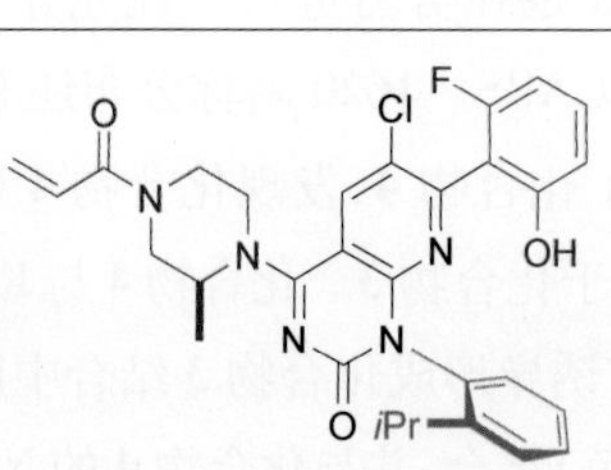	0.044

续 表

序 号	结 构	2 h p-ERK IC_{50}(μmol/L; Mia PaCa-2)[a]
9	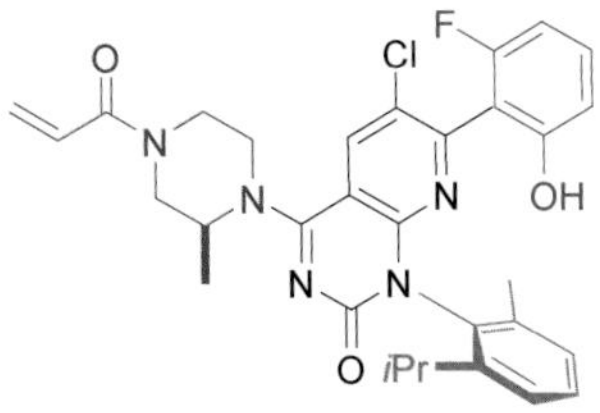	0.028
10	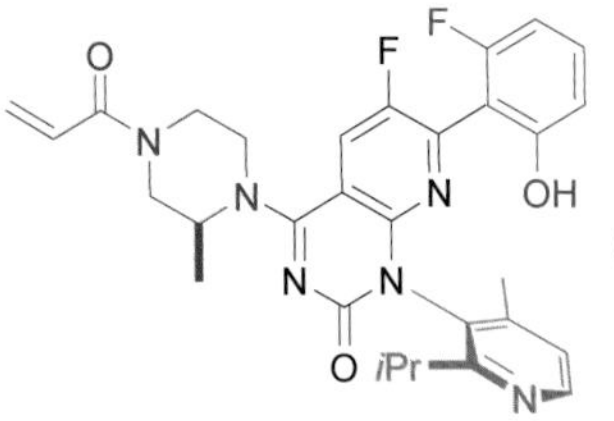 Sotorasib (LUMAKRAS™)	0.068

[a] EGF 刺激 MIA PaCa-2 细胞后,通过 ERK1/2 磷酸化定量测定 IC_{50} 值。蓝色=半胱氨酸-12 反应弹头(Warhead);绿色=隐蔽口袋结合部;红色=P2/SwII 口袋结合"尾部"。

这表明将两个骨架杂合以后,有可能得到活性优于与隐蔽口袋结合的化合物 **3** 且代谢稳定性优于化合物 **4** 的新化合物。最初的研究工作揭示了这一策略的成功实施[23]。晶体学研究表明,酞嗪 **5**(在化合物 **4** 骨架上引入苯环)成功地诱导了隐蔽口袋的形成,但未能有效填充诱导口袋,导致相对于化合物 **4** 的活性明显下降。然而,在苯环邻位引入异丙基后,可以有效地填充诱导形成的隐蔽口袋,从而使活性提高 30 倍以上。但是稳态构象分析表明所得到的类似化合物 **6** 的异丙基苯环和酞嗪母核接近共平面,而不是在结合状态下观察到的正交构象。因此,我们尝试在化合物 **6** 的双环母核上与异丙基苯相邻位置引入取代基,以努力使稳态下这两个环系也具有垂直取向。在异丙基苯环的邻位引入羰基成功地实现了这一目标,由此产生的喹唑啉酮类似物 **7** 令人欣喜地证明细胞活性又提高五倍。

对化合物 **7** 的进一步修饰,在哌嗪环的 2 位引入(*S*)-甲基取代基、并在喹唑啉酮母核的 8 位引入氮原子(参见化合物 **8**),导致活性和细胞渗透性进一步提高(后者的改善归因于酚羟基和吡啶环氮原子之间的分子内氢键)。

有趣的是,在化合物 **7** 中引入羰基导致相邻碳-氮键的旋转受阻,由此生成了可分离的异丙基苯环旋转异构体(即异丙基朝向或远离隐蔽口袋的异构体)。尽管这些旋转异构体可通过手性超临界流体色谱分离,但分离后的旋转异构体又会缓慢地相互转化,半衰期约为 8 天。这对药物开发提出了重大挑战,因为这种异构化可能会对源自该化合物的制剂产品的长期稳定性产生不利影响。

几种研究策略用来克服旋转异构体稳定性的问题,异丙基苯环的邻位甲基取代(参见化合物 **9**)被证明是最理想的方案。引入额外的甲基导致异构体稳定性显著增加(异构化

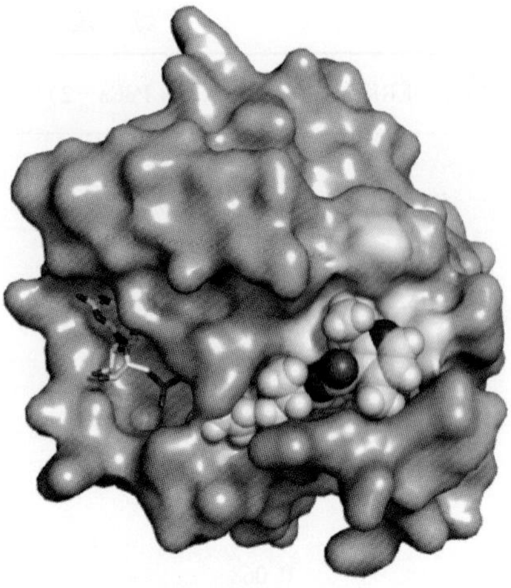

索托拉西布(**10**)结合于 GDP-KRAS^{G12C}(PDB 6OIM)

半衰期>2 000 年),此外还适度提高了细胞活性[23]。

令人失望的是,由于水溶性较差,啮齿动物的药代动力学研究显示化合物 **9** 的结晶形式口服生物利用度较低。两个一致的结构变化——用亲水的氟原子取代化合物 **9** 中亲脂的氯原子,用极性更强的(近似的被取代)吡啶环代替亲油的异丙基甲基苯环——最终解决了这个问题,得到了化合物 **10**。

化合物 **10** 与 KRAS^{G12C} 的共晶结构(参见左图)阐明了如何以异丙基吡啶取代的氮杂喹唑啉酮母核来取代化合物 **4** 的喹唑啉母核,从而提供了一种新颖的、能够与最初在化合物 **2** 和 **3** 上发现的隐蔽 P2 口袋相结合的配体。综合考虑其细胞活性、旋转异构体构型稳定性和良好的生物药剂学性质,化合物 **10** 最终成功地通过了临床前研究,以索托拉西布(sotorasib,**1**)的名称用于临床开发。

10.4 药代动力学和药物代谢

在临床前药代动力学研究中,索托拉西布(**10**)在多种临床前动物种属中表现出良好的微粒体和肝脏稳定性,进而转化为小鼠、大鼠和犬中的低至中度的清除率和可接受的口服生物利用度(30%~34%)。在体外,索托拉西布的丙烯酰胺弹头在生理条件下(5 mmol/L GSH,pH 7.4,37 ℃)[24] 对谷胱甘肽表现出适度的反应活性,半衰期为 200 min[23]。

临床上,在每天一次 960 mg 的推荐剂量下,索托拉西布的稳态表观清除率为 26.2 L/h,平均稳态分布容积为 211 L。索托拉西布的清除半衰期为 5 h,血浆蛋白结合率为 89%。索托拉西布表现出非线性、时间依赖性的药代动力学性质,在 180~960 mg 剂量范围内的暴露量($AUC_{0\text{-}24}$ 和 C_{max})相似[25]。

索托拉西布主要通过与谷胱甘肽的非酶促结合(以及随后的代谢)和 CYP3A 介导的氧化作用来清除;因此,与强 CYP3A4 诱导剂联合用药可导致索托拉西布暴露量(C_{max} 和 AUC)降低。索托拉西布还在低 pH 条件下显示出水溶性增加(cf,pH 1.2 时为 1.3 mg/mL,pH 6.8 时为 0.03 mg/mL),因此与降胃酸药物如质子泵抑制剂(proton-pump inhibitors,PPI,例如奥美拉唑)或 H2 受体拮抗剂(例如法莫替丁)等联合给药可导致索托拉西布 C_{max} 和 AUC 降低[25]。

10.5 有效性和安全性

在临床前研究中,索托拉西布(**10**)通过共价修饰(K_{inact}/K_I = 9 900 $M^{-1}s^{-1}$)使 KRAS^{G12C}

快速失活,而这种修饰被证明是高度选择性的。半胱氨酸蛋白质组学分析表明,在测试的6451种含半胱氨酸肽中,KRAS^{G12C}的Cys12肽片段是唯一被索托拉西布共价修饰的。KRAS^{G12C}的共价失活不仅抑制了一系列纯合或杂合*KRAS p. G12C*突变细胞系中的p-ERK信号传导,还严重损害了这些细胞的生存能力。在一系列其他KRAS突变体或野生型细胞系中未观察到相应的MAPK信号或生长抑制作用[26]。

在KRAS *p. G12C*小鼠异种移植模型中,索托拉西布在剂量≥10 mg/kg时抑制MIA PaCa-2 T2和NCI-H358肿瘤的生长,在剂量≥30 mg/kg时肿瘤发生消退。在非小细胞肺癌肿瘤细胞系(NCI-H358)的异种移植模型研究中,索托拉西布还显示出与临床标准疗法强大的协同作用,如卡铂类的化疗疗法,以及包括MEK抑制剂(PD-0325901)、泛HER抑制剂(阿法替尼)、SHP2抑制剂(RMC-4550)和CDK4/6抑制剂(帕博西尼)在内的靶向疗法等。此外,在免疫健全的同系小鼠模型(CT-26^{KRASG12C})中,索托拉西布与抗PD-1免疫检查点抑制剂联合使用可显著提高生存率并实现持久治愈[26]。

临床上,索托拉西布的疗效在一项针对局部晚期或转移性*KRAS G12C*突变非小细胞肺癌患者的单臂、开放标签研究中得到证实(CodeBreaK 100;NCT03600883)。本研究中的患者先前在免疫检查点抑制剂和/或基于铂的化疗后出现进展,并且具有至少一个RECIST v1.1标准定义的可测量病变[27]。通过肿瘤组织样本的PCR分析前瞻性地确认了*KRAS G12C*突变状态。在本研究的剂量扩展组中,患者每天一次接受960 mg索托拉西布治疗直至疾病进展,治疗效果由盲审中心根据RECIST v1.1标准进行影像学评估[28]。在124名可评估的患者中,约2%表现出完全响应(所有目标病变消失),约35%表现出部分响应(目标病变直径总和相对于基线减少≥30%),客观响应率(objective response rate, ORR)为36%。中位缓解持续时间为10.0个月[25,29]。

基于这些结果,索托拉西布(LUMAKRAS®)于2021年5月获得美国食品药品监督管理局(FDA)批准用于治疗*KRAS G12C*突变的局部晚期或转移性非小细胞肺癌。最常见的不良反应是腹泻、肌肉骨骼疼痛、恶心、疲劳、肝毒性和咳嗽,需要定期进行肝功能检测,以监测肝毒性迹象(<1.7%的患者),并在必要时指导剂量调整[25]。

10.6 合成

10.6.1 研发阶段合成

索托拉西布的研发合成路线于2020年首次报道[23]。为了支持对化合物**8**的氮杂喹唑啉酮母核进行快速的构效关系(SAR)研究,开发了一种模块化的合成路线,该路线允许替换N1-芳基取代基(绿色,下图)、哌嗪区域(蓝色)和苯酚"尾部"区域(红色),同时支持喹唑啉酮核心(黑色)的变化。

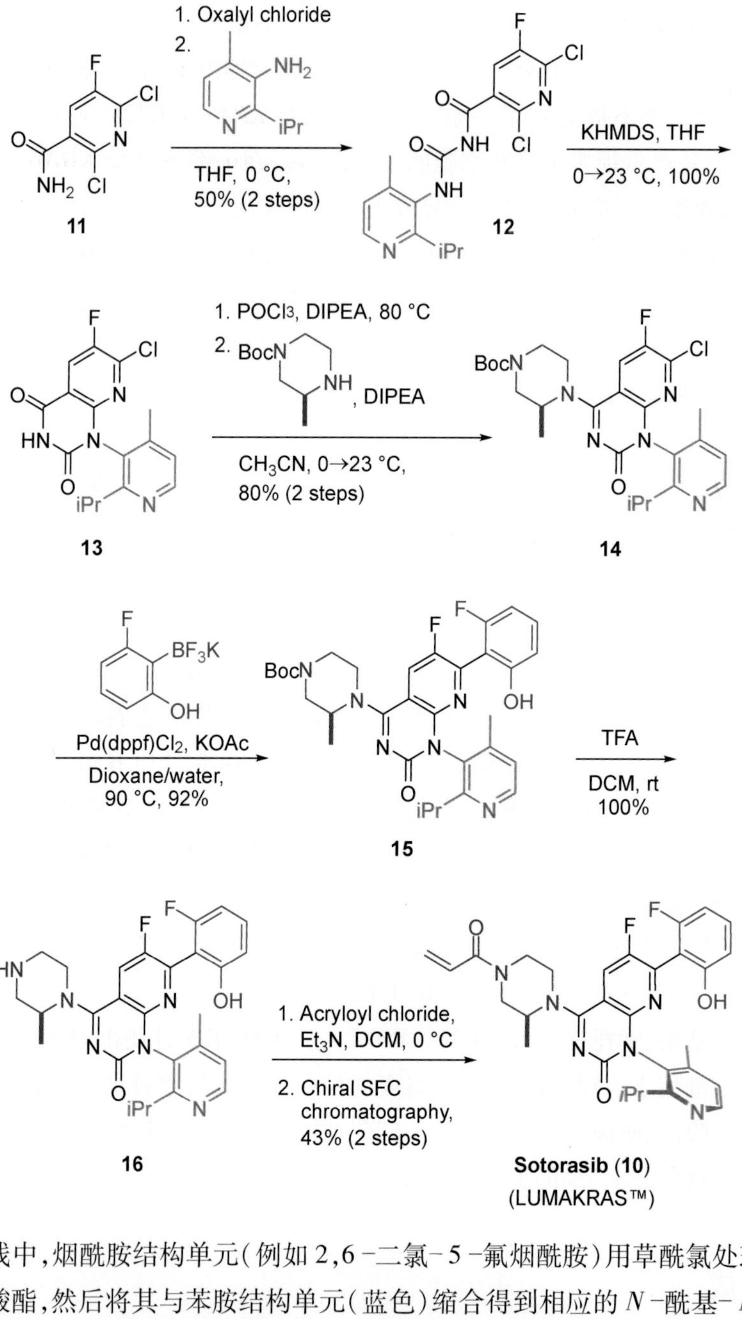

在该路线中,烟酰胺结构单元(例如 2,6 -二氯- 5 -氟烟酰胺)用草酰氯处理得到相应的酰基异氰酸酯,然后将其与苯胺结构单元(蓝色)缩合得到相应的 *N* -酰基- *N* -芳基脲。所得的脲与六甲基二硅基氨基钾反应环化为相应的喹唑啉二酮,在 N1 处引入了苯胺衍生的芳基结构。

对所得骨架的 C4 羰基进行选择性氯化($POCl_3$, DIPEA, 80 ℃),然后用保护的二胺(蓝色)进行芳环亲核取代,在喹唑啉酮母核的 C4 处引入二胺基团。在喹唑啉酮母核的氯吡啶位置与芳基三氟硼酸酯(红色)发生 Suzuki 偶联反应[Pd(dppf)Cl_2, 90 ℃],这允许在路线的后期引入一系列不同的芳基“尾部”取代基。

最后,以三氟乙酸除去 Boc 保护基,所得胺与丙烯酰氯发生酰化反应得到可与半胱氨酸 12 发生反应的丙烯酰胺弹头。对于 N1 -芳基键旋转受阻的化合物,随后通过超临界流体色谱完成旋转异构体分离。这条路线,以 2,6 -二氯- 5 -氟烟酰胺为原料,通过高效和模块化的 8 步(5 釜)合成,以~16%的总收率分离得到 sotorasib(LUMAKRAS®)。

10.6.2 工艺开发路线

由于该项目在临床前和临床研究中的快速推进(从 IND 到 NDA 提交约 2.5 年),索托拉西布的工艺开发路线使用了与研发团队相同的通用合成策略(键断裂)。这种方式为工艺开发以及工艺杂质的初步认知提供了起点。确定了与研发路线相关的两个关键挑战,需要大量开发工作才能使该工艺具有商业化可行性并确保长期原料药供应。第一个挑战是消除非对映异构体的后期色谱分离,这会导致合成结束时质量损失≥50%。第二个是用无氟试剂代替 Suzuki - Miyaura 偶联中的芳基三氟硼酸钾亲核试剂,以消除对耐腐蚀反应容器的需求,并提高制造灵活性。

在研发阶段的合成中使用后期色谱分离是必要的,目的是分离由旋转轴造成的、具有不同立体化学结构的非对映异构体。在索托拉西布的合成中,第一个旋转异构中间体是 *rac* - **13**,它是步骤 **2** 的产物,也是工艺路线的首个分离中间体。早期临床批次是通过使用手性色谱分离来制备 *rac* - **13**,但为了制备旋转异构纯的(*M*)- **13**,人们追求发展经典拆分的方法,将其作为更有利的长期解决方案。结果发现,使用(+)- 2,3 -二苯甲酰基-*D* -酒石酸(DBTA)可以实现高效拆分,以 40%产率获得(*M*)- **13**,转化为游离碱后的 *ee* >99.9%[30]。

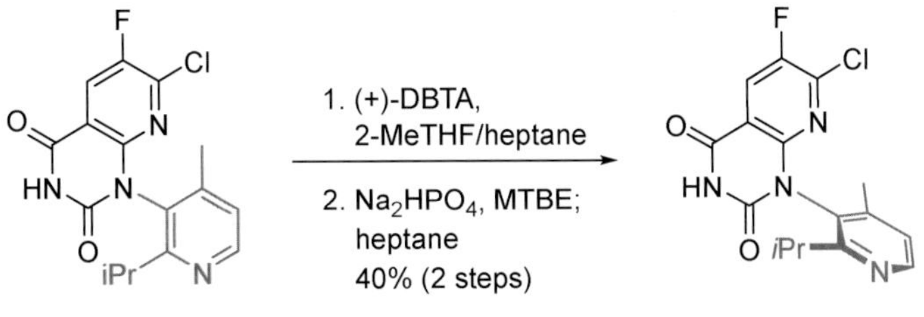

rac-**13** (*M*)-**13**

用于将中间体 **14** 转化为 **15** 的 Suzuki - Miyaura 交叉偶联反应条件最初使用了芳基三氟硼酸钾作为偶联剂。虽然这种转化产率很高(92%),但批量规模受到制备工厂可用哈氏合金(耐腐蚀)反应容器尺寸的限制。为了提高生产灵活性和规模,我们探索了可替代的偶联试剂,以实现在不锈钢或玻璃衬里反应釜中运行。实验发现,在优化的反应条件下,硼酸三聚体 **17** 是一种有效的偶联试剂[31]。改进的条件使用(dpePhos)$PdCl_2$ 作为催化剂,并用 2 -甲基四氢呋喃代替 1,4 -二氧六环作为更环保的反应溶剂。使用这些条件,用 0.6 mol% Pd 试剂进行交叉偶联(与初始反应条件相比,催化剂减少>75%),同时保持产率>90%。

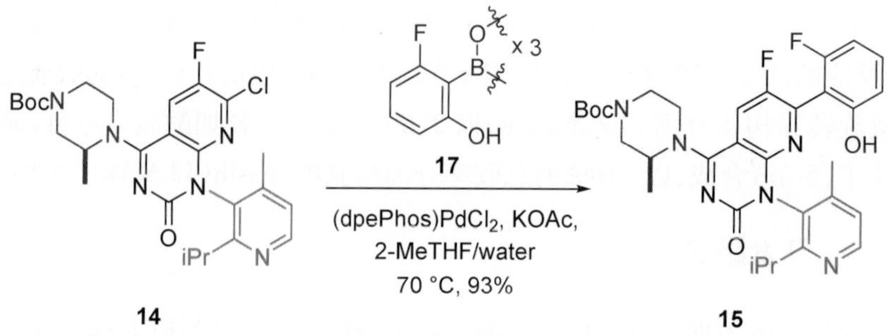

通过采用经典的拆分方法和改进 Suzuki－Miyaura 偶联反应条件（以及对合成和工艺条件的其他小修改），实现了工艺效率（产率和周期）和药物质量的实质性改进。这些改进使得从研发合成改进而来的制造工艺得以商业化。缩短了开发时间，而且也同时满足了索托拉西布原料药的短期临床研究和长期商业供应的需求。

10.7 总结

自 *KRAS* 被确定为最早的人类致癌基因之一，近 40 年来 KRAS 已成为肿瘤学中最引人注目的靶标之一，也是最具挑战性的目标之一。LUMAKRAS®（sotorasib，**10**）由美国食品和药物管理局（FDA）于 2021 年 5 月［阿拉伯联合酋长国卫生和预防部（MOHAP）于 2021 年 6 月，英国药品和保健产品监管局（MHRA）和加拿大卫生部于 2021 年 9 月］批准用于 *KRAS G12C* 突变非小细胞肺癌的治疗。这标志着近 40 年来，KRAS 蛋白在人类癌症中的结构和功能研究达到了顶峰。

LUMAKRAS®的研发汇集了结构生物学（KRAS 表面关键新结合口袋的鉴定）[16,19]、药物设计策略（非催化表面半胱氨酸残基的共价抑制）[32] 和苗头化合物发现策略（能与半胱氨酸发生共价反应的化合物库筛选）[16,19]，从而确定 $KRAS^{G12C}$ 抑制剂研究的新起点。

LUMAKRAS®的临床评估同样受到了新技术的推动，特别是在组织和血浆测序（尤其是下一代测序）领域，这使得快速识别携带 *KRAS p. G12C* 突变的患者成为可能，而这些患者能够从这种新的靶向治疗中受益。作为技术发展融合的产物，LUMAKRAS®的发现表明，至少对某些细胞靶点而言，“不可成药”不是一种固有的特性，只是一种技术和策略的正确结合尚未得到实现的迹象而已。

10.8 参考文献

1. Kirsten, W. H.; Mayer, L. A. Morphologic responses to a murine erythroblastosis virus. *J. Natl. Cancer Inst.* **1967**, *39*, 311－335.
2. Tsuchida, N.; Gilden, R. V.; Hatanaka, M. Sarcoma-virus-related RNA sequences in normal rat cells. *Proc. Natl. Acad. Sci. U. S. A.* **1974**, *71*, 4503－4507.
3. Shih, T. Y.; Weeks, M. O.; Young, H. A.; Scolnick, E. M. Identification of a sarcoma virus-coded

phosphoprotein in nonproducer cells transformed by Kirsten or Harvey murine sarcoma virus. *Virology* **1979**, *96*, 64 – 79.

4. Ellis, R. W.; Defeo, D.; Shih, T. Y.; Gonda, M. A.; Young, H. A.; Tsuchida, N.; Lowy, D. R.; Scolnick, E. M. The p21 src genes of Harvey and Kirsten sarcoma viruses originate from divergent members of a family of normal vertebrate genes. *Nature* **1981**, *292*, 506 – 511.
5. Der, C. J.; Krontiris, T. G.; Cooper, G. M. Transforming genes of human bladder and lung carcinoma cell lines are homologous to the ras genes of Harvey and Kirsten sarcoma viruses. *Proc. Natl. Acad. Sci. U. S. A.* **1982**, *79*, 3637 – 3640.
6. Chang, E. H.; Gonda, M. A.; Ellis, R. W.; Scolnick, E. M.; Lowy, D. R. Human genome contains four genes homologous to transforming genes of Harvey and Kirsten murine sarcoma viruses. *Proc. Natl. Acad. Sci. U. S. A.* **1982**, *79*, 4848 – 4852.
7. Coffin, J. M.; Varmus, H. E.; Bishop, J. M.; Essex, M.; Hardy, W. D., Jr.; Martin, G. S.; Rosenberg, N. E.; Scolnick, E. M.; Weinberg, R. A.; Vogt, P. K. Proposal for naming host cell-derived inserts in retrovirus genomes. *J. Virol.* **1981**, *40*, 953 – 957.
8. Santos, E.; Martin-Zanca, D.; Reddy, E. P.; Pierotti, M. A.; Della Porta, G.; Barbacid, M. Malignant activation of a K-ras oncogene in lung carcinoma but not in normal tissue of the same patient. *Science* **1984**, *223*, 661 – 664.
9. Downward, J. Targeting RAS signaling pathways in cancer therapy. *Nat. Rev. Cancer* **2003**, *3*, 11 – 22.
10. Cox, A. D.; Fesik, S. W.; Kimmelman, A. C.; Luo, J.; Der, C. J. Drugging the undruggable RAS: mission possible? *Nat. Rev. Drug Discov.* **2014**, *13*, 828 – 851.
11. Yu, H. A.; Sima, C. S.; Shen, R.; Kass, S.; Gainor, J.; Shaw, A.; Hames, M.; Iams, W.; Aston, J.; Lovly, C. M.; Horn, L.; Lydon, C.; Oxnard, G. R.; Kris, M. G.; Ladanyi, M.; Riely, G. J. Prognostic impact of KRAS mutation subtypes in 677 patients with metastatic lung adenocarcinomas. *J. Thorac. Oncol.* **2015**, *10*, 431 – 437.
12. Adapted with permission from Lanman, B. A.; Cee, V. J.; Marx, M. A. Clinical and pre-clinical approaches to the inhibition of KRAS(G12C). In *2020 Medicinal Chemistry Reviews*, Bronson, J. J., Ed.; The Medicinal Chemistry Division of the American Chemical Society: Washington, D. C., **2020**; Vol. 55, pp. 249 – 271. (© 2020 ACS – MEDI)
13. Ayati, A.; Moghimi, S.; Salarinejad, S.; Safavi, M.; Pouramiri, B.; Foroumadi, A. A review on progression of epidermal growth factor receptor (EGFR) inhibitors as an efficient approach in cancer targeted therapy. *Bioorg. Chem.* **2020**, *99*, 103811.
14. Uehling, D. E.; Harris, P. A. Recent progress on MAP kinase pathway inhibitors. *Bioorg. Med. Chem. Lett.* **2015**, *25*, 4047 – 4056.
15. Wang, W.; Fang, G.; Rudolph, J. Ras inhibition via direct Ras binding — is there a path forward? *Bioorg. Med. Chem. Lett.* **2012**, *22*, 5766 – 5776.
16. Ostrem, J. M.; Peters, U.; Sos, M. L.; Wells, J. A.; Shokat, K. M. K-Ras(G12C) inhibitors allosterically control GTP affinity and effector interactions. *Nature* **2013**, *503*, 548 – 551.
17. Grant, B. J.; Lukman, S.; Hocker, H. J.; Sayyah, J.; Brown, J. H.; McCammon, J. A.; Gorfe, A. A. Novel allosteric sites on Ras for lead generation. *PLoS One* **2011**, *6*, e25711.
18. Patricelli, M. P.; Janes, M. R.; Li, L. S.; Hansen, R.; Peters, U.; Kessler, L. V.; Chen, Y.; Kucharski, J. M.; Feng, J.; Ely, T.; Chen, J. H.; Firdaus, S. J.; Babbar A.; Ren, P.; Liu, Y. Selective inhibition of oncogenic KRAS output with small molecules targeting the inactive state. *Cancer Discov.* **2016**, *6*, 316 – 329.
19. Shin, Y.; Jeong, J. W.; Wurz, R. P.; Achanta, P.; Arvedson, T.; Bartberger, M. D.; Campuzano, I. D. G.; Fucini, R.; Hansen, S. K.; Ingersoll, J.; Iwig, J. S.; Lipford, J. R.; Ma, V.; Kopecky, D. J.; McCarter, J.; San Miguel, T.; Mohr, C.; Sabet, S.; Saiki, A. Y.; Sawayama, A.; Sethofer, S.; Tegley, C. M.; Volak, L. P.; Yang, K.; Lanman, B. A.; Erlanson, D. A.; Cee, V. J. Discovery of *N*-(1-acryloylazetidin-3-yl)-2-(1*H*-indol-1-yl) acetamides as covalent inhibitors of KRAS (G12C). *ACS Med. Chem. Lett.* **2019**, *10*, 1302 – 1308.
20. Cryptic pockets are binding sites that are not evident in un-ligated protein but form upon ligand binding:

Vajda, S.; Beglov, D.; Wakefield, A. E.; Egbert, M.; Whitty, A. Cryptic binding sites on proteins: definition, detection, and druggability. *Curr. Opin. Chem. Biol.* **2018**, *44*, 1–8.

21. Li, L.; Feng, J.; Wu, T.; Ren, P.; Liu, Y.; Liu, Y.; Long, Y. Inhibitors of KRAS G12C. *Patent Application* WO/2015/054572, April 16 (2015).

22. Janes, M. R.; Zhang, J.; Li, L. S.; Hansen, R.; Peters, U.; Guo, X.; Chen, Y.; Babbar, A.; Firdaus, S. J.; Darjania, L.; Feng, J.; Chen, J. H.; Li, S.; Li, S.; Long, Y. O.; Thach, C.; Liu, Y.; Zarieh, A.; Ely, T.; Kucharski, J. M.; Kessler, L. V.; Wu, T.; Yu, K.; Wang, Y.; Yao, Y.; Deng, X.; Zarrinkar, P. P.; Brehmer, D.; Dhanak, D.; Lorenzi, M. V.; Hu-Lowe, D.; Patricelli, M. P.; Ren, P.; Liu, Y. Targeting KRAS mutant cancers with a covalent G12C-specific inhibitor. *Cell* **2018**, *172*, 578–589 e17.

23. Lanman, B. A.; Allen, J. R.; Allen, J. G.; Amegadzie, A. K.; Ashton, K. S.; Booker, S. K.; Chen, J. J.; Chen, N.; Frohn, M. J.; Goodman, G.; Kopecky, D. J.; Liu, L.; Lopez, P.; Low, J. D.; Ma, V.; Minatti, A. E.; Nguyen, T. T.; Nishimura, N.; Pickrell, A. J.; Reed, A. B.; Shin, Y.; Siegmund, A. C.; Tamayo, N. A.; Tegley, C. M.; Walton, M. C.; Wang, H. L.; Wurz, R. P.; Xue, M.; Yang, K. C.; Achanta, P.; Bartberger, M. D.; Canon, J.; Hollis, L. S.; McCarter, J. D.; Mohr, C.; Rex, K.; Saiki, A. Y.; San Miguel, T.; Volak, L. P.; Wang, K. H.; Whittington, D. A.; Zech, S. G.; Lipford, J. R.; Cee, V. J. Discovery of a covalent inhibitor of KRAS(G12C) (AMG 510) for the treatment of solid tumors. *J. Med. Chem.* **2020**, *63*, 52–65.

24. Cee, V. J.; Volak, L. P.; Chen, Y.; Bartberger, M. D.; Tegley, C.; Arvedson, T.; McCarter, J.; Tasker, A. S.; Fotsch, C. Systematic study of the glutathione (GSH) reactivity of N-arylacrylamides: 1. Effects of aryl substitution. *J. Med. Chem.* **2015**, *58*, 9171–9178.

25. LUMAKRAS prescribing information (revised 05/2021). https://www.pi.amgen.com/~/media/amgen/repositorysites/pi-amgen-com/lumakras/lumakras_pi_hcp_english.ashx (last accessed September 5, 2021).

26. Canon, J.; Rex, K.; Saiki, A. Y.; Mohr, C.; Cooke, K.; Bagal, D.; Gaida, K.; Holt, T.; Knutson, C. G.; Koppada, N.; Lanman, B. A.; Werner, J.; Rapaport, A. S.; San Miguel, T.; Ortiz, R.; Osgood, T.; Sun, J. R.; Zhu, X.; McCarter, J. D.; Volak, L. P.; Houk, B. E.; Fakih, M. G.; O'Neil, B. H.; Price, T. J.; Falchook, G. S.; Desai, J.; Kuo, J.; Govindan, R.; Hong, D. S.; Ouyang, W.; Henary, H.; Arvedson, T.; Cee, V. J.; Lipford, J. R. The clinical KRAS (G12C) inhibitor AMG 510 drives anti-tumour immunity. *Nature* **2019**, *575*, 217–223.

27. Eisenhauer, E. A.; Therasse, P.; Bogaerts, J.; Schwartz, L. H.; Sargent, D.; Ford, R.; Dancey, J.; Arbuck, S.; Gwyther, S.; Mooney, M.; Rubinstein, L.; Shankar, L.; Dodd, L.; Kaplan, R.; Lacombe, D.; Verweij, J. New response evaluation criteria in solid tumours: revised RECIST guideline (version 1.1). *Eur. J. Cancer* **2009**, *45*, 228–247.

28. A Phase 1/2, Study Evaluating the Safety, Tolerability, PK, and Efficacy of AMG 510 in Subjects With Solid Tumors With a Specific KRAS Mutation (CodeBreaK 100). https://clinicaltrials.gov/ct2/show/NCT03600883 (last accessed September 5, 2021).

29. Skoulidis, F.; Li, B. T.; Dy, G. K.; Price, T. J.; Falchook, G. S.; Wolf, J.; Italiano, A.; Schuler, M.; Borghaei, H.; Barlesi, F.; Kato, T.; Curioni-Fontecedro, A.; Sacher, A.; Spira, A.; Ramalingam, S. S.; Takahashi, T.; Besse, B.; Anderson, A.; Ang, A.; Tran, Q.; Mather, O.; Henary, H.; Ngarmchamnanrith, G.; Friberg, G.; Velcheti, V.; Govindan, R., Sotorasib for lung cancers with *KRAS p. G12C* mutation. *N. Engl. J. Med.* **2021**, *384*, 2371–2381.

30. Parsons, A. T.; Cochran, B. N.; Powazinik, IV, W.; Caporini, M. A. Improved Synthesis of Key Intermediate of KRAS G12C Inhibitor Compound. *Patent Application* WO/2020/102730, May 22 (2020).

31. Parsons, A. T.; Beaver, M. Improved Synthesis of KRAS G12C Inhibitor Compound. *Patent Application* WO/2021/097212, May 20 (2021).

32. For a review of the re-emergence of covalent inhibitor strategies in the late 1990s and early 2000s, see Singh, J.; Petter, R. C.; Baillie, T. A.; Whitty, A. The resurgence of covalent drugs. *Nat. Rev. Drug Discov.* **2011**, *10*, 307–317.

11

劳拉替尼(Lorbrena®),一种用于治疗非小细胞肺癌的 ALK 抑制剂

Ruby M. Aaron, Hayden K. Low, Benjamin T. Sokol, and Amy B. Dounay

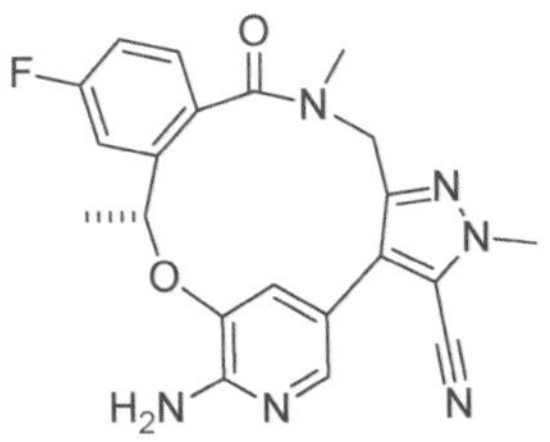

劳拉替尼(Lorbrena®, **1**)
辉瑞, 2018
ALK/ROS1抑制剂

11.1 背景

肺癌是全球癌症死亡的主要原因[1]。据估计,2021 年美国将有 235 760 人被诊断患有肺癌,估计有 131 880 人会死于肺癌[2]。尽管有新的治疗方法出现,但患者的前景仍然不乐观,5 年总生存率为 21%[2]。长期吸烟是肺癌患病最显著的风险因素,其次是接触氡气、二手烟和石棉[1,2]。在美国,男性肺癌的发病率逐渐下降,而女性肺癌的发病率趋于稳定,这与烟草使用的历史、性别差异有关[3]。在全球范围内,西方国家肺癌发病率呈下降或稳定趋势,而东方和发展中国家肺癌发病率呈上升趋势[3]。

肺癌主要分为两种形式:非小细胞肺癌(non-small cell lung cancer, NSCLC)和小细胞肺癌,其中 84%的病例确诊为 NSCLC[2]。NSCLC 的诊断和治疗取决于患病的分期[3]。晚期肺癌会转移至其他多个器官,40%以上的患者会出现脑转移(brain metastases, BM)[3,4]。晚期患者需要进行化疗、单克隆抗体、免疫检查点抑制剂或靶向药物等系统性全身治疗[3]。可进一步根据患者靶基因异常情况进行针对性治疗。间变性淋巴瘤激酶(ALK)和 c-ROS 癌基因 1 (ROS1)重排,在 NSCLC 患者中的出现概率分别为 3%~8%和 1%~2%,是 NSCLC 新疗法的两种特异性遗传变异体[3,4]。

靶向致癌性、持续性激活的 ALK 和/或 ROS1 酪氨酸激酶是 NSCLC 治疗的新前沿[5]。克唑替尼(**2**,图 1)是首个获批用于治疗 ALK 阳性 NSCLC 的药物[4]。克唑替尼(**2**)作为一种 ALK、ROS1 和 MET 的多靶点酪氨酸激酶抑制剂(tyrosine kinase inhibitor, TKI),在既

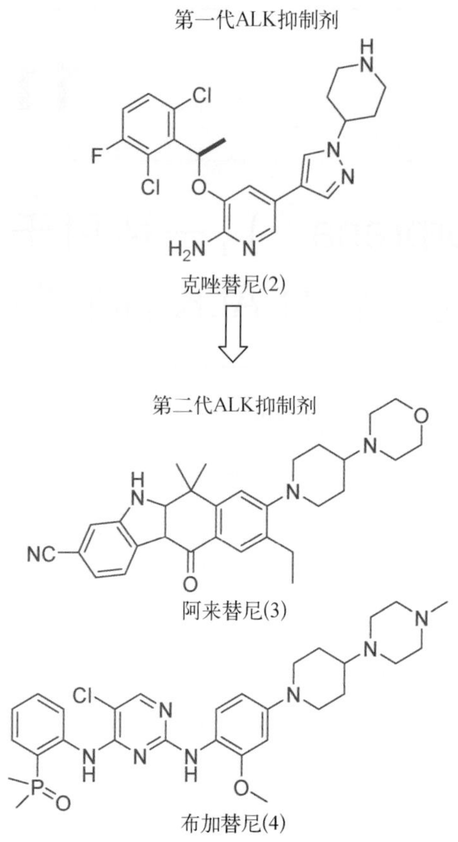

图 1　用于 ALK 和 ROS1 阳性非小细胞肺癌治疗的第一代和第二代代表性药物

往未接受过 TKI 治疗的 ALK 阳性患者的临床试验中总体缓解率(overall response rate, ORR)为 74%, 中位无进展生存期(progression free survival, PFS)为 10.9 个月[4]。尽管有这些可喜的结果,大多数患者在使用克唑替尼治疗 10~12 个月后会发生耐药突变。此外,克唑替尼(**2**)对血脑屏障(blood-brain barrier, BBB)渗透性较差,脑脊液(cerebral spinal fluid, CSF)与血浆游离药物比值仅为 0.03[6]。在接受克唑替尼(**2**)治疗的 ROS1 阳性患者中,47% NSCLC 患者发生了中枢神经系统(central nervous system, CNS)进展,表明其治疗 CNS 转移性疾病无效[4,6]。

第二代药物,包括阿来替尼(**3**)和布加替尼(**4**,图 1),已被开发并批准用于 ROS1 和/或 ALK 阳性 NSCLC 治疗。与克唑替尼(**2**)相比,**3** 和 **4** 均显示出更好的颅内总响应率(intercranial overall response rates, IC-ORR)。然而,突变产生的耐药和 CNS 通透性不够最终使这些第二代药物的治疗无效。此外,既往接受克唑替尼(**2**)或第二代药物治疗失败的患者,在后续药物治疗时显示出较差的 ORR 和 IC-ORR[4]。鉴于已获批药物的这些缺陷,辉瑞启动了一项新的研究计划并最终开发出用于治疗 NSCLC 的第三代 ALK 抑制剂劳拉替尼(lorlatinib, Lorbrena®, **1**)[6]。

11.2　药理学

ALK 融合基因被认为是多种癌症类型的致癌驱动基因,包括 ALK 阳性 NSCLC[7]。在健康细胞中,棘皮动物微管相关蛋白样 4(echinoderm microtubule-associated protein-like 4, EML4)和 ALK 基因沿着 2 号染色体短臂朝向相反的方向(图 2A)。该区域的臂间染色体反转导致截短形式的 ALK 与 EML4 融合(图 2B)。ALK 的截断发生在外显子 20 的 5′端附近,导致 EML4-ALK 融合的细胞结构域和跨膜螺旋被去除,只包含 ALK 的胞质部分和 TK 结构域[8]。这种融合会持续性激活细胞质酪氨酸激酶,导致细胞不受控制地增殖,引起癌症发生发展。ALK 阳性 NSCLC 细胞的快速增殖依赖于 EML4-ALK 致癌融合蛋白。ALK 阳性 NSCLC 中的这种生物学易损性可通过 ALK 抑制阻断蛋白质获得能量,从而使其失活。

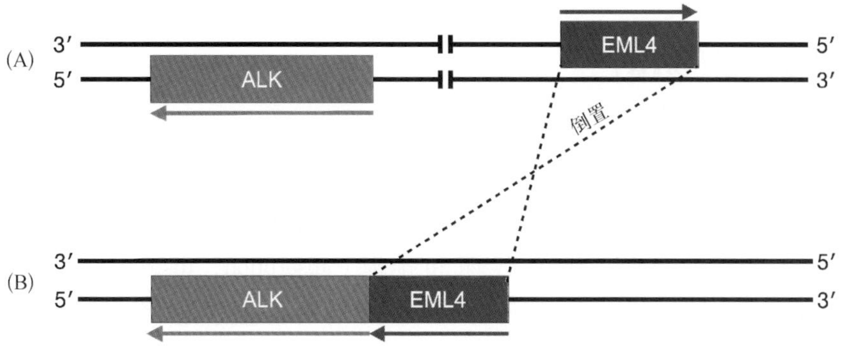

图 2　EML4 - ALK 基因融合(A) 健康细胞的基因定位。(B) ALK - EML4 基因融合细胞的基因定位

克唑替尼(**2**)是第一代 TKI,在 ALK、ROS1 和 MET 中表现出与 ATP 竞争性结合于 ATP 结合位点。结合后,克唑替尼(**2**)抑制 ALK 磷酸化和信号转导,导致 ALK 阳性的 NSCLC 细胞发生 G1 - S 期细胞周期阻滞并诱导细胞凋亡(图 3)[9]。但是,绝大多数接受克唑替尼(**2**)治疗的患者在 1 年内会出现耐药,从而疾病复发。尽管第二代 ALK 抑制剂在临床试验中,对野生型(WT)和活化耐药突变型 ALK 融合蛋白显示出很强的活性,但由于耐药的涌现和缺乏 CNS 可及性,使得它们最终无效。这些局限性促使人们研究具有更广谱 ALK 活性和 CNS 可及性的下一代 ALK/ROS1 抑制剂[7]。

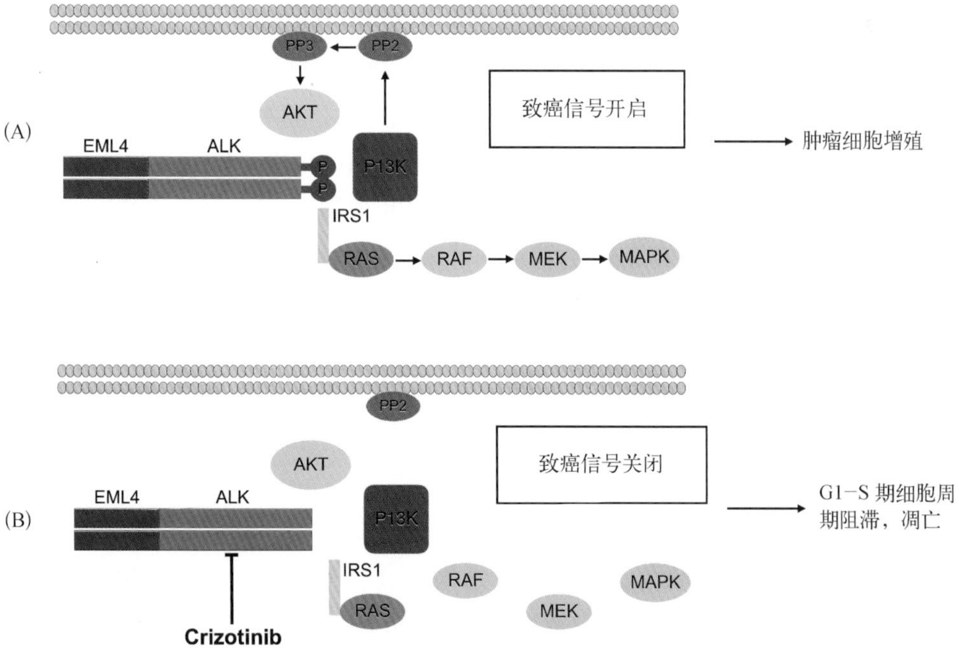

图 3　克唑替尼(2)治疗阻断 ALK 依赖性的致癌信号(A) EML4 - ALK 融合致癌信号导致肿瘤细胞增殖。(B) 克唑替尼(2)治疗破坏致癌信号,包括诱导细胞凋亡(基于文献 9)

11.3 构效关系(SAR)

11.3.1 非环状 ALK 抑制剂

辉瑞启动了下一代 ALK 抑制剂项目,以开发一种同时兼具良好 ALK 活性、CNS 可及性,以及具有良好的吸收、分布、代谢和排泄(absorption, distribution, metabolism, excretion, ADME)特性的小分子口服药物[7,10]。关于辉瑞通过构效关系(structure - activity relationship, SAR)研究发现劳拉替尼(**1**)的详细过程之前已报道[7]。在此,重点介绍这些 SAR 研究的几个关键要点。药物化学设计的主要目的包括提升药物的亲脂性效率(LipE)和减小分子量,以及引入能克服耐药突变和 BM 药物所需的结构特征[7]。ALK - L1196M 门控(gatekeeper, GK)突变是最常见的克唑替尼(**2**)耐药突变体,因此在早期基于细胞的试验中,该突变被用于评估所有新化合物。此外,转运蛋白 P -糖蛋白(P - glycoprotein, P - gp)在很大程度上参与许多抗癌药物的外排,包括第一代 ALK 抑制剂克唑替尼(**2**)。Madin - Darby 犬肾细胞(Madin - Darby canine kidney, MDCK - MDR1)经基因工程改造可过表达人 P - gp 蛋白的细胞。MDCK/MDR 试验被广泛用于药物发现,来筛选可能避免 P - gp 外排并在脑中达到充分药物暴露的化合物。药物化学团队以获取 MDR AB/BA 比值(<2.5)的化合物为目标,提示 P - gp 外排较低,以确保化合物在 CNS 中达到有效药物浓度的可能性更高[7]。

最初的药物化学工作获得了一些新系列的第二代 ALK 抑制剂,以化合物 **5**(PF - 06439015,图 4)为例[7]。与克唑替尼(**2**)相比,化合物 **5** 对野生型 ALK 和 GK 突变体(ALK - L1196)的活性分别提高了 105 倍和 128 倍(图 4)。这些活性的改善是由于 **5** 和 ALK 之间多了许多新的相互作用,在 ALK 抑制剂的共晶结构中可以发现这些作用位点。尽管其活性有所提高,但化合物 **5** 未达到理想的 MDR 值因而 CNS 可及性难达预期[7]。探索了 **5** 的许多非环类化合物的类似物,通过调节亲脂性和分子量来改善 CNS 渗透。按照这种方法,化合物 **6** 和 **7** 实现了 MDR 比值的改善,但却以降低对野生型 ALK 和 GK 突变的细胞活性为代价(图 4)。尽管当前合成化合物 **5**、**6** 和 **7** 各自具有良好的属性,但也显示出这些非环类系列化合物难以在单一化合物中同时保持高活性和高 CNS 暴露量。因此,这促使药物化学团队研究其他替代系列[7]。

11.3.2 大环 ALK 抑制剂

ALK 蛋白-抑制剂复合物的 X 射线晶体结构揭示了该系列化合物独特的结合模式,并引导药物化学团队设计新颖的抑制剂结构。一个重要的早期结构显示三唑类似物 **7** 处于 ALK 的 ATP 结合位点。该结构显示,**7** 在结合构象中呈 U 形几何构型(图 5),许多其他非环类化合物在结合位点的结晶也观察到这一趋势[7]。"头"和"尾"(4.1 Å)的紧密

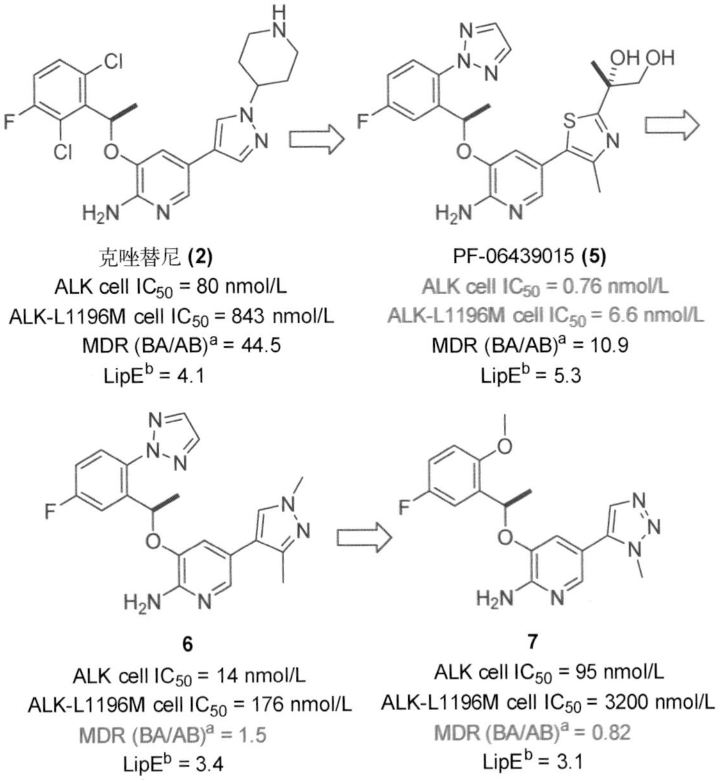

图 4 代表性非环类化合物的活性和 ADME 性质。[a] 在 2 μmol/L 药物浓度和 pH 7.4 下的 MDCK - MDR1 BA/AB 外排比。过表达 P - gP 的 MDCK/MDR 细胞在转孔板中单层培养。将供试化合物加入顶侧(A)或基底侧(B)供体室中,并从相应的接收室中测量浓度。计算浓度比值(B 比 A)/(A 比 B)。MDR 比值(BA/AB) > 2.5 可预测人体中的 CNS 排除。[b]LipE =- [log(pALK - L1196M 细胞 IC_{50})] - log D. 绿色数值表示在目标范围内(参考文献 7/美国化学学会)

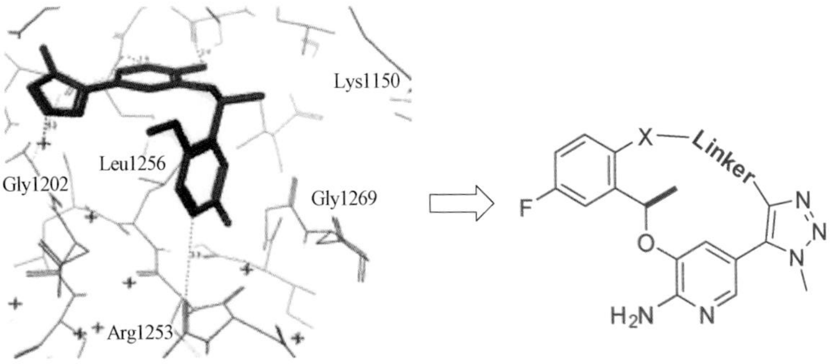

图 5 左:化合物 7 在 ALK 激酶结构域的共晶结构(紫色,PDB 4CNH),突出了 U 形结合构象以及相互接近的甲氧基氟苯基头基和三唑尾基(经参考文献[7]许可改编。版权所有 2014 美国化学学会)权利:拟定大环支架

接近提示，这些基团可以设想通过共价连接形成大环支架（图 5）。优化设计的大环还可以掩盖分子的极性，产生更紧凑、更刚性的抑制剂，从而在保持对 ALK 的活性和选择性的同时，达到理想的 CNS ADME 特性[7]。

11.3.3 劳拉替尼的发现（PF－06463922）

受甲醚结构化合物 **7** 的启发，大环支架最初的 SAR 研究探索了醚连接类似物。通过延伸 **7** 中的甲醚结构连接到尾部的五元杂环上，制备了一系列大环类分子[7]。为了确定最佳尺寸，制备了大小范围为 12 至 14 元环的醚连接大环化合物。系统性 SAR 研究显示，13 元环体系的化合物 **8**（图 6）具有最佳的 LipE [7]。不幸的是，醚连接化合物的亲脂性太强（log D > 3），以至不能同时具备所需要的活性、ADME 特性和 CNS 可及性。

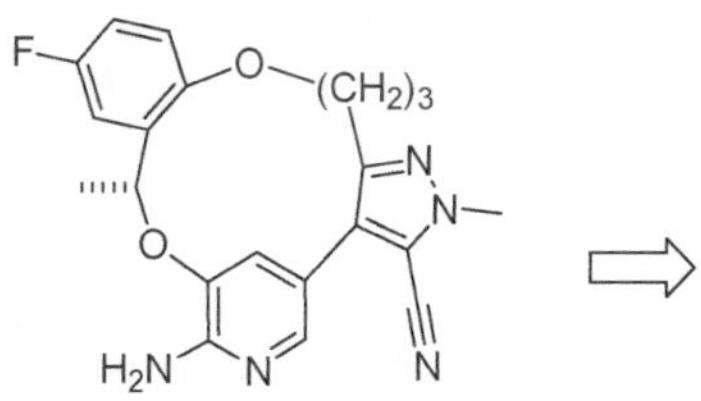

8
ALK cell IC_{50} = 1.0 nmol/L
ALK-L1196M cell IC_{50} = 20 nmol/L
LipE[b] = 4.4

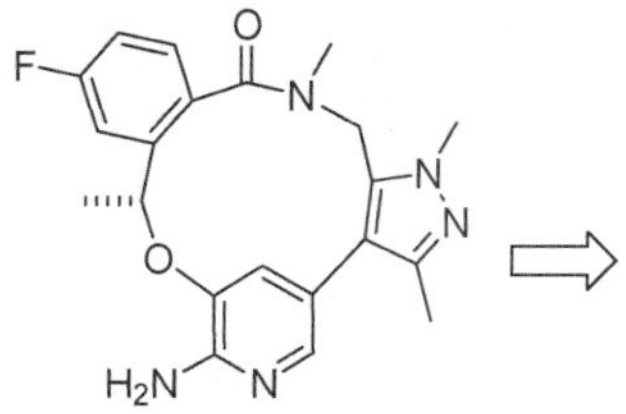

9
ALK cell IC_{50} = 0.70 nmol/L
ALK-L1196M cell IC_{50} = 14 nmol/L
MDR (BA/AB)[a] = 4.2
LipE[b] = 5.7

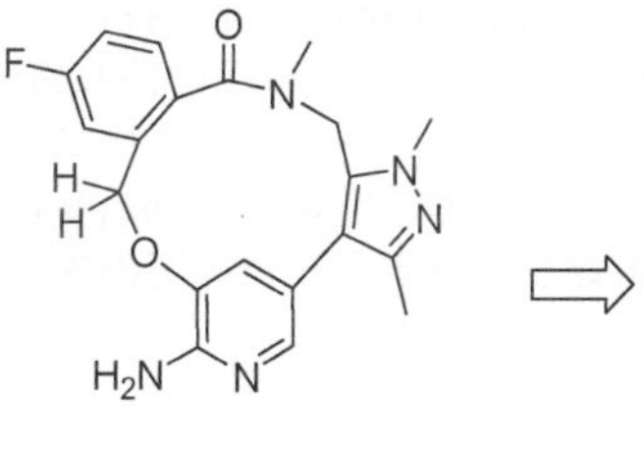

10
ALK cell IC_{50} = 6.4 nmol/L
ALK-L1196M cell IC_{50} = 97 nmol/L
MDR (BA/AB)[a] = 5.5
LipE[b] = 5.0

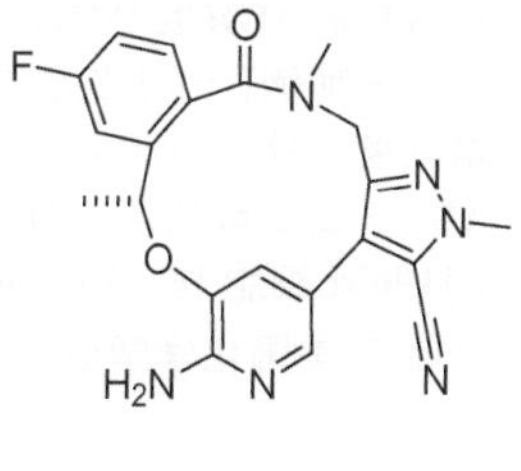

劳拉替尼 **(1)**
ALK cell IC_{50} = 1.3 nmol/L
ALK-L1196M cell IC_{50} = 21 nmol/L
MDR (BA/AB)[a] = 1.5

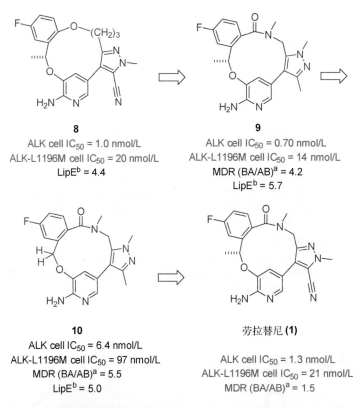

图 6 从大环化合物到发现劳拉替尼（1，PF－06463922）的 SAR 进展。[a]在 2 μmol/L 药物浓度和 pH 7.4 下的 MDCK－MDR1 BA/AB 外排比。[b]LipE = −[log（pALK－L1196M 细胞 IC_{50}）] − log D

为了降低 12 元醚类大环的亲脂性，化学团队采用了一个酰胺连接体。计算模型表明，酰胺和近端吡唑基团之间由单个碳连接形成的 12 元内酰胺（化合物 **9**）结构，所产生环张力最小[7]。预计酰胺连接体和 ALK 蛋白结构域之间还会产生额外的氢键相互作用。最重要的是，酰胺官能团的引入降低了亲脂性，使内酰胺类似物处于最佳 log D 范围之内。

化合物**9**与 ALK 结合的共晶结构与最初的对接模型叠合显示(图7),**9**的*N*-甲基被拉向靠近 G-环 1.2 Å,因此使其能够与 Leu1122 的羰基以及 Leu1122、Gly1123 和 Val1130 的侧链更加紧密接触。此外,酰胺羰基也能通过形成水桥与 Lys1150 和 His1124 相互作用。

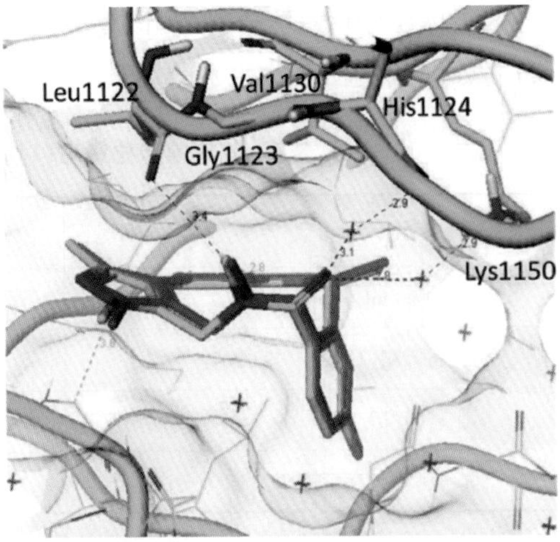

图7 化合物9与ALK的共晶结构(绿色)与模型配体(紫色)叠合(经参考文献7许可转载。版权所有2014美国化学学会)

化合物**9**解决了之前非环类化合物的一些缺点。尤其是对野生型 ALK 和 ALK-L1196M 的细胞活性和 LipE 均得到了改善。此外,渗透性和代谢稳定性的增加,也体现了大环酰胺结构作为先导化合物的潜力,用于开发具有 CNS 可及性的强效 ALK 抑制剂。在该项目的整个 SAR 开发过程中,针对托霉素受体激酶 B (TrkB)优化了激酶选择性。在大环酰胺支架上进行了广泛的先导物优化,以在单一化合物中实现活性、CNS 可及性、ADME 性质和激酶选择性的最佳组合[7]。

在最终优化为劳拉替尼(**1**,图6)过程中,结合对其他大环酰胺类化合物的 SAR 分析,提出了几点关键特征。

1. 与相应的(*S*)-对映体相比,化合物**9**[(*R*)-对映体]对门卫突变体的活性增加了 210 倍。

2. 将化合物**9**中的甲基去除得到化合物**10**,ALK 细胞活性会降低约 90%。

3. 杂环取代基探索表明,2-氨基吡啶和氰基吡唑基团具有最优的整体活性和性质。

4. 氰基吡唑基团是激酶选择性的一个特别重要的特征。推测腈基与 TrkB 中的 Tyr635 存在相互作用,不利于结合。

11.4 药代动力学和药物代谢

对于接受第一代或第二代 ALK 抑制剂治疗的患者,常常会发生 CNS 转移[克唑替尼(**2**)组~45%~70%的患者发生转移],这是由于这些药物无法在 CNS 中达到治疗浓度。与第一代和第二代 ALK 抑制剂相比,劳拉替尼(**1**)旨在提升 CNS 中的药物暴露,并改善总体药代动力学特征[11,12]。

大鼠和犬静脉或经口给予劳拉替尼(**1**)的临床前药代动力学研究显示,其清除率较低、分布容积适中且吸收良好(表1)[10]。在这两个种属中,口服生物利用度接近 100%(大鼠约为 100%,犬约为 97%),劳拉替尼(**1**)给药后约1小时(T_{max})达到最大血药浓度。为了进一步预测患者人群中的药物药代动力学参数,利用临床试验数据建立了劳拉替尼

(**1**)的人体药代动力学模型[13]。该模型显示 100 mg 每天一次的剂量,劳拉替尼(**1**)能在稳态时达到安全有效药物水平的剂量。

表 1 临床前劳拉替尼(1)在大鼠和犬中的药代动力学特征

参数	Rats[a]	Dogs[b]
清除率[mL/(min·kg)]	15.5	9.1
分布容积(L/kg)	2.6	2.8
半衰期(h)	2.7	4.6
口服吸收生物利用度(%F)	~100	97

[a] 大鼠($n=2$)溶液制剂给予 1 mg/kg(静脉注射)和 5 mg/kg(经口灌胃)。[b] 犬($n=2$)溶液制剂给予 1 mg/kg(静脉注射)和 2 mg/kg(经口灌胃)。来源:改编自参考文献 10。

ALK 耐药突变和 CNS 转移是 NSCLC 对第一代和第二代 ALK 激酶抑制剂失去敏感性的两个主要机制[12]。劳拉替尼(**1**)专门设计用于改善 CNS 的渗透性,以预防和治疗危险的颅内转移。采用大鼠体内脑渗透试验,来研究劳拉替尼(**1**)在脑部的药物浓度和分布情况。脑与血浆中的未结合(游离)药物浓度比值约为 0.30,与克唑替尼(**2**)相比,BBB 穿透率显著提高了 10 倍[6,12]。放射自显像研究和质谱分析也显示,劳拉替尼(**1**)在脑肿瘤开窗之外的小脑和大脑中的分布相对均匀,表明劳拉替尼(**1**)是高度脑渗透性化合物。

11.5 有效性和安全性

第一代和第二代 ALK 靶向治疗可为 ALK 阳性 NSCLC 患者提供巨大获益,然而,复发后的治疗选择仍然有限。临床前研究表明,劳拉替尼(**1**)在一些 ALK 耐药的患者来源或基因工程的肿瘤模型中非常有效[12]。例如,劳拉替尼(**1**)对 ALK 突变体 G1202R 具有高度活性,该突变对第一代和第二代 ALK 抑制剂具有广泛的耐药性。在重组野生型 ALK 和克唑替尼(**2**)耐药突变体的生物化学实验中,劳拉替尼(**1**)在抑制 ALK 依赖的磷酸化、诱导细胞凋亡和细胞抗增殖活性与克唑替尼(**2**)相比提高 30 倍[12]。劳拉替尼(**1**)在使用患者来源的肿瘤异种移植瘤小鼠疾病模型中也表现出优越的疗效[12]。野生型 ALK 和克唑替尼(**2**)耐药的肿瘤异种移植瘤模型研究显示,与克唑替尼(**2**)相比,劳拉替尼(**1**)的抑制作用更强,每天 3mg/kg 和 10 mg/kg 的劳拉替尼(**1**)给药 4 天后可观察到持久的抗肿瘤作用[12]。同样,在 NSCLC 脑转移模型中也能够保持优异的抗肿瘤作用。除了更好的疗效,劳拉替尼(**1**)还表现出了良好的临床前安全性特征。

基于其良好的临床前特征,劳拉替尼(**1**)被推进到Ⅰ/Ⅱ期临床试验,评估其在 ALK 阳性/ROS1 阳性的晚期 NSCLC 患者中的安全性、药代动力学、药效学和患者获益情况[14]。约 4%的 NSCLC 患者为 ALK 阳性,该组中患者有一定比例较为年轻且为不吸烟人群[5]。一项在既往接受过治疗的患者的临床试验中,直接对劳拉替尼(**1**)和克唑替尼(**2**)进行比较,两个主要目标是确定剂量限制性毒性(Ⅰ期),以及比较总体和颅内客观缓解(Ⅱ期)的患者百分比[15]。总体客观缓解率是指肿瘤大小缩小 30%~100%的患者百分比。同理,颅内客观缓解率是指脑部病灶大小减小 30%~100%的患者百分比。最终,根据临床Ⅰ期研究的安全性和有效性结果,将每天 100 mg 确定为临床Ⅱ期试验的推荐剂量。

临床Ⅱ期研究评价了不同类型患者的总体和颅内客观缓解率(表 2)[15]。这些患者类型包括初治患者、经克唑替尼(**2**)治疗复发的患者,以及接受过至少一种 ALK 抑制剂治疗复发的患者。在接受劳拉替尼(**1**)治疗的 30 例初治患者中,观察到的总体客观缓解率为 90%,颅内客观缓解率为 75%。在经克唑替尼(**2**)治疗后复发的患者中,总体和颅内客观缓解率分别为 74.1%和 58.8%,表明即使对克唑替尼(**2**)耐药的 NSCLC 患者,劳拉替尼(**1**)的临床疗效也非常显著。在接受过至少一种不同的 ALK 抑制剂治疗后复发的患者中也观察到类似的效果。劳拉替尼在既往 ALK 抑制剂治疗耐药后患者上的显著疗效表明,劳拉替尼(**1**)对许多临床的 ALK 耐药突变体都高度有效。良好的颅内客观缓解率表明,劳拉替尼(**1**)具有足够的 CNS 暴露,这将有助于延长复发患者的生存期。总体而言,劳拉替尼(**1**)在复发的 NSCLC 患者中疗效良好,并且发生剂量限制性毒性所需剂量相对较高,因此劳拉替尼(**1**)具有较广的治疗窗口,加之对多种耐药突变肿瘤有效,使其成为持续治疗晚期 NSCLC 的一款有价值的药物。

表 2 Ⅱ期临床试验中劳拉替尼(1)的总体和颅内客观响应率

病人分类	总体客观响应率(%)[a]	颅内客观响应率(%)[b]
未经治疗的晚期 ALK 阳性 NSCLC 患者	90.0	75.0
经克唑替尼治疗后的晚期 ALK 阳性 NSCLC	74.1	58.8
既往接受过 2 种 ALK 抑制剂治疗的晚期 ALK 阳性 NSCLC 患者	41.5	55.6
既往接受过 3 种 ALK 抑制剂治疗的晚期 ALK 阳性 NSCLC 患者	34.8	39.5

[a] 靶病灶的肿瘤大小减少 30%~100%。
[b]指脑内病灶。
来源:基于参考文献 15。

劳拉替尼(**1**)在临床研究中总体耐受性良好。大多数不良事件与血脂水平的稳态失衡相关,如高胆固醇血症和高甘油三酯血症,使用他汀类药物治疗不良反应可逆转[15]。其他常见(> 20%)治疗相关的不良事件包括水肿、认知缺陷、疲乏、体重增加、情绪缺陷和腹泻。仅 7%的患者发生严重治疗相关不良事件,仅 3%的患者因治疗相关不良事件而永久停止治疗。

劳拉替尼(**1**)由 CYP2A 和 CYP3A 共同代谢,并表现出中度的药物相互作用(DDI)潜在风险[4-17]。在Ⅰ期临床试验中,同时给予劳拉替尼(**1**)和 CYP3A 诱导剂利福平,会导致劳拉替尼(**1**)暴露显著降低[16]。因此,劳拉替尼(**1**)禁止与强效 CYP3A 诱导剂联合使用。相反,同时给予劳拉替尼(**1**)和 CYP3A 抑制剂伊曲康唑会导致劳拉替尼(**1**)的血浆暴露量升高,需要降低劳拉替尼(**1**)剂量来维持治疗浓度[17]。此外,劳拉替尼(**1**)也可引起天冬氨酸转氨酶和丙氨酸转氨酶水平显著但可逆地升高[16]。

劳拉替尼(**1**)最初于 2018 年 11 月获得美国食品药品监督管理局(FDA)的加速批准,作为 ALK 阳性转移性 NSCLC 患者的二线或三线治疗[18]。当时,第一代和第二代 TKIs 仍是一线治疗标准。然而,这些药物治疗后复发和 CNS 转移风险较高。近期,一项Ⅲ期随机试验(CROWN 试验— NCT03052608)证实了相比于克唑替尼(**2**),劳拉替尼(**1**)作为一线治疗 ALK 阳性 NSCLC 具有显著优势[19]。研究显示,78%的患者在劳拉替尼(**1**)治疗 1 年后无疾病进展,而克唑替尼仅 39%。296 例基线时有 CNS 转移的患者中,78 例患者接受劳拉替尼(**1**)治疗的颅内客观缓解率(66%)也显著高于接受克唑替尼(**2**)治疗的颅内客观缓解率(20%)。劳拉替尼(**1**)在延缓 CNS 进展方面也更有效,在研究的 12 个月期间, 96%的患者避免了 CNS 进展,而克唑替尼(**2**)队列中仅为 60%。基于 CROWN 试验的结果,FDA 于 2021 年 3 月批准劳拉替尼(**1**)用于 ALK 阳性转移性 NSCLC 患者的治疗[20]。

11.6 合成

11.6.1 药化路线

劳拉替尼(**1**)的合成路线面临两个重大挑战:(1) 12 元大环内酰胺的高效构建和(2) 药物单手性中心的不对称引入[7,21]。逆合成分析(路线 1)表明,最终的大环化可以通过氨基酸 **11** 的内酰胺化或溴吡啶 **12** 的分子内直接芳基化来实现[7]。

因此,可以从适当官能团化的氨基吡啶(**13** 或 **15**)获得大环化前体,并设想了许多可能的方法来引入苄基手性中心。同样,可采用平行方法合成吡唑类化合物 **14** 和 **16**。

劳拉替尼(**1**)的最初药物化学路线研究了后期内酰胺化以关闭大环。为此,首先开发了吡唑 **14** 的制备(路线 2)[22]。使用 *N*-溴代丁二酰亚胺(NBS)和过氧化苯甲酰,通过自由基途径实现吡唑 **17** 的二溴化。用甲胺取代苄位溴,然后 Boc 保护,得到 Boc 氨基甲酸酯 **19**。最后,将 **19** 中的乙酯经水解、酰胺化和脱水三步反应转化为腈基,得到 **14**,总收率为 23%[22]。

为了解决手性中心的合成挑战,最初的药物化学路线探索了使用手性硼还原剂。在将酮 **22** 还原为所需(*S*)-构型醇 **23** 的过程中,对 *B*-二异戊基氯硼烷(DIPCl)试剂和 Corey-Bakshi-Shibata (CBS)催化剂进行了考察(路线 3)[7]。然而,出于成本考虑,选择(-)-DIPCl 试剂作为最初实验室规模的样品制备。使用乙醇胺乙醇溶液和四氢呋喃(THF)完成硼酸盐中间体的裂解,得到(*S*)-构型醇 **23**,对映体过量(*ee*)为 96%。

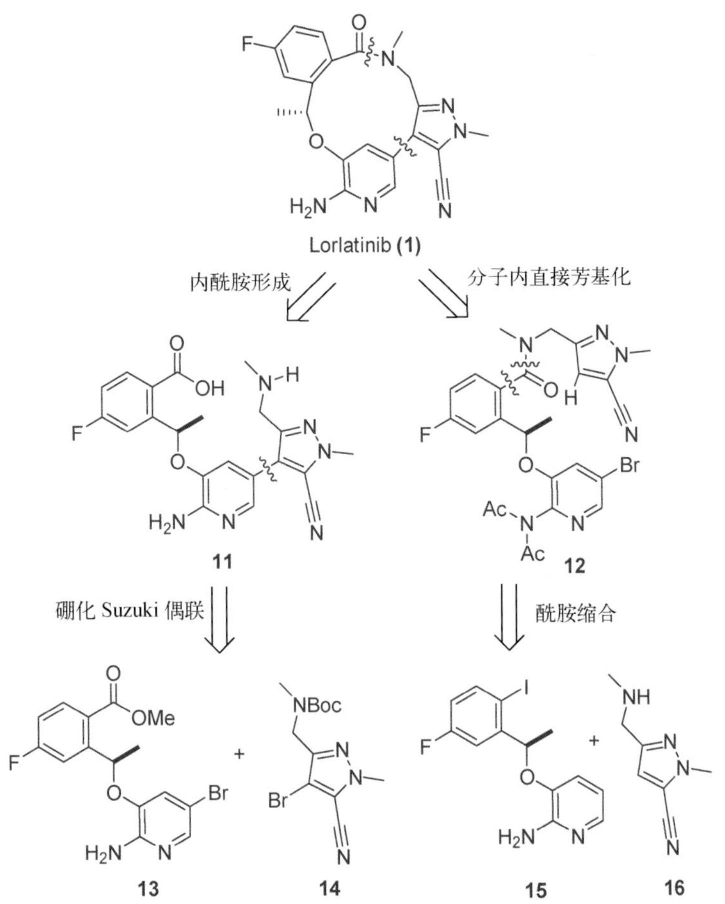

路线 1 劳拉替尼(1)的逆合成分析

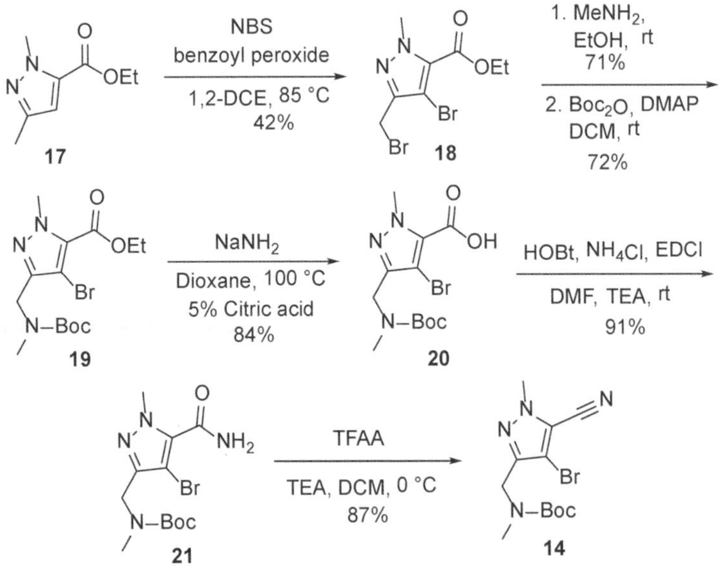

路线 2 吡唑 14 的合成路线(参考 22/谷歌专利)

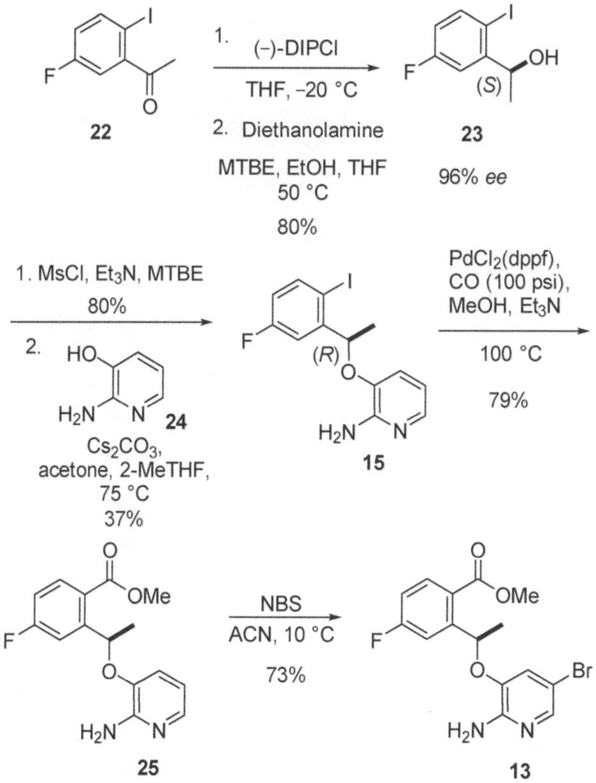

路线3　溴吡啶13的合成(参考文献7/美国化学学会)

初始药物化学路线中,在关键的不对称还原之后,进一步探索使用醇**23**制备中间体**13**和**15**。为此,通过将醇**23**活化为甲磺酸酯,然后与胺**24**进行亲核取代得到**15**,同时手性中心也实现了预期的构型反转[22]。芳基碘**15**可直接用于后期芳基环化步骤。或者,为了实现后期大环内酯化路线,使用一氧化碳(CO,100 psi)和$PdCl_2$(dppf)催化进行**15**的羰基化,得到甲酯**25**。在乙腈中使用NBS进行溴化反应得到具有较高的光学纯度(99% *ee*)的溴吡啶**13**[22]。

有了中间物**13**和**14**,首先采用后期进行大环内酰胺化的策略,研究劳拉替尼(**1**)的汇聚式组装(路线4)[7]。该路线首先是一锅法硼化-Suzuki偶联反应,**13**和**14**与双(频哪醇合)二硼(B_2Pin_2)、CsF和催化量$Pd(OAc)_2$以及配体CataCXiumA在溶液中反应得到**26**,产率为43%。该一锅法方法为初始药物化学研究提供了充足的关键中间体**26**。然而,随后对该偶联反应的优化表明,通过在单独步骤中完成硼化反应和Suzuki偶联反应,收率得到了提高。使用氢氧化钠水解甲酯**26**为羧酸,随后在酸性条件下脱除仲胺上的Boc保护基得到**11**。在DMF中使用六氟磷酸盐氮杂三唑四甲基脲(HATU)实现内酰胺化,以29%的收率得到劳拉替尼(**1**)[7,22]。在SAR研究中,相对于去甲基化合物,手性甲基的存在显著提高了活性,同时也明显提高了内酰胺化的产率。甲基化和去甲基类似物的构象分析表明,烯丙基甲基诱导了$A^{1,3}$张力。在形成的低能构象中,胺和羧酸末端非常接近,促进了更高的内酰胺化产率[7]。

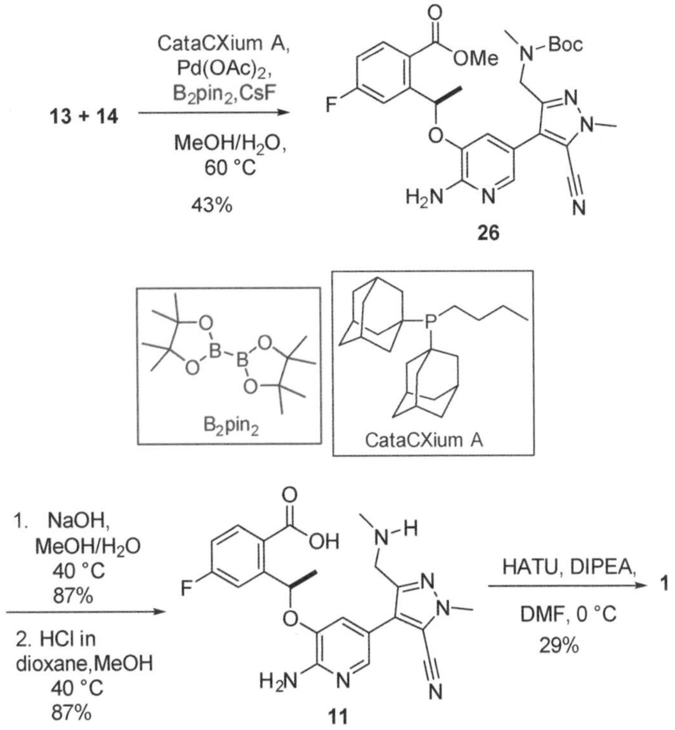

路线 4　使用大环内酯化方法组装劳拉替尼(1)(参考文献 7/美国化学学会)

第一个开发的合成路线(路线 4)用于最初的 5 g 劳拉替尼(**1**)的制备,并且该路线是未来放大方法的基础[7]。然而,在放大流程优化的过程中发现了一些需要解决的问题。首先,在一锅硼化-Suzuki 偶联中,**13** 自身偶联产生 30%产率的副产物 **27**(图 8)。此外,在酯 **26** 水解过程中,腈基会竞争性水解导致形成大量酰胺副产物 **28**。最后,关于 HATU 的安全性问题,以及总共有 3 个步骤需要进行硅胶色谱纯化,对千克规模劳拉替尼(**1**)的生产是很大的障碍[7]。

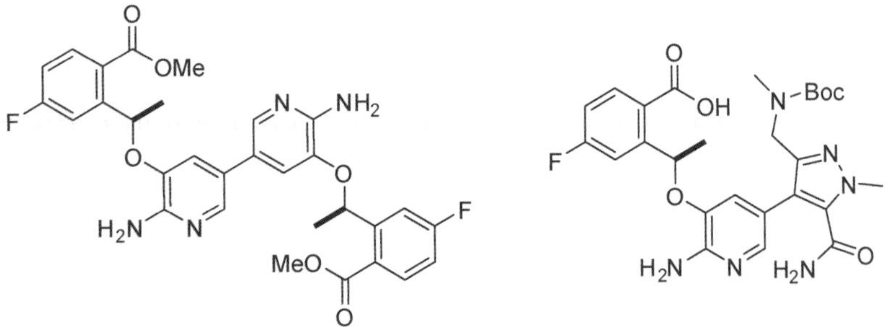

27　　　　**28**

图 8　大环内酯化方法合成劳拉替尼(1)中生成的主要副产物

另一种劳拉替尼(**1**)的化学方法是,设想把直接芳基化作为最终的闭环步骤[7]。为启动该路线,使用 Pd (Pt-Bu_3)$_2$、二异丙基乙胺(DIPEA)和一氧化碳(4 bar)通过钯催化的氨基羰基化反应,将芳基碘化物 **15** 与胺 **16** 连接得到 **29**,收率为 70%(路线 5)。用 1.1 当量的 NBS 在低温下完成吡啶环的选择性溴化,得到 **30**。尝试直接采用 **30** 进行分子内芳基化得到的主要产物为脱卤化合物 **29**,提示需要对氨基吡啶进行合理保护。因此,在纯乙酸酐中由 **30** 反应合成了双乙酰胺衍生物 **12**。使用 CataCXium A、Pd(OAc)$_2$ 和醋酸钾(KOAc)直接芳基化,实现了芳基溴 **12** 的大环化。使用叔戊醇(t - AmOH)作为溶剂对该反应的效率至关重要。在酸性条件下 **31** 脱保护后得到劳拉替尼(**1**),最后两步总收率为 42%[7]。

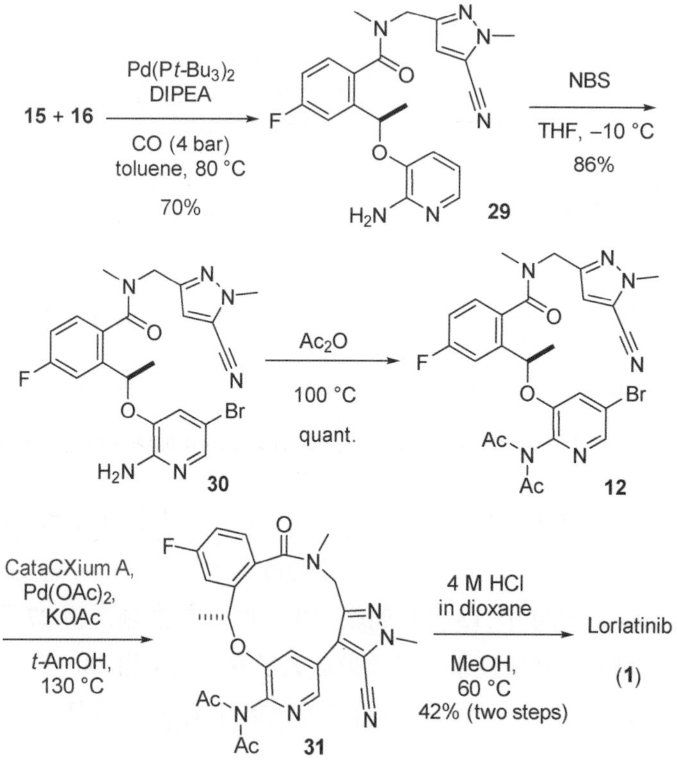

路线 5 采用分子内直接芳基化方法组装劳拉替尼(1)

直接芳基化为劳拉替尼(**1**)提供了一种创新的替代合成方法。与最初大环内酯化路线(从化合物 **13** 和 **14** 开始,4 步总收率为 11%)相比,该路线的效率显著提高(从关键中间体 **15** 和 **16** 开始,5 步总收率为 25%)。此外,C - H 活化化学的创造性应用也是首次报道使用钯催化的直接芳基化完成大环闭合。该方法避免 Suzuki 偶联中所需的化学计量硼试剂,因此直接芳基化方法有可能有助于更绿色、更原子经济的整体合成工艺。

11.6.2 劳拉替尼工艺路线

劳拉替尼(**1**,路线 6)的第一个放大路线旨在克服初始药物化学合成方法的关键局限性[23]。首先,为了解决钯与 **13** 的 2 -氨基吡啶基团之间的强结合力,在中间体 **32** 中引入了 Boc 保护基团。该改进旨在减少 Suzuki 偶联所需的钯催化剂量,并利于去除产品中的钯残留。此外,将硼酸酯引入到 **32** 中,以尽量减少自身偶联副产物,并提高 Suzuki 偶联的收率。用 HCl (气体)脱除所有 Boc 保护基团后,使用三甲基硅醇钾(TMSOK)对甲酯进行化学选择性水解,选择 TMSOK 可以避免腈基水解。三个步骤的总收率为 66%,与先前路线相比有显著改善,先前路线的类似三步反应收率仅为 32%。另一个好处是,改进后的流程不需要进行色谱纯化,其中钾盐 **34** 的晶体以 98%的纯度直接从反应混合物中沉淀出来[23]。

在该路线的最后一步,由于担心大规模使用 HATU,工艺化学团队评价了用于大环内酯化的替代偶联试剂。使用 1 -氰基- 2 -乙氧基- 2 -氧乙基亚氨基氧基,二甲氨基吗啉代-碳六氟磷酸盐(COMU)作为 HATU 的潜在替代品,更为安全且收率可以接受(最后两步为 46%)[23]。总之,对于初始 438 g 规模放大批次,这些放大合成中前期调整,使得从中间体 **14** 到 **1** 的总收率从 10%提高到 30%[23]。最终,对 HATU 的进一步安全性测试证实,其可以在大规模生产中安全使用。因此,HATU 以较高的产率促进了分子内酰胺的形成,并去除了步骤中唯一的色谱纯化,成为大规模大环化的首选偶联试剂[23]。

初始工艺放大路线(路线 6)适用于制备千克级规模量的劳拉替尼(**1**),以支持临床研究。然而,该路线较为冗长且呈线性,因此需要一个更简洁的汇聚式路线来进行劳拉替尼

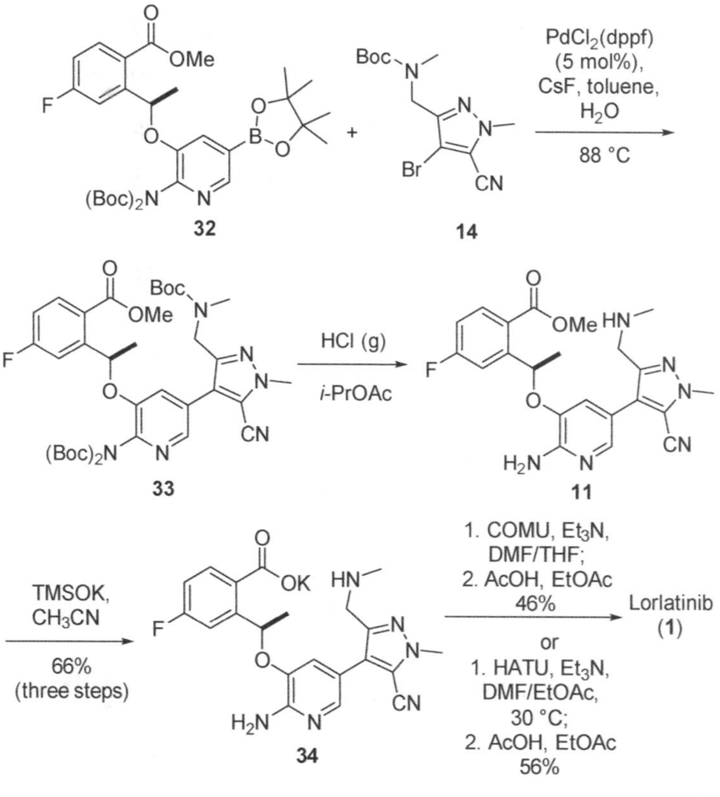

路线 6　初始放大合成路线

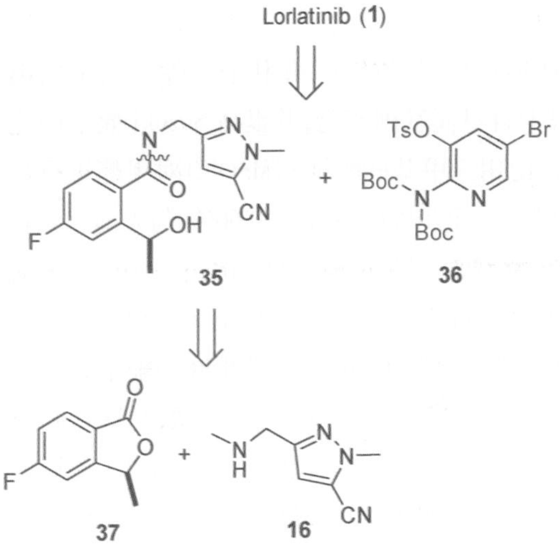

路线 7　生产逆合成策略

(1)的商业化生产。此外,为了最大限度地提高总体效率,生产路线重新采用了直接芳基化的方法来完成最终的大环闭合,该方法在化学研发阶段显示了一些优势[21]。为了提高路线汇聚性和效率,重新进行了逆向合成分析(路线 7)。从易于官能团化的溴吡啶 **36** 开始,原位将对甲苯磺酰基转移至手性醇 **35** 上,然后进行 S_N2 取代反应,可获得后期直接用于芳基化闭环所需的大环化前体。手性内酯 **37** 和胺 **16** 之间通过酰胺化反应,汇聚生成醇 **35**。

优化合成具有高手性纯度的手性内酯 **37** 是商业化工艺开发的关键目标(路线 8)[21]。内酯 **37** 的最初工艺是使用 CBS 或 DIPCl 对酮 **22** 进行对映选择性还原。虽然 CBS 催化剂在实验室规模下得到了成功的应用,但在工业规模下并不具有成本效益。因此,评价了 DIPCl 的规模化使用。用(−)-DIPCl 还原 **22** 得到 **23**,*ee* > 97%;然而,硼试剂还原后醇 **23** 的分离是规模化制备的一个重大问题[21]。二乙醇胺可用于硼酸盐中间体的解离,但通过过滤除去二乙醇胺硼酸盐副产物在放大时非常具有挑战性。该硼酸盐副产物还被确定为潜在致敏剂,在规模使用时会产生健康和安全问题。另外,去除 DIPCl 的副产物-蒎烯需要低温重结晶,操作不便,分离后收率会降至 67%。这些局限性促使工艺团队研究不对称还原酮 **22** 的替代方法。

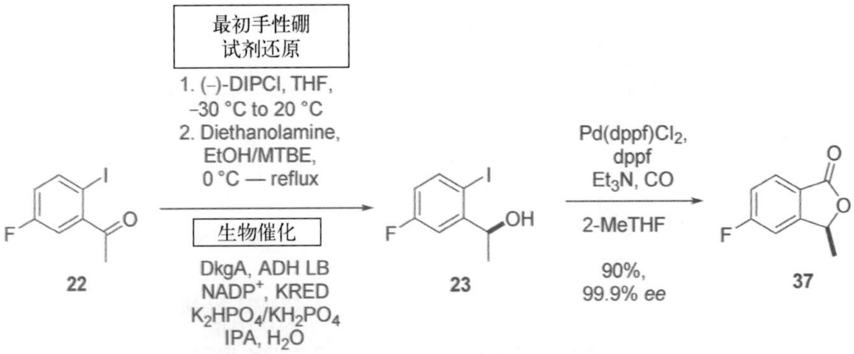

路线 8　内酯 37 的替代放大方法(参考文献 21/美国化学学会)

酶还原是传统化学不对称还原的一种很有前途的替代方法。酶库筛选发现了 2,4-二酮葡萄糖酸(DkgA)酶,该酶以 NADPH 为辅因子[21]。这种显著有效的生物还原系统可以制备化学纯度为> 98%的 **23**,*ee* 为> 99%。以异丙醇为共底物,短乳杆菌醇脱氢酶(ADH LB)为回收酶,对辅助因子进行了回收。该优化后的酶促方法成功应用于 350 kg

的放大。与最初硼还原方法相比,生物还原方法在产品分离方面有显著改善。粗品易于从酶促反应混合物中沉淀,且无须低温条件即可很容易地重结晶得到 **23**,收率为 91%,纯度接近 100%。在 50 psi CO 条件下,用 Pd(dppf)Cl_2 催化羰基化,可将醇 **23** 高效地转化为内酯 **37**。这两步酶还原/羰基化工艺成功地用于生产高达 1 070 kg 的 **37**,具有较高的收率(90%)和纯度(> 99.8% HPLC,> 99.9% *ee*)[21]。

尽管成功实现了酶还原/羰基化步骤,但该路线对于大规模生产来说过于昂贵,因此最终需要改进路线来商业化生产劳拉替尼(**1**)[21]。酮 **22** 的生产成本是一个值得关注的问题,从商业化试剂获得的酮 **22** 需要 4 至 6 步反应。此外,酶还原步骤中,酶和辅助因子的成本使得该路线的总成本较高。最后,基于在放大生产中对工人的安全考虑,在羰基化步骤中使用有毒 CO 气体是一个重大缺陷。这些问题促使工艺化学团队开发另外的方法制备内酯 **37** 来解决所有这些缺点。**37** 的理想合成方法是使用一种廉价、市售的起始原料,该原料中已经含有内酯 **37** 的羰基。此外,最好使用具有成本效益的不对称还原条件替代昂贵的酶还原。考虑到这些标准,探索了许多替代路线和反应条件,以实现最优和最具成本效益的商业化生产方法。

内酯 **37** 的生产路线从 4-氟苯甲酰氯(**38**)与二异丙胺的酰胺化开始(路线 9)[21]。使用正丁基锂金属化,大体积酰胺 **39** 是邻位导向金属化的有效底物,生成的芳基锂中间体 **40**,经乙醛处理得到醇 **41**。(2,2,6,6-四甲基哌啶-1-基)氧基(TEMPO)氧化生成酮 **42**,是使用 Ru-催化剂 **43** 进行不对称还原的关键中间体。在优化后的转移加氢条件下,反应生成了对映体选择性良好(> 99.9% *ee*)、产率非常高(94%)的仲醇 **44**。最后,在酸性条件下内酯化 **44**,然后中和得到目标内酯 **37**。值得注意的是,体积庞大的二异丙基酰胺基团发挥了举足轻重的作用,既促进了不对称催化还原中的高对映体选择性,同时也有助于路线中各中间体的高度结晶性质,从而使分离纯化无须依赖色谱。该生产路线开发的不对称转移氢化工艺对于高效放大劳拉替尼(**1**)至关重要。在商业化产品的初期生产中,该工艺成功实现了 400 kg 内酯 **37** 的生产[21]。

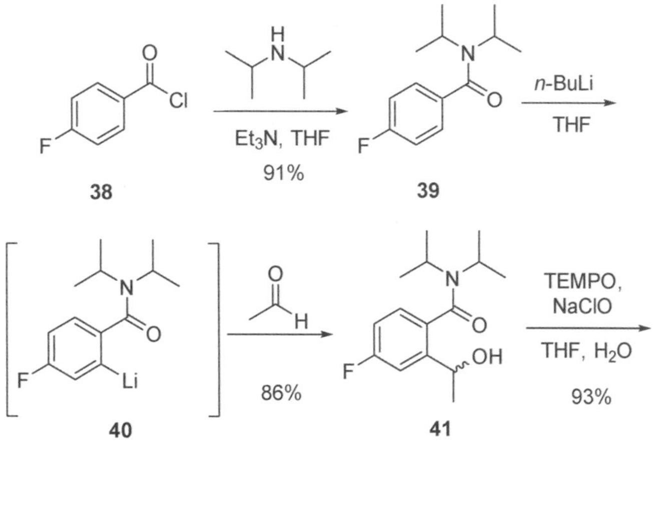

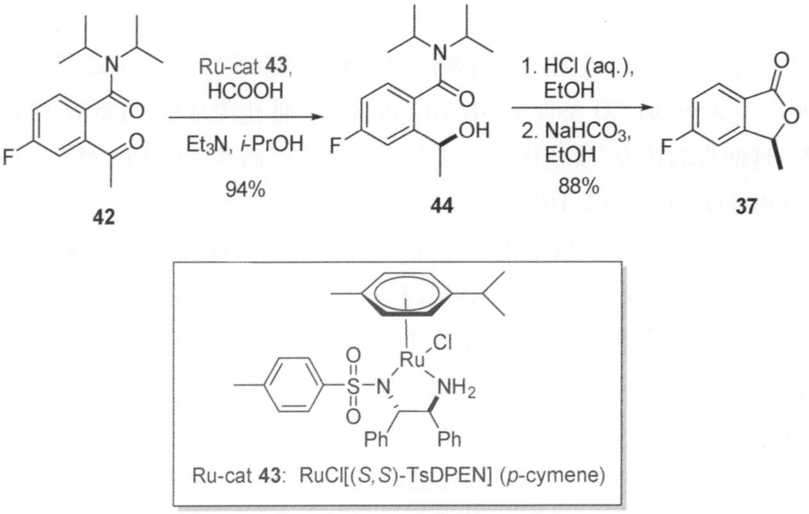

路线 9　内酯 37 的生产路线(参考文献 21/美国化学学会)

除了优化内酯 **37** 的合成路线外,工艺化学团队还以 **37** 作为关键中间体,修订了劳拉替尼(**1**)的整体组装方式(路线 10)[24]。在劳拉替尼(**1**)非常简洁的商业化路线中,内酯 **37** 与胺 **16** 进行了简单的开环酰胺化反应,使用 $AlCl_3$ 作为 Lewis 酸催化剂,得到中间体 **35**,转化率接近 100%。向 **35** 溶液中加入对甲苯磺酸酯 **36** 和叔丁醇钾,使对甲苯磺酰基转移至仲醇上,然后通过 S_N2 取代将所得苯酚化合物醚化,同时手性中心构型得到反转。用叔

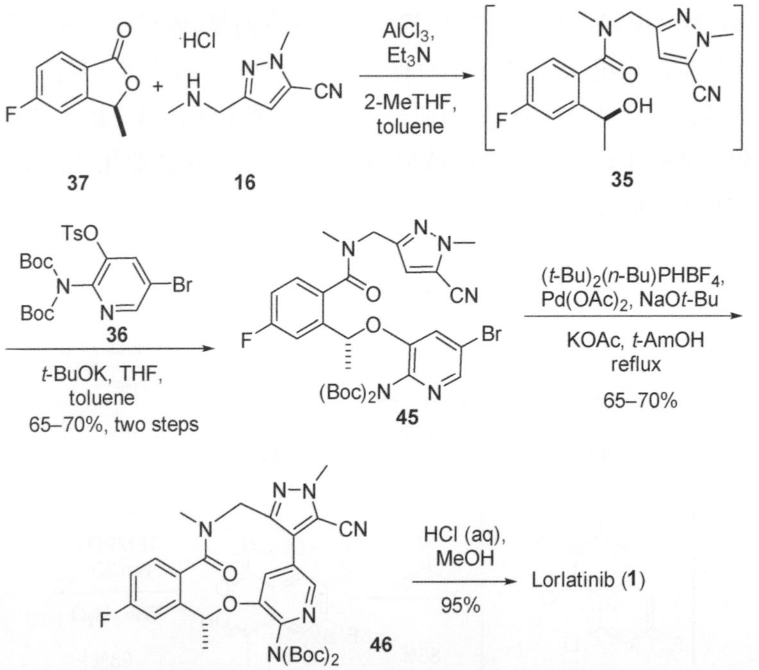

路线 10　劳拉替尼(1)的商业路线(参考文献 24/美国化学学会)

戊醇结晶后,得到高纯度的环化前体 **45**,两步工艺的总收率为 65%~70%。尽管前期研究证明,使用 $Pd(OAc)_2$ 和 CataCXium A 可以实现 **45** 的分子内环化,但生产工艺中,需要寻找这种昂贵专有配体的替代品。对其他配体的筛选发现,二(正丁基)-丁基膦具有与 CataCXium A 相似的催化活性[24]。为便于操作,采用对空气敏感的膦配体的 HBF_4 盐更加稳定,在环化条件下可以用 NaO*t*-Bu 中和该盐,制备活性催化剂。由此,分子内钯催化环化 **45** 得到大环 **46**,产率为 65%~70%。最后,用 HCl 的甲醇水溶液处理 **46**,脱除两个 Boc 基团,得到劳拉替尼(**1**),结晶后收率为 95%。在最初生产中,该工艺可以生产超过 120 公斤的原料药[24]。

11.7 总结

劳拉替尼(**1**,Lorbrena®)是第三代大环 ALK/ROS1 激酶抑制剂,专门开发用于抑制 ALK 耐药突变体,并维持对 CNS 转移的疗效[7]。基于结构的药物设计方法在药物分子新支架的设计中至关重要,它可以减少 P-gp 外排,增强血脑屏障渗透,同时也可避免 ALK 突变体的耐药。在 ALK 抑制剂中,劳拉替尼(**1**)是对野生型 ALK 和第一代、第二代 ALK 抑制剂[例如克唑替尼(**2**)]耐药的 ALK 突变体的最强效抑制剂。化学方面的创新应用如分子内直接芳基化,是劳拉替尼(**1**)高效又成本效益高的商业化生产工艺的关键。

劳拉替尼(**1**)在靶向 NSCLC 脑转移方面明显比前几代 ALK 抑制剂更有效。每日一次 100 mg 的给药剂量不仅具有较高的耐受性,还能临床获益。2018 年 11 月 2 日,FDA 加速批准劳拉替尼(**1**)用于 ALK 阳性转移性 NSCLC 患者的二线或三线治疗[18]。基于 CROWN 试验中患者显著的疗效,2021 年 3 月 3 日 FDA 授予这一突破性药物扩大常规批准,将劳拉替尼(**1**)纳入转移性 ALK 阳性 NSCLC 成人患者的一线治疗[20]。

11.8 参考文献

1. Miller, R. A.; Cagle, P. T. Lung Cancer Epidemiology and Demographics, In *Precision Molecular Pathology of Lung Cancer. Molecular Pathology Library*. Cagle, P. et al. Eds. Springer, Cham., 2018; pp. 15-17.
2. Siegel, R.; Kimberley, M.; Fuchs, H. E.; Jemal, A. Cancer statistics, 2021. *CA Cancer J. Clin.* **2021**, *71*, 7-33.
3. Duma, N.; Santana-Davila, R.; Molina, J. R. Non-small cell lung cancer: epidemiology, screening, diagnosis, and treatment. *Mayo Clin. Proc.* **2019**, *94*, 1623-1640.
4. Remon, J.; Pignataro, D.; Novello, S.; Passiglia, F. Current treatment and future challenges in ROS1- and ALK-rearranged advanced non-small cell lung cancer. *Cancer Treat. Rev.* **2021**, *95*, 102178.
5. Waqar, S. N.; Morgensztern, D. Lorlatinib: a new-generation drug for ALK-positive NSCLC. *Lancet Oncol.* **2018**, *19*, 1555-1557.
6. Richardson, P. J. Discovery and Early Development of the Next-Generation ALK Inhibitor, Lorlatinib (18): Agent for Non-Small-Cell Lung Cancer. In *Drug Discovery and Development*, 3rd, O'Donnell, J. T., O'Donnell, J. J., Somberg, J., Idemyor, V., Eds.; CRC Press: Boca Raton, FL, 2019; pp. 185-

218.

7. Johnson, T. W. ; Richardson, P. F. ; Bailey, S. ; Brooun, A. ; Burke, B. J. ; Collins, M. R. ; Cui, J. J. ; Deal, J. G. ; Deng, Y. -L. ; Dinh, D. ; Engstrom L. D. ; He, M. ; Hoffman, J. ; Hoffman, R. L. ; Huang, Q; Kania, R. S. ; Kath, J. C. ; Lam, H. ; Lam, J. L. ; Le, P. T. ; Lingardo, L. ; Liu, W. ; McTigue, M. ; Palmer, C. L. ; Sach, N. W. ; Smeal, T. ; Smith, G. L. ; Stewart, A. E. ; Timofeevski, S. ; Zhu, H. ; Zhu, J. ; Zou, H. Y. ; Edwards, M. P. Discovery of (10*R*)-7-amino-12-fluoro-2,10,16-trimethyl-15-oxo-10,15,16,17-tetrahydro-2H-8,4-(metheno)pyrazolo[4,3-h][2,5,11]-benzoxadiazacyclotetradecine-3-carbonitrile (PF-06463922), a macrocyclic inhibitor of anaplastic lymphoma kinase (ALK) and c-Ros oncogene (ROS1) with preclinical brain exposure and broad spectrum potency against ALK-resistant mutations. *J. Med. Chem.* **2014**, *57*, 4720 - 4744.
8. Bayliss, R. ; Choi, J. ; Fennell, D. A. ; Fry, A. M. ; Richards, M. W. Molecular mechanisms that underpin EML4-ALK driven cancers and their response to targeted drugs. *Cell Mol. Life Sci.* **2016**, *73*, 1209 - 1224.
9. Sahu, A. ; Prabhash, K. ; Noronha, V. ; Joshi, A. ; Desai, S. Crizotinib (2): a comprehensive review. *South Asian J. Cancer.* **2013**, *2*, 91 - 97.
10. Yamazaki, S. ; Lam, J. L. ; Johnson, T. W. Discovery and Pharmacokinetic - Pharmacodynamic Evaluation of an Orally Available Novel Macrocyclic Inhibitor of Anaplastic Lymphoma Kinase and c-Ros Oncogene 1. In *Practical Medicinal Chemistry with Macrocycles: Design, Synthesis, and Case Studies*, Marsault, E. ; Peterson, M. L. ; Eds. ; John Wiley & Sons, Inc: Hoboken, NJ, 2017; pp. 519 - 543.
11. Basit, S. ; Ashraf, Z. ; Lee, K. ; Latif, M. First macrocyclic 3rd-generation ALK inhibitor for treatment of ALK/ROS1 cancer: clinical and designing strategy update of lorlatinib. *Eur. J. Med. Chem.* **2017**, *134*, 348 - 356.
12. Zou, H. Y. ; Friboulet, L. ; Kodack, D. P. ; Engstrom, L. D. ; Li, Q. ; West, M. ; Tang, R. W. ; Wang, H. ; Tsaparikos, K. ; Wang, J. ; Timofeevski, S. ; Katayama, R. ; Dinh, D. M. ; Lam, H. ; Lam, J. L. ; Yamazaki, S. ; Hu, W. ; Patel, B. ; Bezwada, D. ; Frias, R. L. ; Lifshits, E. ; Mahmood, S. ; Gainor, J. F. ; Affolter, T. ; Lappin, P. B. ; Gukasyan, H. ; Lee, N. ; Deng, S. ; Jain, R. K. ; Johnson, T. W. ; Shaw, A. T. ; Fantin, V. R. ; Smeal, T. PF - 06463922, an ALK/ROS1 inhibitor, overcomes resistance to first and second generation ALK inhibitors in preclinical models. *Cancer Cell* **2015**, *28*, 70 - 81.
13. Chen, J. ; Houk, B. ; Pithavala, Y. K. ; Ruiz-Garcia, A. Population pharmacokinetic model with time-varying clearance for lorlatinib using pooled data from patients with non-small cell lung cancer and healthy participants. *CPT Pharmacometrics Syst. Pharmacol.* **2021**, *10*, 148 - 160.
14. A Study of PF - 06463922 An ALK/ROS1 Inhibitor In Patients With Advanced Non Small Cell Lung Cancer With Specific Molecular Alterations. https://clinicaltrials. gov/ct2/show/NCT01970865.
15. Solomon, B. J. ; Besse, B. ; Bauer, T. M. ; Felip, E. ; Soo, R. A. ; Camidge, D. R. ; Chiari, R. ; Bearz, A. ; Lin, C. C. ; Gadgeel, S. M. ; Riely, G. J. ; Tan, E. H. ; Seto, T. ; James, L. P. ; Clancy, J. S. ; Abbattista, A. ; Martini, J. F. ; Chen, J. ; Peltz, G. ; Thurm, H. ; Ou, S. I. ; Shaw, A. T. Lorlatinib in patients with ALK-positive non-small-cell lung cancer: results from a global phase 2 study. *Lancet Oncol.* **2018**, *19*, 1654 - 1667.
16. Chen, J. ; Xu, H. ; Pawlak, S. ; James, L. P. ; Peltz, G. ; Lee, K. ; Ginman, K. ; Bergeron, M. ; Pithavala, Y. K. The effect of rifampin on the pharmacokinetics and safety of lorlatinib: results of a phase one, open-label, crossover study in healthy participants. *Adv Ther.* **2020**, *37*, 745 - 758.
17. Patel, M. ; Chen, J. ; McGrory, S. ; O'Gorman, M. ; Nepal, S. ; Ginman, K. ; Pithavala, Y. K. The effect of itraconazole on the pharmacokinetics of lorlatinib: results of a phase I, open-label, crossover study in healthy participants. *Invest. New Drugs.* **2020**, *38*, 131 - 139.
18. FDA approves lorlatinib for second- or third-line treatment of ALK-positive metastatic NSCLC. US Food and Drug Administration. *https://www. fda. gov/drugs/fda-approves-lorlatinib-second-or-third-line-treatment-alk-positive-metastatic-nsclc* (Accessed November 2, 2021).
19. Shaw, A. T. ; Bauer, T. M. ; de Marinis, F. ; Felip, E. ; Goto, Y. ; Liu, G. ; Mazieres, J. ; Kim, D. -W. ; Mok, T. ; Polli, A. ; Thurm, H. ; Calella, A. M. ; Peltz, G. ; Solomon, B. J. First-line lorlatinib

or crizotinib in advanced ALK-positive lung cancer. *N. Engl. J. Med.* **2020**, *383*, 2018 – 2029.

20. FDA approves lorlatinib for metastatic ALK-positive NSCLC. US Food and Drug Administration. US Food and Drug Administration. *https://www.fda.gov/drugs/resources-information-approved-drugs/fda-approves-lorlatinib-metastatic-alk-positive-nsclc* (Accessed November 2, 2021)
21. Duan, S.; Li, B.; Dugger, R. W.; Conway, B.; Kumar, R.; Martinez, C.; Makowski, T.; Pearson, R.; Olivier, M.; Colon-Cruz, R. Developing an asymmetric transfer hydrogenation process for (*S*)-5-fluoro-3-methylisobenzofuran-1(*3H*)-one, a key intermediate to lorlatinib. *Org. Process Res. Dev.* **2017**, *21*, 1340 – 1348.
22. Jensen, A. J.; Luthra, S.; Richardson, P. F. Solid Forms of a Macrocyclic Kinase Inhibitor. WO 2014/207606 Al. December 31, 2014.
23. Li, B.; Barnhart, R. W.; Hoffman, J. E.; Nematalla, A.; Raggon, J.; Richardson, P.; Sach, N.; Weaver, J. Exploratory process development of lorlatinib. *Org. Process Res. Dev.* **2018**, *22*, 1289 – 1293.
24. Dugger, R.; Li, B.; Richardson, P. Discovery and Development of Lorlatinib: A Macrocyclic Inhibitor of EML4-ALK for the Treatment of NSCLC. In *Complete Accounts of Integrated Drug Discovery and Development: Recent Examples from the Pharmaceutical Industry*, *Vol 2*. Pesti, J. A.; Abdel-Magid, A. F.; Vaidyanathan, R.; Eds. ACS: Washington, D.C., 2019; pp. 27 – 60.

12

尼拉帕尼(则乐®),用于乳腺癌、卵巢癌和胰腺癌治疗的小分子 PARP1/2 抑制剂

Raymond Ng

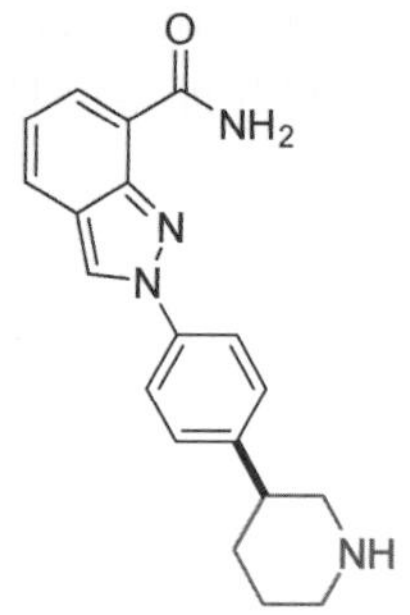

美国药物通用名：尼拉帕尼
商品名：则乐®
葛兰素史克/默克/Tesaro
上市日期：2017年

12.1 背景

多聚二磷酸腺苷核糖聚合酶[Poly(ADP-ribose) polymerases, PARPs],又叫白喉毒素样二磷酸腺苷-核糖基转移酶(ADP-ribosyltransferase diphtheria toxin-like proteins, ARTDs)。PARP 蛋白有 17 个家族成员,主要参与蛋白质翻译后修饰(表 1)[1,2a,2b]。PARP 家族蛋白通过多腺苷二磷酸核糖基化修饰(PARylation)调节翻译后修饰,从而影响各生物学过程,比如 DNA 损伤反应、染色质重塑、转录激活和抑制[2c]、泛素化、RNA 代谢和细胞应激反应等生物过程。

表 1　PARP 家族蛋白(ARTD)担当翻译后修饰的"书写器"

名称	药名	酶活(自修饰)	细胞定位[1]
ARTD1	PARP1	RARylation, Branching	N
ARTD2	PARP2	PARylation	N>>C
ARTD3	PARP3	MARylation	N>C

续 表

名称	药名	酶活(自修饰)	细胞定位[1]
ARTD4	PARP4, vPARP	MARylation	C>N
ARTD5	PARP5A, tankyrase 1	OARylation	C>>N
ARTD6	PARP5A, PARP6, tankyrase 2	OARylation	C>>N
ARTD7	PARP15, BAL3	MARylation	C
ARTD8	PARP14, BAL2, CoaSt6	MARylation	C>N
ARTD9	PARP9, BAL1	no activity reported	C>>N
ARTD10	PARP10	MARylation	C>>N
ARTD11	PARP11	MARylation	N and C
ARTD12	PARP12, ZC3HDC1	MARylation	C>>N
ARTD13	PARP13, ZC3HAV1, ZAP1	no activity reported	C
ARTD14	PARP7, tiPARP, RM1	MARylation	C and N
ARTD15	PARP16	MARylation	C
ARTD16	PARP6	MARylation	C
ARTD17	PARP6	MARylation	C
ARTD18	TPT1	no activity reported	unknown

细胞间期细胞的位置(N=细胞核;C=细胞质)
(采用得到 Elsevier 许可的参考文献 1)

转录后修饰可以通过用烟酰胺腺嘌呤二核苷酸(nicotinamide adenine dinucleotide, β-NAD$^+$)作为底物,对靶蛋白进行二磷酸腺苷-核糖基修饰来完成。PARP 家族最有特征蛋白是 PARP-1、-2、-5A(TNKS1),和-5B(TNKS2)。这些蛋白有时被称为 polyPARP,因为它们具有糖基化修饰(PARylate)或转移多个二磷酸腺苷-核糖基的能力,从而产生线性和支链聚(二磷酸腺苷-核糖基)[poly(ADP-ribose), PAR]链。剩下 PARP 蛋白家族成员也都类似,称为 monoPARP,因为它们只能转移单个的二磷酸腺苷-核糖基到目标蛋白上。PARP 家族蛋白(又称 ARTD 家族)作为“书写器”能将二磷酸腺苷-核糖基添加到蛋白上,而二磷酸腺苷-核糖水解酶 1 和 3(ARH1; ARH3),MDO1/2,TARG1 和聚(二磷酸腺苷-核糖)糖水解酶(poly(ADP-ribose) glycohydrolase, PARG)则充当“擦除器”去除蛋白上的二磷酸腺苷-核糖基(路线 1)。

很多 monoPARP 家族成员功能大家鲜有了解。然而,慢慢人们开始对 PARP7[3a]、PARP10[3b]和 PARP16[3c] 作为肿瘤适应证治疗靶点产生兴趣。2020 年,Ribon Therapeutics 披露他们的 PARP7 抑制剂(首创)进入 I 期临床试验。

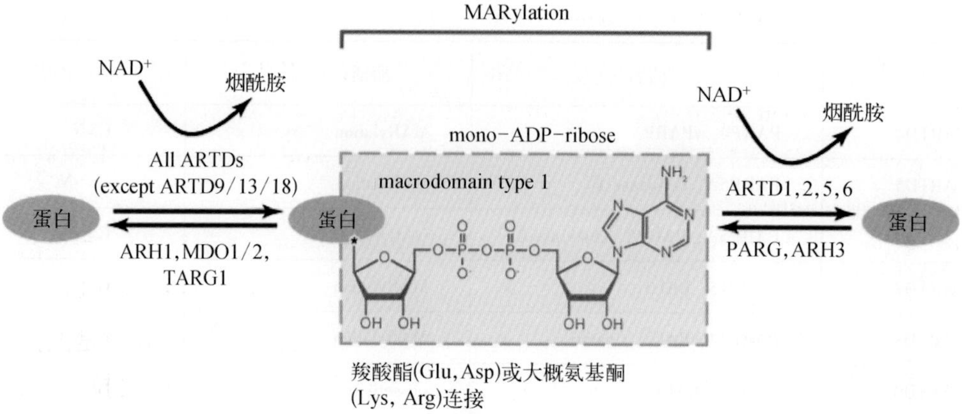

路线 1　ADP-核糖酶[1]（采用得到 Elsevier 许可的参考文献 1）

尽管 1966 年首次发现 PARP1[4]，但还是用了 50 年才发现 PARP 是首个能利用合成致死机制实现抗肿瘤治疗的抑制剂[5]。PARP1 和 PARP2 是细胞核蛋白，包含 DNA 结合结构域和催化结构域。这些具有锌指结构的 DNA 结合结构域能使 PARP1 快速定位并结合到 DNA 损伤部位，随后蛋白质的构象变化改变了催化结构域，从而使活性提高 500 倍。

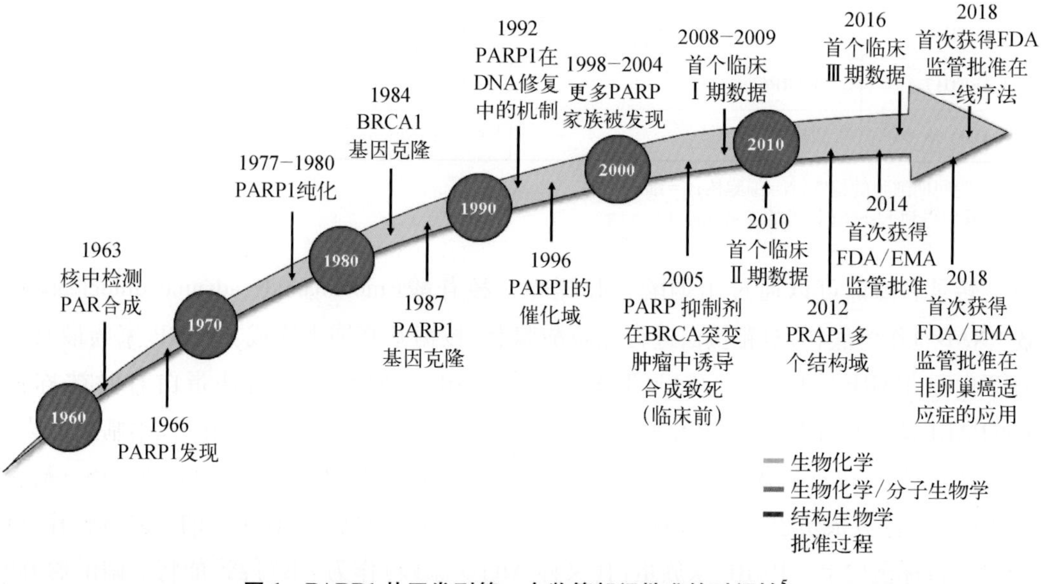

图 1　PARP1 从开发到第一个监管部门批准的时间轴[5]

在撰写本文时，已获批四款 PARP 抑制剂药物，对 PARP1 和 PARP2 都有活性[12]。由于 PARP1 和 PARP2 结构高度相似，开发 PARP1 选择性抑制剂极具挑战。直到最近，阿斯利康报道发现了一种 PARP1 选择性抑制剂，AZD5305[13] 相比第一代 PARP1 抑制剂，其更低的血液学毒性也许能带来更好的安全性。

PARP1/2 抑制剂通过双重细胞毒机制实现其抗肿瘤作用。一是通过催化抑制（上面通路;图 2)阻断 DNA 单链断裂(single strand breaks, SSB)修复,进而带来持续未修复的 SSB 和复制叉损坏,而这一过程依赖于同源重组(homologous recombination, HR)和碱基切除修复(base excision repair, BER)[14]。停止的复制叉会进一步导致 DNA 双链断裂(double strand breaks, DSB),使得修复更难。此外,抑制剂如奥拉帕尼、维利帕尼、芦卡帕尼、尼拉帕尼(**1**)和他拉唑帕尼也能捕获受损 DNA 上的 PARP1 和 PARP2 酶(下面通路;图 2),使 PARP 酶难以解离。被捕获的 PARP - DNA 复合体也能导致复制叉损坏,而且需要额外的修复途径,包括 Fanconi 途径、模板转换、ATM、聚合酶 β 和 FEN1(瓣状核酸内切酶)。此外,抑制剂捕获 PARP 的活性与每个药物的催化抑制性质无关。令人有趣的是他拉唑帕尼具有最高的 PARP 捕获能力,后面排序依次是尼拉帕尼(**1**)、芦卡帕尼、奥拉帕尼、维利帕尼(最弱)。

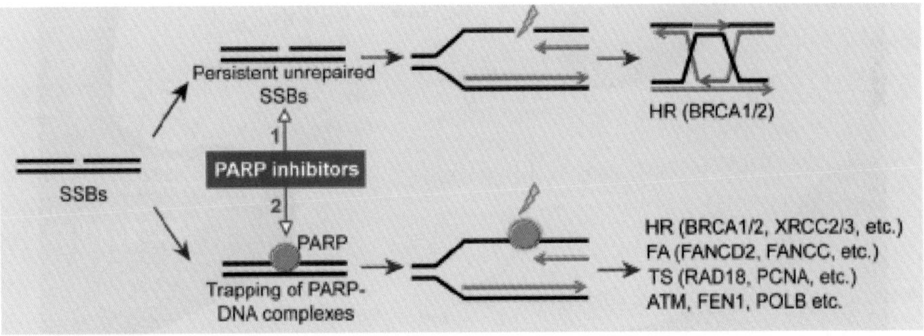

图 2 PARP1 抑制和 DNA 结合的生物机制(采用得到 AACR 许可的参考文献 14)

放疗或细胞毒药物能诱导 DNA 损伤,正常情况下碱基切除修复途径(BER)能修复这类损伤,而敲除或抑制 PARP1 抑制了 BER 途径,使放疗或细胞毒药物变得敏感。肿瘤细胞中靶向一个及以上的 DNA 修复途径能够产生"合成致死"。[15] 两个基因中的其中一个功能丧失还是能保持细胞活性,然而两个功能同时失去从而导致细胞死亡被认定为合成致死。这一概念已在选择性杀死 BRCA - 1 或 BRCA - 2(参与 HR DSB 修复的肿瘤抑制因子)缺失的肿瘤细胞上进行了证明[16]。这些 DSB 最终会导致基因组不稳定、细胞周期停滞和细胞凋亡。

卵巢癌中近 90%患者是由上皮卵巢癌引起的。高级别浆液性卵巢癌(HGSOC)的特点是 DNA 损伤响应缺乏,而 PARP 抑制剂可利用并将这些肿瘤细胞合成致死,从而达到治疗目的。毫无疑问,已获批的 PARP 抑制剂以及临床阶段药物维利帕尼均能用于卵巢癌的治疗。其他具有 HR 修复突变的肿瘤如晚期前列腺癌和胰腺癌也是 PAPR 抑制剂潜在的适应证。

12.2 药理学

PARP 抑制剂与 β - NAD+竞争性结合在 PAPR 酶的催化位点。除了催化抑制作用,这类 PARP 抑制剂还通过 PAPR1 上部结合产生构象改变，进而稳定 PARP1 DNA 结合域和 DNA 的复合物。

图 3 显示来自受体蛋白的羧基基团(例子：PARP1 二聚物)跟结合在另外一个 PARP 二聚物的催化子单元 β - NAD^+ 反应，然后转移一个 ADP 糖单元到受体蛋白上。通常受体蛋白上能被糖基化修饰的氨基酸是谷氨酸(E)、天冬氨酸(D)、精氨酸(R)或赖氨酸(K)残基。这个过程结束会释放出烟酰胺。

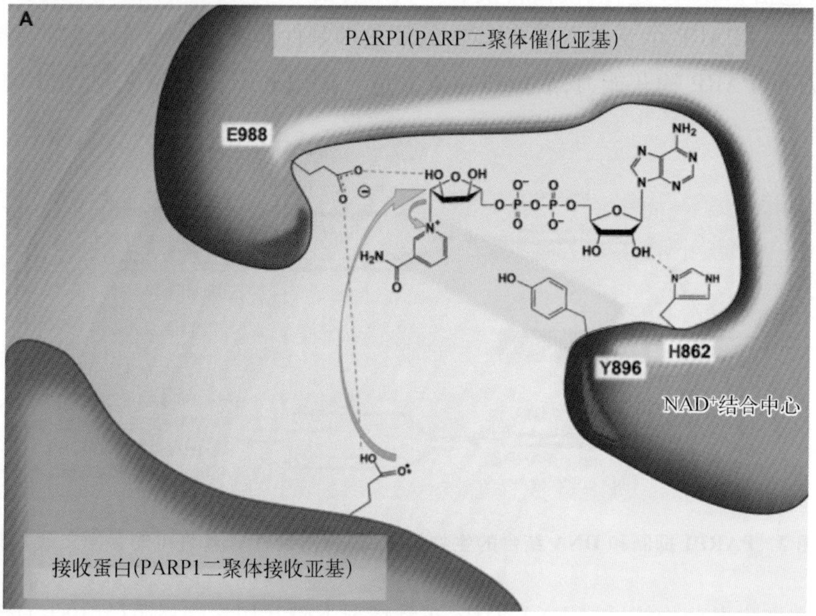

图 3 ADP -核糖基化转移机理[19]

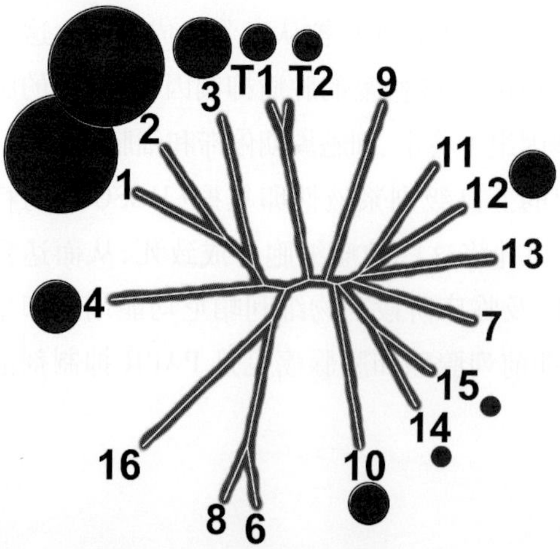

图 4 尼拉帕尼对 PARP 家族的体外活性(允许使用参考 20，版权 2017 化学会)

PARP 抑制和合成致死机制的报道激起业内很大兴趣，工业界开始投入大量的精力进行药物开发，包括 IRBM(默克研究实验室，Rome)项目，从而发现尼拉帕尼(**1**)。如图 4 和表 2，相对于 PARP 家族其他蛋白，尼拉帕尼对选择性地抑制 PARP1(IC50 = 16.7 nmol/L)和 PARP2(IC50 = 15.3 nmol/L)。

第一个获批的 PARP 抑制剂是奥拉帕尼(2014 年)，然后是芦卡帕尼(2016 年)，尼拉帕尼(2017 年)和他拉唑帕尼(2018 年)。所有这些第一代 PARP 抑制剂都对 PAPR1 和 PARP2 的 polyPARP 展示选择性，而 monoPARP 展示很弱的活性。

表 2 尼拉帕尼对 PARP 家族的体外活性

蛋白	结构	IC_{50}(nmol/L)
PARP1	fl	16.7
PARP1	cat	132
PARP2	fl	15.3
PARP3	fl	269
PARP4	cat	446
TNKS1	cat	2 355
TNKS2	cat	5 130
PARP10	fl	1 900
PARP10	cat	3 300
PARP14	cat	17 300
PARP15	cat	29 200

图 5 展示奥拉帕尼(**2**),芦卡帕尼(**3**)和他拉唑帕尼(**4**)的化学结构。因为 PARP 抑

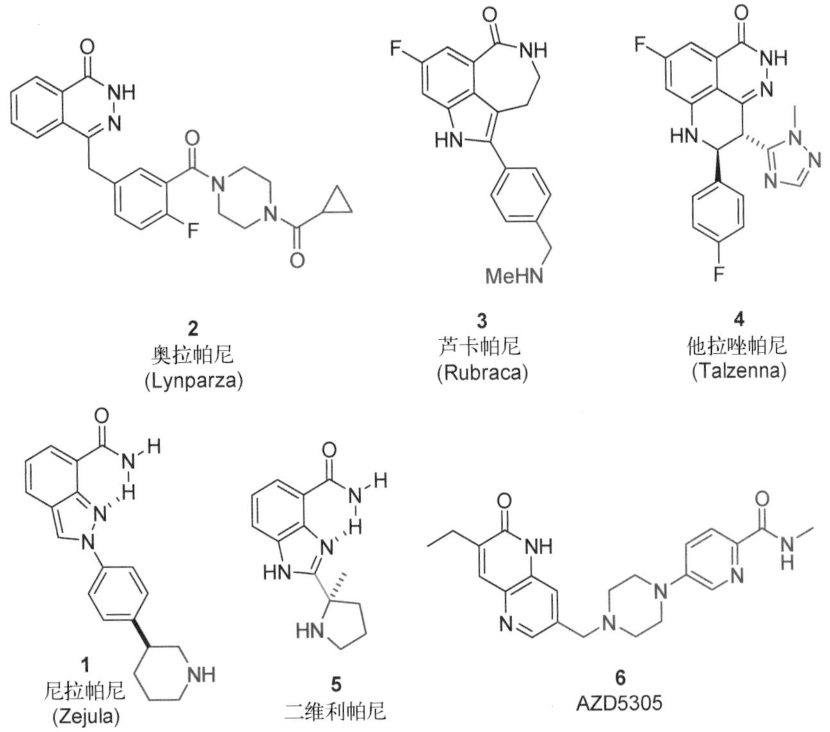

图 5 PARP 抑制剂的化学结构

制剂是在烟酰胺结合位点跟 β－NAD+竞争，毫无疑问所有 PARP 抑制剂包括尼拉帕尼（1）均模仿烟酰胺的结构（蓝色杂环）。作为 PAPR 抑制剂，烟酰胺弱活性部分是由于酰胺键的自由转动。奥拉帕尼（**2**）、芦卡帕尼（**3**）和他拉唑帕尼（**4**）通过成环锁住酰胺从而保持想要的反式构象。维利帕尼和尼拉帕尼则是采用另一种策略，在杂环上引入氮与甲酰胺形成六元环的氢键。

尽管 PARP 抑制剂已获批用于 BRCA 突变的同源重组修复缺失的肿瘤，可其与一线化疗药物联用也会产生叠加的血液学毒性。有猜测，第一代 PARP 抑制剂缺少 PARP1 对 PARP2 的选择性可能会带来上述毒性。近来阿斯利康报道二代捕捉 PARP1 蛋白的 AZD5305（6），相对包括 PARP2 在内的其他 PARP 家族，对 PARP1 具有高选择性抑制活性。PARP 抑制剂 1－5 对 PARP1/2 选择性分别为 51、1、25、3 和 18 倍。AZD5305 的 PARP1/2 选择性有 460 倍。在 100 nmol/L 浓度下，造血干细胞/祖细胞增殖和分裂依然具有 46%的活性，即使当浓度上升到 10 μmol/L 时依然没有进一步变化。

12.3 构效关系（SAR）

用已知的晶体结构，模拟研究显示烟酰胺的酰胺形成三个主要的氢键，与 Ser904 上羟基、Gly863 上氨基，在罗马 IRBM/Merck 研究实验室的药化小组开始筛选 4（6，5）-双环杂芳基碳酰胺衍生物 **7～10**（表 3）[21,22]。设计的四个分子在芳杂环上加入一个氮原子，通

表 3 杂环甲酰胺的体外活性

化合物	结构	PARP1 IC_{50} (nmol/L)	PARylation EC_{50} (nmol/L)	PARylation EC_{90} (nmol/L)
7	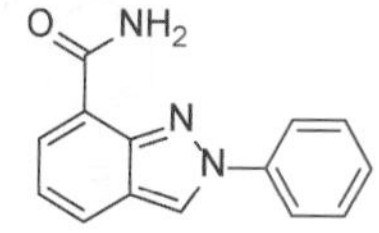	24	3 700	6 200
8	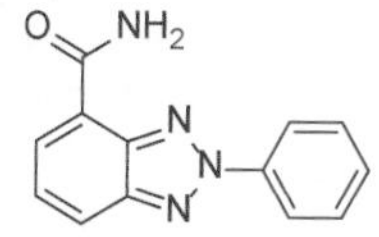	71	ND	ND
9	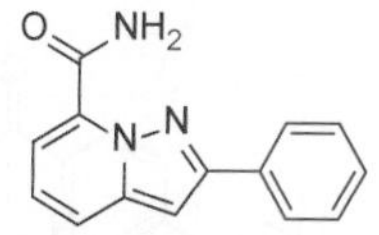	55	ND	ND
10	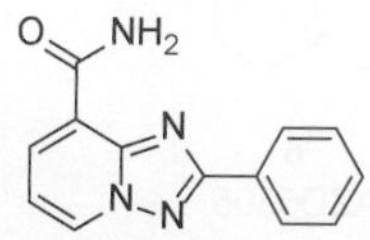	270	ND	ND

来源：基于参考文献 21 和 22。

过分子内氢键形成 6 元环来锁定酰胺基团。吲唑(**7**)活性 IC_{50} = 24*n* 相比 **8**~**10** 活性更高,同时在 PARylation 试验中展示了细胞活性。

吲唑 **7** 也进行了体内评价,**7** 的药代动力学(PK)在大鼠中展示了中等血浆清除率,1.8 L/kg 的分布体积,5.1 h 的半衰期。另外,可接受口服吸收生物利用度,*F* = 41%,是进一步优化良好的出发点。

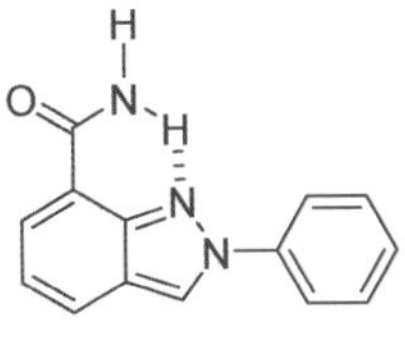

吲唑 **7**
PARP1 IC_{50} = 24 nmol/L
Hela子宫颈细胞 EC_{50} = 3.7 μmol/L
Rat LM: 123 (μL/min)/mgP
人LM: 138 (μL/min)/mgP
大鼠PK, Cl = 30 (mL/min)/kg
V_{ss} = 1.8 L/kg
$T_{1/2}$ = 5.1 h
F = 41%

图 6 吲唑 7 的表征

苯环上的对位取代基能提高酶和细胞的活性(表 4)。探索极性基团来潜在地提高溶解性,并还可能在腺苷结合口袋增加结合力。苯环的对位加上二甲氨基甲基得到化合物 **11** 相比无取代基的吲唑 **7**,其酶活性提高了 6 倍。相比低溶解度的 **7**(26 μg/mL 磷酸缓冲液),**11** 的溶解度(3 mg/mL 磷酸缓冲液)也显著提高。更重要的是,在 PARP 抑制细胞实验中 **11** 的细胞活性(PARylation EC_{50} = 110 nmol/L)得到显著的提升,这可能是由于 **11** 具有更优的细胞渗透性。

表 4 吲唑酰胺 N2-苯基上 3-和 4-位取代的体外活性

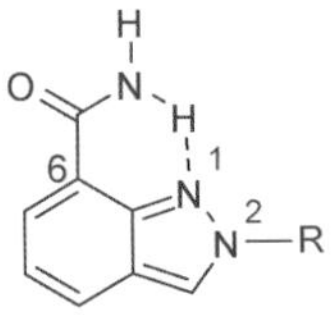

化合物	R	PARP1 IC_{50} (nmol/L)	PARylation EC_{50} (nmol/L)	PARylation EC_{90} (nmol/L)	BRCA1 - CC_{50} (nmol/L)
11	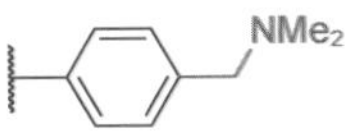	3.7	110	630	520
12	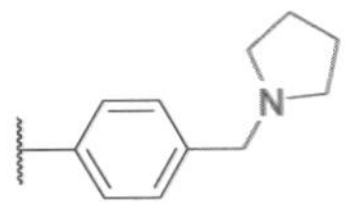	4.8	94	450	1 200
13	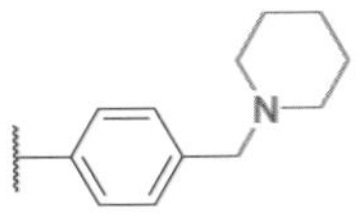	1.9	180	970	880

续 表

化合物	R	PARP1 IC_{50} (nmol/L)	PARylation EC_{50} (nmol/L)	PARylation EC_{90} (nmol/L)	BRCA1 – CC_{50} (nmol/L)
14	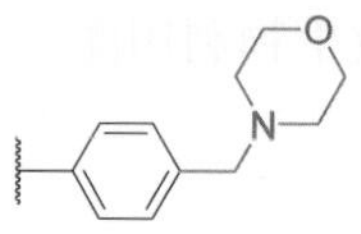	17	1 200	6 200	5 300
15	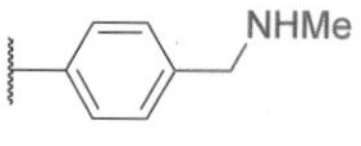	3.8	68	740	460
16	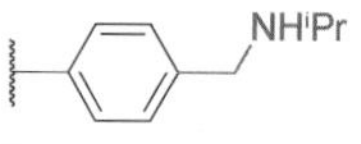	6.7	700	2 000	2 000
17	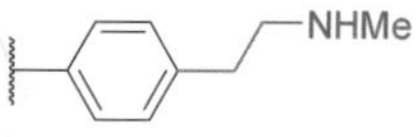	200	ND	ND	19 000
18	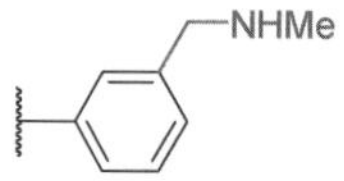	5.3	ND	ND	10 300
19	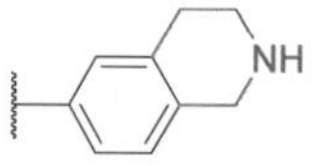	1.4	13	140	270

吡咯 **12** 和哌啶 **13** 展示接近的 PARP 抑制活性，而碱性弱的吗啡啉 **14** 活性也低。仲氨也是耐受的，甲氨 **15** 展示酶活性跟 **11** 接近，但细胞活性得到提高。仲胺上更大的烷基，延长芳环和碱性胺的距离，或者将碱基从对位移到间位都会让细胞活性明显损失。PARylation 抑制 EC_{90} 与 BRCA – 1 缺失的 Hela 细胞抗增殖抑制 CC_{50} 高度相关，这显示需要强的 PARP 持续抑制细胞增殖。

采用放射性标记的化合物 **11** 通过静脉大鼠给药，检测尿液和胆汁。给药放射活性物主要是以羧酸和它的葡萄糖酰基化为代谢物进行排泄。确定氧化酶是表达在肺部 CYP1A1。将氨构象限制成环如 **19**，能降低大鼠肝微粒体和 CYP1A1 的清除率，而保持良好活性。

第二个策略加入饱和氮杂化也是有效的，如 3 –取代哌啶 **21**，具有良好的酶活性和细胞活性，降低肝微粒体和 CYP1A1 体外清除率，大鼠中保持适中的体内血浆清除率（表 5）。异构体拆分得到 **1**（*S* –异构体）和 **23**（*R* –对映体），均有优异的 PARP1 抑制作用。*S* –对映体 **1** 在细胞试验中活性更优（PARylation EC_{50} = 4.0 nmol/L；BRCA1 – Hela CC_{50} = 34 nmol/L），另外人肝微粒体的体外代谢接近［HLM Cl_{int}，**1** = 3，**23** = 4 μL/（min · mg）］。

临床前开发还需要解决种属特性 PK 问题。大鼠中 **1** 有良好的生物利用度（65%）和高的分布体积（V_{dss} = 6.9 L/kg），产生一个适度长的半衰期（$T_{1/2}$ = 3.4 h）。然而犬中 **1** 的 PK 显示高清除率［Clp = 31 mL/（min · kg）］。肝细胞试验显示，**1** 在犬中快代谢是由于酰

表 5 吲唑酰胺 N2-苯基上 4-位取代的体外活性

化合物	R	PARP1 IC_{50} (nmol/L)	PARylation EC_{50} (nmol/L)	PARylation EC_{90} (nmol/L)	BRCA1 - CC_{50} (nmol/L)
20	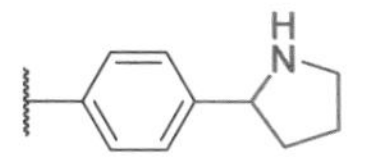	3.1	31	430	190
21	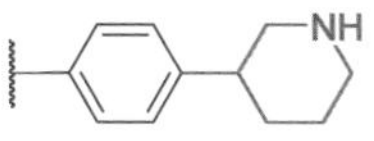	3.2	24	220	72
22	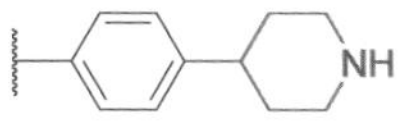	9	ND	ND	410
1	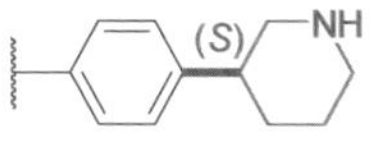	3.2	4.0	45	34
23		2.4	30	280	470

胺水解成羧酸。[^{14}C]-**1** 静脉给药犬胆管插管实验确定 52%是以羧酸代谢物被回收的。PARP1 实验中羧酸代谢物没有活性,是因为它没有与烟酰胺位点结合的关键氢键供体。尼拉帕尼和 PARP1(图 7 所示)共晶结构显示酰胺和 Gly863 产生关键的氢键。然而,基于人体外试验是慢代谢,预测人 PK 是好的,这也在临床上得到证实。这就是对 PK 进行机理研究的价值。

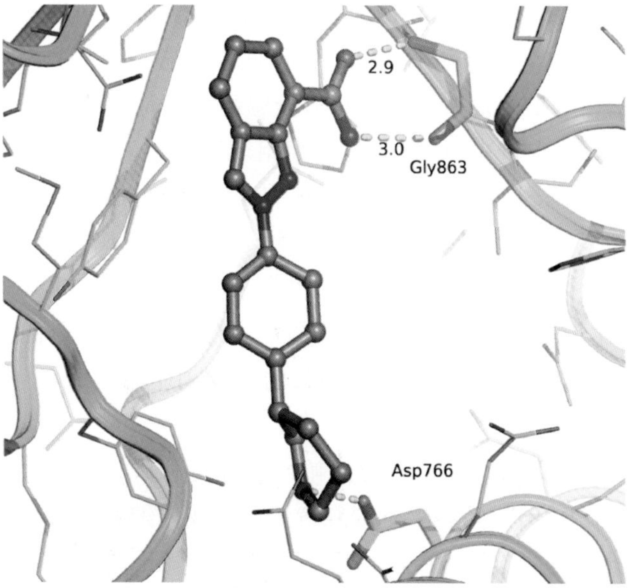

图 7 尼拉帕尼(1)和 PARP1 的共晶结构(PDB: 4R6E(2.2 Å) by Marc Adler 在 ChemPartner)

12.4 药代动力学和药物代谢

在 60 名晚期实体瘤患者身上研究了尼拉帕尼(**1**)从 30 mg/天到 400 mg/天 10 个剂量的 PK。通过可逆的 4 级血小板减少确定最大耐受剂量。特别指出,尼拉帕尼终末期半衰期为 36 h,允许一天一次给药,相比之前获批 PARP 抑制剂有所提高。尼拉帕尼生物利用度为 73%,血浆蛋白结合率为 83%。药物能够快速吸收,且达峰时间 T_{max} 为 3 h。通过异种移植研究测定,在 40 mg/天及以上所有剂量均能覆盖靶点。

尼拉帕尼(**1**)主要是通过羧酸酯酶代谢,其次是葡萄糖醛酸化。美国食品药品监督管理局(FDA)批准剂量下,21 天时间大约 47.5%的药物经尿液排泄,约 38.8%的药物经粪便排泄。

12.5 有效性和安全性

Ⅲ期随机、安慰剂对照(ENGOT-OV16/NOVA)临床试验由来自美国、加拿大和匈牙利的研究者和妇科肿瘤试验欧洲网络工作组开展,旨在评价尼拉帕尼相比安慰剂组作为维持治疗在铂类敏感的复发性卵巢癌中的疗效和安全性[11]。在早期一期剂量递增研究中,由于其高毒副事件发生率低,最大剂量下每天 300 mg 尼拉帕尼在卵巢癌患者中表现出客观临床响应。ENGOT-OV16/NOVA 试验的主要终点无进展生存持续时间是指从随机化开始直至疾病进展或患者因任何原因导致死亡的最早时间。对 103 名 *BRCA* 基因异常的患者群和 101 名非 *BRCA* 基因异常的 HRD 阳性亚群,在疾病进展或死亡发生后进行药效分析。研究期间,在整个非 *BRCA* 基因异常的群体中曾经发生 213 件这类事。两个群体中尼拉帕尼组用药依从性中位率近 90%,安慰剂组也高(>99%)。

所有三个主要疗效人群中,尼拉帕尼治疗组表明 PFS 持续时间明显长于安慰剂组($p<0.001$)。在 *BRCA* 基因突变组(胚系 *BRCA* 突变),PFS 中位持续时间在尼拉帕尼组为 21 个月,安慰剂组为 5.5 个月(风险比,0.27;95% CI, 0.17~0.41)。在非 *BRCA* 突变的 HRD 阳性组,尼拉帕尼治疗组相比安慰剂组也带来明显更长的 PFS(中位值,12.9 个月 vs. 3.8 个月;风险比,0.38;95% CI, 0.24~0.59)。有趣的是,在整个非 *BRCA* 突变组,也看到了尼拉帕尼治疗组相比安慰剂组具有更长的 PFS(中位值,9.3 个月 vs. 3.9 个月;风险比,0.45;95% CI, 0.34~0.61)。

基于 ENGOT-OV16/NOVA 表现,尼拉帕尼成为美国 FDA 全面批准用于复发卵巢癌的维持治疗的第一个 PARP 抑制剂,不管患者的种系或体细胞突变状态。这一获批非常重要,因为更早批准的奥拉帕尼和芦卡帕尼需要结合伴随诊断试验对 *BRCA* 突变细胞的晚期卵巢癌患者有效。ENGOT-OV16/NOVA 试验是一个随机、安慰剂对照、双盲三期试验,共招募 553 名患者,他们之前接受过至少两种顺铂化疗,并且对当前化疗具有完全或部分响应,得出生存数据而不是响应率。

在 PRIMA 三期试验中,采用随机、双盲、安慰剂对照来评价用于顺铂化疗后维持治疗的尼拉帕尼,服用尼拉帕尼后最常见的副作用是贫血、恶心、血小板减少、便秘、疲乏、血小板计数减少和白细胞减少。

在晚期疾病中 PARP 抑制剂出现耐药的机制进一步使临床应用变得复杂化。例如可能的药物耐药机制是:(1) 通过恢复 BRCA1/2 功能,重新获得同源重组修复(HR)能力;(2) P－gp 药物外排转运体的上调;(3) PARP1 的突变或下调[24]。

12.6　合成

这里给出了初始 Merck 开发的尼拉帕尼(**1**)合成路线(路线 2),随后改进用于试验工厂放大,而最有亮点的是 Merck 工艺小组开发的转氨酶路线(路线 3)。

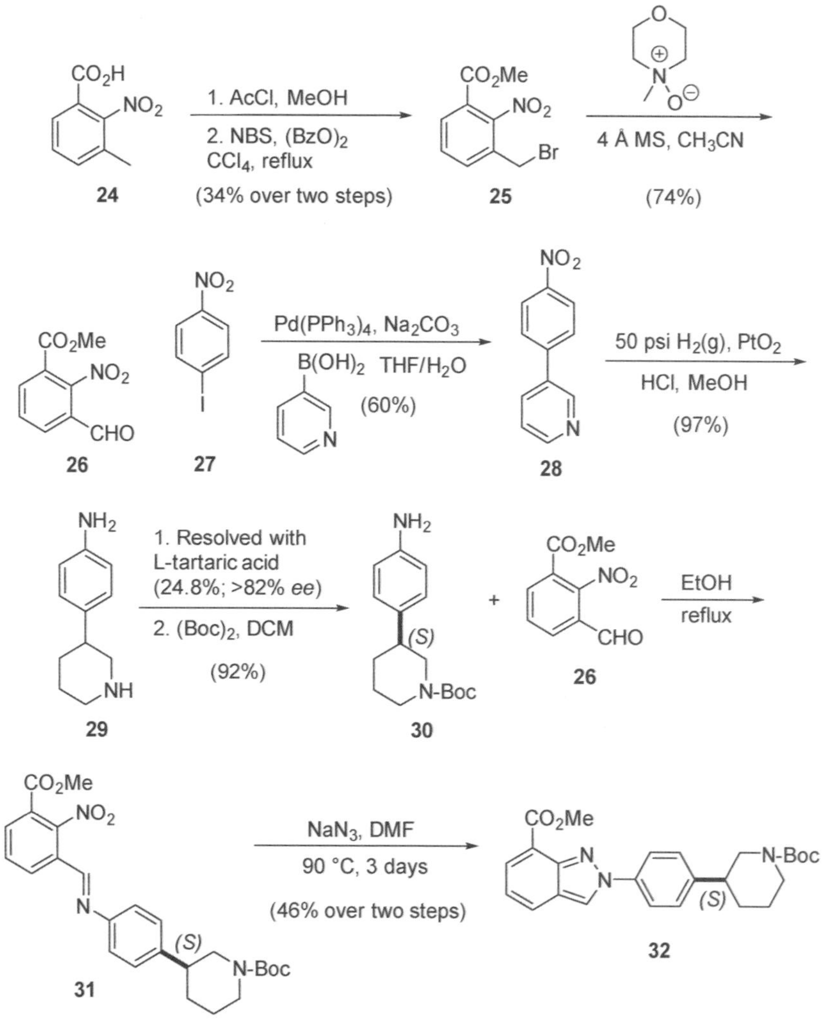

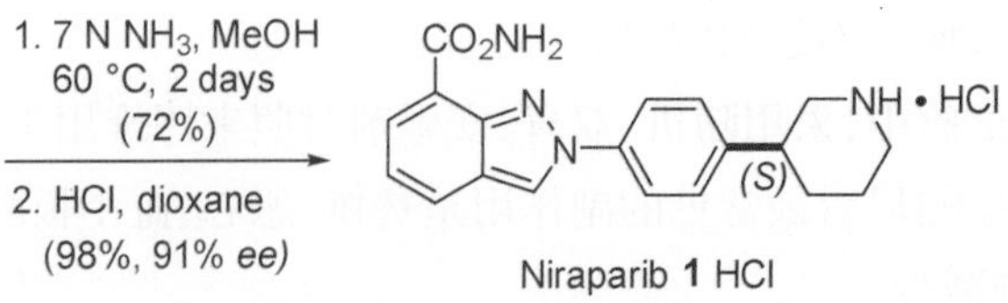
1. 7 N NH3, MeOH
60 °C, 2 days
(72%)
2. HCl, dioxane
(98%, 91% ee)
CO2NH2
N
N
NH • HCl
(S)
Niraparib 1 HCl

路线 2 Merck 研发路线

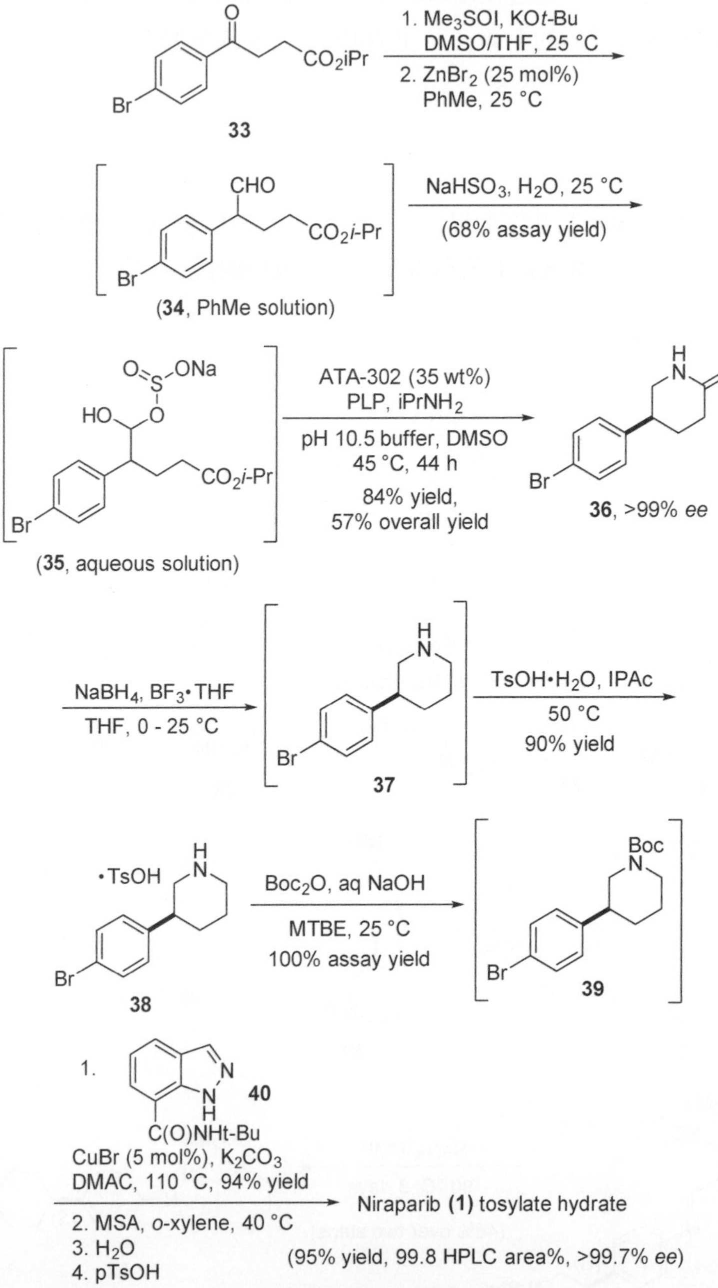
O
CO2iPr
Br
33
1. Me3SOI, KOt-Bu
DMSO/THF, 25 °C
2. ZnBr2 (25 mol%)
PhMe, 25 °C
CHO
CO2i-Pr
Br
(34, PhMe solution)
NaHSO3, H2O, 25 °C
(68% assay yield)
O=S-ONa
HO O
CO2i-Pr
Br
(35, aqueous solution)
ATA-302 (35 wt%)
PLP, iPrNH2
pH 10.5 buffer, DMSO
45 °C, 44 h
84% yield,
57% overall yield
H
N
O
Br
36, >99% ee
NaBH4, BF3• THF
THF, 0 - 25 °C
H
N
Br
37
TsOH•H2O, IPAc
50 °C
90% yield
•TsOH
H
N
Br
38
Boc2O, aq NaOH
MTBE, 25 °C
100% assay yield
Boc
N
Br
39
1.
N
N
H
40
C(O)NHt-Bu
CuBr (5 mol%), K2CO3
DMAC, 110 °C, 94% yield
2. MSA, o-xylene, 40 °C
3. H2O
4. pTsOH
Niraparib (1) tosylate hydrate
(95% yield, 99.8 HPLC area%, >99.7% ee)

路线 3 转氨酶工艺路线的亮点

API 首个公斤级合成[25] 是在 Merck 发现的路线上进行了一些改进,如(1) 利用手性 HPLC 分离来获得更高的对映体纯度和(2) 连续反应以避免色谱分离。一般首次非 GMP 公斤级 API 放大用于支持 IND 研究,只需适当地改进工艺,目的是在更大反应器中能安全实施,不要求效率水平和 GMP 生产路线中的杂质定量。第一代工艺路线(未给出)共 11 步 11%的整体收率得到尼拉帕尼 **1** 对甲苯磺酸一水合物。

第二代路线是由 Merck 工艺小组开发来解决几个缺点:(1) 通过成盐或手性柱分离进行的手性拆分,(2) 使用叠氮试剂,特别是加热条件下,(3) 使用金属和高压氢化设备,(4) 倒数第二步中间体和 API 的低暴露量限度要求。

为了避免第二个中间体活性化合物处理,用叔丁基保护的酰胺 **40** 来代替伯酰胺。C7 位酰胺上的叔丁基的位阻效应也进一步提高了吲唑 **40** 的 N2 位相对 N1 位上芳基化的区域选择性。为了避免早期路线的催化氢化步和手性拆分,采用转氨酶动力学拆分方法成功地实现拆分。通过转氨酶实现了想要的(*S*)-醛对映体选择性,伴随着不反应的(*R*)-醛外消旋化,通过动力学拆分过程能够使所有的醛理论上全部转化为想要的手性胺,而不需要如传统拆分那样去除不需要的对映体。手性胺可被适当位置的异丙酯分子内捕获得到 **36**,>99% *ee*。最后,在 DMAC 中用 CuBr(5 mol%)和 8 羟基喹啉(10 mol%)优化了 **39** 和 **40** 的 N2 上选择芳基化,然后盐交换得到尼拉帕尼(**1**)对甲苯磺酸盐[26] 一水合物(99.8% HPLC 面积法);>99.7% *ee*。

12.7 总结

尼拉帕尼(**1**)和其他 PARP 抑制剂代表一类新的利用合成致死的抗癌药物。作为第三个美国 FDA 批准的 PARP 抑制剂,尼拉帕尼相比奥拉帕尼和卢卡帕尼有明显改进,因为它被批准一天一次用于无体细胞或种系 *BRCA* 突变的患者。这一批准扩展了从 PARP 抑制剂接受并获益的患者群体。但尼拉帕尼(**1**)引起更大的血小板减少的风险,这可能是由于其对 PARP2 的抑制。最近报道的 PAPR1 选择性抑制剂 AZD5305(**6**)对降低第一代 PARP 抑制剂的血液毒风险确实是有可能的。

或许兼有 PAPR 家族多个成员的抑制会带来更好的癌症疗效,伴随更低产生耐药的倾向。特别是,已发现 PARP16 的抑制对他拉唑帕尼(**4**)的多药理学作用提供了一定贡献。

利用合成致死靶向肿瘤的故事算是刚刚开始,癌症中很多类型的常见基因突变也仍然未找到靶点。合成致死效果在临床将转化为疗效,其重要性和稳定性是一个关键的考虑因素。这一领域正在向前推动可同时利用多个合成致死效果的研究,识别更高阶合成致死的效果,这或许带来之前未想到的联合治疗。

12.8 参考文献

1. Hottiger, M. O. SnapShot: ADP-ribosylation signaling. *Mol. Cell* **2015**, *58*,1134.

2. (a) Kraus, W. L. PARPs and ADP-Ribosylation: 50 years ... and counting. *Mol. Cell* **2015**, *58*, 902 - 910. (b) Langelier, M.-F.; Eisemann, T.; Riccio, A. A.; Pascal, J. M. PARP family enzymes: regulation and catalysis of the poly (ADPribose) posttranslational modification. *Curr. Opin. Struct. Biol.* **2018**, *53*, 187 - 198. (c) Pahi, Z. G.; Borsos, B. N.; Pantazi, V.; Ujfaludi, Z.; Pankotai, T. PARylation during transcription: insights into the fine-tuning mechanism and regulation. *Cancers* **2020**, *12*, 183 - 201.
3. (a) Gozgit, J. M.; Vasbinder, M. M.; Abo, R. P.; Kunii, K.; Kuplast-Barr, K. G.; Gui, B.; Lu, A. Z.; Molina, J. R.; Minissale, E.; Swinger, K. K.; Wigle, T. J.; Blackwell, D. J.; Majer, C. R.; Ren, Y.; Niepel, M.; Varsamis, Z. A.; Nayak, S. P.; Bamberg, E.; Mo, J.-R.; Church, W. D.; Mady, A. S. A.; Song, J.; Utley, L.; Rao, P. E.; Mitchison, T. J.; Kuntz, K. W.; Richon, V. M.; Keilhack, H. PARP7 negatively regulates the type I interferon response in cancer cells and its inhibition triggers antitumor immunity. *Cancer Cell* **2021**, *39*, 1 - 13. (b) Venkannagari, H.; Verheugd, P.; Koivunen, J.; Haikarainen, T.; Obaji, E.; Ashok, Y.; Narwal, M.; Pihlajaniemi, T.; Lüscher, B.; Lehtiö, L. Small-molecule chemical probe rescues cells from mono-ADP-ribosyltransferase ARTD10/PARP10-induced apoptosis and sensitizes cancer cells to DNA damage. *Cell Chem. Biol.* **2016**, *23*, 1251 - 1260. (c) Challa, S.; Khulpatteea, B. R.; Nandu, T.; Camacho, C. V.; Ryu, K. W.; Chen, H.; Peng, Y.; Lea, J. S.; Kraus, W. L. Ribosome ADP-ribosylation inhibits translation and maintains proteostasis in cancers. *Cell* **2021**, *184*, 1 - 16.
4. Chambon, P.; Weill, J. D.; Doly, J.; Strosser, M. T.; Mandel, P. On the formation of a novel adenylic compound by enzymatic extracts of liver nuclei. *Biochem. Biophys. Res. Commun.* **1966**, *25*, 638 - 643.
5. Ledermann, J. A.; Coquard, I. R.; Marme, F. Key questions on PARP inhibitors in ovarian cancer: experts evaluate the latest evidence. *Clinical Care Options* 2021, released online: clinicaloptions. com.
6. Plummer, R.; Jones, C.; Middleton, M.; Wilson, R.; Evans, J.; Olsen, A.; Curtin, N.; Boddy, A.; McHugh, P.; Newell, D.; Harris, A.; Johnson, P.; Steinfeldt, H.; Dewji, R.; Wang, D.; Robson, L.; Calvert, H. Phase I study of the poly (ADPribose) polymerase inhibitor, AG014699 in combination with temozolomide in patients with advanced solid tumors. *Clin. Cancer Res.* **2008**, *14*, 7917 - 7923.
7. Fong, P. C.; Boss, D. S.; Yap, T. A.; Tutt, A.; Wu, P.; Mergui-Roelvink, M.; Mortimer, P.; Swaisland, H.; Lau, A.; O'Connor, M. J. Inhibition of poly (ADPribose) polymerase in tumors from *BRCA* mutation carriers. *N. Engl. J. Med.* **2009**, *361*, 123 - 134.
8. Audeh, M. W.; Carmichael, J.; Penson, R. T.; Friedlander, M.; Powell, B.; Bell-McGuinn, K. M.; Scott, C.; Weitzel, J. N.; Oaknin, A.; Loman, N.; Lu, K.; Schmutzler, R. K.; Matulonis, U.; Wickens, M.; Tutt, A. Oral poly (ADP-ribose) polymerase inhibitor Olaparib in patients with BRCA1 or BRCA2 mutations and recurrent ovarian cancer: a proof-of-concept trial. *Lancet* **2010**, *376*, 245 - 251.
9. Tutt, A.; Robson, M.; Garber, J. E.; Domchek, S. M.; Audeh, M. W.; Weitzel, J. N.; Friedlander, M.; Arun, B.; Loman, N.; Schmutzler, R. K.; Wardley, A.; Mitchell, G.; Earl, H.; Wickens, M.; Carmichael, J. Oral poly (ADP-ribose) polymerase inhibitor Olaparib in patients with BRCA1 or BRCA2 mutations and advanced breast cancer: a proof-of-concept trial. *Lancet* **2010**, *376*, 235 - 244.
10. Bang, Y.; Boku, N.; Chin, K.; Lee, K.; Park, S. H.; Qin, S.; Rha, S. Y.; Shen, L.; Xu, N.; Im, S.; Locker, G.; Rowe, P.; Shi, X.; Hodgson, D.; Liu, Y.; Xu, R.; 2742 - Olaparib in combination with paclitaxel in patients with advanced gastric cancer who have progressed following first-line therapy: phase III GOLD study. OncologyPRO 2016, ESMO Abstract.
11. Mirza, M. R.; Monk, B. J.; Herrstedt, J.; Oza, A. M.; Mahner, S.; Redondo, A.; Fabbro, M.; Ledermann, J. A.; Lorusso, D.; Vergote, I.; Ben-Baruch, N. E.; Marth, C.; Madry, R.; Christensen, R. D.; Berek, J. S.; Dørum, A.; Tinker, A. V.; duBois, A.; Gonzólez-Martin, A.; Follana, P.; Benigno, B.; Rosenberg, P.; Gilbert, L.; Rimel, B. J.; Buscema, J.; Balser, J. P.; Agarwal, S.; Matulonis, U. A. Niraparib maintenance therapy in platinum-sensitive, recurrent ovarian

cancer. *N. Engl. J. Med.* **2016**, *375*, 2154 – 2164.

12. Underhill, C.; Toulmonde, M.; Bonnefoi, H. A review of PARP inhibitors: from bench to bedside. *Ann. Oncol.* **2011**, *22*, 268 – 279.
13. Johannes, J. W.; Balazs, A.; Barratt, D.; Bista, M.; Chuba, M. D.; Cosulich, S.; Critchlow, S. E.; Degorce, S. L.; Di Fruscia, P.; Edmondson, S. D.; Embrey, K.; Fawell, S.; Ghosh, A.; Gill, S. J.; Gunnarsson, A.; Hande, S. M.; Heightman, T. D.; Hemsley, P.; Illuzi, G.; Lane, J.; Larner, C.; Leo, E.; Liu, L.; Madin, A.; Martin, S.; McWilliams, L.; O'Connor, M. J.; Orme, J. P.; Pachl, F.; Packer, M. J.; Pei, X.; Pike, A.; Schimpl, M.; She, H.; Staniszewska, A. D.; Talbot, V.; Underwood, E.; Varnes, J. G.; Xue, L.; Yao, T.; Zhang, K.; Zhang, A. X.; Zheng, X. Discovery of 5-{4-[(7-Ethyl-6-oxo-5,6-dihydro-1,5-naphthyridin-3- yl) methyl] piperazin-1-yl}-*N*-methylpyridine-2-carboxamide (AZD5305): a PARP1-DNA trapper with high selectivity for PARP1 over PARP2 and other PARPs. *J. Med. Chem.* **2021**, *64*, 14498 – 14512.
14. Murai, J.; Huang, S. N.; Das, B, B.; Renaud, A.; Zhang, Y.; Doroshow, J. H.; Ji, J.; Takeda, S.; Pommier, Y. Differential trapping of PARP1 and PARP2 by clinical PARP inhibitors. *Cancer Res.* **2012**, *72*, 5588 – 5599.
15. Lord, C. J.; Ashworth, A. PARP inhibitors: synthetic lethality in the clinic. *Science* **2017**, *355*, 1152 – 1158.
16. (a) Bryant, H. E.; Schultz, N.; Thomas, H. D.; Parker, K. M.; Flower, D.; Lopez, E.; Kyle, S.; Meuth, M.; Curtin, N. J.; Helleday, T. Specific killing of BRCA2- deficient tumours with inhibitors of poly(ADP-ribose) polymerase. *Nature* **2005**, 434, 913 – 917. (b) Farmer, H.; McCabe, N.; Lord, C. J.; Tutt, A. N. J.; Johnson, D. A.; Richardson, T. B.; Santarosa, M.; Dillon, K. J.; Hickson, I.; Knights, C.; Martin, N. M. B.; Jackson, S. P.; Smith, G. C. M.; Ashworth, A. Targeting the DNA repair defect in BRCA mutant cells as a therapeutic strategy. *Nature* **2005**, *434*, 917 – 921.
17. Boussios, S.; Karihtala, P.; Moschetta, M.; Abson, C.; Karathanasi, A.; Zakynthinakis-Kyriakou, N.; Ryan, J. E.; Sheriff, M.; Rassy, E.; Pavlidis, N. Veliparib in ovarian cancer: a new synthetically lethal approach. *Invest. New Drugs* **2020**, *38*, 181 – 193.
18. (a) González‑Martin, A.; Pothuri, B.; Vergote, I.; Depont Christensen, R.; Graybill, W.; Mirza, M. R.; McCormick, C.; Lorusso, D.; Hoskins, P.; Freyer, G.; Baumann, K.; Jardon, K.; Redondo, A.; Moore, R. G.; Vulsteke, C.; O'Cearbhaill, R. E.; Lund, B.; Backes, F.; Barretina-Ginesta, P.; Haggerty, A. F.; Rubio-Peréz, M. J.; Shahin, M. S.; Mangili, G.; Bradley, W. H.; Bruchim, I.; Sun, K.; Malinowska, I. A.; Li, Y.; Gupta, D.; Monk, B. J. Niraparib in patients with newly diagnosed advanced ovarian cancer. *N. Engl. J. Med.* **2019**, *381*, 2391 – 2402. (b) Nizialek, E.; Antonarakis, E. S. PARP inhibitors in metastatic prostate cancer: evidence to date. *Cancer Manag. Res.* **2020**, 12, 8105 – 8114. (c) Zhu, H.; Wei, M.; Xu, J.; Hua, J.; Liang, C.; Meng, Q.; Zhang, Y.; Liu, J.; Zhang, B.; Yu, X.; Shi, S. PARP inhibitors in pancreatic cancer: molecular mechanisms and clinical applications. *Mol. Cancer* **2020**, *19*, 49 – 63.
19. Alemasova, E. E.; Lavrik, O. I. Poly (ADP-ribosyl) ation by PARP1: reaction mechanism and regulatory proteins. *Nucleic Acids Res.* **2019**, *47*, 3811 – 3827.
20. Thorsell, A.-G.; Ekblad, T.; Karlberg, T.; Löw, M.; Pinto, A. F.; Trésauges, L.; Moche, M.; Cohen, M. S.; Schüler, H. Structural basis for potency and promiscuity in poly (ADP-ribose) polymerase (PARP) and tankyrase inhibitors. *J. Med. Chem.* **2017**, *60*, 1262 – 1271.
21. (a) Jones, P.; Wilcoxen, K.; Rowley, M.; Toniatti, C. Niraparib: a poly(ADPribose) polymerase (PARP) inhibitor for the treatment of tumors with defective homologous recombination. *J. Med. Chem.* **2015**, *58*, 3302 – 3314 (b) Jones, P.; Ontoria, J. M.; Scarpelli, R.; Schultz-Fademrecht, C. Amide Substituted Indazoles as Poly(ADP-Ribose) polymerase (PARP) Inhibitors. WO2008/084261.
22. Jones, P.; Altamura, S.; Boueres, J.; Ferrigno, F.; Fonsi, M.; Giomini, C.; Lamartina, S.; Monteagudo, E.; Ontoria, J. M.; Orsale, M. V.; Palumbi, M. C.; Pesci, S.; Roscilli, G.; Scarpelli, R.; Schultz-Fademrecht, C.; Toniatti, C.; Rowley, M. Discovery of 2-{4-[(3*S*)-piperidin-3-yl]phenyl}-2*H*-indazole-7-carboxamide (MK-4827): a novel oral poly(ADP-ribose) polymerase (PARP inhibitor efficacious in BRCA-1 and -2 mutant tumors). *J. Med. Chem.* **2009**, *52*, 7170 – 7185.

23. (a) Longoria, T. C.; Tewari, K. S. Pharmacokinetic drug evaluation of niraparib for the treatment of ovarian cancer. *Expert Opin. on Drug Metab. & Toxicol.* **2018**, *14*, 543 – 550. (b) Sandhu, S. K.; Schelman, W. R.; Wilding, G.; Moreno, V.; Baird, R. D.; Miranda, S.; Hylands, L.; Riisnaes, R.; Forster, M.; Omlin, A.; Kreischer, N.; Thway, K.; Gevensleben, H.; Sun, L.; Loughney, J.; Chatterjee, M.; Toniatti, C.; Carpenter, C. L.; Iannone, R.; Kaye, S. B.; de Bono, J. S.; Wenham, R. M.; The poly(ADP-ribose) polymerase inhibitor niraparib (MK4827) in BRCA mutation carriers and patients with sporadic cancer: a phase 1 dose-escalation trial. *Lancet Oncol.* **2013**, *14*, 882 – 892.
24. Michelena, J.; Lezaja, A.; Teloni, F.; Schmid, T.; Imhof, R.; Altmeyer, M. Analysis of PARP inhibitor toxicity by multidimensional fluorescence microscopy reveals mechanisms of sensitivity and resistance. *Nat. Commun.* **2018**, 9, 2678 – 2693.
25. (a) Chung, C. K.; Bulger, P. G.; Kosjek, B.; Belyk, K. M.; Rivera, N.; Scott, M. E.; Humphrey, G. R.; Limanto, J.; Bachert, D. C.; Emerson, K. M. Process development of C-N cross-coupling and enantioselective biocatalytic reactions for the asymmetric synthesis of niraparib. *Org. Process Res. Dev.* **2014**, *18*, 215 – 227. (b) Chung, C. K.; Scott, M. E.; Bulger, P. G.; Belyk, K. M.; Limanto, J.; Humphrey, G. R. Regioselective N-2 arylation of indazoles *US Pat.* 2017/0137403 *A*1. (c) Hughes, D. L. Patent Review of Manufacturing Routes to Recently Approved PARP Inhibitors: Olaparib, Rucaparib, and Niraparib. *Org. Process Res. Dev.* **2017**, *21*, 1227 – 1244.
26. Foley, J.; Wilson, R. D. Pharmaceutically Acceptable Salts of 2-{4-[(3S)-Piperidin-3-yl]phenyl}-2H-indazole-7-carboxamide. WO 2009/087381 A1.
27. Palve, V.; Knezevic, C. E.; Bejan, D. S.; Luo, Y.; Li, X.; Novakova, S.; Welsh, E. A.; Fang, B.; Kinose, F.; Haura, E. B.; Monteiro, A. N.; Kooman, J. M.; Cohen, M. S. The non-canonical target PARP16 contributes to polypharmacology of the PARP inhibitor talazoparib and its synergy with WEE1 inhibitors. *Cell Chem. Bio.* **2022**, *29*, 1 – 13.
28. Ashworth, A.; Lord, C. J. Synthetic lethal therapies for cancer: what's next after PARP inhibitors. *Nat. Rev. Clin. Oncol.* **2018**, *15*, 564 – 576.

13

塞利尼索(Xpovio®),一款用于治疗多发性骨髓瘤的新型 XPO1 抑制剂

John Mancuso

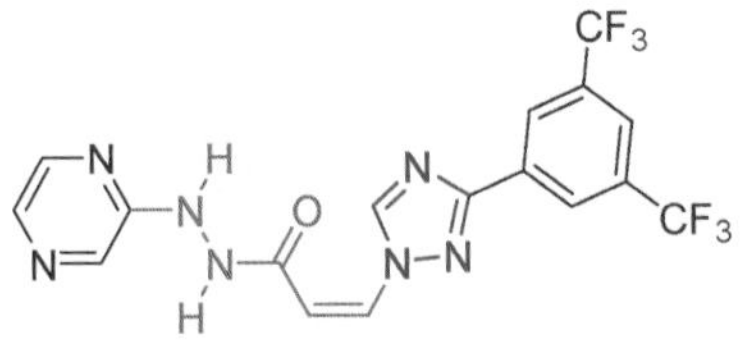

1

美国药物通用名:塞利尼索
商用名:Xpovio®
Karyopharm公司
上市日期:2018年

13.1 核输出蛋白 1(XPO1)

在细胞内部,细胞核包裹着遗传物质,核膜通过形成屏障来限制蛋白质在细胞核和细胞质之间转移,从而来保护细胞组织。这是一个严格调控的物质进、出细胞核的系统,它可以使特定的蛋白质和 mRNA 进、出细胞核。小分子(40 kDA 以下)可以在细胞核和细胞质之间被动转运,而大分子(>40 kDA)则需要特定的转运蛋白(分子伴侣)才能穿过核孔复合体。信号序列是由蛋白质编码的,并指导这些蛋白质被转运到正确的位置[1,2]。

核转运蛋白是一类主要的转运受体伴侣蛋白,由 20 个成员组成,包括核转运蛋白 α (karyopherin alpha, KPNA)1－6、核转运蛋白 β (karyopherin beta, KPNB)1,以及核输出蛋白 1(xportin－1, XPO1),也称为染色体区域稳定蛋白 1(chromosome region maintenance－1, CRM1)。蛋白质中的转运信息决定了核物质的进出方向(核输入蛋白含有输入信号,核输出蛋白含有输出信号),该过程通过来自 RanGTP 酶激活蛋白复合体的能量得以维系[3]。

XPO1 是一种环状的核转运蛋白,它可以利用其外槽结合被转运的蛋白[4]。XPO1 转运的蛋白包含一段 10~15 个残基组成的核输出信号(nuclear export signals, NES),它们可与 XPO1 凸面的疏水凹槽相结合[5]。

XPO1 是一个富含亮氨酸蛋白的转运蛋白,主要控制从细胞核到核孔复合体再到细胞质的转运过程。XPO1 蛋白的转运底物蛋白包括几乎所有的肿瘤抑制蛋白(如 p53、Rb、p73)、细胞周期调节因子(如 p21 和泌乳素－3)、免疫反应调节因子(如 IkB)、化疗靶点

（如 DNA 拓扑异构酶）等[2]。

XPO1 的过表达和/或突变与实体瘤（肺癌、胰腺癌、宫颈癌、乳腺癌和卵巢癌、胶质瘤和肉瘤）以及包括多发性骨髓瘤在内的血液恶性肿瘤和淋巴瘤等均相关。XPO1 的过表达和/或突变导致转运底物蛋白从细胞核中的转运增强，从而导致凋亡途径失活、细胞周期失调、对化疗药物耐药及细胞生长信号中断（见图 1）。

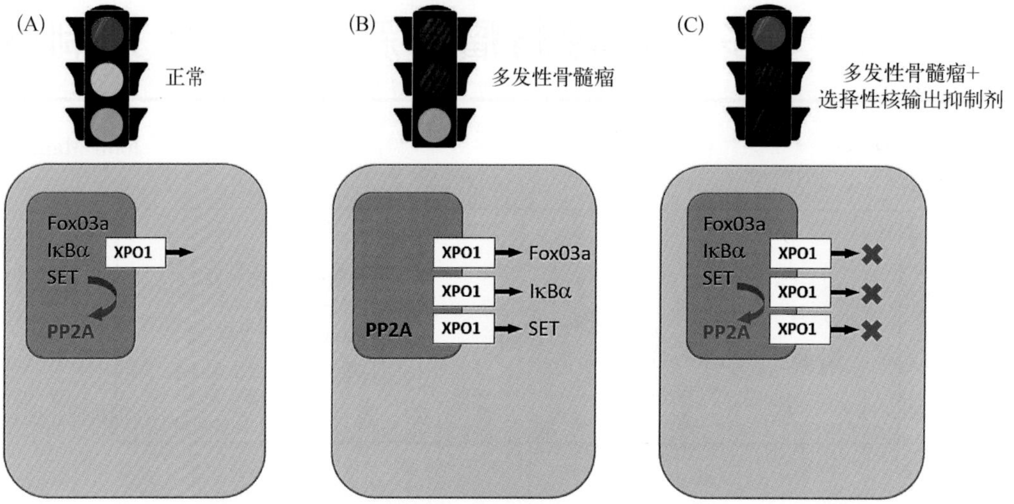

图 1　正常细胞通过调节细胞内的转运（离子、小分子、蛋白质）维持其功能

（A）位于细胞核内的蛋白质功能正常。SET 能够激活其靶蛋白磷酸酶 2A（Protein phosphatase 2A，PP2A），一种肿瘤抑制因子。

（B）在疾病状态（如多发性骨髓瘤），XPO1 的过度表达给出"绿灯"，将肿瘤抑制蛋白包括 IκBα 和 Fox03a 等重新转运到细胞质中。蛋白活性改变后磷酸酶 2A 不再被激活。

（C）使用选择性核输出抑制剂治疗后进入"红灯"状态，蛋白质不再从细胞核中转移，并可以恢复正常功能。（摘自参考文献 1）

用选择性核输出抑制剂（selective inhibitor of nuclear export，SINE）抑制 XPO1 可导致核滞留和肿瘤抑制蛋白的积累，进而放大它们在凋亡通路中的作用，并减少遗传物质受损细胞中的致癌蛋白合成，最终诱导癌细胞凋亡，并且最大程度保留正常细胞。因此，XPO1 作为肿瘤尤其是多发性骨髓瘤的治疗靶点成为研究热点。

一些靶向 XPO1 的化合物已作为潜在的癌症治疗药物进行了测试，其中包括：

–来普霉素 B（Leptomycin B，CI－940），天然和半合成类似物

–选择性核输出抑制剂：

KPT－185

KPT－251

KPT－276

KPT－335（verdinexor）

KPT－8602（eltanexor，艾他尼索）

KPT－330(selinexor,塞利尼索,**1**)

就多发性骨髓瘤而言,ratjadone、CBS9106、KPT－276 和塞利尼索(**1**)在临床前已被证实具有抗肿瘤活性[3]。

13.2 多发性骨髓瘤概述

多发性骨髓瘤被定义为血浆细胞癌(血浆细胞是一种可产生抗体的白细胞),其具体患病原因有多种推测,但已经确定几个风险因素,包括肥胖、辐射暴露、家族史和化学暴露等。该疾病为慢性癌症,尽管已经有多种治疗方案,但耐药和复发很常见[6]。

在美国,多发性骨髓瘤是仅次于非霍奇金淋巴瘤的第二常见血液肿瘤[7]。男性诊断时的中位年龄约为 62 岁,女性约为 61 岁(年龄范围 20~92 岁)。这种疾病在年轻人群中发病率不高(40 岁以下患者仅占 2%)。全球发病率从中国的 1/10 万人到大多数发达国家的 4/10 万人不等。

多发性骨髓瘤的症状包括骨病变、骨髓血浆细胞过多、肾脏疾病和免疫功能下降。研究表明,肿瘤细胞的骨髓微环境在骨髓瘤发病中具有关键作用。常规治疗后的中位生存期为 3~4 年,高剂量治疗后进行自体干细胞移植可将中位生存期延长至 5~7 年[8]。

第一种成功的治疗方法是在 20 世纪 60 年代末问世的马法兰(melphalan)和泼尼松(prednisone)联用用药,并在 20 世纪 80 年代通过更高剂量药物进一步改善自体干细胞移植的治疗方案。20 世纪 90 年代末,随着沙利度胺及其类似物来那度胺与硼替佐米联合疗法的引入,开启了新的治疗时代。但是,这些药物有多种剂量限制性副作用,而且大多数患者随着时间推移会复发。

在过去的 20 年里,多发性骨髓瘤的治疗方法已有所改善,但随着一些患者接受了多种药物的联合治疗,随之也产生了许多当前药物难以治愈的多发性骨髓瘤病例[3]:

两类难治型:免疫调节剂(沙利度胺类分子)类和蛋白酶抑制剂(如硼替佐米)类药物难以治疗。

三类难治型:上述两类药物叠加 CD38 靶向治疗类药物(如达雷木单抗 daratumumab)难以治疗。

四类难治型:至少两种免疫调节剂和两种蛋白酶抑制剂难以治疗。

五类难治型:两种免疫调节剂、两种蛋白酶抑制剂以及 CD38 靶向治疗药物难以治疗。

对第五类难治型多发性骨髓瘤患者的治疗选择非常有限,可选的治疗手段取决于患者的用药史,但可以考虑使用多机制细胞毒治疗、细胞治疗(干细胞移植)或纳入新药治疗的临床研究。新型有效的单药和多药联用治疗方法成为未满足的临床需求,从而延长患者的生存期并将严重副作用降至最低[7]。

13.3 塞利尼索的开发

天然产物来普霉素 B(leptomycin B)已被证实对 XPO1 具有抑制作用,它是从链霉菌属中分离得到的一种具有抗真菌和抗生素特性的不饱和支链脂肪酸,然而由于它在临床研究中的毒性使其不适合进一步开发[1,4]。

比利时鲁汶大学的戴勒曼斯(Daelemans)小组在 2002 年对 PKF050-638 进行了研究,这个分子是一种三氮唑丙烯酸酯,是 HIV-1 Rev 的高效选择性抑制剂。他们发现它对 XPO1 具有额外的微摩尔级范围的抑制活性[9]。2008 年以 PKF050-638 为起点开展了广泛的构效关系研究,进一步确定了该骨架中 XPO1 抑制剂所需的结构元素[10]。

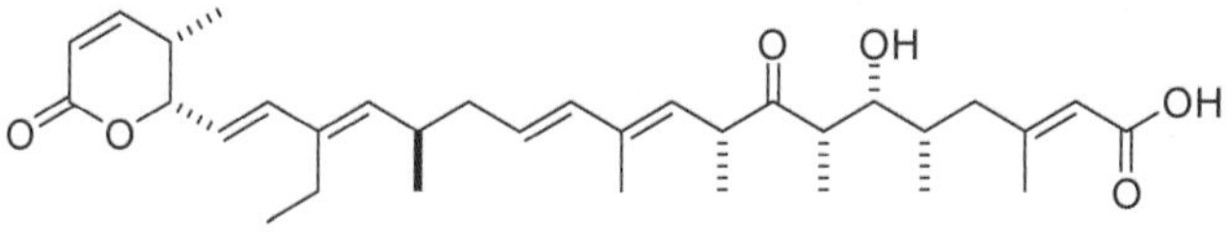

来普霉素B

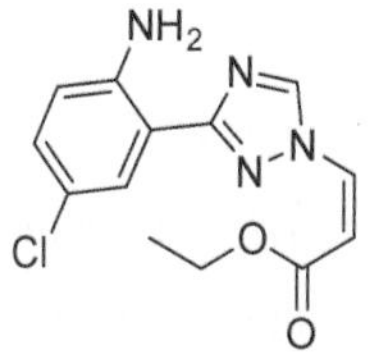

PKF050-638

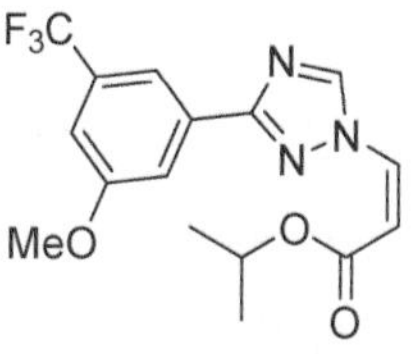

KPT-185

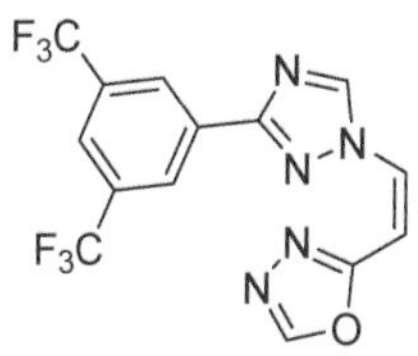

KPT-251

2011 年 Karyopharm 公司的一篇授权专利中包含了 KPT-185 的结构[11]。Karyopharm 公司使用已发表的 XPO1 晶体结构[12] 与针对核输出信号(nuclear export signals, NES)蛋白凹槽的化合物小库进行虚拟对接和结合模式分析,通过计算机模拟分子建模策略发现了 KPT-251[13]。KPT-251 中更稳定的噁唑替代 KPT-185 中的异丙酯可改善生物利用度和代谢稳定性,并维持活性位点的静电相互作用。特别值得注意的是,在异种移植模型中,KPT-251 对人急性髓系白血病(acute myeloid leukemia, AML)细胞具有显著活性,而对正常组织的毒性很小。该研究还表明 KPT-251 的类似物 KPT-330 即塞利尼索(**1**)具有优越的药代动力学特性,并在人体中开展了用于治疗晚期癌症的 I 期临床试验。

13.4 药理学和机制

塞利尼索(**1**)通过与转运底物蛋白结合口袋[核输出信号(NES)蛋白结合槽]中的 Cys528 残基相互作用,形成缓慢可逆的共价键,从而选择性地抑制 XPO1[4,6]。这导致肿瘤抑制蛋白在细胞核中蓄积,致癌蛋白水平下降,并导致细胞周期停滞和凋亡。由于癌细胞中普遍存在 XPO1 的过度表达[14],对 XPO1 的抑制过程通常不会伤害正常的细胞[15]。

塞利尼索(**1**)于 2018 年 4 月获得美国食品药品监督管理局的快速通道资格批准,用于治疗第五类难治型多发性骨髓瘤[16]。塞利尼索(**1**)联合地塞米松于 2019 年在美国获得加速批准,用于治疗多发性骨髓瘤。该批准针对复发性或难治性多发性骨髓瘤成人患者,这些患者对至少四种既往治疗表现出耐药,且至少两种蛋白酶体抑制剂、两种免疫调节剂和一种抗 CD38 单抗难以治疗[3,6]。

13.5 药代动力学、药效学和药物代谢

在结构上,塞利尼索(**1**)遵循 Lipinski 等制定的五原则[17]。已证实该化合物在大鼠和猴中具有口服生物利用度(60%~70%),中等快速吸收,中位达峰时间(T_{max})为 2~4 h[18]。在餐后或空腹状态下给药,峰值血药浓度均不受影响。预估表观分布容积为 125 L,血浆中的蛋白结合率>95%。动物研究证据表明该化合物可透过中枢神经系统(central nervous system, CNS)血脑屏障(blood-brain barrier, BBB,见下文)。这种脑渗透性对多发性骨髓瘤导致的中枢神经系统肿瘤和脑膜瘤的潜在治疗具有指导意义,但也可能是观察到的与中枢神经系统相关的副作用(如恶心和头晕等)的原因[3]。没有证据表明塞利尼索(**1**)重复给药会导致药物蓄积[7,19]。

在一项 189 例疾病进展和既往治疗患者队列的研究中(73%有 3 线或 3 线以上既往治疗),血清峰值浓度中位时间为 2~4 h,半衰期为 6~7 h。患者样本分析数据表明葡萄糖醛酸化是药物代谢的主要方式[8]。该化合物还通过细胞色素 P450(CYP3A4)发生氧化,生成最常见的循环代谢物(小于母体药物水平峰值的 5%),即塞利尼索的反式异构体(**2**,命名为 KPT-375)。这个由化合物 **1** 经过烯烃异构化产生的异构体活性很低,对 XPO1 的抑制活性是母体化合物 10%。

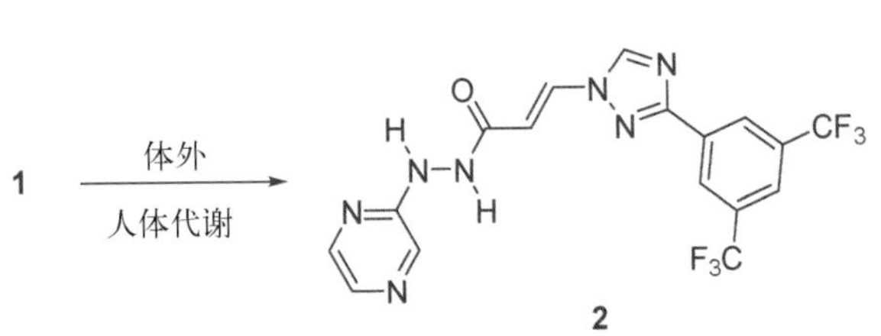

2
KPT-375

尚未对塞利尼索(**1**)的清除过程进行确切研究。然而,基于在大鼠中进行的放射性标记研究,肝胆分泌至粪便似乎是其主要排泄途径,尿排泄是次要途径[20]。

针对来普霉素 B(leptomycin B)进行的早期研究证明,核输出抑制的下游效应可以比实际的核输出阻断持续更长时间[21]。在血液系统恶性肿瘤和实体瘤患者中发现,患者白细胞中的 XPO1 mRNA 表达增加,这是一个正反馈回路,也佐证了对 XPO1 的抑制。当给药剂量从 3 增加到 28 mg/m^2,XPO1 的转录与剂量成比例增加,当剂量大于等于 28 mg/m^2

时，XPO1 的转录达到 5.3±2.9 倍的诱导平台期。基于循环白细胞计算的药效半衰期至少为 48 h，这与临床每周给药两次是一致的[8]。

同样，在淋巴细胞和骨髓瘤细胞中，使用塞利尼索治疗能破坏端粒三维核组织，而正常细胞基本不受影响[22]。

13.6 有效性和安全性

塞利尼索（**1**）是一款高选择性、缓慢可逆的 XPO1 共价抑制剂，半衰期较长，约为 48 h，允许每周给药两次。

塞利尼索（**1**）作为单药或联用治疗在多项临床试验中都展现了可接受的耐受性，最常见（>20%）的药物相关不良事件具有剂量依赖性和给药方案依赖性，可通过调整给药频率进行优化[4]。其症状包括骨髓瘤患者血小板减少、乏力、恶心、贫血、食欲下降、体重下降、腹泻、呕吐、高钠血症、中性粒细胞减少、白细胞减少、便秘、呼吸困难和上呼吸道感染等[5]。已证实通过使用食欲刺激剂（甲地孕酮与奥氮平）和抗恶心剂（奥丹西隆）可以改善某些症状（如体重减轻、疲乏、厌食等）[4]。

13.7 合成

Karyopharm 公司在 2013 年披露的专利[23] 中提出，通过氯化镁介导的硫醇钠加成可将芳基腈 **3** 转化为硫代酰胺 **4**（路线 1）。硫代酰胺 **4** 与水合肼和甲酸缩合形成 1,2,4-三氮唑 **5**。随后与（*Z*）-碘代丙烯酸酯发生加成/消除反应生成中间体 **6**，然后用氢氧化锂皂化水解生成中间体 **7**。此时，中间体 **7** 中（*Z*）-异构体是主要的区域异构体（90%），少量（*E*）-异构体（8%）可通过色谱法分离。最后一步使用 T3P 试剂将中间体 **7** 与 2-肼基吡嗪偶联形成酰胺键，以 48%产率得到塞利尼索（**1**）。

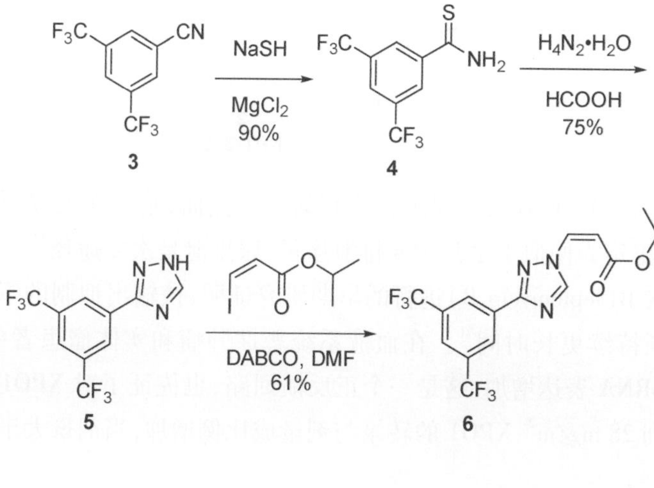

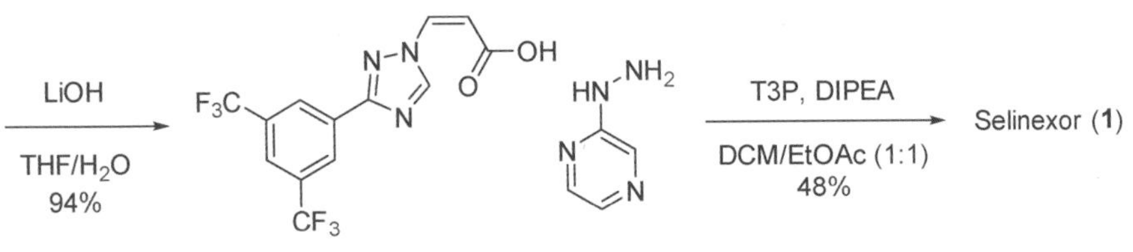

7

路线 1 Karyopharm 公司塞利尼索合成路线

Watson 实验室于 2018 年申请的专利涵盖了塞利尼索(**1**)的新型晶型[24],并描述了一种改良的合成路线(路线 2)。

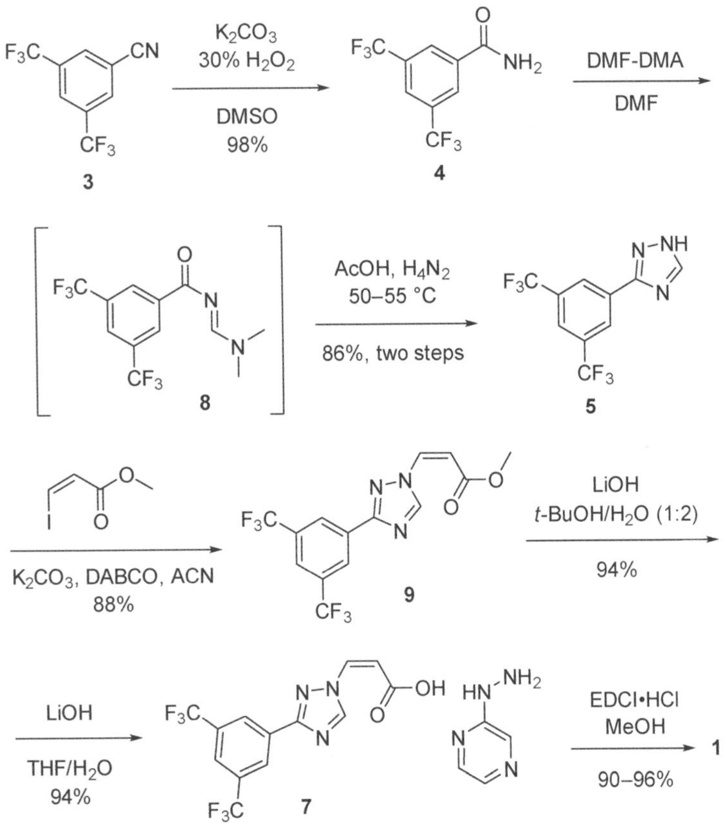

路线 2 Watson 实验室塞利尼索合成路线

化合物 **3** 在碱性条件下水解生成 **4**,然后转化为酰基甲脒 **8**,然后在酸性条件下发生环化。与原路线相比,这条路线具有避免释放硫化氢等有毒气体的优点。

关于中间体 **5** 转化为 **9** 的工艺,通过缓慢加入(*Z*)-碘代丙烯酸甲酯,使温度保持在 −5~5 ℃范围内,并在反应结束时加水使产物沉淀,收率与最初路线相比显著提高(88% vs. 61%)。碳酸钾的使用提高了反应速度,从而在未经任何纯化的情况下将(*E*)-异构体总含量降低至 0.89%。在随后皂化水解步骤中,使用叔丁醇也是有益的,似乎可以防止 **7**

非预期异构化生成(E)-异构体,从而可以避免额外纯化步骤。最后一步用更具有成本效益的 EDCI · HCl 替代了 T3P。优点是 EDCI · HCl 不要求低温条件,而 T3P 需要控制温度在-40~-20 ℃范围。室温转化可使化合物 **1** 分离收率提高到 90%~96%。

13.8 总结和未来

塞利尼索(**1**)目前正在开展多项临床试验,其作为单药或联用药物治疗多种血液瘤和实体癌(超过 70 项试验,其中 8 项用于多发性骨髓瘤)。代号为 BOSTON 的Ⅲ期研究考察了每周一次塞利尼索(**1**)联合地塞米松或硼替佐米的疗效,发现在接受 1~3 种既往治疗的多发性骨髓瘤患者中,所有疗效终点均优于每周两次硼替佐米和地塞米松的标准疗法(NCT03110562)。同时,外周神经病变发生率显著降低,这对因长期硼替佐米治疗造成毒性的老年和/或虚弱患者来说是很大的改善。[26] 在非肿瘤适应证应用方面,有证据表明塞利尼索(**1**)通过阻断血管紧张素转化酶-2(Angiotensin converting enzyme - 2, ACE - 2)转运到细胞质,可干扰 SARS - CoV - 2 病毒的复制。塞利尼索能减少细胞表面 ACE - 2 受体,保护细胞免受病毒感染。[27]

未来的工作目前集中在改善选择性核输出抑制剂的耐受性和提高治疗指数。第二代选择性核输出抑制剂艾他尼索(Eltanexor)显示出与塞利尼索(**1**)相似的靶点结合和抑制特性,但脑渗透性降低,可逆结合程度略微增强。与塞利尼索(**1**)相比,相关毒性下降,从而允许艾他尼索在两种血液恶性肿瘤小鼠模型中更长时间和更频繁的给药方案[4]。这对于进一步探索新型癌症治疗模式是令人振奋的发展,并有可能扩展到目前疗法受限的其他适应证上。

13.9 参考文献

1. Abraham, S. A.; Holyoake, T. L. Redirecting traffic using the XPO1 police. *Blood* **2013**, *122*, 2926 - 2928.
2. Gerecitano, J. SINE (selective inhibitor of nuclear export) - translational science in a new class of anti-cancer agents. *J. Hematol. Oncol.* **2014**, *7*, 67.
3. Podar, K.; Shah, J.; Chari, A.; Richardson, P. G.; Jagannath, S. Selinexor for the treatment of multiple myeloma. *Expert Opin. Pharmacother*. **2020**, *21*, 1 - 10.
4. Fung, H. Y. J.; Chook, Y. M. Atomic basis of CRM1-cargo recognition, release and inhibition. *Semin. Cancer Biol.* **2014**, *27*, 52 - 61.
5. Hing, Z. A.; Fung, H. Y. J.; Ranganathan, P.; Mitchell, S.; El-Gamal, D.; Woyach, J. A.; Williams, K.; Goettl, V. M.; Smith, J. L.; Yu, X.; Meng, X.; Sun, Q.; Cagatay, T.; MacMillan, J. B.; Lehman, A. M.; Lucas, D. M.; Baloglu, E.; Shacham, S.; Kauffman, M.; Byrd, J. C.; Chook, Y. M.; Garzon, R.; Lapalombella, R. Next generation XPO1 inhibitor shows improved efficacy and in vivo tolerability in hematologic malignancies. *Blood* **2015**, *126*, 317 - 317.
6. Gandhi, U. H.; et al. Clinical implications of targeting XPO1-mediated nuclear export in multiple myeloma. *Clin. Lymphoma Myeloma Leuk.* **2018**, *18*, 335 - 345.

7. Raab, M. S.; Podar, K.; Breitkreutz, I.; Richardson, P. G.; Anderson, K. C. Multiple myeloma. *Lancet* **2009**, *374*, 324 – 339.
8. Munshi, N. C. Plasma cell disorders: an historical perspective. *Hematol. Am. Soc. Hematol. Educ. Program* **2008**, *2008*, 297.
9. Daelemans, D.; et al. A synthetic HIV – 1 Rev inhibitor interfering with the CRM1-mediated nuclear export. *Proc. Natl. Acad. Sci.* **2002**, *99*, 14440 – 14445.
10. Neck, T. V.; et al. Inhibition of the CRM1-mediated nucleocytoplasmic transport by N-azolylacrylates: structure – activity relationship and mechanism of action. *Bioorg. Med. Chem.* **2008**, *16*, 9487 – 9497.
11. Shechter, S.; Kauffman, M.; Sandanayaka, V. P.; Shacham, S. (2011) Nuclear Transport Modulators and Uses Thereof [Karyopharm Therapeutics, US] WO2011109799A1.
12. Dong, X.; et al. Structural basis for leucine-rich nuclear export signal recognition by CRM1. *Nature* **2009**, *458*, 1136 – 1141.
13. Etchin, J.; et al. Antileukemic activity of nuclear export inhibitors that spare normal hematopoietic cells. *Leukemia* **2013**, *27*, 66 – 74.
14. Senapedis, W. T.; Baloglu, E.; Landesman, Y. Clinical translation of nuclear export inhibitors in cancer. *Semin. Cancer Biol.* **2014**, *27*, 74 – 86.
15. Syed, Y. Y. Selinexor: first global approval. *Drugs* **2019**, *79*, 1485 – 1494.
16. https://www.targetedonc.com/view/selinexor-granted-fast-track-designation-by-fda-for-pentarefractory-multiple-myeloma. Accessed Sept 20, 2021.
17. Lipinski, C. A.; Lombardo, F.; Dominy, B. W.; Feeney, P. J. Experimental and computational approaches to estimate solubility and permeability in drug discovery and development settings. *Adv. Drug Deliver. Rev.* **2001**, *46*, 3 – 26.
18. Fda.gov; ODAD Briefing document on Selinexor (KPT – 330), Karyopharm Therapeutics Inc (fda.gov/media/121669/download). Accessed Sept 20, 2021.
19. Razak, A. R. A.; et al. First-in-class, first-in-human phase I study of selinexor, a selective inhibitor of nuclear export, in patients with advanced solid tumors. *J. Clin. Oncol.* **2016**, *34*, 4142 – 4150.
20. Peterson, T. J.; Orozco, J.; Buege, M. Selinexor: a first-in-class nuclear export inhibitor for management of multiply relapsed multiple myeloma. *Ann. Pharmacother.* **2020**, *54*, 577 – 582.
21. Mutka, S. C.; et al. Identification of nuclear export inhibitors with potent anticancer activity in vivo. *Cancer Res.* **2009**, *69*, 510 – 517.
22. Taylor-Kashton, C.; et al. XPO1 inhibition preferentially disrupts the 3D nuclear organization of telomeres in tumor cells. *J. Cell. Physiol.* **2016**, *231*, 2711 – 2719.
23. Sandanayaka, V. P.; Shacham, S.; McCauley, D.; Shechter, S. Hydrazide Containing Nuclear Transport Modulators and Uses Thereof [Karyopharm Therapeutics, US] WO2013019548A1 (2013).
24. Muthusamy, A. R.; Kanniah, S. L.; Ravi, A.; Das, T. C.; Chemate, R. P.; Singh, A. K.; Wagh, Y. D. Novel Crystalline Forms of Selinexor and Process for their Preparation [Watson Lab Inc, IN] WO2018129227A1 (2018).
25. The inventors observed only 0.66% content of E-isomer at this step.
26. Auner, H. W.; Gavriatopoulou, M.; Delimpasi, S.; et al. Effect of age and frailty on the efficacy and tolerability of once-weekly selinexor, bortezomib, and dexamethasone in previously treated multiple myeloma. *Am. J. Hematol.* **2021**, *96*, 708 – 718.
27. Kashyap, T.; et al. Selinexor, a novel selective inhibitor of nuclear export, reduces SARS-CoV-2 infection and protects the respiratory system in vivo. *Antivir. Res.* **2021**, *192*, 105115.

第三部分

CNS 药物

14

Sage 217（舒拉诺龙）治疗抑郁症

Richard T. Beresis

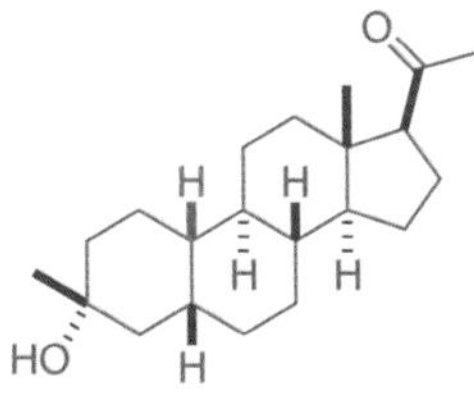

Sage-217（舒拉诺龙，**1**）
Sage 治疗公司

14.1 背景资料

抑郁症(major depressive disorder, MDD)及其相关的心境障碍是最常见的心理疾病,约10%的美国成年人在过去一年中遭受过心境障碍的困扰[1]。原发性心境障碍状态可以分为抑郁(心境低落)、躁狂(情绪高涨)和双相障碍(心境低落和情绪高涨的混合体),并且存在各种各样的障碍亚型,这些亚型在发作时间和严重程度上可能有所不同。

抑郁症患者通常采用抗抑郁药物治疗,并结合专业咨询,以达到缓解期为主要治疗目标。历史上,抑郁症一直是用药物治疗的,包括选择性5-羟色胺再摄取抑制剂(selective serotonin reuptake inhibitors, SSRI)、单胺氧化酶抑制剂(monoamine oxidase inhibitors, MAOIs)和三环类抗抑郁药(tricyclic antidepressants, TCAs)[2]。

相对于较新的药物,较早的抗抑郁药物如TCAs和MAOIs目前的处方较少,因为它们往往具有更严重的副作用,会与特定食物相互作用,并且具有某些已知的药物-药物相互作用(drug-drug interactions, DDI)。然而,对某些患者来说,这些药物仍可能比新疗法具有更高的有效性。

5-羟色胺再摄取抑制剂是目前最常用的处方抗抑郁药,并已成为抑郁症的一线疗法。这类药物的典型代表是氟西汀(**2**)、舍曲林(3)、帕罗西汀(**4**)和西酞普兰(**5**)。

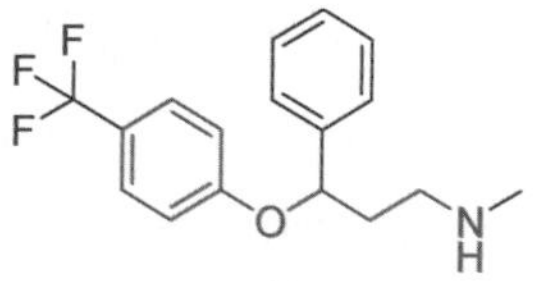

2

氟西汀(Prozac®)
礼来，1986
5-羟色胺再摄取抑制剂

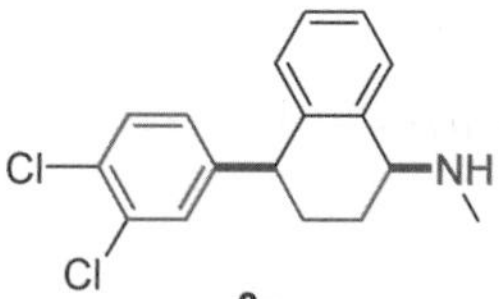

3

舍曲林 (Zoloft®)
瑞辉，1991
5-羟色胺再摄取抑制剂

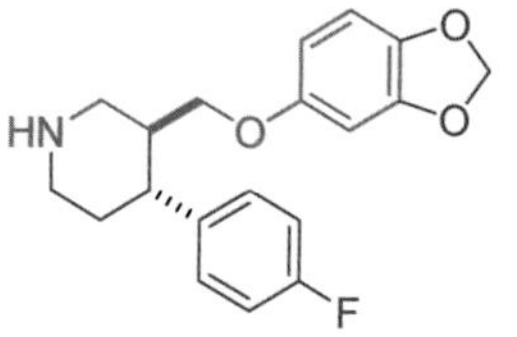

4

帕罗西汀(Paxil®)
葛兰素史克，1992
5-羟色胺再摄取抑制剂

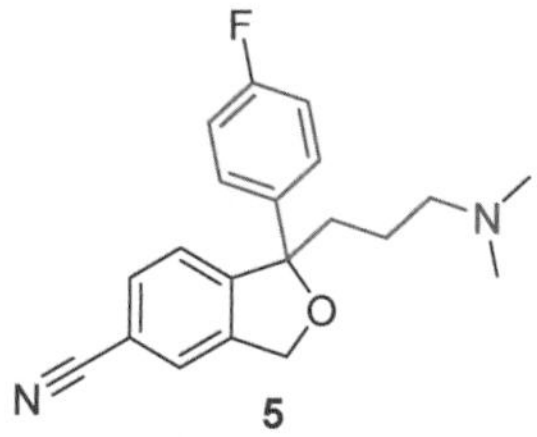

5

西酞普兰(Celaxa®)
灵北，1998
5-羟色胺再摄取抑制剂

SSRI 通过选择性阻断 5-羟色胺的再摄取来增加大脑突触中 5-羟色胺的量，并且与 MAOIs 和 TCAs 相比，其副作用发生率更低，程度也比较轻。在美国食品药品监督管理局(Food and Drug Administration，FDA)批准的用于抑郁症治疗 5-羟色胺再摄取抑制剂之间似乎没有显著的临床疗效差异，即这些抗抑郁药物的有效性是相同的。因此，不能耐受某种 5-羟色胺再摄取抑制剂的患者经常转用另一种 5-羟色胺再摄取抑制剂或其他类型的抗抑郁药。

作为另一种治疗选择，5-羟色胺-去甲肾上腺素再摄取抑制剂(serotonin-norepinephrine reuptake inhibitors，SNRI)舍曲林(**6**，Zoloft®)[3] 和文拉法辛(**7**，Effexor®)已经广泛用于某些患者，这些 SNRI 可能与 SSRI 一样有效。

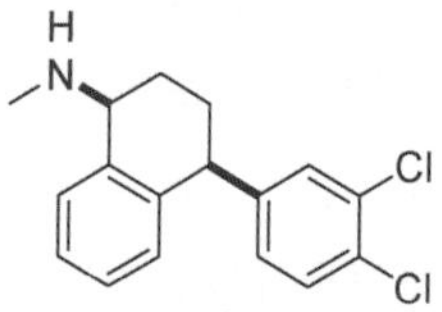

6

舍曲林 (Zoloft®)
辉瑞，1991
5-羟色胺-去甲肾上腺素再摄取抑制剂

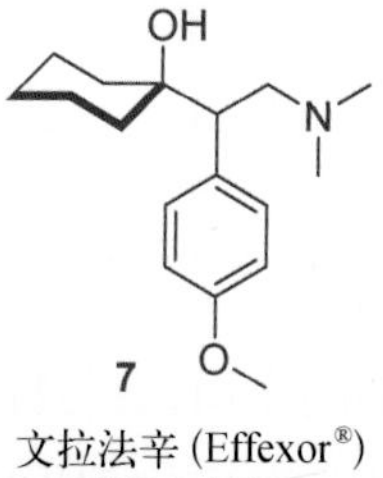

7

文拉法辛 (Effexor®)
惠氏，1993
5-羟色胺-去甲肾上腺素再摄取抑制剂

抗抑郁药强烈影响大脑中主要神经递质多巴胺、去甲肾上腺素和血清素的总体平衡，这些神经递质进而调节情绪、应激反应、性欲、食欲和睡眠。由于抗抑郁药影响了基本神经传递途径以及中枢神经系统(CNS)生物学复杂的相互关联性质，心境障碍的治疗仍然存在一定的不足之处，包括患者响应不足、难以忍受的副作用导致的依从性问题和显著的疗效滞后时间。目前还存在着当前抗抑郁药物尚未满足的多种疾病亚型。

因此，研究者仍然专注于发现新的治疗策略和新一代有效药物来治疗抑郁症和其他心境障碍。最近，*N*－甲基－*D*－天冬氨酸（*N*-methyl-*D*-aspartate，NMDA）受体拮抗剂类药物受到关注，最初发现的此类药物如氯胺酮（ketamine，**8**）及其*S*－对映体艾司氯胺酮（esketamine，**9**）已被证明在治疗心境障碍方面具有临床疗效[4]。

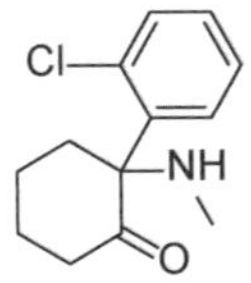

8
氯胺酮

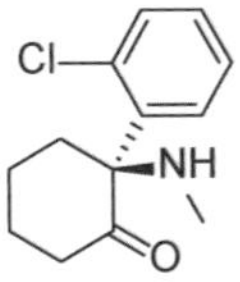

9
艾司氯胺酮
(esketamine)

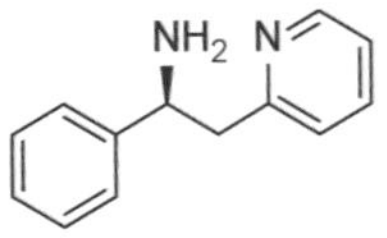

10
Lanicemine
AZD6765

Lanicemine AZD6765（**10**）作为低捕获NMDA受体拮抗剂被阿斯利康推进临床。“低捕获”是指化合物发挥抗抑郁疗效的同时没有不良的拟精神病（psychomimetic）作用[5]。AV－101（**11**）是一种口服活性的7－氯犬尿酸（7－Chlorokynurenic acid）前药，VistaGen公司将其推进到治疗难治性抑郁症的Ⅱ期临床试验中，但未显示出疗效[6]。Allergan公司的静脉注射药物雷帕斯汀GLYX－13（**12**）作为一种选择性部分激动剂，作用于NMDA受体复合物的甘氨酸变构结合位点[7]。该药物被FDA授予突破性疗法地位，并进入抑郁症治疗的Ⅲ期临床试验，但因其与安慰剂表现出等效性，因而开发被中止[8]。

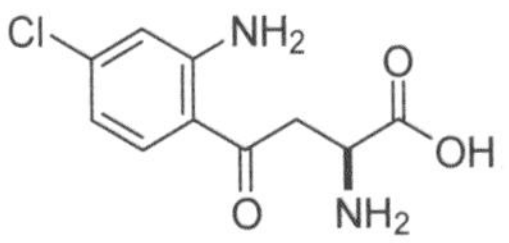

11
4－氯犬尿氨酸
4－Chlorokynurenine AV－101

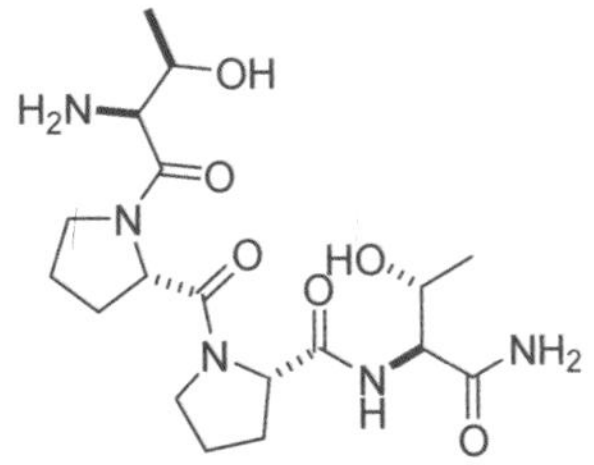

12
Rapastinel GLYX－13

过去25年的研究逐渐指出，谷氨酸和$GABA_A$氨基酸神经递质系统是抑郁症的一个关键因素。因此，学术界和行业积极将其作为目标，以解决这一未满足的医疗需求。多种药物正在进入临床Ⅱ期和Ⅲ期，Wilkinson和Sanacora已对这一最新进展进行了专业的综述[9]。特别引人关注的是神经活性类固醇（NAS）类物质，其作为$GABA_A$受体的正向别构调节剂（positive allosteric modulators，PAM）对CNS功能进行调节[10]。本章将讨论这种新颖且令人兴奋的治疗方法，以及一个成功的案例。

14.2 药理学

GABA(**13**)是中枢神经系统中的主要抑制性神经递质,在神经元活动的稳态中发挥着至关重要的作用[11]。$GABA_A$ 受体家族在约 40%的大脑神经元中表达,是一种丰富且普遍存在的神经递质系统,影响着对各种行为状态进行调节的大量脑回路。$GABA_A$ 功能障碍可能发生在几个不同的大脑区域,如果神经元兴奋与抑制发生失衡,就可能会出现一些疾病状态,例如精神分裂症、心境和睡眠障碍和癫痫[12]。

在物理形式上,$GABA_A$ 受体由一个五聚体离子通道组成,该通道由两个 α 亚基(α1－α6)、两个 β 亚基(β1－β3)和一个额外的亚基(γ1－γ3、δ、ε、π 或 θ)组装而成。亚基组成决定了通道的生物物理学和药理学特征,并影响其定位在突触位置或突触外位置[13]。

内源性神经活性类固醇(NASs)如孕烷醇酮(**14**)和别孕烷醇酮(**15**)在大脑中由胆固醇合成,并且已经被证明通过 $GABA_A$ 受体($GABA_A$－R)的正向别构调节影响中枢神经系统的功能。这种别构调节增加了内源性配体 γ-氨基丁酸的受体效能。尽管具有共同的类固醇结构骨架,神经活性类固醇与糖皮质激素、盐皮质激素、雌激素以及其他类固醇系统都具有明显的不同,并且选择性地靶向突触内和突触外的 $GABA_A$ 受体。总体上比较幸运的是,神经活性类固醇的发展没有因发现甾体交叉脱靶活性而受到影响。

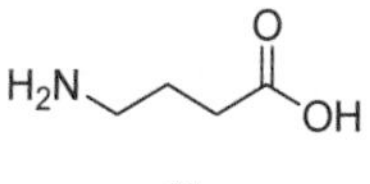

13
γ-氨基丁酸
(GABA)

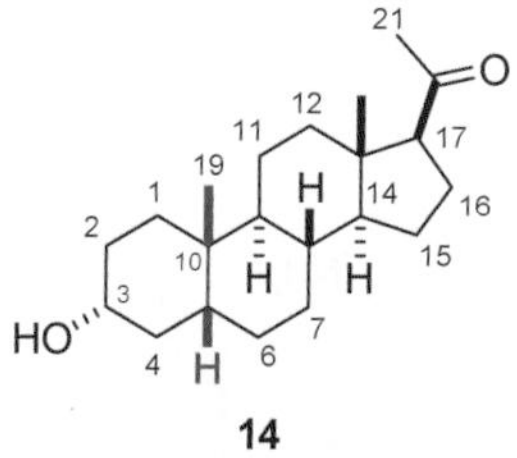

14
孕烷醇酮(顺式)
甾体母核传统编号

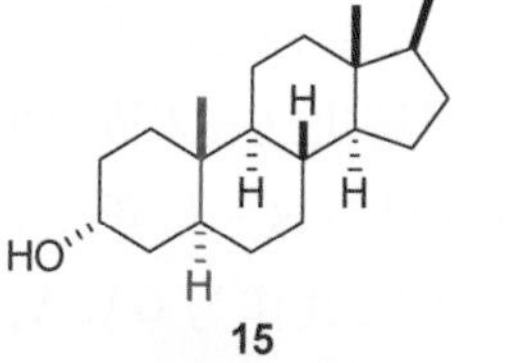

15
别孕烷醇酮(反式)
brexanolone (Zulresso™)

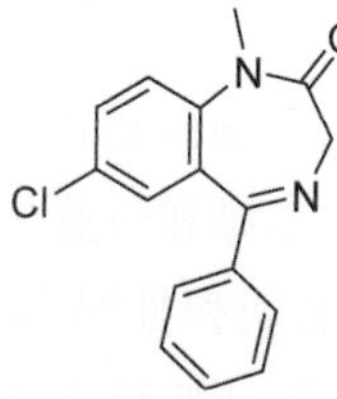

16
地西泮(Valium)
苯二氮䓬类

总体上,由于神经活性类固醇(NASs)对各种行为状态的中枢大脑回路具有重要的抑制作用，因此其具有治疗各种中枢神经系统疾病的潜力。NASs 提供了通过靶向 $GABA_A$ 受体独特亚型的能力，和以此来区别于由地西泮（**16**）代表的经典 $GABA_A$ 受体正向别构调节剂苯二氮卓类（BD）的机会。BD 的作用位点位于 $GABA_A$ 受体的 α/γ 亚基界面处，这与 γ-氨基丁酸的结合位点是不同的，而 NASs 除了能够靶向突触内的 $GABA_A$ 受体，还能够靶向定位于突触外的、含有 δ 亚基的 $GABA_A$ 受体[15]。

苯二氮卓类（BD）疗法存在耐受性问题，这是由于 BD 仅作用于突触 $GABA_A$ 受体，而这些突触 $GABA_A$ 受体又被 BD 本身下调。因此随着突触受体数量的减少，BD 的药效将降低或彻底丧失[16]。

因此具体来说，神经活性类固醇（NASs）有可能治疗对 BD 具有抗药性的癫痫发作，例如癫痫持续状态（status epilepticus，SE），只有靶向突触外的 $GABA_A$ 受体才可能治疗。关于 MDD，有临床证据指向 $GABA_A$ 通路参与其中，因为在抑郁症患者的大脑中观察到 $GABA_A$ 受体和内源性 NASs 的水平是偏低的[17]。令人鼓舞的是，能够提高 NAS 水平的疗法已经在抑郁症的体内模型中显示出有效性[18]，并且为工业界提供了临床评估内源性 NASs 的动力，并且探索改善其类药性质和最终治疗潜力的修饰手段。

14.3 构效关系（SAR）

内源性 $GABA_A$ 受体正向别构调节剂孕烷醇酮（**14**）和别孕烷醇酮（**15**）在历史上已在多种适应证上进行过临床试验。然而低口服生物利用度和快速 C3 羟基氧化导致的高清除率都要求必须静脉注射给药。

孕烷醇酮（**14**）曾在全身麻醉、双相情感障碍（BPD）、背痛和精神分裂症等多种临床适应证上研究过，但是副作用和较差的药代动力学性质阻碍了进一步的进展。别孕烷醇酮[19]（brexanolone，Zulresso™）（**15**），一种天然存在的类固醇，由 Sage 治疗公司开发，最近经 FDA 批准上市用于治疗产后抑郁症（postpartum depression，PPD）[20]，经长时间静脉滴注给药。PPD 在病理生理学理论上主要是由分娩后这种内源性神经活性类固醇的水平大大降低所驱动的。通过简单地将别孕烷醇酮水平恢复到其最佳内源性浓度，就可以有效地缓解 PPD 的严重不良情绪状态。

在内源性类固醇结构的基础上，下一个目标是发现疗效更好、可口服的新药物分子，研究者采用已证实的药物化学策略，以改善神经活性类固醇（NASs）的类药性质。

Marinus 制药公司目前正在推进 ganaxolone（**17**）的临床试验，用于耐药性部分发作癫痫和脆性 X 综合征[21]，但由于其有限的口服生物利用度（%F），ganaxolone 的剂量范围为 600~900 mg（一日 3 次或一日 2 次）。C3 位置具有代谢阻断作用的甲基改善了代谢稳定性，但仍不足以提供较高的口服生物利用度。目前，两项二期研究正在进行中，第一项通过静脉注射给药，第二项通过口服剂型给药[22]。

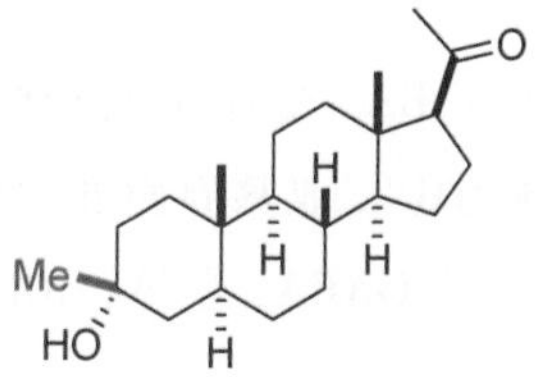

17
Ganaxolone
(Marinus制药)

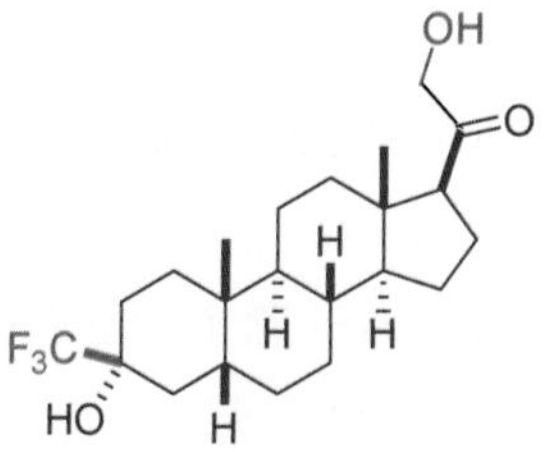

18
Co26749
(Cocensys)

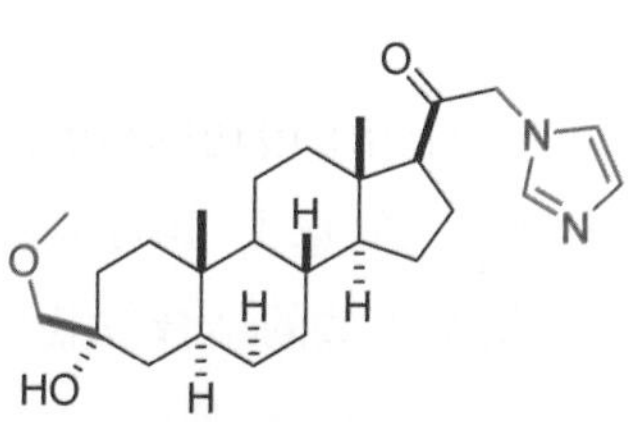

19
Co134444
(Cocensys)

Cocensys 的研究表明,口服 Co26749(**18**)[23] 和 Co134444(**19**)[24] 在抗惊厥和抗焦虑的体内模型中均能表现出疗效。C3 位置取代为 CF_3 或 CH_2OMe 以及 C23 位置取代为 OH 或杂环,改善了分子的吸收、分布、代谢和排泄(ADME)性质,足以支持口服给药,但最终 **18** 和 **19** 未进展到临床阶段。

目前,对于活性更高、ADME 性质更优和口服生物利用度更高的 $GABA_A$ 受体正向别构调节剂的临床需求仍未得到满足。新的研究人员已经着手实现这一药物发现领域中具有挑战性的目标[25]。Sage 和合作者 ChemPartner 开发了一种构效关系(SAR)策略来满足这一医疗需求,重点基于 **14** 和 **15** 的结构骨架,识别出口服性质良好、安全性好、耐药和镇静倾向低的 $GABA_A$ 受体正向别构调节剂候选化合物。图 1 总结了 $GABA_A$ 受体领域的前人工作所形成的构效关系,这些经验得到了充分的利用。

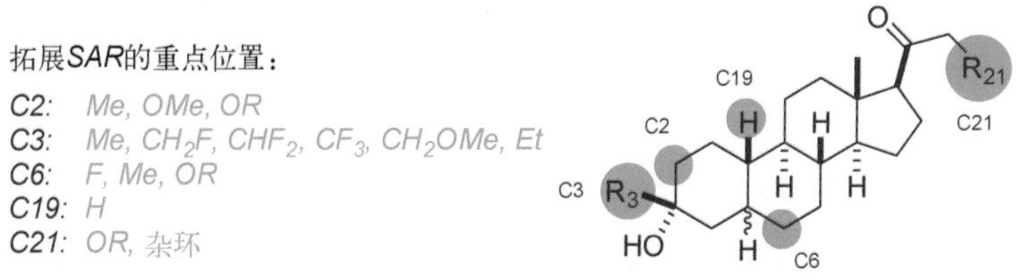

图 1 拓展构效关系范围的重点区域

通过开发顺式和反式核心骨架中的 C19 去甲基(NOR-19)分子,结合分子内其他区域的新官能团化,Sage 公司建立了其知识产权(intellectual property, IP)空间。

手动和 Q-patch 膜片钳测定是此类化合物得以进展的关键驱动力,这些测定能够帮助我们更好地理解化合物针对不同 $GABA_A$ 受体亚型的电生理活性和选择性。由这些功能性测试组成的电生理学实验,分别使用 Q-patch 膜片钳或手动膜片钳对 LTK 细胞中的重组 α1β2γ2 型 $GABA_A$ 受体和 CHO 细胞中的重组 α4β3δ 型 $GABA_A$ 受体进行活性测试。

此处，理想的数据是低半数效应浓度（EC50）值和高最大效应（Emax）值。

表1总结了最初的探索结果，工作集中在保持C17酮不变的情况下，对甾体母核多个位置进行各种取代。但是在$GABA_A$受体活性方面，在C2、C3、C6和C10处做修饰的类似物均未能展现出优于参比化合物别孕烷醇酮（**15**）的优势。

表1 甾体母核上各种取代的探索

化合物/结构	α1（nmol/L）/E_{max}	α4（nmol/L）/E_{max}	肝微粒体清除率 小鼠/大鼠/人
15 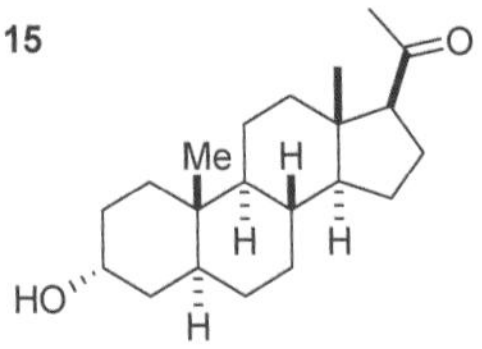	180/475	80/418	415/992/16
20 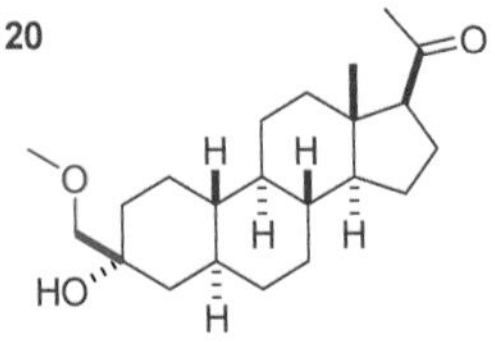	490/734	90/359	260/538/12
21 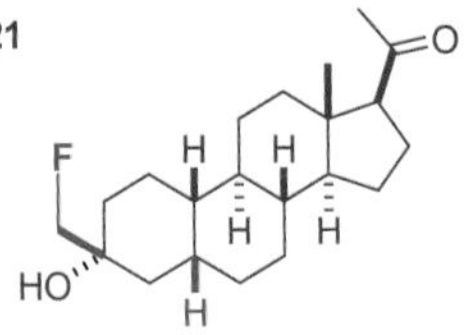	170/373	120/361	280/235/8.3
22 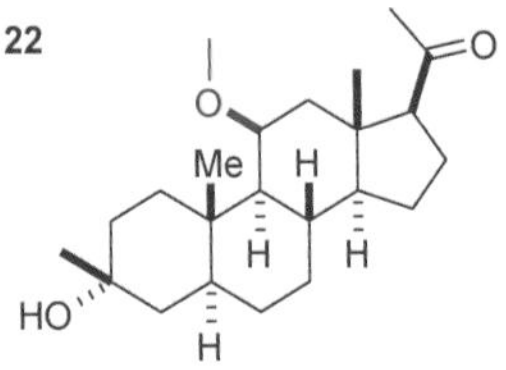	1 340/1352	—	608/91/13
23 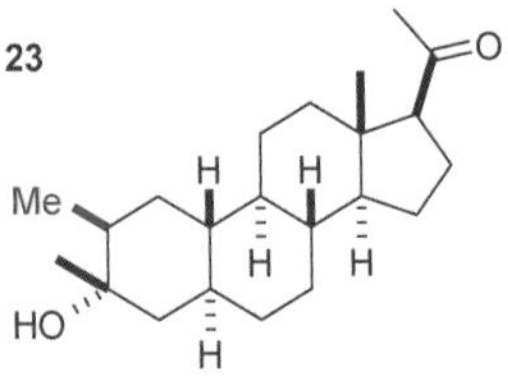	1 330/308	308/770	211/53/8.6
24 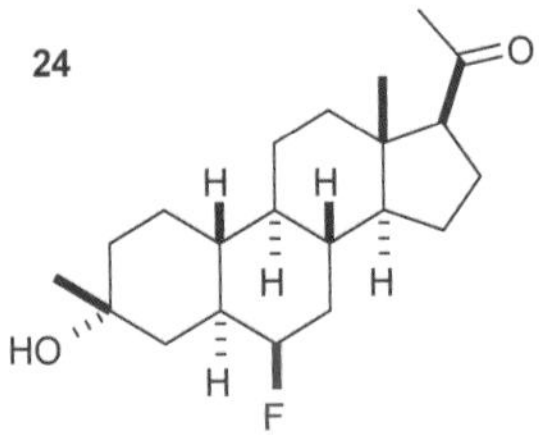	350/326	—	62/25/5.9

然后，构效关系研究的焦点转移到 C21 官能团化上，如表 2 中所概括：C21 取代基极性增加同时碱性降低，导致两种测试的 $GABA_A$ 受体的活性得到改善。与第一代神经活性类固醇（NAS）相比，C21 杂环类似物如三氮唑（**26**）表现出非常好的 α1 和 α4 受体活性以及合理的溶解度和啮齿动物微粒体稳定性[26]。

表 2 C21 杂环取代化合物

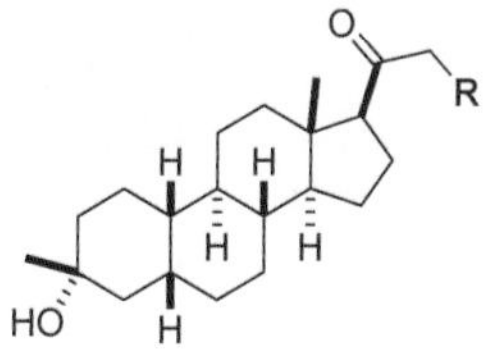

化合物/R 基团	α1(nmol/L)/E_{max}	α4 (nmol/L)/E_{max}	肝微粒体清除率 小鼠/大鼠/人	PTZ MED (mg/kg)
15	180/475	80/418	415/992/16	>10
25 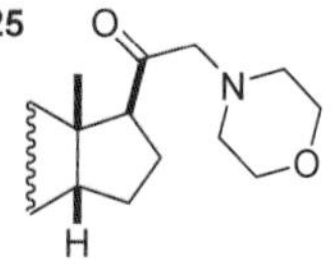	2 275/514	3 000/460	84/4/5.7	–
26 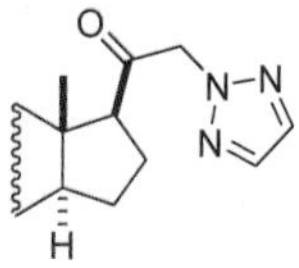	120/652	190/474	149/69/4.6	3
27 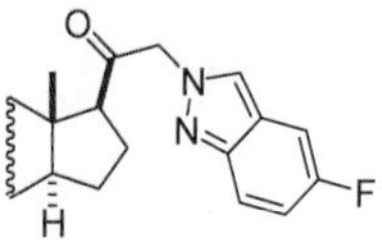	910/976	590/238	130/207/11	–
28 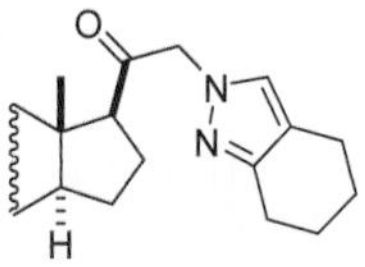	724/467	178/455	4/3.3/0.6	–
29 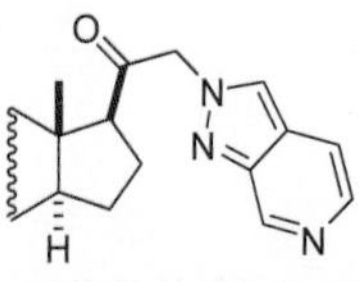	>3 000/>744	160/838	33/137/5.7	1

C21 双环取代类似物如 **29** 表现出优异的活性和 α4 的 $GABA_A$ 受体亚基选择性（图 3a）。选择性靶向含 δ 亚基受体能够特异性地增强强直性氨基丁酸的抑制作用，可能对强

直性功能障碍（包括脆性 X 染色体综合征、孤独症谱系障碍、焦虑和睡眠障碍）产生积极影响。

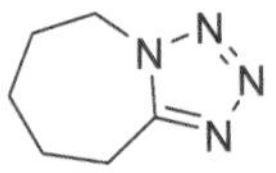

戊四氮（PTZ）诱导的癫痫发作动物模型是驱动提名临床前候选药物的关键因素，PTZ 是一种选择性的 $GABA_A$ 受体拮抗剂，给药后会在 CD－1 小鼠中引起广泛的中枢神经系统刺激，导致强直-阵挛性癫痫发作，化合物在规定的时间内抑制这些癫痫发作的能力用最小有效浓度（MED）的测定结果作为主要的实验数据。**29** 在 PTZ 模型中的 MED 为 1mpk，与 **15** 相比疗效提高超过 10 倍。随后的小鼠 PK 研究显示 **29** 具有良好的生物利用度（40%），但仍然具有较高的清除率[Cl>3L/（h・kg）]。

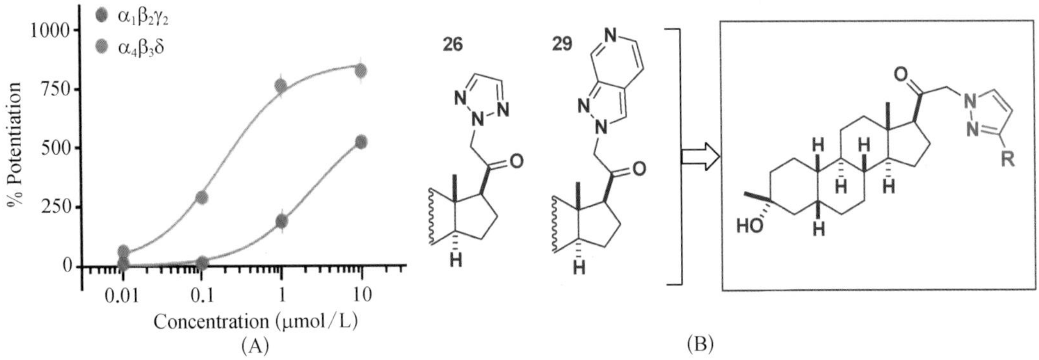

图 2 （A）化合物 29 对 $GABA_A$ 受体亚型的选择性（膜片钳方法）。（B）取代吡唑系列药物化学设计

考虑到先前的 SAR 结果，研究者继续在 C21 进行杂环取代的探索，显然可以将项目先导化合物的结构进行杂合设计。因此，为了平衡三唑化合物 **26** 的受体活性和 **29** 的体内药效，研究者聚焦五元杂环取代基设计并合成了一系列化合物（图 2B）。

从初期合成的大量 C21 位带有五元和四元杂环取代化合物的数据集中（数据未显示），吡唑是一个较好的例子。表 3 给出了随后 R 取代吡唑衍生物的生物数据。最初的甲基取代类似物（**30**）虽然有活性，但肝微粒体的稳定性较差，考虑到化合物的 logD 和溶解度，随后进一步拓展到极性取代基。

表 3 C21 取代的吡唑化合物

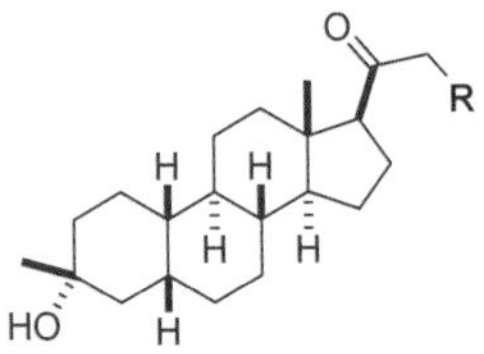

化合物/R 基团	α1 (nmol/L)/E_{max}	α4 (nmol/L)/E_{max}	肝微粒体清除率 小鼠/大鼠/人	PTZ MED (mg/kg)
15	180/475	80/418	415/992/16	>10
30 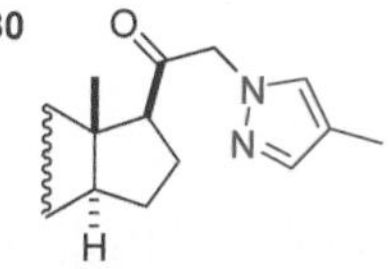	250/412	1 230/824	409/204/14. 6	—
31 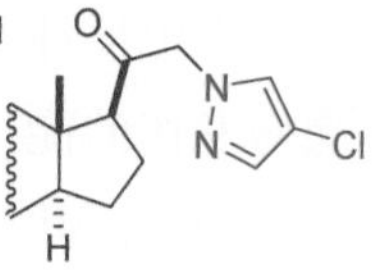	1 199/564	773/1 045	231/65/7. 9	—
32 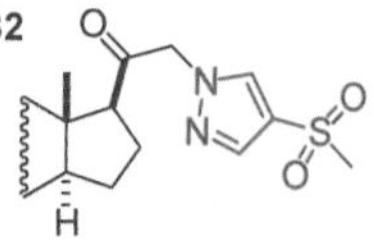	>3 000/>352	675/410	19/47/2. 4	<1
1 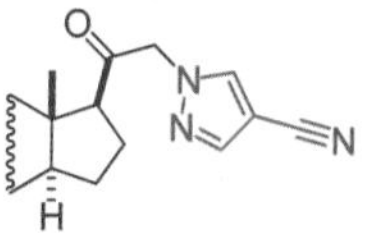	374/1 041	163/640	77/44/6	0. 1

砜取代化合物(**32**)的特点是具有 α4 选择性、较好的代谢稳定性和很好的 PTZ 模型药效。基于这些性质,研究者正在评估 **32** 作为临床候选化合物用于 α4 特异性适应证的潜力。氰基取代的化合物舒拉诺龙(**1**)是这一系列努力得到的最优分子,具有很好的跨种肝微粒体稳定性,对 α1 和 α4 型 $GABA_A$ 受体都具有纳摩尔(nmol/L)级活性,并且在电生理表现出很高的最大效应(E_{max})[27]。

14.4 药代动力学和药物代谢

舒拉诺龙(1)最初显示了令人鼓舞的啮齿类动物药代动力学(PK)特征,在小鼠中静脉注射和口服给药后都具有良好的 24 小时暴露量(图 3)[28]。类似地,在第二种属(犬)中也表现出良好的 24 小时暴露量。

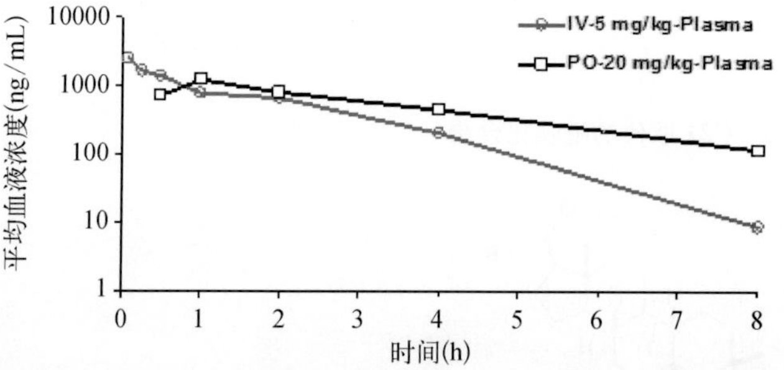

大鼠静脉注射(IV)/口服(PO)药动学参数	
IV 清除率 CL[L/(h·kg)]	1.44
稳态分布容积 Vss(L/kg)	2.29
半衰期 $t_{1/2}$(h)	0.94
曲线下面积 AUC(h·ng/mL)	3 459
脑部浓度@1 g(ng/g)	3 271
生物利用度%F(%)	33%
脑浓度/血浆浓度	3.0

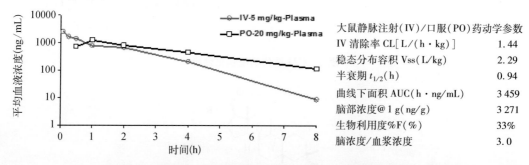

图 3 舒拉诺龙大鼠静脉注射或口服后血浆暴露量和药动学参数(参见文献 28)

舒拉诺龙(**1**)在人类中具有很好的口服生物利用度，其半衰期为16～21 h，C_{max} 为大约1 h，理想的药代动力学特征使得它能够在随后的临床试验中支持每日1次口服给药(图4)[29]。

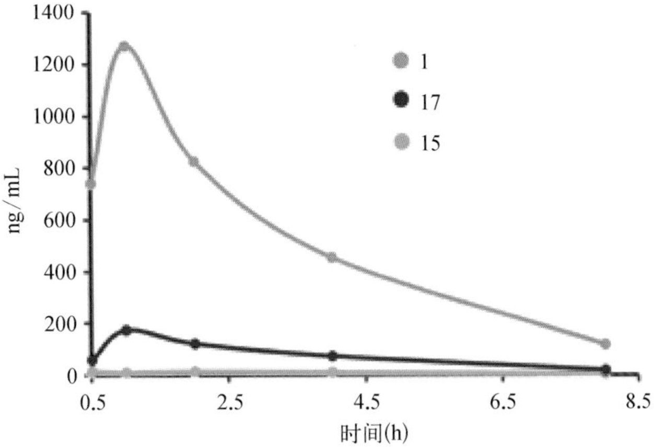

图4 舒拉诺龙(1)、ganaxolone(17)和别孕烷醇酮(15)人口服暴露的对比

舒拉诺龙(**1**)、ganaxolone(**17**)和别孕烷醇酮(**15**)人体血药浓度随时间变化的比较(图4)很好地概括了以内源性神经活性类固醇(NAS)为基础优化了类药性质和口服潜力的进展[30]。

14.5 有效性和安全性

除了优异的受体效价和ADME特性外，舒拉诺龙(**1**)在PTZ模型中表现出优于所有化合物的药效(MED=0.1 mg/kg)，能够显著抑制阵挛/强直性癫痫发作、降低死亡率和延长发作潜伏期。在本实验中，在1 h时可测量到显著的脑部浓度，脑/血浆比值为3.0，表明舒拉诺龙具有良好的CNS暴露(图5)。

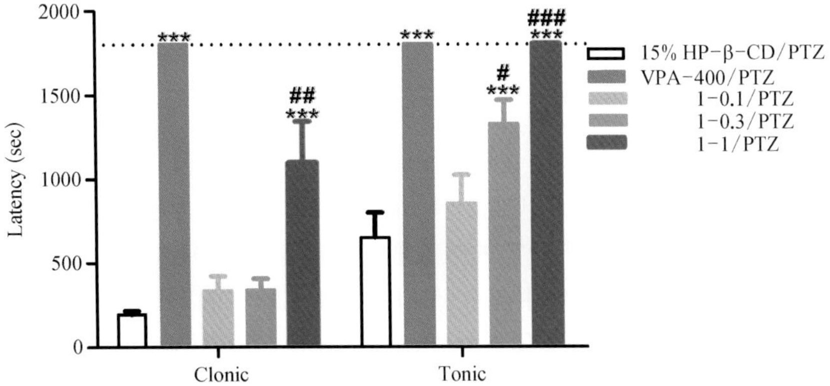

(A)

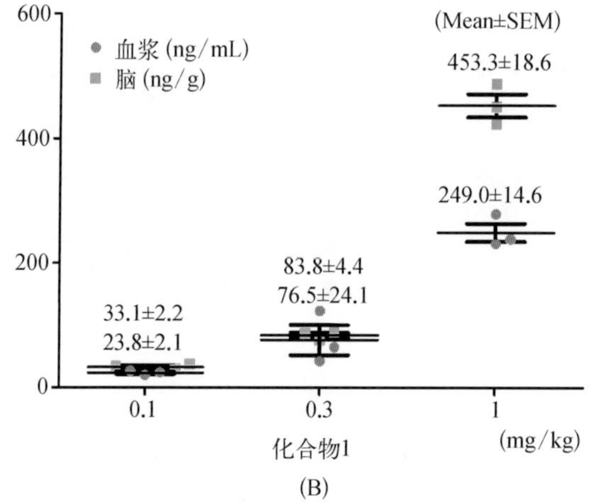

图 5 (A) 舒拉诺龙(1) PTZ 模型药效。(B) 舒拉诺龙(1)的脑/血浆浓度比

相应地,在一系列互补的 CNS 动物模型中,**1** 的良好疗效得到了证实,这些模型包括:自发活动模型(LMA)、耐药性 ESE 模型、中颞叶癫痫模型和耐药性锂–匹罗卡品模型[31]。舒拉诺龙 (**1**)还在以慢性癫痫模型中的癫痫抑制为代表的多个癫痫发作临床前模型中显示出疗效,并且在遗传癫痫模型中显示出有用的活性[32]。这些来自不同的体内中枢神经系统模型的令人鼓舞的结果充分展示了成功的 $GABA_A$ 受体正向别构调节剂如舒拉诺龙(**1**)的巨大潜力。

在安全性方面,舒拉诺龙 (**1**)与 hERG 心脏离子通道和 CYP 相互作用的倾向很小。在一个 22 个靶点组成的脱靶测试中,未发现 **1** 与核激素受体(nuclear hormone receptor, NHR)存在激动或者拮抗的交叉反应。在 CEREP 开展的脱靶评估测试中,也未发现 1 具有明显的脱靶活性。在随后的人体临床试验中,舒拉诺龙(**1**)总体上具有良好的耐受性,在口服每天 1 次,剂量为 25~50 mg 的情况下,仅有轻微的副作用。

迄今为止,舒拉诺龙 (**1**)已显示出可靠的安全性,没有发现戒断效应、体重增加、性功能障碍、欣快和睡眠障碍等情况,而这些症状通常是目前标准抗抑郁药物停止治疗的原因。

14.6 合成

下文介绍了 Sage/ChemPartner 在药物发现阶段的舒拉诺龙(**1**)合成路线。[33] 以商业可得的高级甾体中间体(+)-19-去甲雄甾-4-烯-3,17-二酮 **33** 为起始原料,通过 C4/5 双键的 Pd/C 加氢选择性地生成了所需的顺式取向的母核结构 **34**。通过与立体大配体双(2,6-二叔丁基-4-甲基苯氧基)甲基铝(MAD)络合,C3 酮得以在 C17 酮的存在下与甲基格式试剂进行区域选择性和立体选择性的加成反应,获得了高产率和对映体选择性的 **35**。

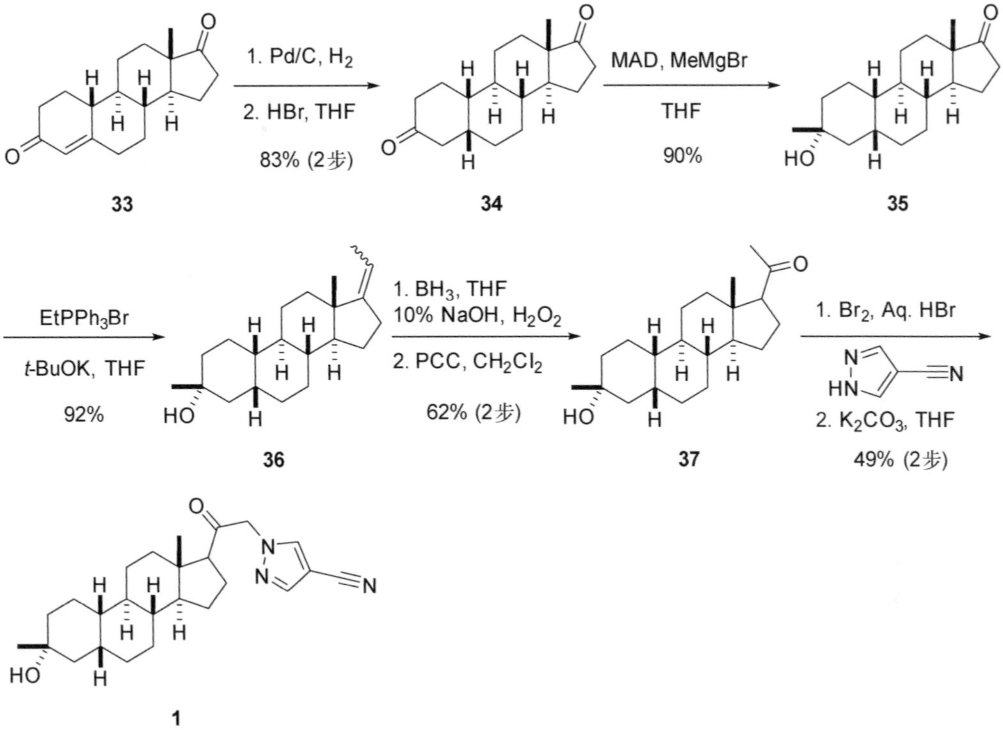

然后以中间体**35**为原料进行 Wittig 烯烃化，以 E 型和 Z 型混合物的形式得到**36**。接下来**36**先发生硼氢化氧化被选择性地羟基化，然后经历 PCC 氧化过程以合理的收率生成酮**37**。在 C21 位置的选择性溴化可得到 SAR 研究中系列化合物的通用活性中间体 α－溴代酮，进一步取代为 4－氰基吡唑，最终以两步 49%的收率得到舒拉诺龙（**1**）。

14.7 小结

2013 年，舒拉诺龙（**1**）作为一类首创的新型突触外 $GABA_A$ 受体口服调节剂成功递交了研究性新药申请（IND），现在也被称为 SAGE－217。舒拉诺龙（**1**）也被 FDA 授予了突破性疗法地位，该分子的成功帮助 Sage 公司在 2014 年完成了首次公开募股（IPO）。

舒拉诺龙（**1**）目前正在进行三期临床试验，用于治疗产后抑郁症[34]和抑郁症[35]，另有多项适应证进入二期临床试验，包括难治性抑郁症、广泛性焦虑障碍和双相障碍，可能有机会治疗更多中枢神经系统疾病。[36]

虽然在临床中通常耐受性良好，副作用较小，但在舒拉诺龙（**1**）最初的抑郁症临床试验中遇到了一些挫折，主要是如何体现对比安慰剂的统计学药效。[37] 随后，Sage 与 Biogen 合作重新设计了临床试验，并为其提供了必要的资源。

参考最近的试验数据[38]，Sage 于 2021 年 10 月报告了舒拉诺龙（**1**）在 LANDSCAPE 和 NEST 临床开发项目中一致的、具有临床有意义的数据。这些研究表明，使用舒拉诺龙

(**1**)治疗的患者抑郁情绪有显著改善,并且在第 3 天迅速出现可测量的疗效,持续到第 42 天[39]。这一显著的立即起效效果与通常使用的抗抑郁药物形成鲜明对比,常规药物需要较长的治疗周期才能达到完全疗效。舒拉诺龙(**1**)有望在 2022 年递交新药上市申请(NDA)和获得 FDA 批准。

14.8 参考文献

1. NIH National Institute of Mental Health 2017 National Survey on Drug Use and Health, **2017**.
2. Dupuy, J. M.; Ostacher, M. J.; Huffman, J.; Perlis, R. H.; Nierenberg A. A. A critical review of pharmacotherapy for major depressive disorder. *Int. J. Neuropsychopharmacol.* **2011**, *14*, 1417–1431.
3. Patel, K.; Sophie, A.; Haque, M. N.; Angelescu, I.; Baumeister, D.; Tracy, D. K. Bupropion: a systematic review and meta-analysis of effectiveness as an antidepressant. *Ther. Adv. Psychopharmacol.* **2016**, *6*, 99–144.
4. Pochwat, B.; Nowak, G.; Szewczyk, B.; An update on NMDA antagonists in depression. *Expert Rev. Neurother.* **2019**, *19*, 1055–1067.
5. Sanacora, G.; Johnson, M. R.; Khan, A.; Atkinson, S. D.; Riesenberg, R. R.; Schronen, J. P.; Burke, M. A.; Zajecka, J. M.; Barra, J.; Su, H-L.; Posener, J. A.; Bui, K. H.; Quirk, M. C.; Piser, T. M.; Mathew, S. J.; Pathak, S.; Adjunctive lanicemine (AZD6765) in patients with major depressive disorder and history of inadequate response to antidepressants: a randomized, placebo-controlled study, *Neuropsychopharmacology*, **2017**, *42*, 844–853.
6. Park, L. T.; Kadriu, B.; Gould, T. D.; Zanos, P.; Greenstein, D.; Evans, J. W.; Yuan, P.; Farmer, C. A.; Oppenheimer, M.; George, J. M.; Adeojo, L. W.; Snodgrass, H. R.; Smith, M. A.; Henter, I. D.; Machado-Vieira, R.; Mannes, A. J.; Zarate, C. A.; A randomized trial of the N-methyl-d-aspartate receptor glycine site antagonist prodrug 4-chlorokynurenine in treatment-resistant depression., *Int. J. Neuropsychopharmacol.* **2020**, *23*, 417–425.
7. Moskal, J. R.; Jeffrey S. Burgdorf, J. S.; Stanton, P. K.; Kroes, R. A.; Disterhoft, J. F.; Burch R. M. Khan, M. A.; The development of rapastinel (formerly GLYX-13); a rapid acting and long-lasting antidepressant., *Curr. Neuropharmacol.* **2017**, *15*, 47–56.
8. Preskorn, S.; Macaluso, M.; Vishaal Mehra, D. O.; Zammit, G.; Moskal J. R.; Burch, R. M.; Randomized proof of concept trial of GLYX-13, an N-methyl-Daspartate receptor glycine site partial agonist, in major depressive disorder nonresponsive to a previous antidepressant agent. *J. Psychiatr. Pract.* **2015**, *21*, 140–149.
9. Wilkinson, S. T.; Sanacora, G. A new generation of antidepressants: an update on the pharmaceutical pipeline for novel and rapid-acting therapeutics in mood disorders based on glutamate/GABA neurotransmitter systems. *Drug Discov. Today* **2019**, *24*, 606–615.
10. Kleinman, R. A.; Schatzberg, A. F. Understanding the clinical effects and mechanisms of action of neurosteroids. *Am. J. Psychiatry* **2021**, 178, 221–223.
11. Engin, E.; Benham, R. S.; Rudolph, U. An emerging circuit pharmacology of GABAA receptors. *Trends Pharmacol. Sci.* **2018**, *39*, 710–732.
12. Patel, A. B.; Sarawagi, A.; Soni, N. D. Glutamate and GABA homeostasis and neurometabolism in major depressive disorder. *Front. Psychiatry* **2021**, *12*, doi: 10.3389/fpsyt.2021.637863.
13. Rudolph, U.; Mohler, H. GABA-based therapeutic approaches: GABAA receptor subtype functions. *Curr. Opin. Pharmacol.* **2006**, *6*, 18–23.
14. Maguire, J.; MacKenzie, G. Neurosteroids and GABAergic signaling in health and disease. *Biomol. Concepts* **2013**, *4*, 29–42.
15. (a) Olsen, R. W. GABAA receptors: subtypes provide diversity of function and pharmacology. *Neuropharmacology* **2009**, *56*, *141–148*. (b) Modgil, A. Endogenous and synthetic neuroactive steroids

evoke sustained increases in the efficacy of gabaergic inhibition via a protein kinase C-dependent mechanism. *Neuropharmacology* **2017**, *113*, 314 – 322.

16. Vinkers, C. H. ; van Oorschot, R. ; Nielsen, E. Ø. ; Cook, J. M. ; Hansen, H. H. ; Groenink, L. ; Olivier, B. ; Mirza, N. M. GABAA receptor α subunits differentially contribute to diazepam tolerance after chronic treatment. *Neuropharmacol.* **2012**, *PLoS ONE*, 7, e43054. doi./10. 1371/journal. pone. 0043054.
17. Luscher, B. ; Shen, Q. ; Sahir, N. The GABAergic deficit hypothesis of major depressive disorder. *Mol. Psychiatry* **2011**, *16*, 383 – 406.
18. Schule, C. ; Nothdurfter, C. ; Rupprecht, R. The role of allopregnanolone in depression and anxiety. *Prog. Neurobiol.* **2014**, *113*, 79 – 87.
19. Melcangi, R. C. ; Panzica, G. C. Allopregnanolone: state of the art. *Prog. Neurobiol.* **2014**, *113*, 1 – 5, introduces series of articles contained in this special issue.
20. Paul, S. M. ; Pinna, G. ; Guidottide, A. Allopregnanolone: from molecular pathophysiology to therapeutics. a historical perspective. *Neurobiol. Stress* **2020**, *12*, 100215.
21. Carter, R. B. ; Wood, P. L; Wieland, S. ; Hawkinson, J. E. ; Belelli, D. ; Lambert, J. J. ; White, H. S. ; Wolf, H. H. ; Mirsadeghi, S. ; Tahir, S. H. ; Bolger, M. B. ; Lan, N. C. ; Gee, K. W. Characterization of the anticonvulsant properties of ganaxolone (CCD 1042; 3α-hydroxy-3β-methyl-5α-pregnan-20-one), a selective, high-affinity, steroid modulator of the γ-aminobutyric acid A receptor. *J. Pharmacol. Exp. Ther.* **1997**, *280*, 1284 – 1295.
22. FDA Clinical Trials NCT01725152 and NCT04391569.
23. Vanover, K. E. ; Rosenzweig-Lipson, S. ; Hawkinson, J. E. ; Lan, N. C. ; Belluzzi, J. D. ; Stein, L. ; Barrett, J. E. ; Wood, P. L. ; Carter, R. B. Characterization of the anxiolytic properties of a novel neuroactive steroid, Co 2 – 6749 (GMA – 839; WAY – 141839; 3alpha, 21-dihydroxy-3beta-trifluoromethyl-19-nor-5betapregnan-20-one), a selective modulator of gamma-aminobutyric acid (A) receptors. *J. Pharmacol. Exp. Ther.* **2000**, *295*, 337 – 345 and WO1994027608A1.
24. Vanover, K. ; Hogenkamp, D. ; Lan, N. ; Gee, K. ; Carter, R. B. Behavioral characterization of Co134444 (3alpha-hydroxy-21-(1′-imidazolyl)-3betamethoxymethyl-5alpha-pregnan-20-one), a novel sedative-hypnotic neuroactive steroid. *Psychopharmacol.* **2001**, *155*, 285 – 291.
25. Burton, G. ; Veleiro, A. S. Structure-activity relationships of neuroactive steroids acting on the GABAA receptor. *Curr. Med. Chem.* **2009**, *16*, 455 – 472.
26. Martinez Botella, G. ; Salituro, F. G. ; Harrison, B. L. ; Beresis, R. T. ; Bai, Z. ; Shen, K. ; Belfort, G. M. ; Loya, C. M. ; Ackley, M. A. ; Grossman, S. J. ; Hoffmann, E. ; Jia, S. ; Wang, J. ; Doherty, J. J. ; Robichaud, A. J. ; Neuroactive steroids. 1. positive allosteric modulators of the (γ-aminobutyric acid) a receptor: structure-activity relationships of heterocyclic substitution at C – 21. *J. Med. Chem.* **2015**, *58*, 3500 – 3511.
27. Martinez Botella, G. ; Salituro, F. G. ; Harrison, B. L. ; Beresis, R. T. ; Bai, Z. ; Blanco, M-J. ; Belfort, G. M. ; Cai, J. ; Loya, C. M. ; Ackley, M. A. ; Althaus, A. L. ; Grossman, S. J. ; Hoffmann, E. ; Doherty, J. J. ; Robichaud, A. J. Neuroactive steroids. 2. 3α-Hydroxy-3β-methyl-21-(4-cyano-1H-pyrazol-1′-yl)-19-nor-5β- pregnan-20-one (SAGE-217): a clinical next generation neuroactive steroid positive allosteric modulator of the (γ-aminobutyric acid) A receptor. *J. Med. Chem.* **2017**, *60*, 7810 – 7819.
28. Althaus, A. L. ; Ackley, M. A. ; Belfort, G. M. ; Gee, S. M. ; Dai, J. ; Nguyen, D. P. ; Kazdoba, T. M. ; Modgil, A. ; Davies, P. A. ; Moss, S. J. ; Salituro, F. G. ; Hoffmann, E. ; Hammond, R. S. ; Robichaud, A. J. ; Quirk, M. C. ; Doherty, J. J. Preclinical characterization of zuranolone (SAGE – 217), a selective neuroactive steroid GABAA receptor positive allosteric modulator. *Neuropharmacol.* **2020**, *181*, 108333.
29. Hoffmann, E. ; Nomikos, G. G. ; Kaul, I. ; Raines, S. ; Wald, J. ; Bullock, A. ; Sankoh, A. J. ; Doherty, J. ; Kanes, S. J. ; Colquhoun, H. SAGE – 217, a novel GABA receptor positive allosteric modulator: clinical pharmacology and tolerability in randomized phase I dose-finding studies. *Clin. Pharmacokinet.* **2020**, *59*, 111 – 120.

30. Sage Therapeutics. Novel Medicines for Life-Altering CNS Disorders, Q3 2015 Financial Results. Posted November 5, **2015**. https://investor. sagerx. com/staticfiles/0892c0bb-ef58-44e6-a429-ddac4191f25f.

31. Sage Therapeutics. R&D Day 2016. Posted December 13, **2016**. https://investor. sagerx. com/staticfiles/487e787c-b1a6-433c-a345- 9e0d80b5359b.

32. Hammond, R. S.; Belfort, G. M.; Robichaud, A. J.; Doherty, J. J. Efficacy of a second-generation neuroactive steroid, SAGE − 217, in a mouse model of chronic medial temporal lobe epilepsy. Poster presented at the 2015 Society for Neuroscience Annual Meeting, Chicago, IL, October **2015**. Program#/Poster#: 497. 15/H27.

33. 19-Nor-C3,3-disubstituted C21-N-pyrazolyl Steroids as GABA Receptor Modulators and Their Preparation, WO2014169833.

15

利司扑兰(Evrysdi®),一种用于脊髓性肌肉萎缩症治疗的小分子 *SMN2* 靶向 RNA 剪接调节剂

Jie JackLi

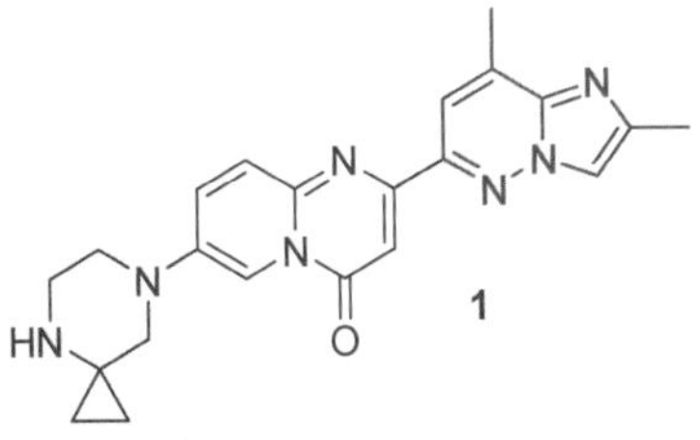

1

美国采用名称:利司扑兰
商品名:Evrysdi
Roche/PTC/SMA Foundation
上市日期:2020年

15.1 背景

酶、受体、离子通道都是蛋白质药物靶点,而整个制药行业都是基于蛋白调节剂创立的。然而,我们在靶向核糖核酸(ribonucleic acids, RNA)方面几乎没有任何经验。不久前,用小分子选择性靶向 RNA 仍被视为一个巨大的科学挑战。

RNA 作为治疗靶点实际上是非常有吸引力的。研究发现,我们的基因组中只有1.5%最终被翻译成蛋白质,而70%~90%会被转录成RNA! 然而,使用小分子靶向 RNA 也有其难点。一方面,RNA 本质上是动态的且化学多样性有限。另一方面,在筛选过程中经常会识别到混杂的 RNA 结合配体。不同于由22种蛋白氨基酸组成的蛋白质,RNA只由腺嘌呤(A)、尿嘧啶(U)、鸟嘌呤(G)和胞嘧啶(C)四个基本核苷酸单体组成。上述可能是市场上靶向 RNA 的小分子药物稀少的原因。[1]

巧合的是,脊髓性肌肉萎缩症(spinal muscular atrophy, SMA)是靶向 RNA 剪接治疗的完美疾病对象。

SMA 是最常见的遗传性神经肌肉疾病之一,每10 000例活产儿中就有1例受累。尽管 SMA 是一种罕见病,但其具有破坏性,可导致运动神经元选择性和进行性损伤以及肌肉进行性萎缩。SMA 的标志是脑干和脊髓中 α 运动神经元的进行性退化,进而导致肌肉萎缩和其他可能影响生存的相关并发症。这个疾病发生在晚年时,症状通常较轻。但若在出生时不及时治疗,SMA 可能导致婴儿死亡。

SMA 的主要病因是染色体 5q13 上 *SMN1* 基因纯合性缺失或突变导致的存活运动神经元(survival motor neuron, SMN)蛋白水平降低。人类携带有两个广泛表达的同源 *SMN1* 和 *SMN2* 基因。*SMN1* 全长 mRNA 编码 SMN 蛋白,SMN 蛋白是所有种属正常发育和功能稳态的必需蛋白。*SMN2* 基因与 *SMN1* 基因几乎相同,除了一个胞嘧啶(C)到胸腺嘧啶(T)的替换,导致在 85%的转录本中剪接前信使 RNA(pre-mRNA)时排除了第 7 外显子。

在术语方面,外显子代表编码序列,而内含子是 RNA 序列的非编码延伸。基因剪接是一种转录后修饰,单个基因可以编码多个蛋白是通过在 mRNA 翻译前选择性包含或排除 pre-mRNA 片段实现的。

由于 SMA 的特征是 SMN 蛋白的缺乏,目前所有的疗法都是通过提高 SMN 蛋白水平来发挥作用的。这可以通过调节 *SMN2* 剪接过程以增加外显子 7 包含的 mRNA,或重新表达 *SMN1* 来实现。尽管缺乏 *SMN1* 基因是该疾病的根本原因,*SMN2* 才是 SMA 的主要疾病修饰基因。

百健的诺西那生钠(nusinersen, Spinaraza®)于 2016 年上市,是一种反义寡核苷酸(antisense oligonucleotide, ASO)。诺西那生钠可调节 *SMN2* 基因的选择性剪接,在功能上将其转化为 *SMN1* 基因,从而增加中枢神经系统(central nervous system, CNS)中的 SMN 蛋白水平。然而,诺西那生钠必须鞘内给药(直接注射到椎管),且需要麻醉。有报告称,一些父母会选择让患有 SMA 的孩子提前一个月离开学校,以预防任何可能影响手术的疾病。

SMA 的另一种治疗药物是 AveXis/诺华开发的基于腺相关病毒 9 (adeno-associated virus 9, AAV9)的基因治疗药物 onasemnogene abeparvovec(Zolgensma®)。这是一种基于重组腺病毒载体编码 SMN 蛋白的基因疗法,于 2019 年获批。该药物理论上不依赖 *SMN2* 基因。给药方式为终生仅需一次静脉注射,同时给予至少两个月的皮质类固醇以保护肝脏。由于在 2019 年该药物每次治疗的成本为 215 万美元,Zolgensma 赢得了世界上最昂贵药物的荣誉![1]

罗氏的利司扑兰(risdiplam, Evrysdi®,**1**)是一种小分子药物,可调节 *SMN2* 相关基因的剪接,从而产生功能性 SMN 蛋白[2-4]。

15.2 药理学

20 世纪 50 年代末,脱氧核糖核酸(DNA)双螺旋结构的共同发现者弗朗西斯·克里克(Francis Crick)提出了基因信息流动的中心法则。中心法则描述了基因信息流单向矢量的转录和翻译两步过程:

$$\text{DNA} \rightarrow \text{mRNA} \rightarrow \text{蛋白质}$$

本质上,DNA 转录为 mRNA 后,mRNA 将被翻译为蛋白质(在这种特殊情况下为 SMN 蛋白)。最近,辉瑞和 Moderna 的 mRNA 疫苗获得了巨大成功,该疫苗可产生 SAR－CoV－

2 的刺突蛋白,并成功在 COVID－19 大流行期间挽救了局面。

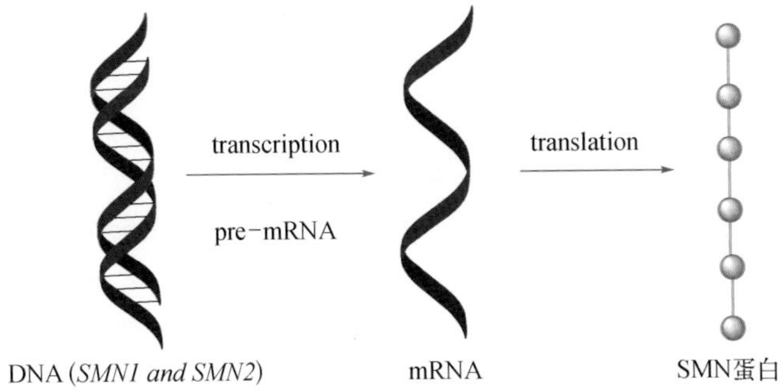

在 RNA 剪接过程中,可能会产生多个剪接异构体。如前文所述,*SMN1* 功能缺失导致肌肉功能丧失和早期死亡。人类有一个同源基因 *SMN2*,但来自该基因的转录本缺乏对蛋白质稳定性至关重要的第 7 个外显子,因此不能弥补 *SMN1* 功能的丧失。如果我们找到能增加外显子 7 包含的 SMN2 剪接修饰调节剂,那么这些药物将有希望用于 SMA 治疗[5-7]。

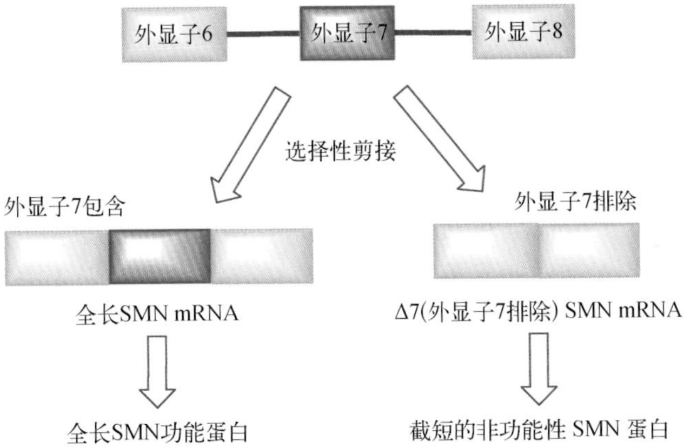

在分子水平上,利司扑兰(**1**)通过充当"分子胶水"来修饰剪接。它结合 U1 RNA 和 *SMN2* 前 mRNA 之间形成的 RNA:RNA 双链,从而稳定外显子 7 的 5′端剪接位点和 U1 小核核糖核蛋白(small nuclear ribonucleoprotein, snRNP)之间的相互作用。最终的结果是利司扑兰(**1**)通过与 *SMN2* pre-mRNA 相互作用,增加 RNA 剪接过程中的外显子 7 包含,从而增加功能性 SMN 蛋白的表达。PTC 治疗公司通过表型高通量筛选(high-throughput screening,HTS)获得了包括香豆素 **3** 的苗头化合物,并最终成功获得了利司扑兰(**1**)。其确切的作用机制将在后文阐明。

15.3 构效关系(SAR)

2015 年,诺华报告发现了一种 *SMN2* 剪接调节剂 branaplam (**2**),可增强 U1－pre-mRNA

相互作用，在 SMA 小鼠中展现了药效。其 SMN ELISA 半数最大有效浓度（EC_{50} PRO）为 20 nmol/L。Branaplam 是诺华优化前期 HTS 筛选的双取代哒嗪苗头化合物后获得的[8]。

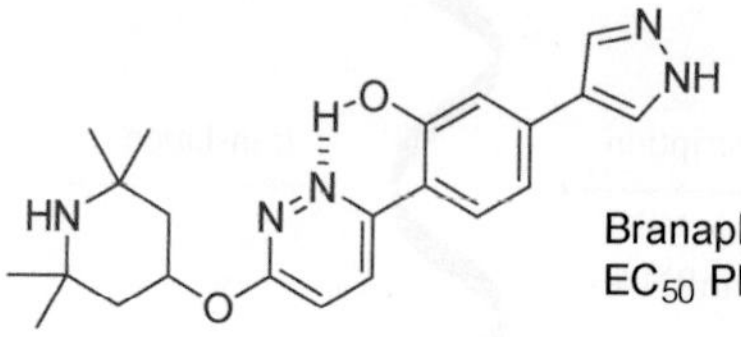

Branaplam (**2**)
EC_{50} PRO = 20 nmol/L

PTC 治疗公司开展了表型 HTS，以识别在 *SMN2* 前 mRNA 剪接过程中与 RNA 组分发生相互作用从而有利于 RNA 包含外显子 7 的小分子化合物。在含有 *SMN2* 基因片段（5′端外显子 6 到 8 的区域）的微型基因检测中，该公司筛选了 200 000 个化合物。在几个苗头化合物中，香豆素 **3** 被认为最优。然而尽管它在微型基因萤光素酶试验中的 EC_{50} 为 220 nmol/L，它在功能试验中却无效（由于其活性较弱，不能诱导源自 SMA 患者的成纤维细胞中 SMN 蛋白水平的增加）[9]。

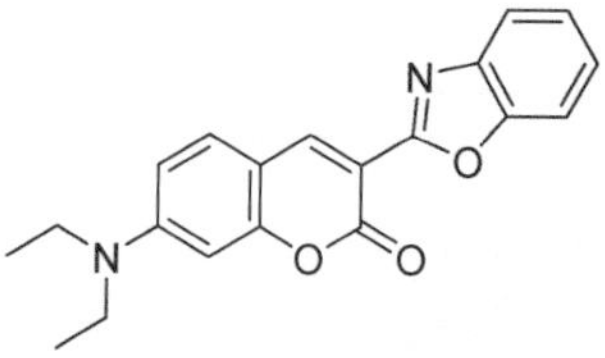

HTS hit, 香豆素3
SMN2 剪接 $EC_{1.5x\ RNA}$ = 0.22 μmol/L
SMN 蛋白 $EC_{1.5x\ PRO}$ >32 μmol/L

如表 1 所示，C－3 上取代基 R 的构效关系（structure-activity relationship, SAR）清晰地表明 Me/N 药效团的相对朝向非常关键。当计算化合物如香豆素 **4** 中香豆素-咪唑并吡嗪键的相对旋转能量时，最低能量构象时的二面角为 180 度。在这个平面上，关键氮的位置位于关键甲基取代基的上方。然而，当 5－6 双杂环更换为 6－5 双杂环分子如吡唑并吡嗪化合物 **8** 时，虽然 180 度二面角仍是最优的，但此时用相似的平面绘制方式时关键氮的位置位于关键甲基取代基的下方。从经验上看，有利于“氮在上方”的分子如 **4**－**7** 活性是比较高的，相对来说有利于“氮在下方”的分子 **8** 和 **9** 则几乎没有活性。

表 1　3－取代香豆素的体外活性

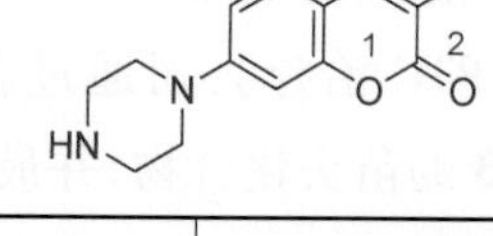

化合物	R	RNA 微型基因 $EC_{1.5}$×RNA（nmol/L）	SMN 蛋白 $EC_{1.5}$×PRO（nmol/L）
4	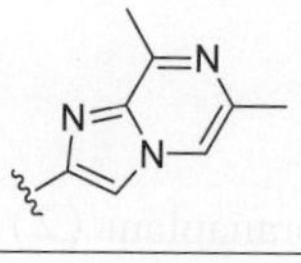	2	15

续　表

化合物	R	RNA 微型基因 $EC_{1.5} \times RNA$ (nmol/L)	SMN 蛋白 $EC_{1.5} \times PRO$ (nmol/L)
5	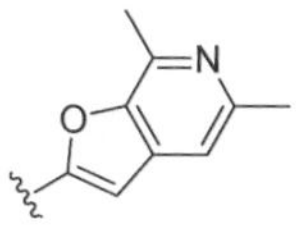	4	16
6	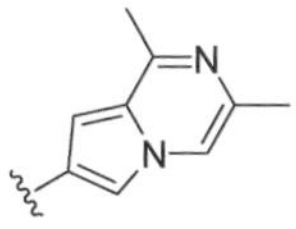	4	29
7	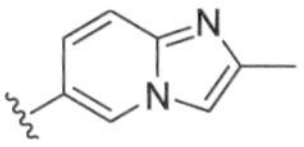	5	66
8	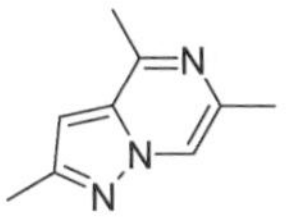	>10 000	>10 000
9	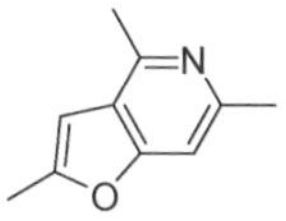	1 500	>10 000

我们从经验中了解到,SAR 可能会不时变得毫无规律。

其他 SAR 研究表明,异香豆素 **10** 在功能试验中 EC_{50} 为 120 nmol/L。更令人鼓舞的是,化合物 **10** 具有良好的吸收、分布、代谢和排泄(ADME)特征,脑/血浆(brain/plasma, B/P)分布比为 11[9]。

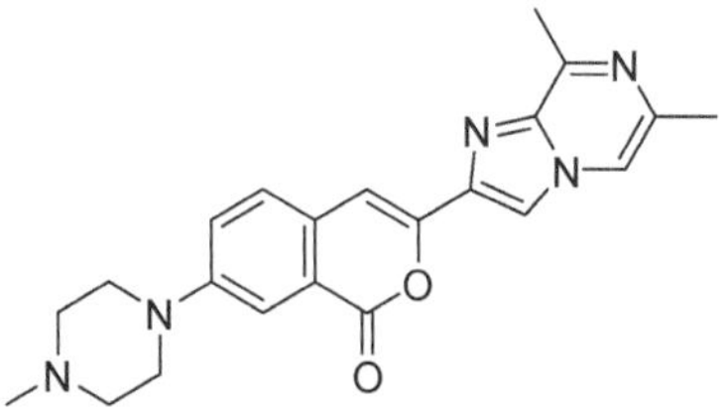

异香豆素**10**
SMN $EC_{1.5x\ PRO}$ = 120 nmol/L
Caco-2: P_{app} = 1.2 x 10^{-6} cm/s
B–A/A–B = 1.3
PPB = 93%
Rat PK, $AUC_{0\text{-}6\ h}$ = 0.79 mg•h/mL
B/P = 11

但异香豆素 **10** 的 Ames 试验呈阳性,表明具有潜在致突变性。收集的数据能明显指示,右手咪唑并吡嗪可能是异香豆素的罪魁祸首。此外,香豆素类和异香豆素类均与光毒性相关。更糟糕的是,异香豆素 **10** 表现出明显的人血浆不稳定性。事实上,在人血浆中孵育 5 h 后,血浆中仅 55%的母体分子 **10** 剩余。香豆素和异香豆素上内酯基团的亲核开环反应可能是其血浆不稳定的主要原因。

就在这个项目看起来无望的时候,巧妙的药物化学发挥了拯救作用。当化合物骨架从香豆素和异香豆素换成其他生物等排体后,导致许多母核结构没有活性。然而,当选择吡啶并嘧啶-4-酮作为母核时，类似物开始表现出活性。更重要的是，吡啶并嘧啶酮不再存在困扰香豆素类和异香豆素类的血浆蛋白不稳定问题。

在表2中，吡啶并嘧啶酮**11**和**12**的体外活性分别不如其香豆素对应物**4**和**7**。有趣的是，尽管香豆素**8**完全无活性，但其吡啶并嘧啶酮类似物**13**相当有效。虽然这种现象可以用**8**和**13**的最低构象来解释，但更重要的是吡啶并嘧啶酮母核不存在对血浆蛋白的易降解性[9]。

不幸的是，尽管吡啶并嘧啶-4-酮**14**在RNA和蛋白质测定中均有活性，但其在Ames试验中仍检测为阳性。如表3所示的结构-毒理学关系(structure-toxicology relationship, STR)显然提示Ames试验的结果由右手侧片段决定[10]。奇怪的是，仅有一个额外甲基取代的吡啶并嘧啶-4-酮**18**在Ames试验中检测为阴性，而相应的类似物**17**检测为阳性。[10] 神奇的化学，它永远不会停止令人惊奇！

表2 异香豆素和吡啶并嘧啶酮类化合物的体外活性

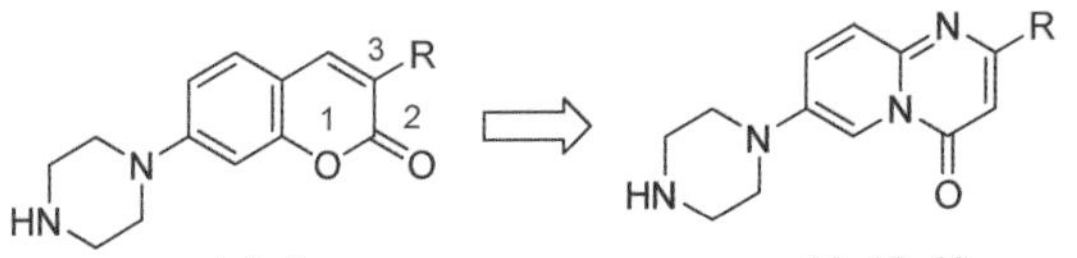

4, **7**, **8** **11**, **12**, **13**

化合物	R	RNA 微型基因 $EC_{1.5\times}$RNA (nmol/L)	SMN 蛋白 $EC_{1.5\times}$PRO (nmol/L)
4	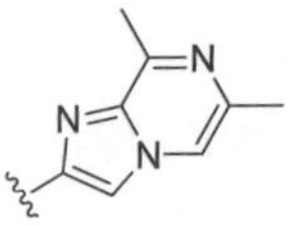	2	15
7	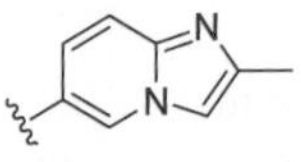	5	66
8	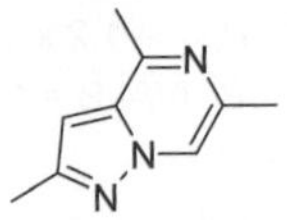	>10 000	>10 000
11	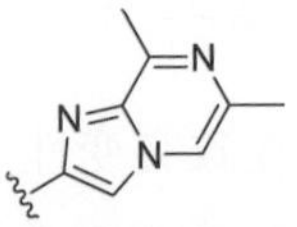	180	430
12	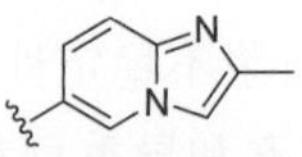	48	31
13	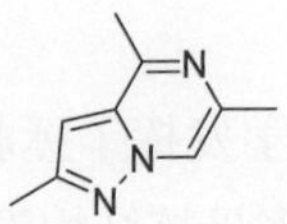	6	31

在与罗氏和 SMA 基金会的合作中,PTC 继续开展了先导化合物优化工作。在此过程中分子生物利用度受到特别关注。此外为了获得在各个组织中都可提高 SMN 蛋白水平的分子,体内测试时将外周及 CNS 组织都纳入了测试范围。

表 3 吡啶并嘧啶酮类化合物结构-毒性关系(structure-toxicology relationship, STR)

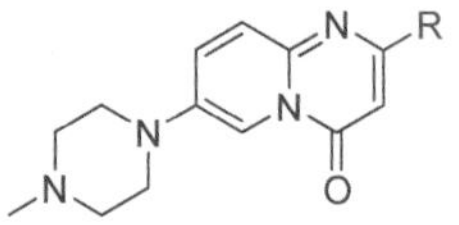

化合物	R	Ames 测试结果	RNA 和 SMN $EC_{15\times}$(nmol/L)
14	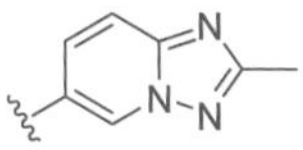	Positive	314/820
15	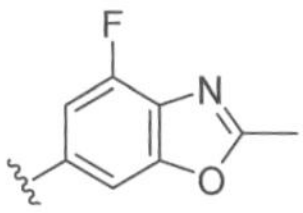	Positive	3/13
16	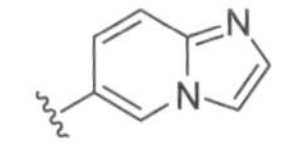	Positive	582/3 400
17	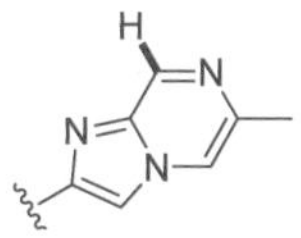	Positive	182/760
18	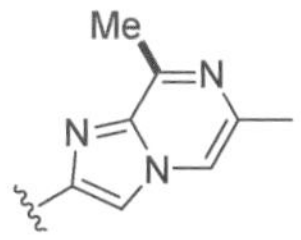	Negative	7/14
19	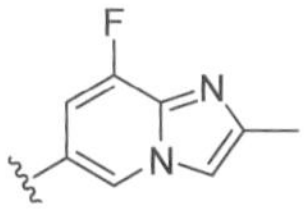	Negative	32/40
20	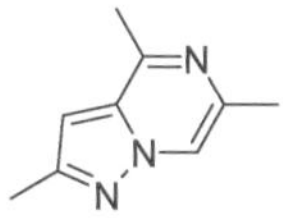	Negative	92/170

根据参考文献 10。

为了获得非 Pgp 底物的化合物,他们观察到亲脂性是外排率(efflux ratio, ER)(Pgp 的指标)的良好预测因子。当 log *D* 大于 1.6 时,化合物不是或仅是弱的 Pgp 底物。通过先导化合物优化获得了吡啶并嘧啶-4-酮化合物 **21**(RG7800),该分子在包括食蟹猴(cyno)在内的动物模型中均具有良好的有效性、药物代谢和药代动力学(drug metabolism and pharmacokinetics, DMPK)性质以及安全性。RG7800 是第一个进入人体临床试验的小分子 *SMN2* 剪接调节剂[10]。

同时,他们也在尝试使用更简单的苯甲酰胺取代吡啶并嘧啶-4-酮这一母核结构。这项研究促使了新系列 *SMN2* 剪接调节剂的发现。但 PTC 针对这个系列的分子未进行更多的研究,很有可能是因为吡啶并嘧啶-4-酮化合物已经获得了成功[11]。

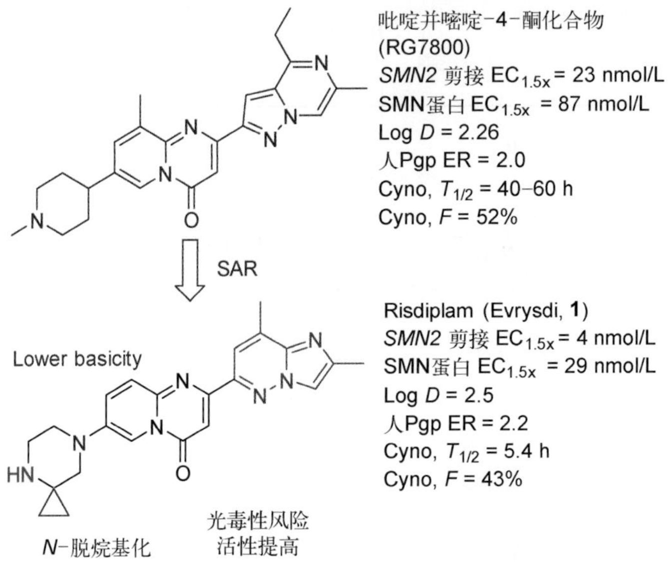

遗憾的是,RG7800(**21**)的临床试验因在长期(39 周)食蟹猴毒理实验中出现的安全性问题而进行了预防性中止。研究者在该实验中观测到了不可逆的视网膜组织病理学改变。RG7800(**21**)也有选择性和 hERG(human etherà-go-go)问题。该分子对 hERG 钾离子通道的 IC_{50} 为 1.8 μmol/L(弱调节剂)。此外,该分子还有潜在的光毒性风险[12]。

RG7800 (**21**)的进一步优化降低了对脱靶基因的活性,同时显著增加了靶向活性,从而降低了有效剂量并提高了治疗窗。令人欣慰的是,选择 p*K*a 最低的碱性胺基团可在维持其活性的同时防止 hERG 抑制或磷脂质病。虽然在 Ames 试验中异香豆素-咪唑并吡嗪 **11** 结果为阳性,选择咪唑并吡嗪作为右边的取代基可消除潜在的光毒性并提高活性。此外,由于体内极易发生 *N*-脱烷基化以除去 *N*-甲基,因此在药物结构中就除去 *N*-甲基可减轻肝脏的代谢负担。最后,他们成功获得了利司扑兰(**1**),该分子具有极好的药代动力学特征(在分布容积和半衰期方面)和理想的全身组织分布[13]。

15.4 药代动力学与药物代谢

利司扑兰(**1**)是一种完全符合 Lipinski's rule of 5 的小分子药物,具有优良的理化性质。

利司扑兰(**1**)通过口服给药,具有良好的生物利用度且被证明在 CNS 和外周组织中有良好的分布。在利司扑兰(**1**)的药物分布方面,其药物水平在小鼠、大鼠和猴的血浆、肌肉和脑中相似。由于其被动渗透性高,且不是人多药耐药蛋白 1(multidrug resistance protein 1, MDR1)底物,其猴血浆中的游离药物浓度可反映脑脊液(CSF)药物水平。综合体外和体内的临床前数据,利司扑兰(**1**)治疗后患者血液中功能性蛋白的增加应能够反映 CNS、肌肉和其他外周组织中功能性 SMN 蛋白的相似增加。该预测后来在临床试验中获得了证实。

在人体中,利司扑兰(**1**)在 14.9 kg 患者中的表观清除率为 2.1 L/h。在健康成人中,其终末消除半衰期约为 50 h。

利司扑兰(**1**)主要由黄素单加氧酶(monooxygenase, FMO)1,3 以及 CYP1A1、CYP2J2、CYP3A4 和 CYP3A7 代谢。血浆中药物相关物质以原型药物为主(83%)。在体外,对利司扑兰(**1**)在人肝微粒体(human liver microsomes, HLMs)和人肝细胞的代谢情况进行了研究。其主要代谢产物鉴别为 *N*-羟基化衍生物 22,虽然该代谢产物在 HLM 和人肝细胞中的丰度均较低,分别为 3.8%和 1.7%。

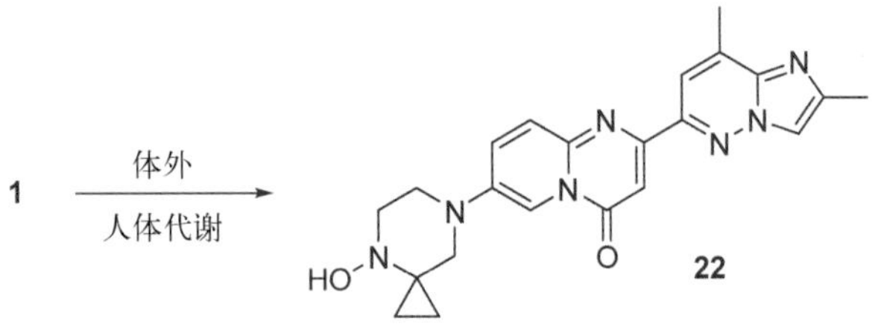

15.5 有效性和安全性

利司扑兰(**1**)是一种高效的 *SMN2* 剪接调节剂,在体外试验和 SMA 转基因小鼠模型中可增加 *SMN2* mRNA 转录本中的外显子 7 包含。几种 *SMN2* 剪接调节剂已被证明可改善 SMA 小鼠的运动功能和寿命。在临床试验中,利司扑兰(**1**)以剂量和时间依赖的方式增加 SMN 蛋白。给药 1 个月后,最高剂量组的患者 SMN 蛋白的中位值增加约 2 倍。

第一个临床药物 RG7800(**21**)有众多安全性问题,包括 hERG、光毒性以及需要特别注意的视网膜毒性。利司扑兰(**1**)的视网膜毒性被进行了严格的审查。令人欣慰的是,在 SMA 患者研究中广泛进行的眼科监测结果证实利司扑兰(**1**)在治疗剂量下不会导致儿童或成人 SMA 患者的眼部毒性。这些结果表明,接受利司扑兰(**1**)治疗的患者中无须进行眼科安全性监测,这一点也在利司扑兰(**1**)的美国处方信息中提及。

在高浓度下,利司扑兰(**1**)对包括 *STRN3*、*FOXM1*、*APLP2*、*MADD* 和 *SLC25A17* 的多个基因的剪接产生脱靶效应,这可能会导致不良反应。但临床数据表明,低选择性对利司扑兰(**1**)安全性的负面影响较低,因为临床未报告与药物相关的严重不良事件,也未报告可归因于利司扑兰(**1**)的眼部反应。总而言之,利司扑兰(**1**)已被证明其挽救生命的功效之外,还是一种相当安全的药物。[15,16]

15.6 合成

PTC/罗氏于 2012 年发表了合成利司扑兰(**1**)的药物化学发现阶段路线。[2] 二氯哒嗪 **23** 与氨之间的 S_NAr 反应没有选择性,产生了两种位置异构的混合物,混合物在此步骤未进行分离。该混合物与 1-溴-2,2-二甲氧基丙烷发生 *N*-烷基化反应,然后发生分子内环化获得咪唑并哒嗪 **24**。分离纯化得到所需的位置异构体后,通过与 Miyaura 二硼试剂 **25** 发生 Suzuki 偶联反应转化为相应的硼酸酯 **26**。同时,5-氟吡啶-2-胺(**27**)与丙二酸二甲酯缩合,再通过 $POCl_3$ 氯化,得到了氯代物中间体 **28**。**28** 和硼酸酯 **26** 发生 Suzuki 偶联反应获得加合物 **29**。最后,氟化物 **29** 和 4,7-二氮杂螺[2,5]辛烷(30)之间发生 S_NAr 反应得到了利司扑兰(**1**)。

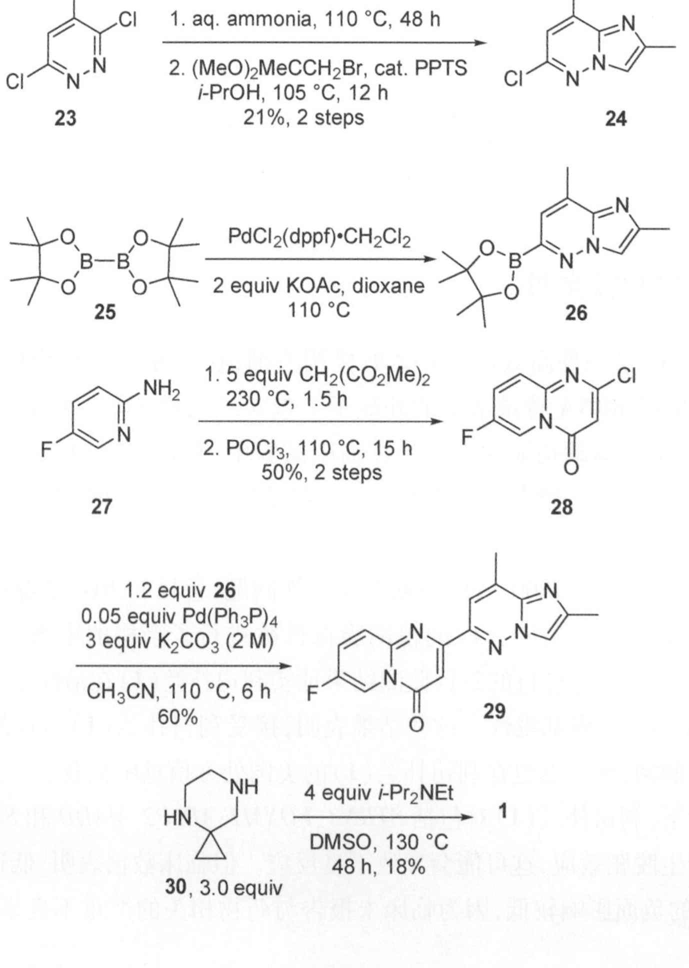

罗氏的工艺化学家在 2019 年披露了他们合成利司扑兰(**1**)的工艺路线。工艺化学与药物化学的目的不同。药物化学发现阶段的合成路线应该是模块化的,方便得到尽可能多和尽可能多样化的化合物以便探索 SAR。相比之下,工艺路线要应用于大批量操作,应该更短、更便宜、更容易和更稳健。罗氏的工艺路线起始于哌啶 **31** 和 5 -溴- 2 -氯吡啶(**32**)之间的 Buchwald - Hartwig 偶联反应,从而选择性地得到溴的偶联产物 **33**。接下来 **33** 则利用氯原子,借助特殊配体 *t* - BuBrettPhos 与氨发生另一个 Buchwald - Hartwig 偶联反应得到氨基吡啶 **34**。氨基吡啶 **34** 与丙二酸叔丁酯缩合得到了具有母核结构吡啶并嘧啶-4 -酮的 **35**。值得注意的是,此处工艺路线中仅需要 1.2 当量高沸点的丙二酸叔丁酯,而在药物化学发现阶段则需要 5 当量低沸点的丙二酸甲酯。中间体 **35** 转化为相应的甲苯磺酸酯 **36** 后,与硼酸酯 **26** 发生 Suzuki 偶联反应得到加合物。该加合物简单移除 Boc 保护后就获得了利司扑兰(**1**)[17]。

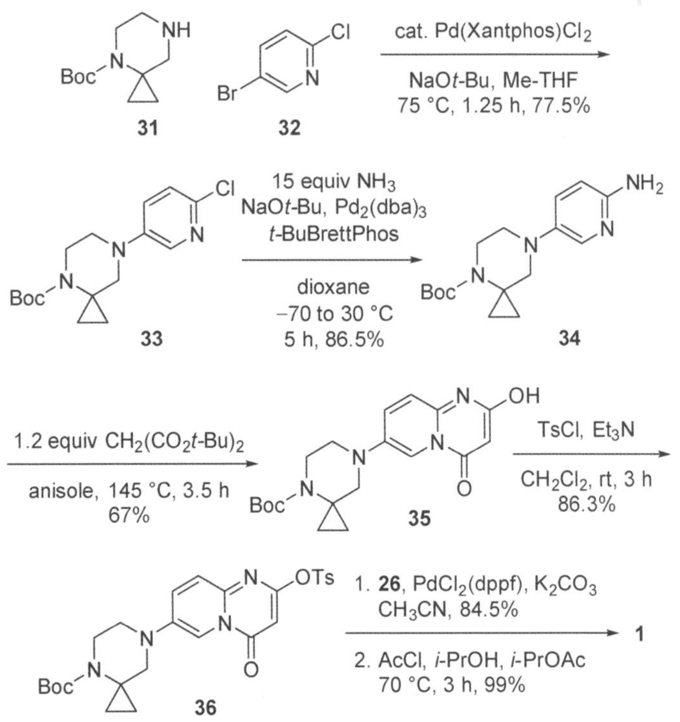

15.7　总结

对上市药物的案例研究是让人乐此不疲的,因为我们总会获得经验教训。利司扑兰(**1**)的故事尤其引人入胜。它是市场上第一个调节 *SMN2* 基因剪接从而产生功能性 SMN 蛋白的小分子药物。考虑到前两种治疗方式既昂贵又不方便,利司扑兰(**1**)的获批提供了一个更易得的 SMA 治疗方法。从 HTS 筛选到复杂繁重的先导化合物优化,利司扑兰

(**1**)的研发过程遭遇了诸多药物发现中的经典问题,包括活性、选择性、Ames 试验/致突变性、Pgp 底物、hERG/心脏毒性、血浆蛋白稳定性、潜在光毒性、生物利用度等。利司扑兰(**1**)的故事可谓是药物设计和药物化学知识的聚宝盆。

利司扑兰(Evrysdi®,**1**)很重要,因为它是一个分水岭。当靶向 RNA 这个概念被验证后,越来越多的小分子药物肯定将会随之出现,攻克许多到目前为止还未出现在我们雷达屏幕上的药物靶点。

一个多达一个世纪被认为无法治愈的疾病可以获得治疗是非常令人兴奋的。然而,尽管有三种优异的药物可供治疗 SMA,患者的临床结局却不尽相同。要找到治疗这种毁灭性遗传病的最佳疗法,还有很长的路要走。

15.8 参考文献

1. Cormac, S. First small-molecule drug targeting RNA gains momentum. *Nat. Biotechnol.* **2021**, *39*, 6 - 8.
2. Ramdas, S.; Servais, L. New treatments in spinal muscular atrophy: an overview of currently available data. *Exp. Opin. Pharmacother.* **2020**, *21*, 307 - 315.
3. Dhillon, S. Risdiplam: First Approval *Drugs* **2020**, *80*, 1853 - 1858.
4. Singh, R. N.; Ottesen. E. W; Singh, N, N. The First Orally Deliverable Small Molecule for the Treatment of Spinal Muscular Atrophy. *Neurosci. Insights* **2020**, *15*, 633105520973985.
5. (a) Yu, A.-M.; Choi, Y. H.; Tu, M.-J. RNA drugs and RNA targets for small molecules: principles, progress, and challenges. *Pharmacol. Rev.* **2020**, *72*, 862 - 898. (b) Wang, J.; Schultz, P. G.; Johnson, K. A. Mechanistic studies of a small-molecule modulator of SMN2 splicing. *PNAS* **2018**, *115*, E4604 - E4612. (c) Campagne, S.; Boigner, S.; Rudisser, S.; Moursy, A.; Gillioz, L.; Knorlein, A.; Hall, J.; Ratni, H.; Clery, A.; Allain, F. H.-T. Structural basis of a small molecule targeting RNA for a specific splicing correction. *Nat. Chem. Biol.* **2019**, *15*, 1191 - 1198.
6. Ravi, B.; Chan-Cortés, M. H.; Sumner, C. J. Gene-Targeting Therapeutics for Neurological Disease: Lessons Learned from Spinal Muscular Atrophy *Ann. Rev. Med.* **2021**, *72*, 1 - 14.
7. Falese, J. P.; Donlic, A.; Hargrove, A. E. Targeting RNA with small molecules: from fundamental principles towards the clinic. Chem. Soc. Rev. 2021, 50, 2224 - 2243.
8. (a) Palacino, J.; Swalley, S. E.; Song, C.; Cheung, A. K.; Shu, L.; Zhang, X.; Van Hoosear, M.; Shin, Y.; Chin, D. N.; Keller, C. G.; et al. SMN2 splice modulator that enhanced U1-pre-mRNA association and rescue SMA mice. *Nat. Chem. Biol.* **2015**, *11*, 511 - 517. (b) Cheung, A. K.; Hurley, B.; Kerrigan, R.; Shu, L.; Chin, D. N.; Shen, Y.; O'Brien, G.; Sung, M. J.; Hou, Y.; Axford, J.; et al. Discovery of Small Molecule Splicing Modulators of Survival Motor Neuron-2 (SMN2) for the Treatment of Spinal Muscular Atrophy (SMA). *J. Med. Chem.* **2018**, *61*, 11021 - 11036. (c) Axford, J.; Sung, M. J.; Manchester, J.; Chin, D.; Jain, M.; Shin, Y.; Dix, I.; Hamann, L. G.; Cheung, A. K.; Sivasankaran, R.; et al. Use of Intramolecular 1, 5-Sulfur-Oxygen and 1, 5-Sulfur-Halogen Interactions in the Design of N-Methyl-5-aryl-N-(2, 2, 6, 6-tetramethylpiperidin-4-yl)-1, 3, 4-thiadiazol-2-amine SMN2 Splicing Modulators. *J. Med. Chem.* **2021**, *66*, 4744 - 4761.
9. Woll, M. G.; Qi, H.; Turpoff, A.; Zhang, N.; Zhang, X.; Chen, G.; Li, C.; Huang, S.; Yang, T.; Moon, Y.-C.; et al. Discovery and Optimization of Small Molecule Splicing Modifiers of Survival Motor Neuron 2 as a Treatment for Spinal Muscular Atrophy. *J. Med. Chem.* **2016**, *59*, 6070 - 6085.
10. Ratni, H.; Karp, G. M.; Weetall, M.; Naryshkin, N. A.; Paushkin, S. V.; Chen, K. S.; McCarthy, K. D.; Qi, H.; Turpoff, A.; Woll, M. G.; et al. Specific Correction of Alternative Survival

Motor Neuron 2 Splicing by Small Molecules: Discovery of a Potential Novel Medicine to Treat Spinal Muscular Atrophy. *J. Med. Chem.* **2016**, *59*, 6086 – 6100.

11. Pinard, E.; Green, L.; Reutlinger, M.; Weetall, M.; Naryshkin, N. A.; Baird, J.; Chen, K. S.; Paushkin, S. V.; Metzger, F.; Ratni, H. Discovery of a Novel Class of Survival Motor Neuron 2 Splicing Modifiers for the Treatment of Spinal Muscular Atrophy. *J. Med. Chem.* **2017**, *60*, 4444 – 4457.
12. (a) Ratni, H.; Ebeling, M.; Baird, J.; Bendels, S.; Bylund, J.; Chen, K. S.; Denk, N.; Feng, Z.; Green, L.; Guerard, M.; et al. Discovery of Risdiplam, a Selective Survival of Motor Neuron-2 (SMN2) Gene Splicing Modifier for the Treatment of Spinal Muscular Atrophy (SMA). *J. Med. Chem.* **2018**, *61*, 6501 – 6517. (b) Ratni, H.; Scalco, R. S.; Stephan, A. H. Risdiplam, the First Approved Small Molecule Splicing Modifier Drug as a Blueprint for Future Transformative Medicines. ACS Med. Chem. Lett. 2021, 12, 874 – 877.
13. Ratni, H.; Mueller, L.; Ebeling, M. Rewriting the (tran) script: Application to spinal muscular atrophy. *Prog. Med. Chem.* **2019**, *58*, 119 – 156.
14. Naryshkin, N. A.; Weetall, M.; Dakka, A.; Narasimhan, J.; Zhao, X.; Feng, Z.; Ling, K. K. Y.; Karp, G. M.; Qi, H.; Woll, M. G.; et al. SMN2 splicing modifiers improve motor function and longevity in mice with spinal muscular atrophy. *Science* **2014**, *345*, 688 – 693.
15. (a) Poirier, A.; Weetall, M.; Heinig, K.; Bucheli, F.; Schoenlein, K.; Alsenz, J.; Bassett, S.; Ullah, M.; Senn, C.; Ratni, H.; et al. Risdiplam distributes and increases SMN protein in both the central nervous system and peripheral organs. *Pharmacol. Res. Perspect.* **2018**, *6*, e00447/1 – e00447/12. (b) Ando, S.; Suzuki, S.; Okubo, S.; Ohuchi, K.; Takahashi, K.; Nakamura, S.; Shimazawa, M.; Fuji, K.; Hara, H. Discovery of a CNS penetrant small molecule SMN2 splicing modulator with improved tolerability for spinal muscular atrophy. *Sci. Rep.* **2020**, *10*, 17472.
16. Sergott, R. C.; Amorelli, G. M.; Baranello, G.; Barreau, E.; Beres, S.; Kane, S.; Mercuri, E.; Orazi, L.; SantaMaria, M.; Tremolada, G.; et al. Risdiplam treatment has not led to retinal toxicity in patients with spinal muscular atrophy. *Ann. Clin. Transl. Neurol.* **2021**, *8*, 54 – 65.
17. Adam, J.-M.; Fantasia, S. M.; Fishlock, D. V.; Hoffmann-Emery, F.; Moine, G.; Pfleger, C.; Moessner, C. Process for the preparation of 7-(4,7-diazaspiro-[2.5]octan-7-yl)-2-(2,8-dimethylimidazo[1,2-*b*]pyrida-zin-6-yl)pyrido[1,2-*a*]-pyrimidin-4-one derivatives. US Pat. 2020 – 0216472 (2019).

第四部分

其他药物

16

埃沙西林酮(Minnebro®),一种口服、非甾体、选择性盐皮质激素受体阻滞剂,用于治疗原发性高血压

Narendra B. Ambhaikar

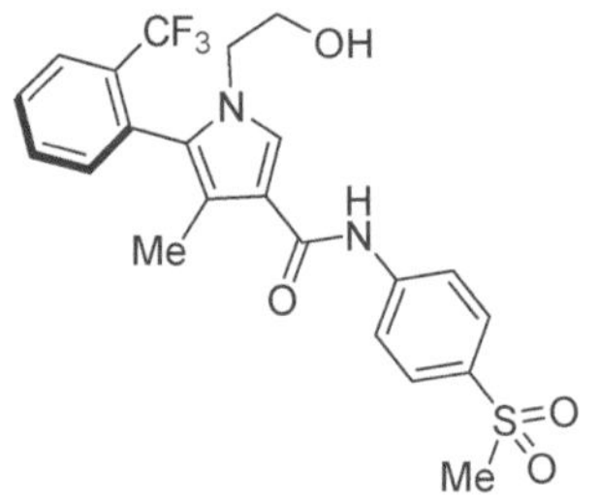

美国药物通用名：埃沙西林酮
商品名：Minnebro (**1**)
第一三共/伊克力西斯
上市时间：2020年

16.1 背景

高血压是一种常见的多发的慢性疾病,通常是指血压测量中收缩压>140 mmHg 和/或舒张压>90 mmHg 的情况。目前,约三分之一的高血压患者仍处于未确诊阶段。在确诊的患者中,有一半的人并未服用降血压药物治疗。据世界卫生组织(World Health Organization, WHO)统计,全球至少有 900 万人受到高血压直接或间接的影响[1a]。许多高血压患者接受的治疗手段并不理想,因此高血压成为诱发某些疾病的高发病率和高死亡率的最显著的风险因素之一。"原发性高血压"是一种常见疾病,尚无明确的病因,全球约 85%的高血压患者属于原发性高血压。高血压患者中,仅有一小部分能够明确病因,绝大部分患者(~90%)病因难以确定,导致高血压成为是造成全球疾病和死亡率负担的最普遍的一种疾病[1b]。典型的心血管疾病和肾脏疾病大多是由不良的生活习惯,肥胖或者家族遗传等因素引起的高血压所诱导的,这些疾病不断进展,最终将会导致心肌梗死、中风和心力衰竭。通常人体每天摄入和排泄的钠应少于 1 g(相当于 2.5 g 盐)。当摄入的钠无法通过肾脏排泄时,就会引发原发性高血压,或者血压升高。因此,长期过度摄入钠会导致血压调节失衡与原发性高血压之间存在着明确的相关性。此外,肥胖、糖尿病、衰老、

情绪压力、久坐不动和低钾摄入等因素也会加重高血压[2]。值得注意的是,高血压不仅是引起心血管和肾脏疾病的首要原因,而且在受到其他因素比如动脉粥样硬化、缺血性心脏病、糖尿病、多囊肾病和慢性肾小球肾炎等引发时还会导致心血管和肾脏疾病的进一步进展[3]。

盐皮质激素受体(mineralocorticoid receptor, MR),也称为醛固酮受体,属于核受体家族,它对盐皮质激素和糖皮质激素的亲和力相当。过去 60 年,盐皮质激素受体拮抗剂(mineralocorticoid receptor antagonist, MRA)的研究经历了三个关键阶段:1) 发现醛固酮及其能够促进肾脏、唾液腺、汗腺和结肠保钠的作用[4];2) 西尔列制药(Searle,辉瑞的子公司)、汽巴-嘉基汽巴(Ciba - Geigy①)、罗素·优克福(Roussel Uclaf②)和先灵制药(Schering AG③)等公司发现比螺内脂类化合物特异性更高的甾体类抗盐皮质激素;3) 1987 年人们成功地克隆了盐皮质激素受体的 cDNA,10 年后,众多公司启动发现计划,最终找到具有确定的药代动力学和药效学性质的新型非甾体类 MRAs,并成为治疗多种疾病的安全有效的药物。

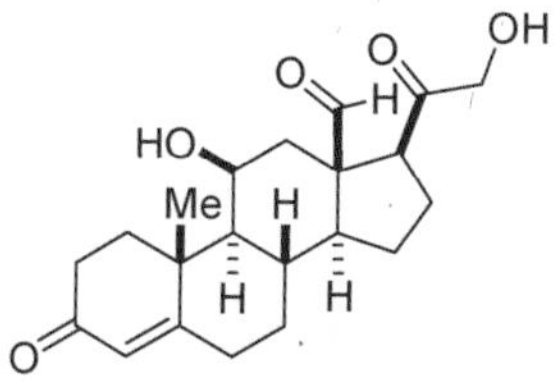

2:醛固酮

20 世纪 50 年代,人们发现醛固酮能够控制肾脏中钠和钾的排泄。当过度激活时,醛固酮会与高血压的发生、肾脏疾病和心血管疾病的进展有重要相关性。1987 年,盐皮质激素受体的 cDNA 的成功克隆,标志着该领域研究取得了重大进展。随后,人们更清楚地了解到盐皮质激素受体是被内源性配体激活,如醛固酮(化合物 **2**)[5a]。在这一发现之后,人们开始努力寻找醛固酮拮抗剂(aldosterone antagonists, AAs),后来被称为 MRAs。在 20 世纪 50 年代,通过动物和人体试验寻找醛固酮类抑制剂时,人们发现了螺内酯类化合物(化合物 **3**)可以保护大鼠免受醛固酮诱导的心脏坏死,这个化合物于 1960 年作为保钾利尿剂获批上市。这要归功于汉斯·谢耶(Hans Selye,译者注:加拿大生理学家和内分泌学家,首次将压力概念引入心理学领域,被称作"压力之父"。尽管他不了解糖皮质激素的所有方面,但 Selye 意识到它们在应激反应中的作用。)的开创性的研究,遗憾的是,几十年前人们并没有认为他的研究具有临床意义。螺内酯类药物成为第一代 MRA,用于治疗原发性高血压。

---

① 译者注:瑞士公司,汽巴精化前身。
② 译者注:法国公司,赛诺菲前身。
③ 译者注:德国公司,被拜耳制药收购。

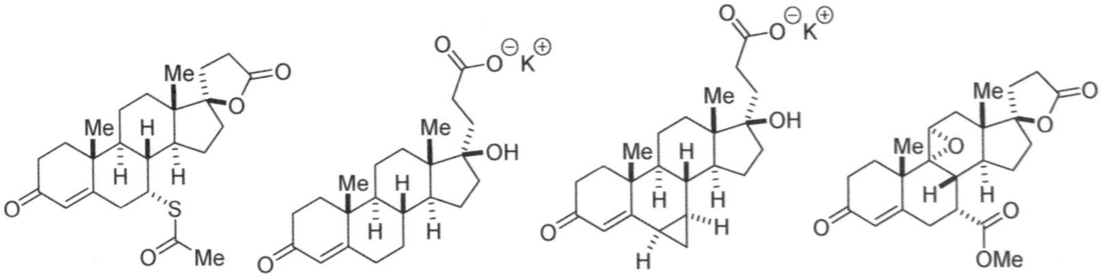

3: Spironolactone SC-9420　**4:** Potassium canrenoate SC-14226　**5:** Potassium prorenoate SC-23992　**6:** Eplerenone CGP-30083

随着时间的推移,基因组学领域经历了革命性的进步,人们因此进一步增强了对 MR 的理解,并促进了 MRA 相关的后续发现。该领域经过数十年的研究,也将许多药物推进市场,比如坎利酸钾(potassium canrenoate, SC - 14226, **4**)、丙肾酸钾(potassium prorenoate,SC - 23992, **5**),特别是 2002 年在美国上市的依普利酮(eplerenone, **6**)[5b]。

据报道,这些二代 MRA 仍基于初始甾体 17 -螺内酯结构,但它们的特异性远高于最初的螺内酯类药物(**3**)。然而,二代 MRA 药物伴有高钾血症风险,这是甾体类 MRA 阻断 MR 时引起的典型副作用,尤其是与其他肾素-血管紧张素系统(renin-angiotensin-system, RAS)阻滞剂联用时,副作用风险更高。因此,亟须寻找非甾体药物以避免已有甾体药物治疗中产生的不良后果。过去二十年的药物开发计划越来越侧重于寻找新型非甾体 MRA,以期减轻不良副作用,同时保留螺内酯的活性[5c]。最近在后期临床试验中较有希望的新候选药物有埃沙西林酮(**1**)、阿帕雷酮(apararenone)和非雷酮(finerenone)。埃沙西林酮(**1**)是一个突破性的治疗性小分子药物,它真正体现了这一努力的目标,也展现了美国伊克力西斯制药公司(Exelixis)药物发现计划的价值。这一药物是由第一三共制药公司开发,并于 2020 年在日本上市,作为处方药用于原发性高血压患者的治疗。此外,该药物还在进行其他适应证的临床试验,包括高血压合并中度肾损伤、糖尿病肾病以及高血压合并 2 型糖尿病和蛋白尿的治疗。在上述 MRA 药物的研发背景和研究历程下,埃沙西林酮(Minnebro, **1**)作为第一个非甾体 MRA 药物推出用于原发性高血压的治疗,具有非凡的历史性意义。

16.2 药理

人体可以通过多种途径降低血压。为了更清楚地理解这些通路,我们通过下面的路线 1[6],先来认识一下调节血压升高的各种因子。

如图 1 所示,人们可以通过各种不同的抑制剂治疗高血压,图中展示了许多传统意义上认为的经典靶点。人体内的肾素-血管紧张素-醛固酮系统(renin-angiotensin-aldosterone system, RAAS)需要持续控制。RAAS 调节失衡,就会直接引起血压升高。血管紧张素原酶,也称为肾素,是肾脏分泌的一种天冬氨酸蛋白酶蛋白和受体,参与 RAAS 的调节。肾素介导细胞外液和动脉血管收缩;从而调节平均动脉血压[6]。肾素抑制剂、血管紧张素转换酶抑制剂(angiotensin converting enzyme inhibitors, ACEI)和醛固酮合成酶抑制剂是不同类别的药物,都可以用来控制血压升高。

醛固酮是一种盐皮质激素,由肾上腺皮质球状带分泌。它与肾脏中的MR结合后,可以促进肾小管中钠离子和氯离子的重吸收,增加钾离子和氢离子的排出,并引起高血压。此外,心脏和血管等肾外组织中的MR激活会使NADPH氧化酶和活性氧的水平增加,也会促进发展成为高血压和心血管疾病。MR拮抗剂(MRAs)能够阻断醛固醇对MR的作用,从而起到降血压的作用。值得重申的是,人体血浆中醛固酮水平升高,造成水钠潴留和血容量增加,因此,高血压与醛固酮水平升高相关[7]。RAAS的激活会触发肾素、血管紧张素Ⅱ和醛固酮水平升高。血管紧张素Ⅱ作为一种血管收缩剂,能促进醛固酮的分泌并刺激交感神经末梢释放去甲肾上腺素,使心率加快。醛固酮通过其在肾脏中的作用,使血容量增加和钠潴留,进而引起血压升高。多个药理学研究的大鼠模型及人体临床试验结果都充分证明埃沙西林酮(**1**)抗高血压作用有效且持久,并具有心肾功能保护作用。

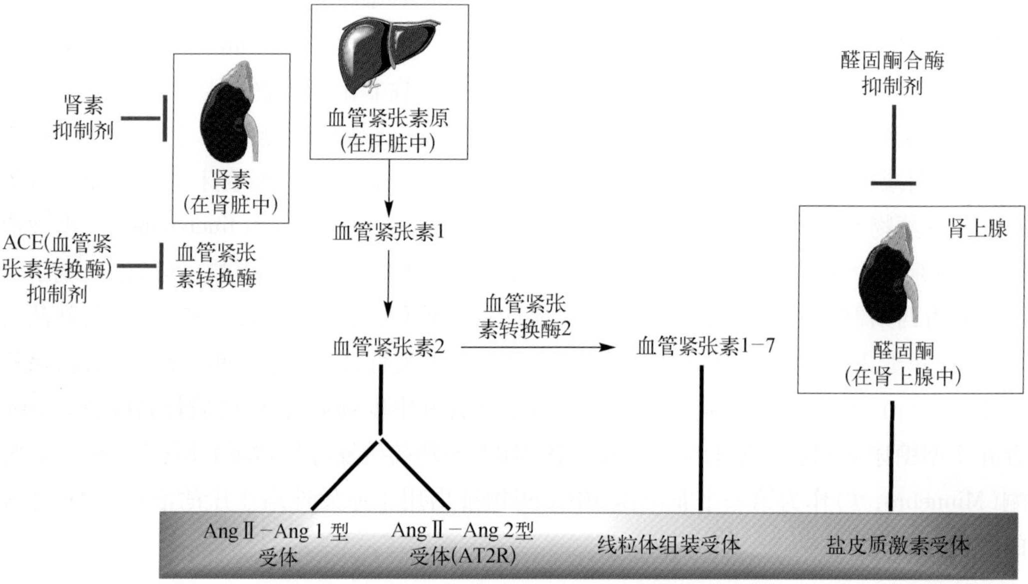

图1 降低血压的不同方法(修改自参考文献6)

16.3 构效关系(SAR)

MR由基因NR3C2编码,是一种甾体类核激素,属于大核激素受体(nuclear hormone receptor, NHR)家族。以核素受体为靶点的药物开发非常有挑战性,药物化学家需要通过大量筛选试验,寻找选择性高,并能维持激动剂/拮抗活性平衡的药物[8a,b]。在新型非甾体MRA药物探索过程中,目标配体可能会诱导MR的不同构象变化,进而通过共调节平衡两种相互作用。醛固酮和糖皮质激素都可以在细胞中激活 MR 。然而,醛固酮通过其在肾脏中的作用保钠并增加血容量,因此增加血压。那么,设计一个新的非甾体化合物时,就需要全面地评估新分子预期的理化性质。不仅应考虑到核激素类靶点的特性,还应借鉴已上市的以及专利文献已报道的所有甾体类 MRA 药物的经验教训。过去的二十年中,包括辉瑞(Pfizer)、拜耳(Bayer)、武田(Takeda)等在内的多家制药公司已进入该领域探索和开发非甾体类 MRA 药物[9a]。

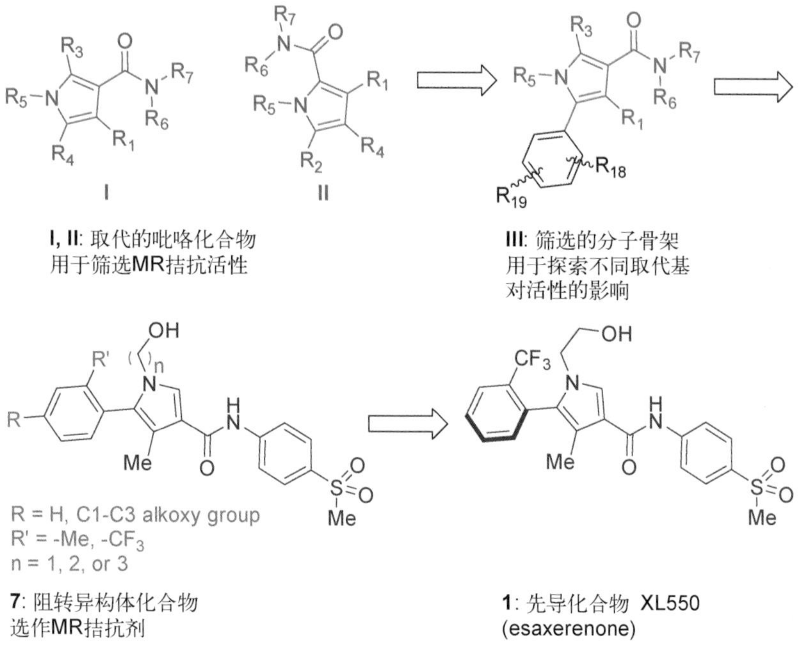

Sutherland 和 Vieth 的分析表明,市售的 NHR 配体的平均分子量为 382,平均 clogP 为 4.1。2004 年,美国伊克力西斯制药公司(Exelixis)的药物化学团队在其"可作为药物的吡咯衍生物"的专利中公开了能够调节核受体活性的一系列化合物、组合物和方法,其中包含大于 150 种核受体蛋白。有经典醛固酮受体(aldosterone receptor, MR)、雌激素受体(estrogen receptor, ER)(α 和 β)、雄激素受体(androgen receptor, AR)、孕激素受体(progesterone receptor, PR)和糖皮质激素受体(glucocortoid receptor, GR) 。专利中公开的核受体抑制剂为杂环类化合物,其中大部分是苯基吡咯酰胺类化合物。

专利报道了各种代表性化合物的体外 MR 活性。基于调节蛋白的 GAL4 - MR 测试方法,拮抗剂活性的平均 IC_{50} 值如下: <0.5 μmol/L、0.5~1 μmol/L 和 1~5 μmol/L。代表性分子Ⅰ和Ⅱ如下文所示,其中取代基 R1、R2、R3、R4、R5、R6 和 R7 涵盖了非常广泛的基团(注释: 篇幅有限,此处未列出所有取代基)。伊克力西斯制药公司(Exelixis)进一步缩小结构范围为苯基吡咯酰胺,如Ⅲ所示。他们发现了三种阻转异构化合物,并对这些化合物做了进一步的研究。其中强效 MR 拮抗剂功能性测试 IC_{50} 为 2.4 nmol/L,报告了活性异构体的功能试验。因此,确定了用于治疗高血压、充血性心力衰竭和终末器官保护的高选

择性的强效 MR 拮抗剂 XL550[9b,c]。该专利中描述的药物化学工作非常广泛。文中的先导分子 XL550,后来被授权给第一三共制药公司,推进了临床开发,并最终在日本获批用于治疗原发性高血压。

16.4 药代动力学和药物代谢

埃沙西林酮(Esaxerenone,**1**)是一种小分子,符合 Lipinski's 5 规则,类药性良好。埃沙西林酮(**1**)的药代动力学性质不受食物影响,餐前餐后 C_{max} 无差异。第一三共公司开展的临床研究结果显示,埃沙西林酮(**1**)能够剂量依赖地降低高血压患者的血压,并伴有肾脏保护作用。[10] 该药物在血浆中末端消除项半衰期($t_{1/2}$)比螺内酯药物(**3**)和依普利酮(**6**)更长。埃沙西林酮(**1**)超长的半衰期更有助于保持持久的药理作用。药代动力学结果显示,健康成年男性单次口服 5 mg 埃沙西林酮(**1**)后,体内最大药物浓度 C_{max} 和血浆暴露量(AUC)无明显差异。血浆中最大药物浓度达峰时间约为 3 h,清除半衰期约为 20 h。更为重要的是,中度肾功能损伤对埃沙西林酮(**1**)的药代动力学结果基本无影响。同样,轻度至中度肝功能损伤也基本无影响。同时,埃沙西林酮(**1**)吸收率较高并通过多种途径代谢,因此与其他酶的抑制剂发生药物-药物相互作用的风险较小。

埃沙西林酮(**1**)以原形药形式在尿液和粪便中排泄率非常低,因此主要通过代谢途径清除。代谢分析显示了药物的几种氧化代谢物,包括 *O*-葡糖苷酸以及由酰胺键水解产生的各种葡糖苷酸。这些氧化代谢物主要通过体内的 CYP3A4、CYP3A5 和多种尿苷 5′-二磷酸(UDP)-葡糖醛酸转移酶亚型代谢生成。主要代谢途径有氧化、葡糖醛酸化和水解。氧化途径约占体内总清除率的 30%。埃沙西林酮(**1**)以原药形式通过粪便排泄量约为 18%。总的排泄回收率约为 92.5%,粪便和尿液排泄率分别为 54.0% 和 38.5%[10,11]。埃沙西林酮(**1**)在人体中的主要代谢途径和主要代谢产物如下图所示,代谢产物有 M1、M2、M3、M4、M5 和 M11 。埃沙西林酮(**1**)推荐每天服用一次,剂量有 1.25 mg、2.5 mg 或 5.0 mg。成人推荐的常用剂量为口服 2.5 mg。

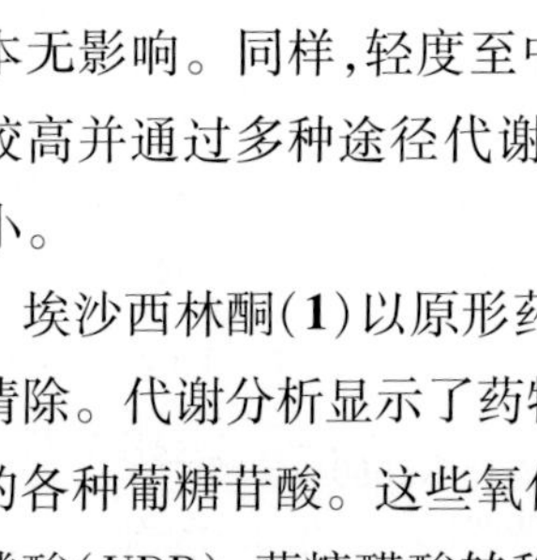

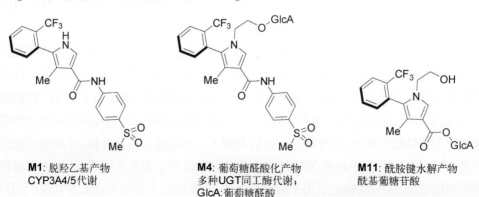

M1: 脱羟乙基产物
CYP3A4/5代谢

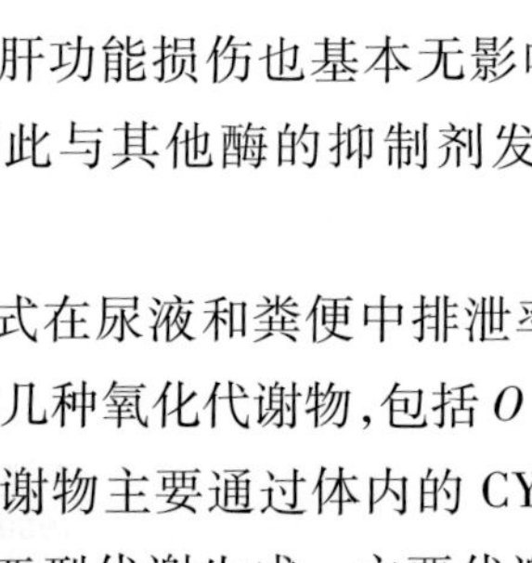

M4: 葡萄糖醛酸化产物
多种UGT同工酶代谢;
GlcA: 葡萄糖醛酸

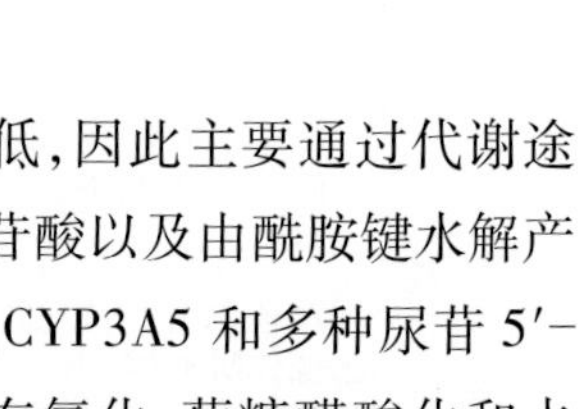

M11: 酰胺键水解产物
酰基葡糖苷酸

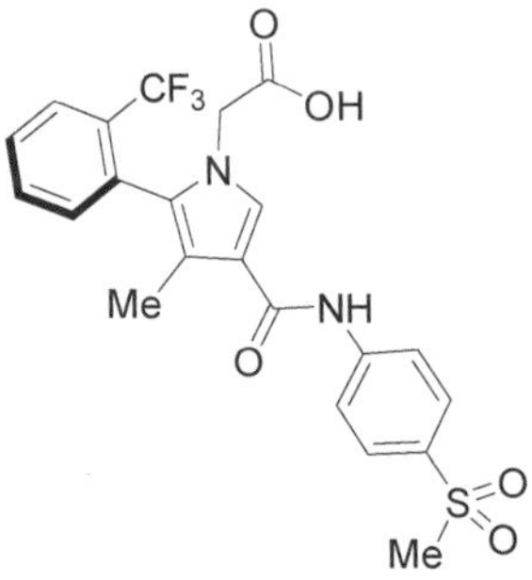

M2: 羧酸
CYP3A4/5代谢

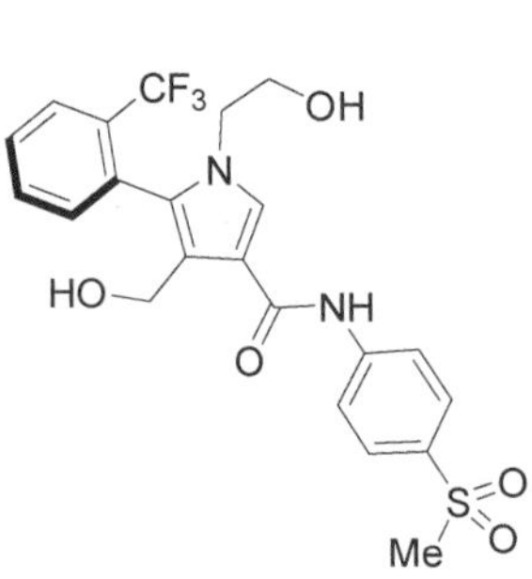

M3: 氧化产物
CYP3A4/5代谢

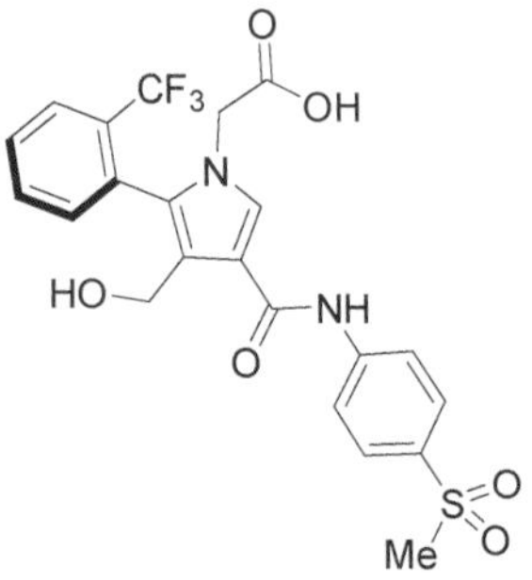

M5: 羟甲基化产物
羧酸代谢物衍生

16.5 有效性和安全性

临床研究表明,与安慰剂相比,埃沙西林酮(Esaxerenone,**1**)展现了良好的剂量依赖的降压作用。服用 2.5 mg/d 和 5.0 mg/d 剂量组的患者的坐位血压值显著降低,证明了埃沙西林酮(**1**)的药效。服用埃沙西林酮(**1**)的所有剂量组(1.25 mg/d、2.5 mg/d 和 5.0 mg/d)的患者血压都能明显下降。外推研究进一步表明,服用 2.5~5.0 mg/d 剂量组的埃沙西林酮(**1**)与现有的甾体药物(如服用 50~100 mg/d 的 sMR 拮抗剂依普利酮)的降压效果相当[13]。特别是,日本原发性高血压患者服用埃沙西林酮(**1**) 2.5 mg/d 和 5.0 mg/d 治疗 12 周后血压下降与依普利酮 50 mg/d 治疗效果相当。此外,服用埃沙西林酮(**1**)2.5 mg/d 不会比服用依普利酮 50 mg/d 的治疗效果差: 5.0 mg/d 剂量的非甾体 MRA 优于 2.5 mg/d 剂量。该结果来源于一项公开发布的较大样本量的日本原发性高血压患者的随机、双盲、安慰剂对照、开放标签的临床Ⅱ期实验研究。

第一三共公司开展的多项日本临床Ⅲ期试验结果表明,与安慰剂相比,埃沙西林酮(**1**)能够剂量依赖显著地降低收缩压和舒张压。埃沙西林酮(**1**)在不同患者人群中具有明显的稳定的降压作用,包括严重高血压患者,以及伴有中度肾功能损害或 2 型糖尿病和白蛋白尿的高血压患者。原发性高血压患者使用埃沙西林酮(**1**),单药或与血管紧张素-Ⅱ受体阻滞剂(ARB)或 ACEI 联合用,在有限的一段时间看长期治疗同样也展现了良好药效[14]。

埃沙西林酮(**1**)安全性良好,总体上无严重不良反应。通过一项健康日本男性受试者的临床Ⅰ期研究,确定了埃沙西林酮(**1**)单剂量和多剂量递增爬坡的耐受性[15]。患者空腹接受单剂量(5~200 mg)、多剂量(10~100 mg,10 d)或安慰剂时,暴露量与剂量基本呈线性,无重大的安全问题。尤其是,埃沙西林酮(**1**)安全性良好,未见性激素相关的副作用。早期的体外研究结果证明使埃沙西林酮(**1**)在较高浓度下,作为非甾体 MR 拮抗剂也只选择性抑制醛固酮与 MR 的结合,对糖皮质激素、雄激素或孕激素受体无激动或拮抗作用[16]。更大规模的临床Ⅱ期研究结果显示,与安慰剂相比,埃沙西林酮

(**1**)各剂量组(1 mg/d、1.25 mg/d、2.5 mg/d 或 5.0 mg/d)的不良反应发生率无显著差异。不良反应按已知严重程度分类,通常为轻度到中度,包括:鼻咽炎、上呼吸道炎症、咽炎、头痛、血尿酸,甘油三酯、血肌酐磷酸激酶和 K^+ 水平升高,血清肌酐(eGFRcreat)(估计肾小球肌酐滤过率)降低,背痛以及肌肉骨骼僵硬。一项日本临床Ⅲ期试验汇总分析结果显示,服用埃沙西林酮(**1**)的患者中有 13%发生的主要不良反应为高血清钾、高血尿酸和高尿酸血症,但是这些副作用并不具有临床意义。口服 2.5 mg 和 5 mg 埃沙西林酮(**1**),每日一次,治疗 12 周,总体耐受性良好。

16.6 药物合成

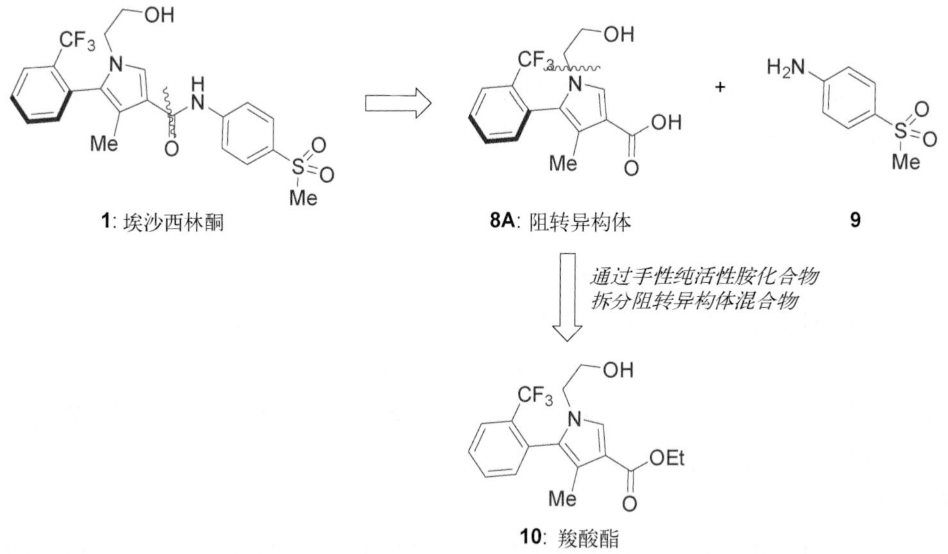

根据报道,埃沙西林酮(**1**)采用了线性合成策略。合成中最重要也最具有挑战性的部分是目标分子属于轴手性化合物,需要分离其阻转异构体。如前面的逆合成方案所示,构建埃沙西林酮(**1**)主要包含三个部分:1)合成关键羧酸酯中间体(化合物 **10**),2)阻转异构混合物 **8** 通过化学拆分获得轴手性奎宁盐(**8A**),和 3)最后 **8A** 和 4-(甲基磺酰基)苯胺反应生成埃沙西林酮(**1**)。第一三共(Daiichi Sankyo)公司开展了广泛的工艺研究并于 2016 年发布了研究结果,在其研究结果基础上,进一步开发得到更实用的工艺条件,能够满足更大量活性药物成分(active pharmaceutical ingredient, API)的生产需求。

埃沙西林酮(**1**)的合成起始于式中所示的 1-[2-(三氟甲基)苯基]-丙-1-酮(化合物 **8**)。酮 **11** 在叔丁基甲醚(*t*-butyl methyl ether, MTBE)溶液中,与液溴发生 α-溴代反应。初始产物溴酮 **12** 不分离,在 MTBE 溶液中原位进行下一步反应。即与氰乙酸乙酯反应生成中间体氰酮酯 **13**,这一中间体转移到甲苯溶液中原位反应继续进行后续关环反应。化合物**13**溶于甲苯溶液加入亚硫酰氯,降温并通入HCl气体,发生环化反应,生成氯代吡咯(化合物**14**),分离后得到结晶性固体。

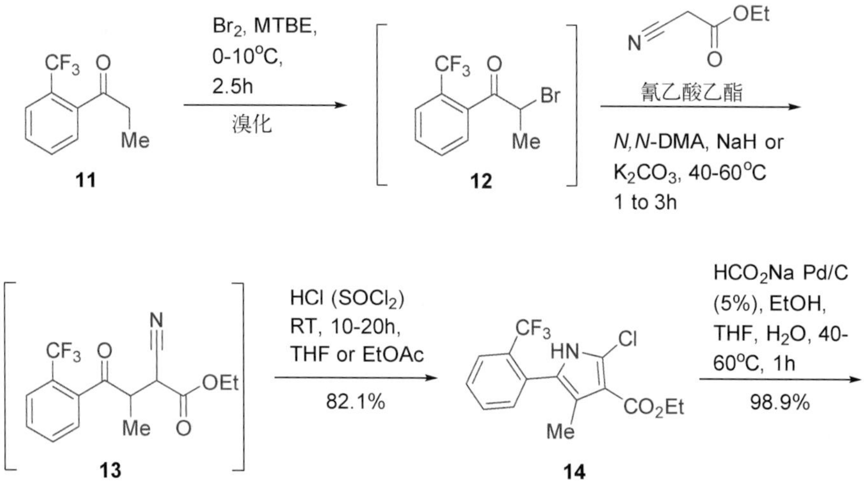

氯吡咯**14**使用甲酸钠作氢源经钯催化发生转移氢化反应生成脱氯吡咯**15**,分离后为结晶性固体。吡咯**15**在高温下以碳酸亚乙酯作为烷基化剂进行*N*-烷基化,形成化合物**16**,该化合物不须分离。它以乙醇溶液的形式进行后续的酯水解反应,生成关键的重要中间体羧酸化合物**8**。这一阻转异构外消旋混合物是结晶性化合物,可以通过化学拆分分离得到需要的单一的阻转异构体。

羧酸**8**是用于放大生产埃沙西林酮(**1**)API(活性药物成分)的重要且新颖的中间体。因此开展了广泛的工艺研究工作以期找到更适合扩大生产的工艺技术用于生产更大规模的单一手性的阻转异构体**8A**。

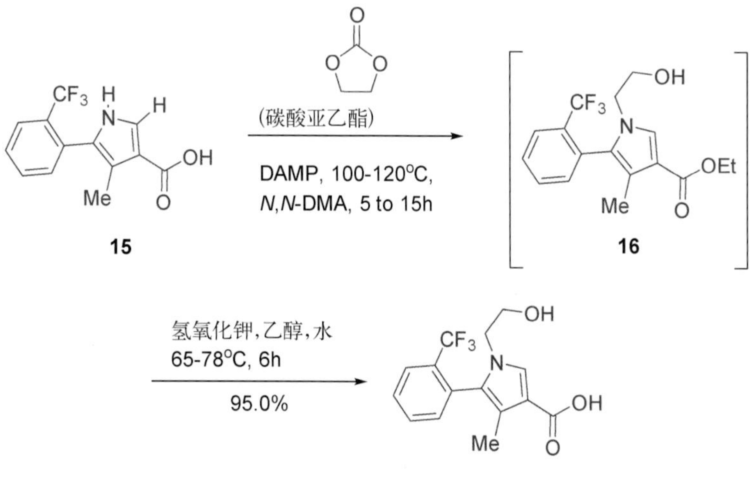

8: 羧酸化合物

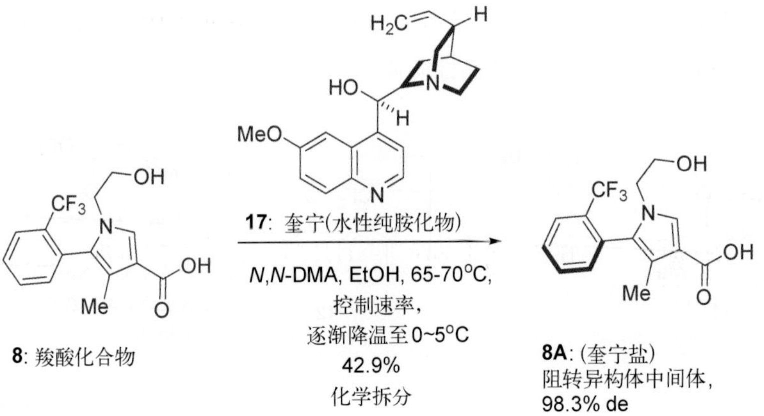

工艺研究发现了一种高效的、更适合工业生产的拆分的方法,能够以很高的收率获得高质量的新型阻转异构吡咯中间体。这一通过化学筛分方法制得手性单一的阻转异构体的操作过程如下。在室温条件下,将外消旋体羧酸化合物 **8** 溶于 *N*,*N*-二甲基乙酰胺和乙酸乙酯中,加入制备好的奎宁。得到的混合物加热至 65~70 ℃,逐滴加入外消旋体 **8** 并且保温搅拌 1 h。随后,控制降温速率,逐渐降温至 0~5 ℃,继续搅拌 30 min,得到结晶性化合物,过滤后产率为 42.9%,分离非对映体过量百分比为 98.3 (de)。这就是手性单一的阻转异构体羧酸与奎宁成盐的化学拆分获得关键中间体 **8A** 用于合成埃沙西林酮(**1**)的过程。通过这种方式得到的铵盐化合物 **8A** 可以与任何典型的酸(比如盐酸)置换,转化成游离态羧酸。

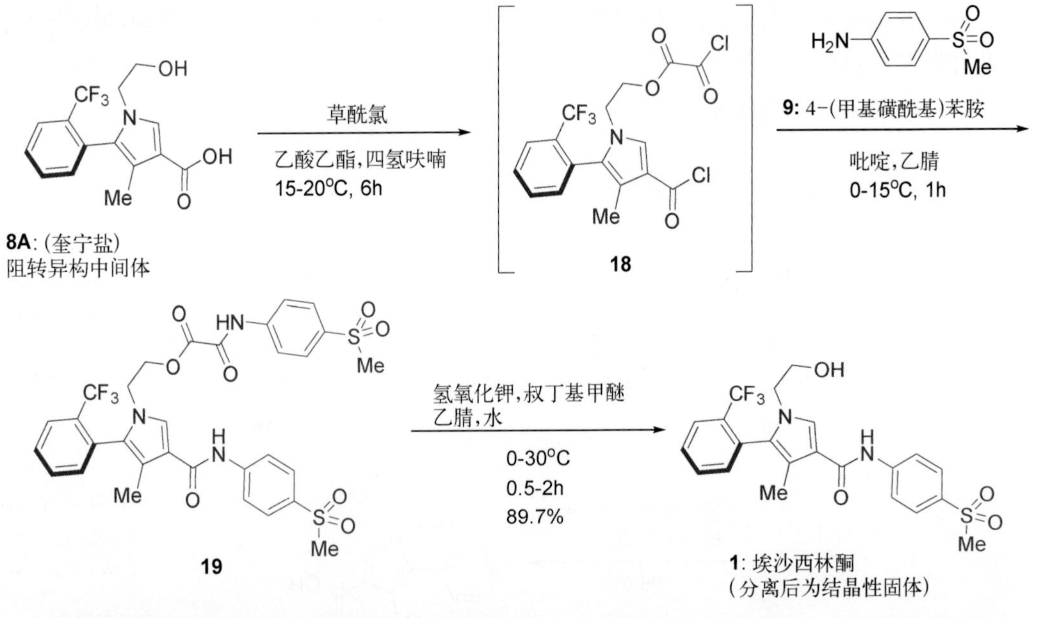

在合成的最后阶段,化合物 **8A** 与草酰氯反应。羧酸基团转化成相应的酰氯,而羟乙基与草酰氯偶联生成化合物 **18**。这一酰氯化衍生物 **18** 与 2 当量的 4-(甲基磺酰基)苯

胺(**9**)缩合后,再经过水解反应后处理生成纯的结晶性埃沙西林酮(**1**)。

16.7 总结

埃沙西林酮(Esaxerenone,**1**)作为第一个非甾体盐皮质激素受体拮抗剂(MRA),最早在日本用于治疗原发性高血压,并于 2019 年 1 月首次获得全球批准。这是从 20 世纪 50 年代最早证实醛固酮在高血压中的作用开始的一个长期演化的结果。从过去 60 年的研发结果,可以清楚地看到,尽管人们已经尽最大努力设计甾体类似物,但由于这类化合物不可避免的副作用,使它们的应用存在风险和局限性,并且无法作为一种广泛的可行的治疗药物使用。埃沙西林酮(**1**)为减轻这些风险提供了全新的方案。它是人们基于对靶点作用机制的深刻理解以及在过去二十年的药物发现过程一直保持系统严谨的努力探究的结果,最终成功地开发获得非甾体类小分子醛固酮抑制剂。

埃沙西林酮(**1**)是一种小分子药物,能够制成常规片剂用于原发性高血压患者的治疗。该药物不良反应较少,常见药物副作用包括血清钾以及血尿酸水平升高和高尿酸血症。药代动力学结果显示,该药物基本不受食物影响,餐前餐后 C_{max} 无差异,其药代动力学基本不受食物影响,C_{max} 无差异,因此能够显著降低收缩压和舒张压。在药物合成方面,有趣的是目标分子的关键中间体是一个需要化学拆分的阻转异构体,但实际上这个关键中间体能够通过手性胺获得,产率和纯度都很高,大大减少了试剂浪费。这一具有挑战性的技术在不断优化,现已可以实现大规模生产。埃沙西林酮(**1**)旨在解决严峻的医疗需求,作为 first-in-class 进入市场,它有潜力会克服现有甾体类药物的副作用。随着更多的生物技术和制药公司在药物研发战略中,对疾病的了解不断加深,预计将会有更多的药物最终进入市场并改变患者的生活。

16.8 参考文献

1. (a) Kitt, J.; Fox, R.; Tucker, K. L.; McManus, R. J. New approaches in hypertension management: a review of current and developing technologies and their potential impact on hypertension care. *Curr. Hypertens. Rep.* **2019**, *21*, 44-52. (b) Bolívar, J. J. Essential hypertension: an approach to its etiology and neurogenic pathophysiology, Hindawi Publishing Corporation, *Int. J. Hypertens.* **2013**, Article ID 547809, 11 pages.
https://www.hindawi.com/journals/ijhy/2013/547809/
2. (a) Messerli, F. H.; Williams, B.; Ritz, E. Essential hypertension. *Lancet* **2007**, *370*, 591-603. (b) Storessen, J. A.; Wang, J.; Bianchi, G.; Birkenhäger, W. H. Essential Hypertension. *Lancet* **2003**, *361*, 629-1641.
3. Hostetter, T. H.; Ibrahim, H. N. Aldosterone in chronic kidney and cardiac disease. *J. Am. Soc. Nephrol.* **2003**, *14*, 2395-2401.
4. Arai, K.; Papadopoulou-Marketou, N.; Chrousos, G. P. *Aldosterone Deficiency and Resistance*. Feingold, K. R.; Anawalt, B.; Boyce, A.; et al., eds. Endotext [Internet]. South Dartmouth, MA: MDText.com, Inc.; 2000-2020.

5. (a) Kolkhof, P.; Bärfacker, L. Mineralocorticoid receptor antagonists: 60 years of research and development. *J. Endocrinol.* **2017**, *234*, T125-T140. (b) Garthwaite, S. M.; McMahon, E. G. The evolution of aldosterone antagonists. *Mol. Cell. Endocrinol.* **2004**, *217*, 27-31. (c) Ottow, E., Weinmann, H. *Nuclear Receptors as Drug Targets*. John Wiley & Sons. (2008), p. 410.
6. Gao, Q.; Xu, L.; Cai, J. New drug targets for hypertension: a literature review. *BBA - Mol. Basis Dis.* **2021**, *1867*, 166037.
7. White P. C. Aldosterone: direct effects on and production by the heart *J. Clin. Endocrinol. Metab.* **2003**, *88*, 2376-2383.
8. (a) Gronemeyer, H.; Gustafsson, J.-Å.; Laudet, V. Principles for modulation of the nuclear receptor superfamily. *Nat. Rev. Drug Discov.* **2004**, *3*, 950-964. (b) Moore, J. T.; Collins, J. L.; Pearce, K. H. The nuclear receptor superfamily and drug discovery. *ChemMedChem* **2006**, *1*, 504-523.
9. (a) Piotrowski, D. W. Mineralocorticoid receptor antagonists for the treatment of hypertension and diabetic nephropathy. *J. Med. Chem.* **2012**, *55*, 7957-7966. (b) Patent WO 2006/012642 (US Publication No. US 2008-0234270). (c) Patent WO 2008/056907 (US Publication No. US 2010-0093826).
10. Yamada, M.; Mendell, J.; Takakusa, H.; Shimizu, T.; Ando, O. Pharmacokinetics, metabolism, and excretion of [14C]esaxerenone, a novel mineralocorticoid receptor blocker in humans *Drug Metab. Dispos.* **2019**, *47*, 340-349.
11. Duggan, S. Esaxerenone: First global approval. *Drugs* **2019**, *79*, 477-481.
12. Daiichi Sankyo. Esaxerenone (1) (Minnebro): Japanese prescribing information; 2019. http://www.pmda.go.jp/PmdaS earch /iyaku Detail/43057 4_21490 B6F10 26_1_02#CONTRAINDICATIONS.
13. Ito, S.; Itoh, H.; Rakugi, H.; Okuda, Y.; Yamakawa, S. Efficacy and safety of esaxerenone (CS-3150) for the treatment of essential hypertension: a phase 2 randomized, placebo-controlled, double-blind study *J. Human Hypertens.* **2019**, *33*, 542-551.
14. (a) Ito, S.; Itoh, H.; Rakugi, H.; Okuda, Y.; Yoshimura, M.; Yamakawa, S; Double-blind randomized phase 3 study comparing esaxerenone (1) (CS-3150) and eplerenone in patients with essential hypertension (ESAX-HTN Study) *Hypertens.* **2020, 75, 51-58.** (b) Ito, S.; Ito, H. Rakugi, H.; Okuda, Y.; Yoshimura, M.; Yamakawa, S. A double-blind phase 3 study of esaxerenone (CS-3150) compared to eplerenone in patients with essential hypertension (ESAX-HTN study) *J. Hypertens.* **2018**, *36*, e239.
15. Kato, M.; Furuie, H.; Shimizu, T.; Miyazaki, A.; Kobayashi, F.; Ishizuka, H. Single- and multiple-dose escalation study to assess pharmacokinetics, pharmacodynamics and safety of oral esaxerenone in healthy Japanese subjects. *Brit. J. Clin. Pharmacol.* **2018**, *84*, 1821-1829.
16. (a) Arai, K.; Tsuruoka, H.; Homma, T. CS-3150, a novel non-steroidal mineralocorticoid receptor antagonist, prevents hypertension and cardiorenal injury in Dahl salt-sensitive hypertensive rats. *Eur. J. Pharm.* **2015**, *769*, 266-273. (b) Arai, K.; Morikawa, Y.; Ubukata N.; Tsuruoka, H.; Homma T. CS-3150, a novel nonsteroidal mineralocorticoid receptor antagonist, shows preventive and therapeutic effects on renal injury in deoxycorticosterone acetate/salt-induced hypertensive rats. *J Pharm. Exp. Ther.* **2016**, *358*, 548-557.

17

伏环孢素(Lupkynis®),一种用于治疗狼疮肾炎的大环多肽类钙调神经磷酸酶抑制剂

Yan Wang

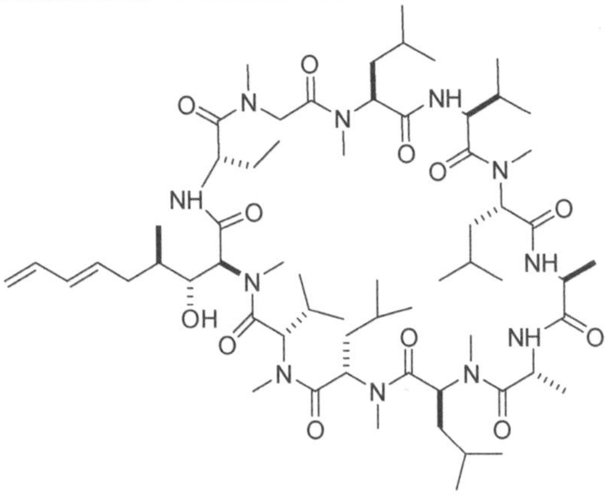

美国采用名称：国际非专有名称
商品名：LUPKYNIS
Aurinia Pharmaceuticals
上市日期：2021年

17.1 背景

系统性红斑狼疮(systemic lupus erythematosus, SLE)是一种慢性自身免疫性疾病,其特征是丧失核自身抗原的耐受性、淋巴细胞增殖、多克隆自身抗体产生、免疫复合物疾病和多器官组织炎症。在系统性红斑狼疮患者中,机体的免疫系统攻击自身组织,累及器官广泛炎症及组织损伤。狼疮肾炎(lupus nephritis, LN)是系统性红斑狼疮最严重、最常见的并发症之一。很多系统性红斑狼疮患者在发病初即诊断为狼疮肾炎。总体而言,系统性红斑狼疮患者中年龄较小的男性非洲裔、亚洲裔或西班牙裔人种更容易发生狼疮肾炎;狼疮肾炎患者的狼疮相关死亡率比非狼疮肾炎患者显著更高;5%~25%增殖性狼疮肾炎患者在发病5年内直接死于肾脏疾病。此外,10%~30%进展为肾衰竭的狼疮肾炎患者需要肾脏移植治疗[1-4]。

目前,肾活检被用于诊断狼疮患者的狼疮肾炎或累及肾脏的疾病,并可用于判断急性和慢性肾损伤的严重程度,这往往具有重要治疗意义。目前应用最广泛的系统是2003年IS/RPS分类,其明确指出,并发肾小管萎缩、间质炎症和纤维化、动脉硬化或其他血管病变应进行报告,并分级为轻度、中度或重度。根据临床表现,狼疮肾炎可分为六级(Ⅰ~Ⅵ)[1,2]。

治疗狼疮肾炎的免疫抑制类药物有糖皮质激素(**1**,**2**)、环磷酰胺(**3**)或者吗替麦考酚酯(mycophenolate mofetil, MMF,**4**)。狼疮肾炎的初始治疗药物是皮质类固醇,如泼尼松和泼尼松龙,这些药物可以是口服或静脉注射。免疫抑制药物主要用于三级及四级狼疮肾炎的治疗。但是,传统的免疫抑制剂并不总是有效,即使在有应答的患者中也有35%会复发。此外,5%~20%的狼疮肾炎患者在首次发病后10年内将发展为终末期肾病。药物本身引起的毒性同时也是个令人担忧的问题。2021年,美国食品和药品管理局基于新一代钙调磷酸酶抑制剂伏环孢素(Lupkynis®,voclosporin,**5**)和免疫抑制药物联合用药的临床试验结果,批准二者作为组合免疫抑制疗法用于治疗成人活动性狼疮肾炎。

Lupkynis®是FDA批准的首个狼疮肾炎口服疗法,其结构类似于环孢菌素,经半合成得到。与传统的钙调磷酸酶抑制剂相比,Lupkynis®具有更加可预测的药代动力学和药效学关系、更强的效力(与环孢菌素A相比)和改善的代谢谱[1-6]。

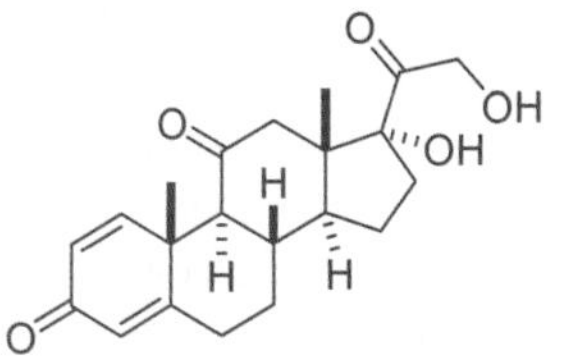

1, 泼尼松

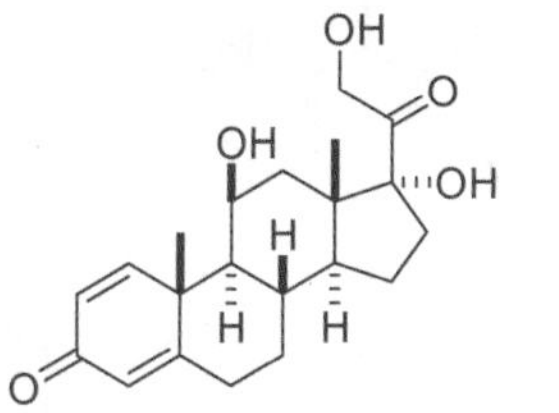

2, 泼尼松龙

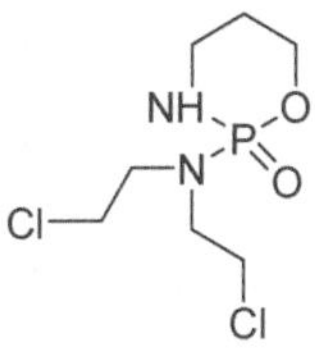

3, 环磷酰胺

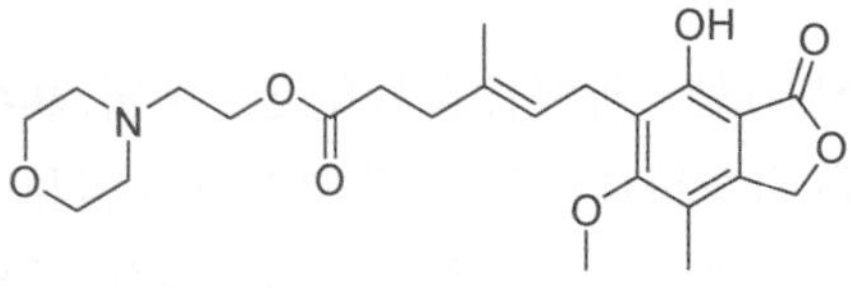

4, 吗替麦考酚酯

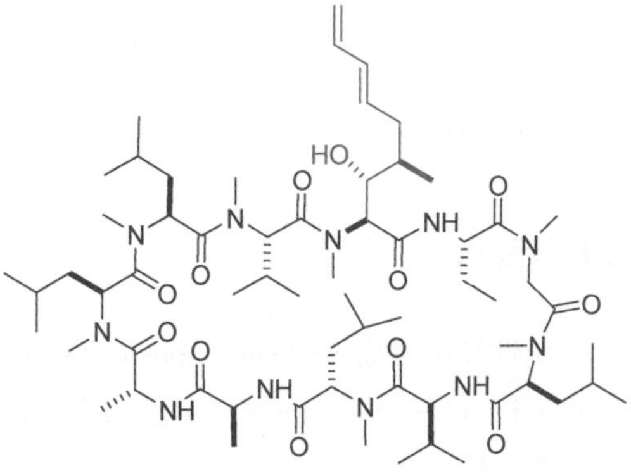

5, 伏环孢素

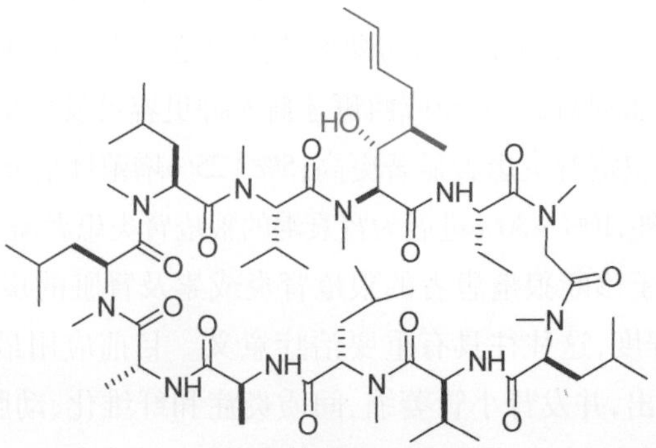

6, 环孢菌素A(CsA)

17.2 药理

钙调磷酸酶抑制剂是一类有效的免疫抑制剂,其能够可逆性抑制 T 细胞增殖,并通过阻断钙调磷酸酶活性从而抑制前炎症因子的生成和释放。该类药物还能抑制成纤维细胞增殖和血管内皮生长因子(VEGF)的表达。具体作用机制为:药物进入淋巴细胞后,首先与细胞内亲免蛋白结合,形成的结合复合物与钙调磷酸酶结合并抑制其活性,从而阻断 T 细胞受体介导的活化 T 细胞核因子(Nuclear factor of activated T cells, NFAT)的核转位,进而削弱了编码 IL-2 和其他细胞因子的基因转录[7]。

环孢菌素 A(Cyclosporin A, CsA)通过与环孢素的结合,可逆性抑制 T 淋巴细胞,也能抑制淋巴因子的生成和释放。环孢菌素 A 在 1983 年进入市场[8],商品名为 SANDIMMUNE®,因其能有效抑制多种器官异体移植的排斥反应,已成为一种典型的钙调神经磷酸酶抑制剂。伏环孢素(voclosporin)是一种新型钙调磷酸酶抑制剂,具有协同和双重作用机制,可阻断 IL-2 表达和 T 细胞介导的免疫反应。它在结构上类似于环孢菌素 A(**6**),不同之处是在氨基酸 NMeBmt 的侧链处进行结构修饰,增加了一个碳原子。这种修饰改变了伏环孢素与钙调磷酸酶的结合[9]。伏环孢素的早期临床和非临床研究中使用的处方(名为 ISA247)是由两种顺反异构体按等比例混合组成,后期临床研究使用了更有效的反式异构体[10]。在开发过程中,伏环孢素曾使用过以下多个名称,如 ISA247、ISAtx 247、LX 211、R 1524 等[11]。伏环孢素在兔、猫和狗经口服给药后,吸收良好,[12] 主要代谢途径为细胞色素 P450 介导的一相氧化反应,主要排泄途径为粪便。在非人灵长类动物中,伏环孢素对淋巴细胞增殖、T 细胞活化和细胞因子产生的抑制作用较环孢菌素 A 相当,甚至更高[13]。

17.3 构效关系(SAR)

环孢菌素 A 因存在药物副作用,特别是肾毒性[14,15],而无法长期使用。研究者尝试对环肽的多个位置进行结构修饰[16] 后发现,生物活性与环孢菌素 A 结构中的大部分片段相关,根据构效关系推测比较重要的有氨基酸 1、2、10 和 11(图 1)。在大多情况下,环孢菌素 A 衍生物的生物活性与其对 CypA 的亲和力相关,对结合残基 1、2、9、10 或 11 处的修饰减少了与 CypA 的结合,将导致免疫抑制活性的降低;而在效应环残基 4、5 或 6 的修饰虽不影响 CyA 的结合力,但却会极大影响免疫抑制活性。当然,也有明显的一些例外情况存在[16-18]。

前期人们已经开展过环孢菌素 A 氨基酸结构的修饰工作,以提高其活性和稳定性,包括氨基酸 1 的化学取代和多处氘代,以及在环孢菌素 A 代谢的关键位点,如氨基酸 1、4 和 9 处的氘代[19,20]。然而,将 NMeBmt 侧链上的不同甲基氢原子氘代后,并没有获得优于非氘代物的优势。

伏环孢素(**5**)的结构与环孢菌素 A 非常相似,不同之处仅在氨基酸 NMeBmt 的侧链。

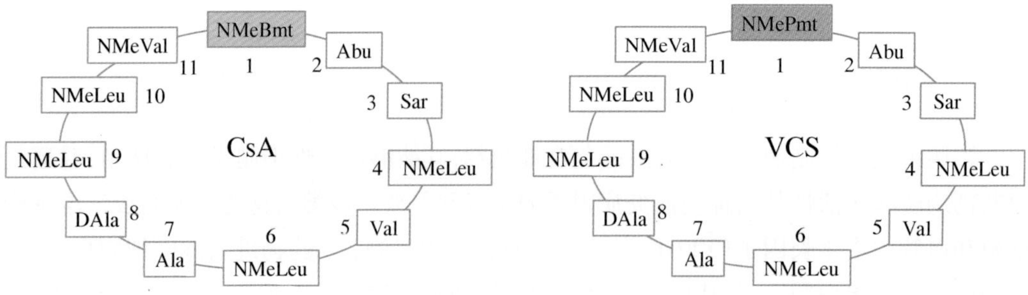

图 1　环孢菌素 A 和伏环孢素的氨基酸组成(带有氨基酸位置标记)

在侧链末端延长一个碳原子后,得到了顺反构型 2 个异构体。使用^{32}P标记的钙调磷酸酶活性测定法,通过荧光光谱法测定反式和顺式 ISA247 异构体的体外结合亲和力分别为 15 nmol/L 和 61 nmol/L[13]。

X 射线晶体学研究表明,ISA247 的异构体在残基 1 处的化学修饰(图 2a – c)不会引起药物- CypA 复合物中 CypA 侧链的重排,两种 ISA247 异构体之间的功能差异仅由修饰的 NMePmt 残基处的结构差异引起[13]。碳链长度的增加改变了亲环蛋白伏环孢素复合物与钙调磷酸酶中催化和调节亚基的复合表面的结合。反式 ISA247 显示出优于环孢菌素 A 的免疫抑制活性。

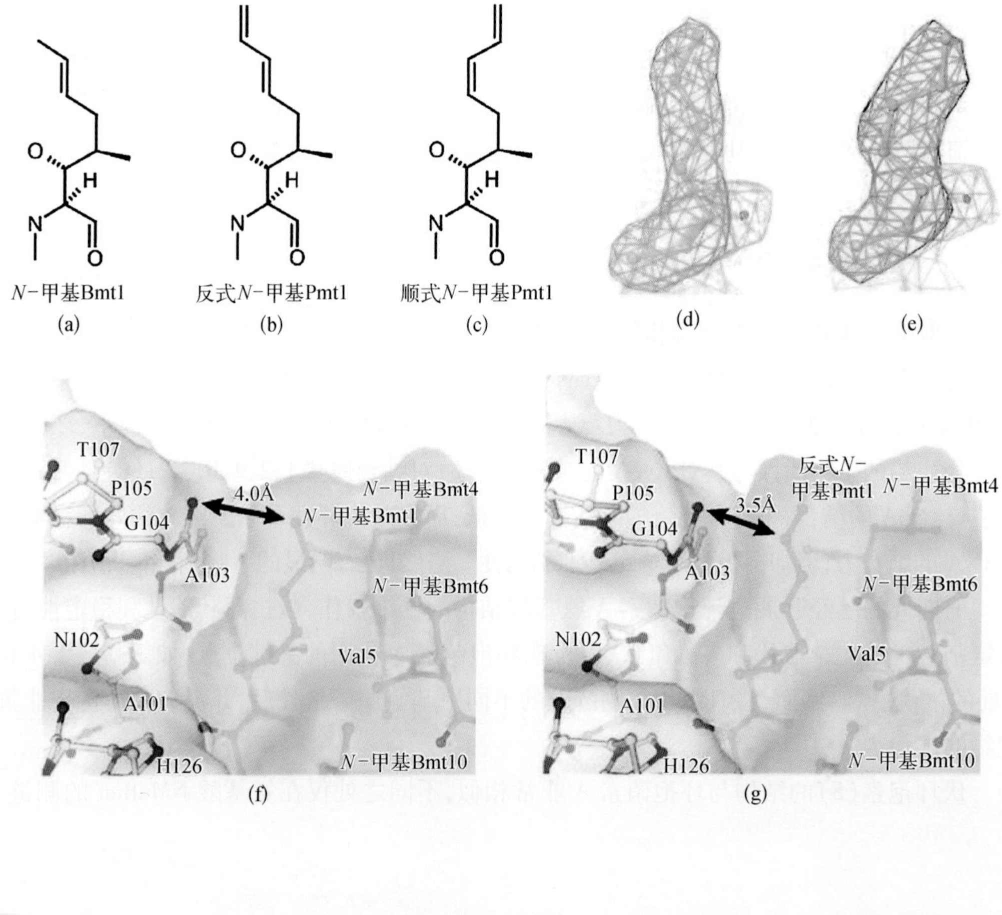

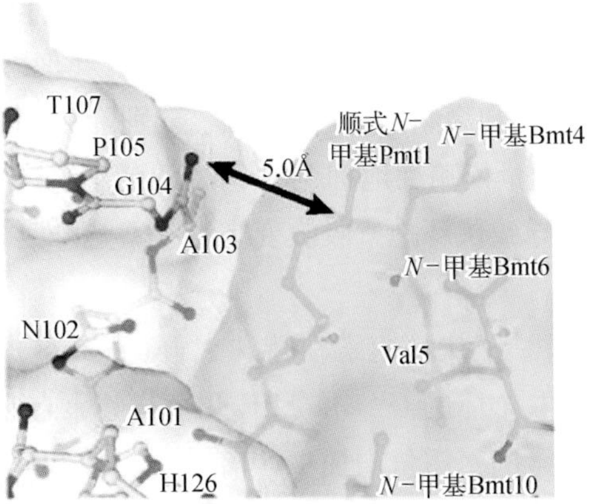

(h)

图 2 CsA 和 ISA247 的两个立体异构体的 1 号位氨基酸残基。(a)是环孢菌素残基 *N*-甲基 Bmt 1 的结构式、(b)是反式 ISA247 的残基 *N*-甲基 Pmt 1 的结构式,(c)是顺式-ISA247 残基顺式 *N*-甲基 MePmt 1 的结构式;黄色的分别是(d) 反式 *N*-甲基 Pmt1、(e) 顺式 *N*-甲基 Pmt1、(f) 环孢菌素 A、(g) 反式 ISA247,和(h) 顺式 ISA247。CypA 的骨架 103 号位丙氨酸羰基和环肽的残基 1 之间的距离用黑色箭头

17.4 药代动力学与药物代谢

在包括人在内的所有研究种属中,伏环孢素以及混合物形式的 ISA247 均通过羟基化和 *N*-去甲基化进行代谢[10,21,22]。伏环孢素的代谢涉及细胞色素 P450 对氨基酸(而非氨基酸 1)的氧化,产生可定量检测的代谢产物 IM9、IM4 和 IM4n,以及对氨基酸 1 的氧化产生可定量检测的 IM1-二醇-1、IM1c(R)和 IM1w。伏环孢素的代谢在各种属间相似,没有人特有的代谢产物(表 1)。环孢菌素 A 的主要代谢位点是 1 号位的氨基酸[23]。因此,将该位点修饰后已将主要代谢位点转移到 9 号氨基酸。伏环孢素具有更强的活性,代谢谱得到改善,从而允许更低剂量给药。更小的药代动力学-药效学个体差异,随之会带来更好的药物安全性[10,24]。

表 1 ISA247 在各种属中的主要代谢产物

	含量(按相对 ISA247 的百分比表示)			
代谢产物分子量	人(%)	猴(%)	犬(%)	大鼠(%)
1223(脱甲基)	21.6	22.2	67.2	12.8
1239(脱甲基羟基)	3.2	18.6	38.7	7.6
1253(羟基)	40.7	93.5	90.3	131.1
1255(脱氢)	5.7	6.6	0	0
1271(ISA-AM1 双醇)	38.7	21.3	10.7	7.0

来源:基于参考文献 10。

在一项Ⅰ期临床单次递增试验中评估了伏环孢素的药代动力学、药效学和食物影响[25]。临床剂量范围为0.25~4.5 mg/kg,所有剂量组中伏环孢素的血药浓度达峰时间均在给药后2 h内。受低脂食物和高脂食物影响,C_{max}分别降低29%和53%,AUC_{inf}分别降低15%和25%。伏环孢素剂量依赖性地抑制钙调磷酸酶活性,最大抑制剂量为3.0 mg/kg。与食物一起服药时,可导致伏环孢素吸收变缓、变少,达峰延迟,看起来与食物中脂肪量有关。

另一项Ⅰ期临床试验评估了伏环孢素在特殊人群(肾或肝损伤)中的药代动力学[26]。在轻度和中度肾损伤人群中,个体的C_{max}和AUC几乎与健康志愿者的图形完全重叠。在重度肾损伤人群里,伏环孢素的暴露量增加1.5倍,而C_{max}没有增加。在轻度至中度肝损伤人群中,伏环孢素的暴露量有1.5至2倍的增加。

另外,研究者还开展了多项药物-药物相互作用的临床试验,如伏环孢素与CYP3A抑制剂(**7**,酮康唑)、CYP3A诱导剂(**8**,利福平)、CYP3A底物(**9**,咪达唑仑),以及P-糖蛋白(P-glycoprotein, P-gp)抑制剂(**10**,维拉帕米)和P-gp底物(**11**,地高辛)联用,以评价伏环孢素的药代动力学变化[24]。伏环孢素与CYP3A诱导剂(**8**)联合用药后,伏环孢素的暴露量减少了90%;伏环孢素与P-pg抑制剂(**10**)联合用药,伏环孢素C_{max}、AUC较给药前浓度分别增加了2.1倍、2.7倍和2.8倍;伏环孢素与P-gp底物(**11**)联合给药导致地高辛C_{max}、AUC和尿排泄量分别显著增加50%、25%和20%,而地高辛肾清除率不变。

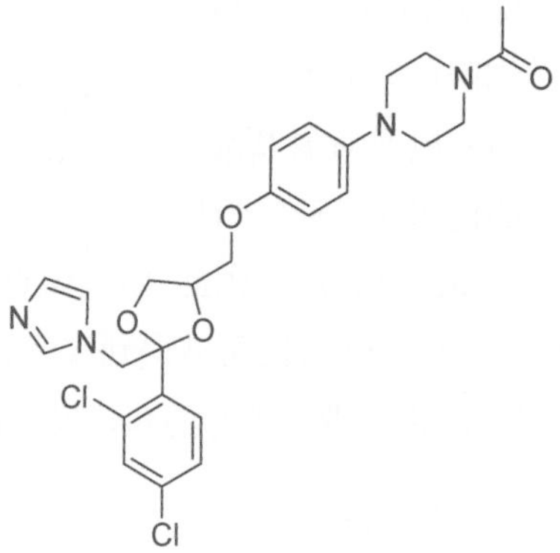

7, 酮康唑(CYP3A抑制剂)

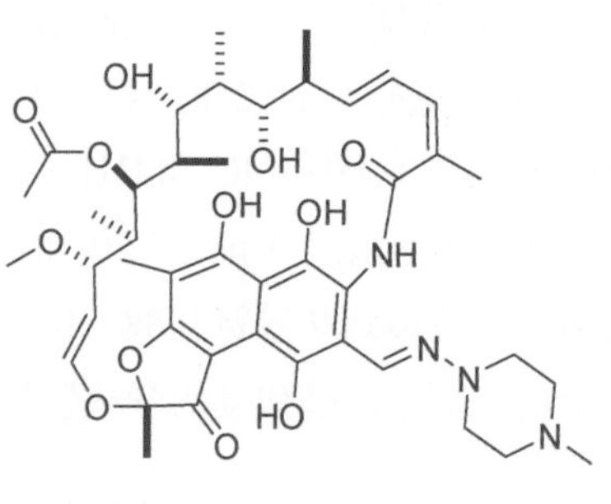

8, 利福平(CYP3A诱导剂)

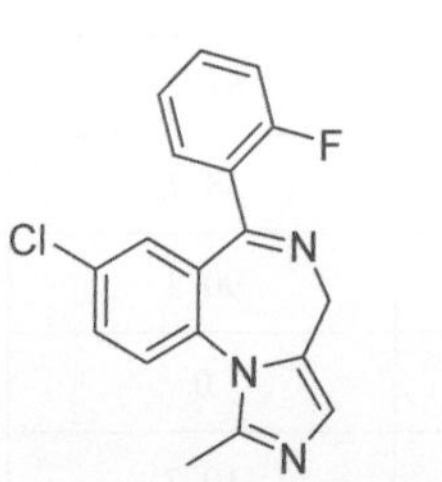

9, 咪达唑仑(CYP3A底物)

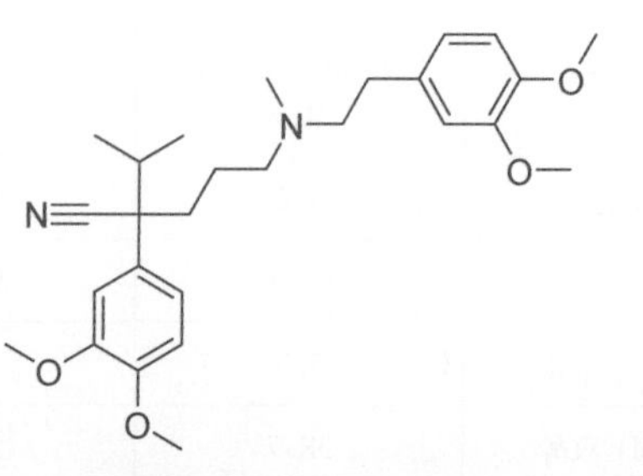

10, 维拉帕米(P-gp抑制剂)

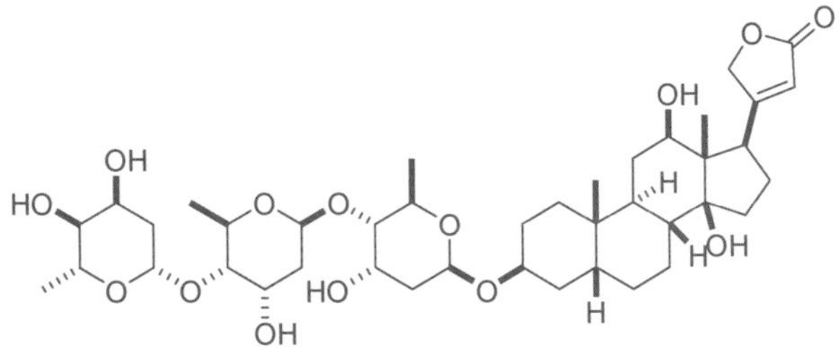

11, 地高辛(P-gp底物)

空腹服用伏环孢素后,中位 T_{max} 为 1.5 h(1~4 h)。伏环孢素的表观分布容积(V_{ss}/F)为 2 154 L,其广泛分布到红细胞中,全血和血浆之间的分布取决于浓度和温度,蛋白结合率约为 97%。伏环孢素主要由 CYP3A4 肝细胞色素酶代谢。药理活性主要归因于母体分子。伏环孢素的平均终末半衰期约为 30 h(24.9~36.5 h),血浆峰值时间为 1.5 h(空腹)。在 6 天时达到稳态。伏环孢素的平均表观稳态清除率为 63.6 L/h。肝肾功能损害显著降低其清除率[10]。

17.5 有效性和安全性

伏环孢素在体外[15]、体内自身免疫模型[27]、移植动物模型[28] 中表现出比环孢菌素 A 更强的免疫抑制活性[28]。在一项Ⅱ期、多中心、随机、双盲、安慰剂对照的活动性狼疮肾炎诱导治疗(初始治疗)临床试验中,在吗替麦考酚酯和皮质类固醇中加入低剂量伏环孢素会产生更好的肾脏缓解作用[29]。这些令人鼓舞的数据直接推动了伏环孢素的Ⅲ期随机、安慰剂对照试验[30]。在多中心Ⅲ期试验中,伏环孢素联用吗替麦考酚酯(**4**)和低剂量类固醇,不管在临床上还是统计学中均获得了比单独使用吗替麦考酚酯和低剂量类固醇更高的肾脏完全响应率,在安全性上二者相当。

伏环孢素的Ⅰ期药代动力学,单剂量递增试验研究在健康志愿者中开展[25],主要不良反应与胃肠道有关,均为轻度并自发消退。伏环孢素在口服 0.25~4.5 mg/kg 范围内展示了良好的安全性和耐受性。

Ⅰ期特殊人群药代动力学研究在肾或肝损伤人群中展开[26],数据表明轻度至中度肾功能不全患者无须调整剂量。而对重度肾功能不全和肝功能不全的患者,建议适当调整给药剂量并采取一定的安全性监测措施。

伏环孢素与其他药物的相互作用主要考察了 CYP3A 代谢和 P-gp 外排两个方向[24]。酮康唑(**7**)、利福平(**8**)和咪达唑仑(**9**)分别是研究 CYP3A 抑制、诱导和底物的合适探针分子。维拉帕米(**10**)和地高辛(**11**)分别是研究 P-gp 抑制和底物的合适探针分子。结果显示应避免将伏环孢素与 CYP3A 的强抑制剂或诱导剂同时服用。但伏环孢素与 CYP3A 底物咪达唑仑(**9**)一起服用,单次给药后不会引起咪达唑仑或其代谢物 α-羟基咪达唑仑的药物暴露发生显著变化;和其他 CYP3A 底物的药物共同服用预期不会产生药-

药相互作用。

在一项开放标签的系统性红斑狼疮Ⅰ期试验中[31]，对患者服用伏环孢素和吗替麦考酚酯(**4**)后血液中的麦考酚酸(MPA，吗替麦考酚酯的活性组分，**12**)和麦考酚酸葡糖苷酸(MPAG，吗替麦考酚酯的无活性代谢物，**13**)进行了检测，旨在评估伏环孢素和吗替麦考酚酯同时服用的安全性和耐受性。由于麦考酚酸(**12**)的变化可能会影响疗效和安全性，因此这项联合用药研究非常有必要。而这些数据证实，这两种药物可以同时给药，无须调整吗替麦考酚酯(**4**)的剂量。

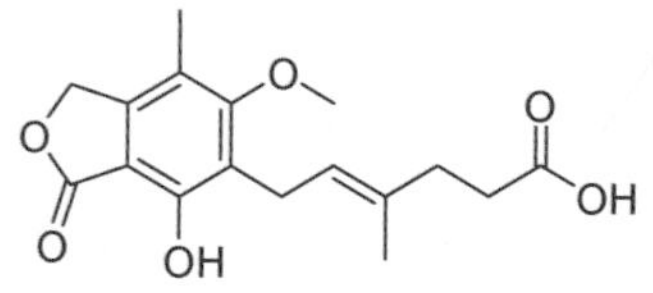

12，麦考酚酸

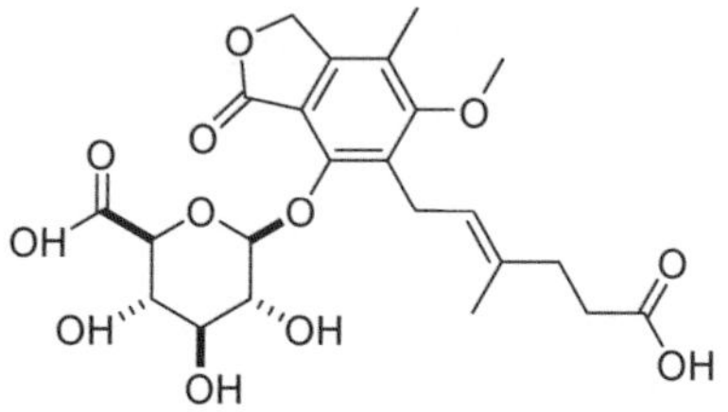

13，麦考酚酸葡糖苷酸

在一项多中心Ⅱ期试验中，出现过很难解释的现象，即在低剂量组给药早期观察到受试者死亡[29]。因此，当首次启动该方案时，需要进行仔细监测。

17.6 合成

环孢菌素A(**6**)是由11个氨基酸组成的环状疏水肽，它包含多个*N*-甲基氨基酸，8号位为D型丙氨酸，1号位为NMeBmt。环孢菌素A序列为环-(NMeBmt-Abu-肌氨酸-*N*-甲基亮氨酸-缬氨酸-*N*-甲基亮氨酸-丙氨酸-D型丙氨酸-*N*-甲基亮氨酸-*N*-甲基亮氨酸-*N*-甲基缬氨酸，NMeBmt-Abu-Sar-NMeLeu-Val-NMeLeu-Ala-DAla-NMeLeu-NMeLeu-NMeVal)(图1)。环孢菌素A可以通过生物发酵[32]制备或使用化学固相多肽合成(SPPS)途径得到[33-35]。环孢菌素A可通过一种多孢木霉的好氧真菌经深层发酵大量生产。图3诠释了环孢菌素A分离和纯化的常规步骤。环孢菌素A是众多天然存在的环孢菌素类似物的普通发酵液中的主要组分，这些类似物在结构上往往仅存在一个氨基酸的差异，并且其生物合成可以通过外部提供相应的前体来开展[32]。

环孢菌素A也可以通过化学合成制备[33-35]。线性十一肽前体较难经化学固相多肽合成，因为一些位阻较大的氨基酸或*N*-甲基氨基酸的偶联反应通常反应不完全，特别是9号位和10号位的Fmoc-*N*-甲基亮氨酸，以及11号位的Fmoc-*N*-甲基缬氨酸。随着多肽固相合成技术的发展，这些问题最终通过使用不同偶联试剂(HATU、HOAt/DIPCDI、HOAt/DIC)、二次偶联和延长反应时间得以解决。粗肽从树脂上裂解后，环化反应在液相中完成。环化位点选择在更容易偶联的7号位丙氨酸和8号位D型丙氨酸，因为这两个氨基酸均无*N*-甲基取代。

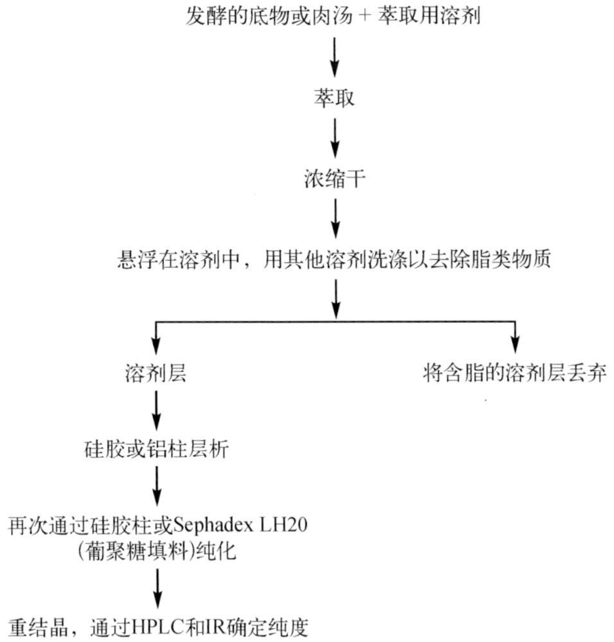

图 3　环孢菌素 A 的常规分离、纯化流程图

伏环孢素是环孢菌素的类似物,由 Robert T. Foster 及其团队在 20 世纪 90 年代中期在 Isotechnika 发现。ISA247 由 Isotechnika 和 Roche 合作开发,代号为 R 1524。双方在 2002 年 4 月签署协议共同开发包括商业化,而 ISA247 的全球独家营销权归罗氏所有。该协议于 2004 年 4 月重新调整,由 Isotechnika 单独管理和资助反式 ISA 247 的临床开发。随后 Isotechnika 于 2013 年与 Aurinia Pharmaceuticals 合并[11]。

伏环孢素(**5**)的化学结构类似于环孢菌素 A(**6**),其唯一修饰是在氨基酸 NMeBmt 侧链的末端。当把该残基的末端甲基变成 $CH=CH_2$ 时,就得到顺式和反式的 4 -[(2*E*/*Z*, 4*EZ*)-2,4 -戊二烯基]-4,*N* -二甲基-1 -苏氨酸(*E*/*Z* - NMePmt, **15**) ISAtx 247[36]。ISAtx 247 可由环孢菌素 A(**6**)半合成路线得到,具体合成步骤参见路线 1。

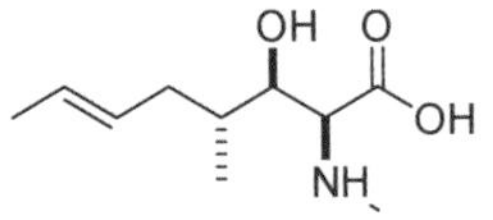

14, NMeBmt

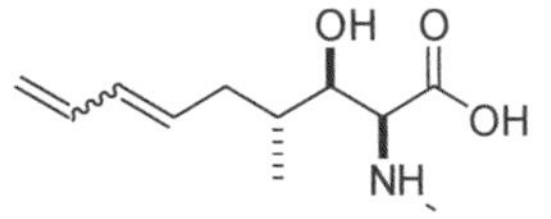

15, *E*/*Z*-NMePmt

ISAtx 247 由顺式和反式两种异构体组成,其中反式异构体占 45%~50%,顺式异构体占 50%~55%。Aurinia Pharmaceuticals 的专利中描述了利用立体选择性反应条件合成 ISAtx 247 并富集反式或顺式异构体[36]。与顺式相比,ISAtx 247 的反式异构体具有更好的免疫抑制活性和更优的治疗窗口。

第一步(路线 1)是在环孢菌素 A 的 β -羟基上引入乙酰基保护得到乙酸酯 **16**。接下来，在 OsO4/NaIO4 氧化条件下转化为醛产物 **17**。

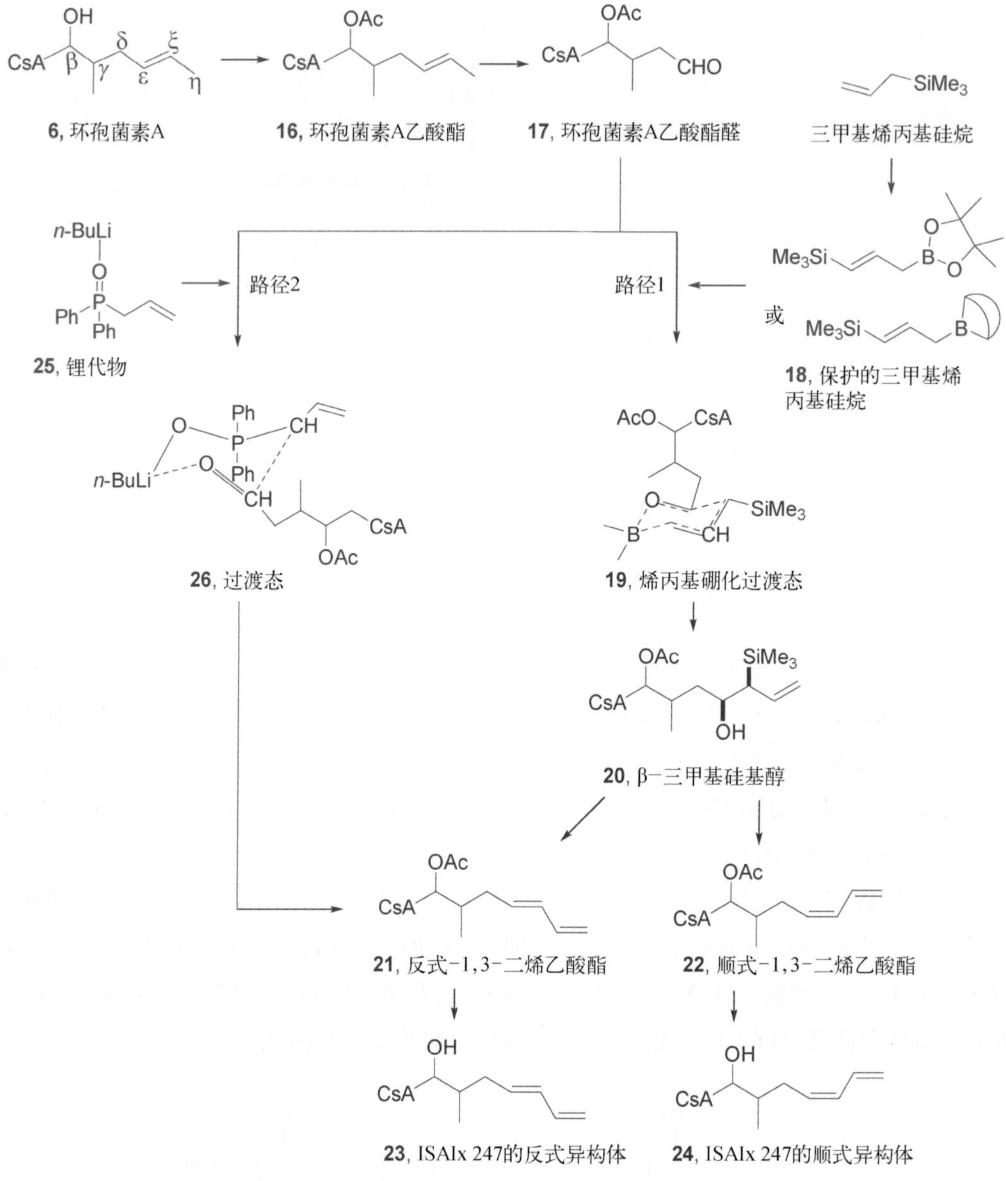

路线 1　ISAIx 247 的合成

随后，使用保护的三甲基烯丙基硅烷 **18** 与 **17** 反应（路线 1，路径 1），经六元环的含硼过渡态 **19**，形成 β-三甲基甲硅基醇 **20**，后者通过 Peterson 烯烃化反应制备得到烯烃 **21** 或 **22**）。下一步消去反应既可在酸性条件下进行，得到反式为主的 ISAtx 247 异构体 **23**，也可在碱性环境下发生，得到顺式为主的 ISAtx 247 异构体 **24**。

在另一条合成路线（路线 1，路径 2）中，由 Wittig 试剂（锂基衍生物 **25**）与醛 **17** 反应生成含锂六元环过渡态 **26**，进一步形成 1,3-二烯，其反式/顺式比（**23/24**）大于 75：25 。

2020 年 12 月,Aurinia Pharmaceuticals 和 Lonza 宣布了一项独家生产伏环孢素的协议。Lonza 的专业能力已帮助 Aurinia 在伏环孢素独特而复杂的制造工艺基础上进一步优化,从而降低了成本。他们的工厂预计将于 2023 年投入运营[37]。

17.7 参考文献

1. Anders, H. ; Saxena, R. ; Zhao, M. ; Parodis, I. ; Salmon, J. E. ; Mohan, C. Lupus nephritis. *Nat. Rev. Dis. Primers* **2020**, *6*, 1 – 25.
2. Parikh, S. ; Almaani, S. ; Brodsky, S. ; Rovin, B. Update on lupus nephritis: core curriculum 2020. *AJKD* **2020**, *76*, 265 – 281.
3. Jaryal, A. ; Vikrant, S. Current status of lupus nephritis. *Indian J. Med. Res.* **2017**, *145*, 167 – 178.
4. https://www. medicinenet. com/lupus_nephritis_treatment/views. htm.
5. https://www. drugs. com/history/lupkynis. html.
6. https://www. biospace. com/article/aurinia-pharmaceuticals-snags-fda-approval-for-first-oral-ln-treatment/.
7. Anglade, E. ; Yatscoff, R. ; Foster, R. ; Grau, U. Next-generation calcineurin inhibitors for ophthalmic indications. *Expert Opin. Investig. Drugs* **2007**, *16*, 1525 – 1540.
8. Wenger, R. ; Payne, T. ; Schreier, M. Cyclosporine: chemistry, structure-activity relationships and mode of action. *Prog. Clin. Biochem. Med.* **1986**, *3*, 159 – 191.
9. Naicker, S. ; Yatscoff, R. W. ; Foster, R. T. Cyclosporine Analogue Mixtures and their Use as Immunomodulating Agents. US Patent 9765119 B2 (**2017**).
10. Multi-disciplinary review and evaluation: Voclosporin. **2020**. https://www. accessdata. fda. gov/drugsatfda_docs/nda/2021/213716Orig1s000MultidisciplineR. pdf.
11. ISA 247: trans-ISA 247, trans-R 1524, ISA(TX)247, ISAtx 247, ISATx247, LX 211, LX211, R 1524, R – 1524. *Drugs R&D* **2007**, *8*, 103 – 112.
12. Roesel, M. ; Tappeiner, C. ; Heiligenhaus, A. ; Heinz, C. Oral voclosporin: novel calcineurin inhibitor for treatment of noninfectious uveitis. *Clin. Ophthalmol.* **2011**, *5*, 1309 – 13013.
13. Kuglstatter, A. ; Mueller, F. ; Kusznir, E. ; Gsell, B. ; Stihle, M. ; Thoma, R. ; Benz, J. ; Aspeslet, L. ; Freitag, D. ; Hennig, M. Structural basis for the cyclophilin A binding affinity and immunosuppressive potency of E – ISA247 (voclosporin). *Acta Cryst.* **2011**, *D67*, 119 – 123.
14. Burdmann, E. ; Andoh, T. ; Yu, L. ; Bennett, W. Cyclosporine nephrotoxicity. *Semin. Nephrol.* **2003**, *23*, 465 – 476.
15. Birsan, T. ; Dambrin, C. ; Freitag, D. ; Yatscoff, R. ; Morris, R. The novel calcineurin inhibitor ISA247: a more potent immunosuppressant than cyclosporine in vitro. *Transpl. Int.* **2005**, *17*, 767 – 771.
16. Kallen, J. ; Mikol, V. ; Taylor, P. ; Walkinshaw, M. X-ray structures and analysis of 11 cyclosporin derivatives complexed with cyclophilin A. *J. Mol. Biol.* **1998**, *283*, 435 – 449.
17. Gottschalk, S. ; Cummins, C. ; Leibfritz, D. ; Christians, U. ; Benet, L. ; Serkova, N. Age and sex differences in the effects of the immunosuppressants cyclosporine, sirolimus and everolimus on rat brain metabolism. *Neurotoxicology.* **2011**, *31*, 50 – 57.
18. Taylor, P. ; Husi, H. ; Kontopidis, G. ; Walkinshaw, M. Structural basis for the cyclophilin A binding affinity and immunosuppressive potency of EISA247 (voclosporin). *Prog. Biophys. Mol. Biol.* **1997**, *67*, 155 – 181.
19. Naicker, S. ; Yatscoff, R. ; Foster, R. Deuterated Cyclosporine Analogs and their Use as Immunomodulating Agents. US Patent 06605593 B1 (**2003**).
20. Hegmans, A. ; Fenske, B. ; Trepanier, J. Cyclosporine Analogue Molecules Modified at Amino Acid 1 and 3. US Patent 2016/0207961 A1 (**2016**).
21. FDA Approved Products: LUPKYNIS (voclosporin) capsules, for oral use. https://d1io3yog0oux5. cloudfront. net/auriniapharma/files/pages/lupkynis-prescribing-information/FPI-0011+Approved+USPI++

MG. pdf; **2021**.

22. EMA Assessment Report: Luveniq (voclosporin) oral capsules. https://www. ema. europa. eu/en/documents/withdrawal-report/withdrawal-assessment-report-luveniq_en. pdf; **2021**.
23. https://go. drugbank. com/drugs/DB00091.
24. Ling, S.; Huizinga, R.; Mayo, P.; Larouche, R.; Freitag, D.; Aspeslet, L.; Foster, R. Cytochrome P450 3A and P-glycoprotein drug - drug interactions with voclosporin. *Br. J. Clin. Pharmacol.* **2013**, *77*, 1039 - 1050.
25. Mayo, P.; Huizinga, R.; Ling, S.; Freitag, D.; Aspeslet, L.; Foster, R. Voclosporin food effect and single oral ascending dose pharmacokinetic and pharmacodynamic studies in healthy human subjects. *J. Clin. Pharmacol.* **2013**, *53*, 819 - 826.
26. Ling, S.; Huizinga, R.; Mayo, P.; Freitag, D.; Aspeslet L.; Foster, R. Pharmacokinetics of voclosporin in renal impairment and hepatic impairment. *J. Clin. Pharmacol.* **2013**, *53*, 1303 - 1312.
27. Maksymowych, W.; Jhangri, G.; Aspeslet, L.; Abel, M.; Trepanier, D.; Naicker, S.; Freitag, D.; Cooper, B.; Foster, R.; Yatscoff, R. Amelioration of accelerated collagen induced arthritis by a novel calcineurin inhibitor, ISATX247. *J. Rheumatol.* **2002**, *29*, 1646 - 1652.
28. Gregory, C.; Kyles, A.; Bernsteen, L.; Wagner, G.; Tarantal, A.; Christe, K.; Brignolo, L.; Spinner, A.; Griffey, S.; Paniagua, R.; Hubble, R.; Borie, D.; Morris, R. Compared with cyclosporine, ISATX247 significantly prolongs renal-allograft survival in a nonhuman primate model. *Transplantation* **2004**, *78*, 681 - 685.
29. Busquea, S.; Cantarovich, M.; Mulgaonkar, S.; Gaston, R.; Gaber, A.; Mayo, P.; Ling, S.; Huizinga, R.; Meier-Kriesche H. The promise study: a phase 2b multicenter study of voclosporin (ISA247) versus tacrolimus in *De Novo* kidney transplantation. *Am. J. Transplant.* **2011**, *11*, 2675 - 2684.
30. Rovin, B.; Teng, K.; Ginzler, E.; Arriens, C.; Caster, D.; Romero-Diaz, J.; Gibson, K.; Kaplan, J.; Lisk, L.; Navarra, S.; Parikh, S.; Randhawa, S.; Solomons, N.; Huizinga, R. Efficacy and safety of voclosporin versus placebo for lupus nephritis (AURORA 1): a double-blind, randomised, multicentre, placebo-controlled, phase 3 trial. *Lancet* **2021**, *397*, 2070 - 2080.
31. Gelder, T.; Huizinga, R.; Lisk, L.; Solomons, N. Voclosporin: a novel calcineurin inhibitor with no impact on mycophenolic acid levels in patients with SLE. *Nephrol. Dial Transpl.* **2021**, 1 - 6.
32. Survase, S.; Kagliwal, L.; Annapure, U.; Singhal, R. Cyclosporin A — a review on fermentative production, downstream processing and pharmacological applications. *Biotechnol. Adv.* **2011**, *29*, 418 - 435.
33. Maurice, R.; Wenger, M. Synthesis of cyclosporine and analogues: structural requirements for immunosuppressive activity. *Angew. Chem. Int. Ed.* **1985**, *24*, 77 - 138.
34. Angell, Y.; Thomas, T.; Flentke, G.; Rich, D. Solid-phase synthesis of cyclosporine peptides. *J. Am. Chem. Soc.* **1995**, *117*, 7279 - 7280.
35. Ko, S.; Wenger, R.; Solid-phase total synthesis of cyclosporine analogues. *Helv. Chim. Acta* **1997**, *80*, 695 - 705.
36. Naicker, A.; Yarcoff, W.; Foster, T. Cyclosporine Aanalogue Mixtures and their Use as Immunomodulating agents. US Patent 9765119B2 (**2017**).
37. https://ir. auriniapharma. com/press-releases/detail/207/aurinia-and-lonza-announce-exclusive-agreement-for.

18

计算机辅助药物设计

Jinxia N. Deng

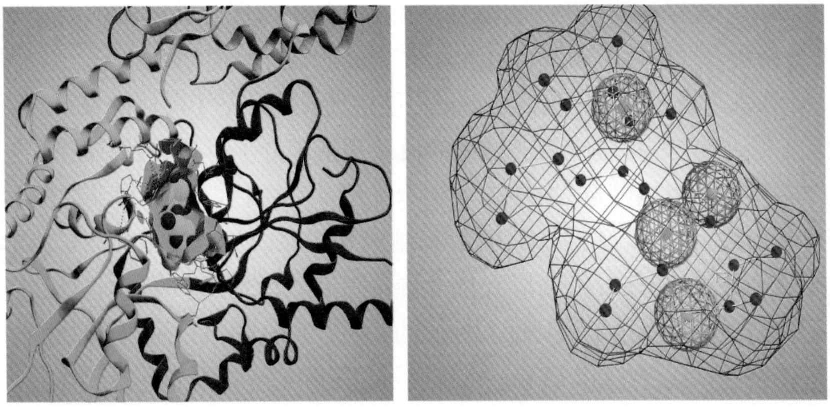

18.1 背景

医药行业进入了一个既要控制开发成本,同时也要求高产出的时代,但是药物研发是一个不断试错的过程。新药上市后产生的效益一直是行业发展的动力,以满足不断产生的对于药物的需求。通过虚拟筛选模拟手段找到一个可以跟蛋白结合的分子,这是计算化学在学术界和工业界的医药研发中创造价值的方式。

传统的药物发现过程是昂贵而漫长的,需要花费 12~16 年的努力和巨大的资金投入才能最终把一个分子推进到上市成为一个药。一个药物研发失败的主要原因是活性化合物不具备可以接受的吸收、组织器官分布、代谢、排泄以及毒性(ADMET)的性质造成不良反应。大概 50%左右的药物研发失败是 ADMET 造成的,所以越早考虑代价越小。有研究显示早期就考虑并解决 ADMET 的问题,可以减少研发时间,并降低研发成本[1,2]。

随着计算机硬件、软件以及算法的快速发展,药物的虚拟筛选和设计也从新的计算方法中获益,大大降低了药物研发时间和成本。例如,生物信息学可以在海量的基因数据中揭示关键基因序列,进一步提供可能的靶标蛋白用来筛选和设计药物[3]。作为实验的一个补充,蛋白结构的预测工具可以提供合理精度的预测结构[4]。以 DeepMind 提供的 Alphafold 为代表的蛋白结构预测工具取得了比较大的进展,这个工具基于氨基酸序列的机器学习和人工智能技术可以预测建立三维蛋白模型，其精度已经接近实验获取的结果[5,6]。另外一个代表软件是 Rosetta，其能够快速解决共晶结构和电镜结构建模碰到的问题，为确定未知结构的蛋白功能提供洞见[7]。

多尺度模型生物体系模拟可以用来研究靶标蛋白的结构和热力动力学特性，以进一步识别药物的结合位点和作用机理[8,9]。基于靶标蛋白的结合位点，通过对化合物库的虚拟筛选可以找到可能的候选化合物[10,11]。

除了虚拟筛选，药物的从头设计方法也提供了全新的、高活性的可合成的分子，这也是计算机辅助药物设计的一个方向。人工智能，例如机器学习、深度学习，已经在计算方法上变得越来越重要，也影响了药物设计发展[12-15]。简而言之，最近以来计算化学在药物发现中所起的作用越来越被重视[15-18]，而且在很多疾病领域都有成功案例，比如肿瘤、抗病毒、抗感染等药物[19,20]，包括新冠新药的研发[21-24]。

通常，计算机药物辅助设计包括基于蛋白结构的设计和基于配体的设计，以及一些实验技术的组合。展开来讲，基于蛋白结构的设计包括了分子对接、同源建模、分子动力学以及基于蛋白结构的虚拟筛选，这些技术展示了配体和蛋白之间的相互作用[25]。基于配体的分子设计同样重要，涵盖了药效团模型、结构和活性的构效关系的分析，以及基于配体的虚拟筛选小分子数据库，以及研究化学特性跟药效活性的相关性[26]。另外一个基于配体设计的热门话题是通过结构特征和性质的关系模型（QSPR），对药物动力学以及毒性相关特性进行预测[25,27]。在这个章节，虽然药效团模型可以是基于蛋白结构的，也可以是基于配体结构的，我们会把 QSPR 作为基于配体药物设计的一个代表性技术重点介绍，而把分子动力学、分子对接、药效团模型放到基于蛋白结构设计章节介绍。

18.2 基于蛋白结构的药物设计（SBDD）

能否获取与疾病治疗相关的蛋白的三维结构，以及能否知晓蛋白和配体结合的口袋是 SBDD 的基础[28,29]。SBDD 的方法可以快速、有效找到一系列先导化合物，并对这些化合物进行优化，这个过程也帮助研究者在分子层面理解疾病机理[22,30]。SBDD 有一些常用的方法，例如前文提到的基于蛋白结构的虚拟筛选、分子对接、分子动力学模拟等。这些方法有很多应用场景，比如评估配体和蛋白结合能量，揭示配体和蛋白的相互作用，以及蛋白在结合小分子之后的构象变化。通过药企以及药物化学家对这些工具的使用，SBDD 极大地帮助了一些上市药物的发现进程[24]。例如作为用于治疗 HIV 感染的蛋白酶抑制剂安普那韦的研发过程用到了蛋白建模和分子动力学模拟[32,33]；胸苷合成酶抑制剂雷替曲塞的研发过程也是基于 SDBB 方法[31]；作为Ⅰ型和Ⅱ型拓扑异构酶抑制剂的诺氟沙星，其研发过程也是用到了 SDBB，这个抗生素常常用于治疗尿道感染[28]；用于青光眼和黄斑囊样水肿治疗的一种碳酸酐酶抑制剂多佐胺也是基于分子片段筛选发现的[33]。

基于蛋白结构的药物设计有以下几个基本步骤[24]：1）蛋白结构的准备，2）小分子对接口袋的识别,3) 小分子库的准备,4) 分子对接和打分函数,5) 分子动力学模拟, 6) 结合自由能的计算。

18.2.1 分子对接

从20世纪80年代起,分子对接的广泛应用逐步成为分子模拟领域的最重要方法之一[36],在研究蛋白和配体作用、预测多个配体跟蛋白的结合模型,以及发现全新的有苗头的活性分子中发挥重要作用[37]。在过去这段时间,有很多关于分子对接的全面综述文章发表[38-45],也有很多对比实验结果评估各种对接软件的表现[46-51]。

分子对接可以在现代药物发现进程的多个阶段中使用。首先,可以帮助我们理解小分子跟感兴趣的靶标有活性的原因,并建立对接模型进行虚拟筛选。其次,可以帮助我们通过反向对接找到一系列可能跟小分子作用的靶标(靶标钓鱼和靶标画像)。另外,可以用于预测未预料到的药物不良反应(脱靶预测)。现在,分子对接甚至被用来预测多靶点协同效应以及老药新用,对于一些经过优化安全使用的化合物发现在新靶点上的作用[42]。

理论上来讲,分子对接包括两个阶段: 首先对在蛋白活性口袋的小分子进行构象采样,然后对这些构象进行打分并排序。理想情况下,构象取样的算法可以重现实验条件下的结合构象,而且打分函数也能够把这个实验结合的构象排在所有产生构象的最前面。这个采样过程应该能有效检索所有自由能力场定义的构象空间。对接的结合能通过打分函数得到近似值。这个打分函数能把在共晶结构里小分子的自然构象跟小分子最低能量构象相关联[38,39]。基于这些理论,接下来我们从两个方面对基本对接理论做一个简单的介绍。

18.2.1.1 构象取样算法

由于配体和蛋白里原子移动和转动的自由度,配体和蛋白之间有巨量的可能结合模式。但是如果穷尽所有可能的构象,计算会花费巨大资源。在分子对接软件里有很多分子采样算法发表并广泛应用。第一个分子对接算法是在20世纪80年代开发的[36],蛋白的活性口袋由一堆小球模拟填充,同时小分子也由一堆小球模拟占据的空间。然后,在不考虑任何构象变化的情况下,检索小分子的小球群跟蛋白小球刚性对接的最大交集[38, 39]。

在分子生物学,有两种主要的分子对接形式,小分子和蛋白对接,以及蛋白和蛋白的对接。根据对接的柔性程度,分子取样过程可以分成三类: 刚性对接、半柔性对接和柔性对接。

刚性对接

小分子和蛋白都作为刚性物质,只考虑三个维度的转动和三个维度的移动自由度。这个模拟接近于"锁和钥匙"的结合模式,这个方法还常常应用在蛋白-蛋白对接。简单地说,在这些方法里蛋白结合口袋和小分子通过对"热点"定义,通过重叠这些热点来评估对接结果。

半柔性对接

在这种对接形式中，只有小分子是柔性的，而蛋白保持刚性，小分子的构象被采样然后放到固定构象的蛋白口袋里。从20世纪80年代起，很多对接软件基于这个方法被开发出来。由于各个方法结合了不同的特点，所以很难对这些对接软件进行分类[39,44–53]。当然对接算法可以分为系统性检索方法，比如薛定谔的Glide[54–56]，以及随机检索方法，比如蒙特卡罗取样方法。随机的方法可能非常快找到最优解，所以被很多对接软件使用，比如AutoDock Vina[57]，AutoDock[58]等软件。另外，大家熟知的随机检索是用进化算法，比如对接软件GOLD[38,39,59,60]，在MOE对接程序里提供了lowModeMD（简化动力学模拟）的选项以对小分子构象进行采样。

柔性对接

这种对接形式考虑了蛋白的动态特性以及小分子的柔性，对小分子的构象进行了采样。这些年来发表了很多方法，有些聚焦于小分子引入后蛋白构象的变化，有些聚焦于构象的选择。这些方法采用了不同程度的近似，可以分为单蛋白和多蛋白构象方法[62]。

单蛋白构象柔性一般是指"软对接"方法，包括了对蛋白隐性的粗略的处理[63]。几年以后，蛋白支链的柔性通过穷尽旋转异构体库的新策略得以实现[64]。一些对接方法，例如GOLD，在搜索引擎内有一定自由度的构象采样。但是，在这些方法里只考虑了蛋白支链的柔性，蛋白的其他构象变化是忽略不计的。

多蛋白构象更符合天然情况下蛋白的动态状态。有时候同一靶标有多个实验获得的结构，比如通过核磁共振或者X射线衍射获得的结构。通过计算模拟也可以获取一套蛋白构象，比如蒙特卡罗获得分子动力学模拟。通过多蛋白构象对接的目的是考虑了所有不同蛋白结构①。

最近，总结了一些可能的策略：一种策略是从一套蛋白结构建立一个平均对接网格，这个单一平均网格可以是简单的平均或者加权平均[65]。另外一种策略是对这些蛋白建立一个组合描述。在这种情况下，这些结构不是塌陷成一个平均的网格而是构建一个最优表现的"组合"蛋白。这个方法在FlexX②里得到实现[66]。比较常用的实现方法是使用单一分子的多个构象，也就是说一套蛋白结构可以被认为是一个小分子多个不同构象跟蛋白的结合。所以需要通过多次对接来评估感兴趣的小分子跟蛋白在不同构象下的结合情况。

18.2.1.2 打分函数

对不同构象的小分子进行打分和排序在对接过程中非常关键。打分函数不只是对小分子跟蛋白最"真实"结合模式进行预测，同时也对不同小分子跟蛋白的结合情况进行排序。

---

① 译者注：这样最大程度避免单个蛋白跟小分子可能出现的碰撞问题，这也是一个计算量不是很大下考虑蛋白柔性的方法。

② 译者注：原文用FlexE有误。

所以设计可靠的打分函数和打分流程,从而对不同结合模式进行排序是非常重要的[44]。

打分函数一般在计算结合能的时候会有一些假设和简化,从而尽可能在最短时间里得到接近实际的结合能。常用的打分函数在结合能预测的准确性和需要花费的计算时间中取得一个平衡。这些年以来,研究者开发了很多不同的打分函数,主要可以分成三类:基于力场的、基于经验的以及基于知识的[68]。

基于力场的函数

基于力场的打分函数是根据原子间相互作用的物理模型开发的,例如范德华作用、静电作用、键长键角和扭矩。力场函数的方法和参数一般是根据物理原理从实验数据和量子力学理论导出的[69]。

$$E = \sum i \sum j\left(\frac{A_{ij}}{r_{ij}^{12}} - \frac{B_{ij}}{r_{ij}^{12}} + \frac{q_i q_j}{\in (r_{ij}) r_{ij}}\right) \tag{18.1}$$

这里 r_{ij} 是指蛋白上原子 i 和小分子上原子 j 的距离,A_{ij} 和 B_{ij} 是范德华参数,q_i 和 q_j 是原子的电荷 $\in (r_{ij})$ 是跟距离相关的介电常数[38,70]。

基于经验的打分函数

这个打分函数的基础是小分子和蛋白结合的能量,通过一系列不相关的变量进行拟合。每个变量的系数可以通过实验获取的结合能值跟拟合能量的计算回归分析获取,也可以通过 X 射线衍射结构信息获得。基于经验的打分函数跟基于力场的打分函数相比,能量参数更简单,计算也更快。

第一个基于经验的打分函数的诞生要感谢 Bohm 这位先驱者的工作,他开发了 LUDI。这个打分函数是通过实验自由能值和多个蛋白-配体共晶结构推导出来的。

$$\Delta G_{bind} = \Delta G_0 + \Delta G_{hb} \sum_{h-bond} f(\Delta R,\ \Delta\alpha) + \Delta G_{ionic} \sum_{ionic\ int.} f(\Delta R, \Delta\alpha) + \Delta G_{lipo} \mid A_{lipo} \mid + \Delta G_{rot} N_{rot} \tag{18.2}$$

这里 ΔG_0 是跟蛋白作用无关的结合能常量, ΔG_{hb} 是来源于所有氢键对结合能的贡献, ΔG_{ionic} 是没有干扰的离子相互作用对结合能的贡献, ΔG_{lipo} 是亲脂作用对结合能的贡献。A_{lipo} 是蛋白和配体亲脂作用的面积。ΔG_{rot} 是因为需要锁定小分子内的自由度而损失的结合能, N_{rot} 是指可以旋转的键的数量 $f(\Delta R,\ \Delta\alpha)$ 是对偏离氢键和离子键的理想键长和键角的函数。如公式 18.2 描述的,结合自由能包括氢键、离子键、疏水作用以及溶剂的熵变[70,71]。

基于知识(统计)的打分函数

基于知识(统计)的打分函数最近成为一种非常被看好的替代评估蛋白和小分子结合能量的方法。这个方法来源于实验获取的 3D 结构信息,基于原子间作用频率越高,作用也越强这个假设,对共晶结构里小分子和蛋白的原子发生作用的频率进行统计分析。

这个打分函数如公式 18.3 所示,主要是计算小分子的每个原子在一个设定球形范围内,与蛋白原子的有利接触和排斥接触。

$$\omega(r) = -k_B T\ln[g(r)] \tag{18.3a}$$

$$g(r) = (r)\rho(r)/\rho^*(r) \tag{18.3b}$$

这里 k_B 是玻尔兹曼常数，T 是系统的绝对温度，$\rho(r)$ 是在半径 r 的范围内蛋白和小分子的原子密度，$\rho^*(r)$ 是在参照态原子间作用力为零时原子对的密度，$g(r)$ 是原子对的分布函数[72-74]。

表 1 列举了目前在各个院校和工业界常用软件包，并总结了算法的特点和应用场景。在这些应用中有免费的软件例如 DOCK、AutoDock、AutoDOCKVina、3D - DOCK、LeDock、rDock、UCSF DOCK、Surflex（只开放给科研用户），以及 HEX；商业软件主要有 Glide、GOLD、MOE DOCK、ICM - Dock、MCDOCK、Surflex - Dock、LigandFit、FlexX 等[45,46]。

表 1

软件名称和开发团队	算 法 特 点	主要应用场景
AutoDock，斯克利普斯研究所，https://ccsb.scripps.edu/autodock	拉马克遗传算法和基于经验的打分函数；考虑了小分子和部分氨基酸的支链柔性[75]	蛋白和小分子对接
AutoDock Vina，斯克利普斯研究所，http://vina.scripps.edu/	AutoDock 的升级版；计算的成功率和运算速度大幅提高；简化了参数设置，更容易使用，在多核机器上可以进行平行计算。考虑了小分子柔性和蛋白支链柔性[57]	蛋白和小分子对接
DOCK，加州大学旧金山分校 Kuntz 组开发，http://dock.compbio.ucsf.edu	逐步几何匹配策略；基于 AMBER 力场和经验的打分函数；作为一个常用对接软件，这个软件可以用在柔性小分子和柔性蛋白对接[76]	蛋白和小分子对接
FlexX，BioSolveIT，https://www.biosolveit.de	基于一种渐进式构造算法，小分子被分解成数个片段，然后在蛋白活性口袋用各种摆放策略柔性重现。不同的摆放策略用不同的打分函数打分，排序后提供给用户分析[66]	蛋白和小分子对接
Glide，薛定谔公司，https://www.schrodinger.com/products/glide	基于检索算法对接，模式包括高精度对接（XP），标准精度对接（SP）和高通量虚拟筛选。主要用于小分子和蛋白的柔性对接[54,55]	蛋白和小分子对接
PIPER，薛定谔公司，https://www.schrodinger.com/products/piper	快速傅里叶变换（FFT）检索算法；基于知识的原子统计势能打分函数，另外通过 CluPro 服务器进行聚类[77]	蛋白和蛋白对接
MOE，化学计算集团公司，https://www.chemcomp.com/	在医药和生命科学里一个比较综合的软件，支持药物设计、分子模拟、蛋白结构分析、小分子数据库处理，以及多操作系统支持的小分子和蛋白对接[78]（译者注：薛定谔软件也是完整综合的软件，而且 Glide 是工业界更普遍使用的对接软件。作者理解有偏颇。）	蛋白和蛋白以及小分子和蛋白对接
ICM - Dock，Molsoft，http://www.molsoft.com/docking.html	方便用户使用的界面，支持快速准确对接优化[79]	蛋白和蛋白，多肽和小分子对接

续　表

软件名称和开发团队	算 法 特 点	主要应用场景
HADDOCK, Bonvin Lab, https://www.bonvinlab.org/software/haddock2.2/	基于实验数据的对接程序(例如核磁共振的化学位移,以及氨基酸的单点突变),这个程序是为了蛋白-蛋白对接开发的,但也可以用在蛋白和小分子对接	蛋白和蛋白,蛋白和核糖核酸,脱氧核糖核酸和小分子对接
RosettaDock, https://www.rosettacommons.org/software/servers	蒙特卡罗检索算法;基于经验的能量打分函数	蛋白和蛋白,蛋白和核糖核酸,脱氧核糖核酸以及小分子对接

来源:根据参考文献 45 进行修改。

18.2.2　药效团模型

药效团建模是 CADD 一个成功但非常多样化的子主题。药效团的概念已广泛应用在合理的新药设计中,在这个章节我们回顾一下这个概念的计算实现方法,以及其在药物发现过程中的常见应用。药效团最常用的应用场景是虚拟筛选,应用过程中会根据已有的知识采用不同的策略。另外,药效团概念对于 ADMET 建模,副作用预测,脱靶预测以及靶标验证都很有用。药效团模型常常跟分子对接相结合来提升虚拟筛选的速度和有效性[82]。

药效团这个概念最早是在 19 世纪后期发展起来的[83]。在那个时代,人们认为分子中特定“化学基团”或者功能团是产生生物效应的原因,如果分子有类似的效应就有类似的功能团。药效团这个词是很久之后,舒勒在他的书中创造的[84]:作为一个承载了跟药物生物活性相关的核心特征的分子框架。因此,对于药效团的定义不再涉及“化学基团”,而是关注抽象特征的模式。

自 1997 年以来,国际纯粹与应用化学联合会将药效团这一术语定义为:确保与特定生物靶标的最佳超分子相互作用,并触发(或阻断)其生物反应所必需的空间和电子特征的集合[85]。

因此,药效团模型应被视为一组活性分子共有的分子相互作用特征的最大共同点。它并不代表一个真正的分子或一组化学基团,而是一个抽象的概念[82]。最近的一些综述不仅涵盖了药效团建模在当前药物设计中的成功应用,而且扩展了药效团与其他建模技术的组合,如 MD 模拟来研究配体和蛋白结合过程中的动力学。此外,在机器学习和人工智能应用程序中有效使用 3D 药效团信息或免费访问 3D 药效团的网络服务器也成为一种趋势[86]。

在此,我们用 HIV 整合酶抑制剂的设计来描述药效团模型开发的概念,及其在新型抑制剂设计中的应用。

HIV 编码三种酶:逆转录酶、整合酶和蛋白酶。整合酶是一个具有吸引力的药物靶标,因为其存在快速和灵敏的酶活性检测方法,并且晶体和 NMR 结构可用于合理的 SBDD。然而，整合酶没有一个很好的、精细的、埋藏的结合口袋，而是一个浅的溶剂暴露的口袋；此外，它以多聚体状态存在于整合前复合物中，这给基于结构的药物发现带来了困难。

目前，已经发表了几种药效团模型的方法，有些是基于配体的[87-89]，有些是基于受体的[90-92]，并导致一系列新型的抑制剂被发现。动态药效团方法考虑了多个受体构象，生成了基于受体的药效团模型，然后用于搜索可用的化合物数据库。从MD轨迹收集蛋白质构象，用于研究的复合物在催化结构域的活性部位含有抑制剂[93]（1QS4；5－CITEP），该抑制剂通过提供氢键与必需残基E152结合。此外，在与残基D64和D116螯合的复合物中还含有一个Mg^{2+}。随后，药效团模型开发包括了活性位点的Mg^{2+}、D64、D116和E152，以及附近的残基K156和K159。将该模型应用于虚拟化合物库筛选，找到了一些强效、新型的化学物质，用于HIV整合酶抑制剂设计的进一步优化。图1显示了基于多个HIV整合酶核心结构域X衍射结构来开发基于受体的动态药效团模型的概念。将药效团模型应用于Enamine数据库的筛选，其中一些筛选出来的结果值得进一步优化。

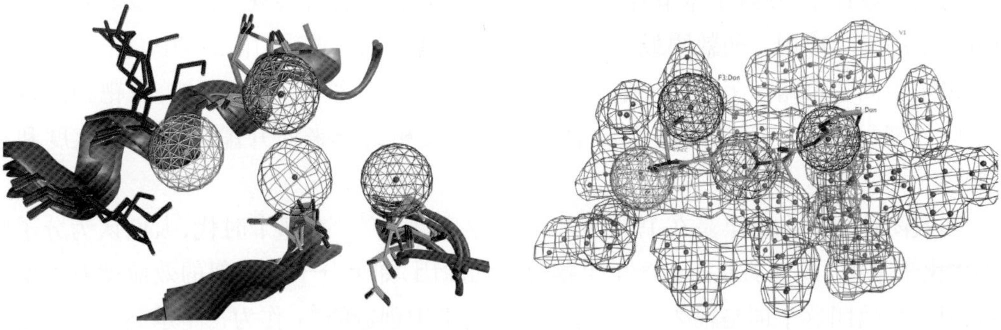

(A) (B)

图1 展示了考虑到多个X衍射结构支链柔性的动态药效团模型的概念，及其在虚拟化合物库筛选出新型抑制剂图谱的应用。（A）以1QS4作为参照叠加的多个HIV整合酶X衍射结构。互补特征定义为药效团特征。粉色是与DDE片段互补的氢键供体，浅蓝色是与K159、K156相互作用的氢键受体。棍棒模型是HIV整合酶中关键氨基酸的支链。（B）选择一个化合物（棍棒模型）来演示药效团模型对Enamine数据库筛选的应用。灰色网格区域被称为排除体积，作为代表整合酶空间的药效团模型的一部分

18.2.3 分子动力学（MD）模拟

MD模拟是一种成熟的计算手段，可用于了解蛋白质结构-功能关系，并指导药物设计。自20世纪70年代末首例MD对牛胰蛋白酶抑制剂的研究以来[94]，MD及其应用在许多领域得到了成功的发展。特别是近年来，现代图形处理单元（GPU）硬件和几个力场的发展，MD仿真对生命科学研究产生了巨大的影响[95,96]。一些巨大的进展可以通过理解蛋白质动态构象来佐证，这是目前的实验技术很难获得的，例如淀粉样蛋白相关蛋白的折叠和聚集[97,98]，以及突变、温度和pH引起的构象转变[95-101]。MD模拟在表征受体-配体相互作用（蛋白质-蛋白质、蛋白质-DNA/RNA、蛋白质-小分子）中起重要作用。此外，它还有助

于揭示 NMR 或 X 射线晶体学分析尚未捕获的新结合位点，例如 HIV－1 整合酶中的新结合位点[105]、克鲁斯氏锥体虫半胱氨酸蛋白酶[106]、Ras 蛋白[107]、人 β1（β1AR）和 β2（β2AR）肾上腺素能受体[108] 等 5 个变构位点作为新的药物靶点。此外，MD 模拟为虚拟筛选获得更合理的配体结合模式提供了多个典型构象[90-92]，并且能优化平均结合自由能优化蛋白质和小分子之间的位置，给 SBDD 提供指导[9,109]。另外，MD 模拟已经在许多大型体系中得到成功应用，例如模拟了 100 纳秒由 6 400 万个原子组成的完整 HIV1 衣壳[110]，模拟了 50 ns 由 100 万个原子组成卫星烟草花叶衣壳[111]。对于一些体系，MD 模拟已经被报道用于研究蛋白质折叠和功能调节，模拟时间为 10～100 ns[112,113]。

最近，我们发表了一种增强采样 MD 模拟，经过回火处理的元动力学来模拟了 $5-HT_{2B}$ 血清素受体在未结合状态（APO 体系）、与麦角酸二乙胺（LSD）结合状态（LSD 体系），以及与麦角苷结合状态（LIS 体系）下的构象自由能表面。$5-HT_{2B}$ 受体是 G 蛋白偶联受体（GPCRs）之一，而 GPCRs 占美国食品药品监督管理局（FDA）批准药物治疗靶标的 34%，每年市场超过 1 500 亿美元[114]。对 $5-HT_{2B}$ 进行的实验晶体结构和结构导向突变实验表明，LSD（一种原型激动剂）和 LIS（一种仅在其立体化学上不同于 LSD 的原型拮抗剂），以及 NH 基团中的两个额外原子的差异结合是导致不同药理活性的原因[115]。LSD，俗称迷幻药“酸性（摇滚）”被认为介导了致幻作用。LSD 在治疗酒精中毒、抑郁症和绝症患者焦虑方面的潜力已经引起了人们的兴趣[116]。$5-HT_{2B}$ 和 LIS 在心血管健康中的作用也具有药理学意义[117]。

MD 模拟显示，LSD 的结合诱导了对配体-受体复合物结合，对受体构象自由能的较大扰动，达到 APO 和 LSD 结合状态的结构集合变得有效分离的程度（图 2）。LSD 结合将配体-受体复合物自由能的整体最小值转移至活性状态，并诱导 ΔG 结构活化的热力学驱动

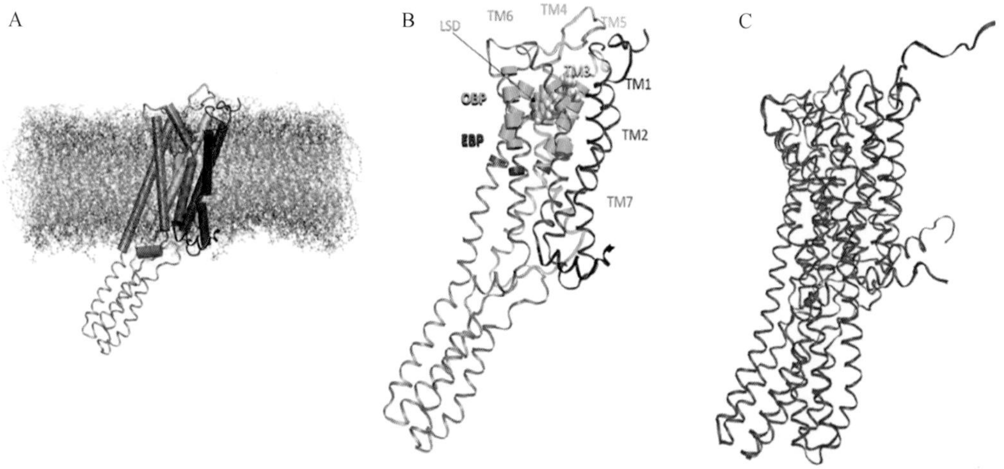

图 2　GPCR 中 $5-HT_{2B}$ -跨膜（TM）螺旋的分子展示。（A）LSD 结合晶体结构中膜结合状态的 $5-HT_{2B}-TM$ 快照[118]（PDB：5TVN）。每个螺旋以圆柱体表示。（B）LSD 结合复合物的结构，其中跨膜螺旋 TM1－7 被颜色标记，结合口袋内的 LSD 分子代表范德华空间填充球。（C）$5-HT_{2B}-TM$ 激活状态（红色）和非激活状态（蓝色）的重叠。通过 MD 显示的跨膜螺旋 TM5－7 的较大构象重排来区分激活状态

力约为-110 kJ/mol。我们还观察到存在亚稳态失活样 LSD 结合结构,其 ΔG 的自由能接近 25 kJ/mol。另一方面,LIS 是一种典型的拮抗剂,其结合诱导构象自由能相对较小的扰动。APO 和 LIS 束缚态的结构集合表现出高度的相似性,LIS 束缚自由能的整体最小值表现出与非活性 APO 形式密切的结构相似性。

这项研究中长 1.5 μs 无偏向 MD 模拟所采用的结构构象与我们在增强采样计算中确定的最稳定结构构象并不对应,揭示了加速采样的价值,并提示我们不要过度解读无偏向的分子模拟,因为该系统相关的弛豫时间尺度较长。该研究结果量化了 LSD 结合激活 5-HT_{2B} 的驱动力,并证明了 LIS 结合下不存在这种驱动力,从而为配体诱导的构象特异性和功能选择性的分子水平结构研究和热力学研究带来了曙光。由此可见,对机制作用的认识为高通量虚拟筛选推定的 5-HT_{2B} 配体建立了框架,并通过合理调节配体结合自由能全景采样为药物设计奠定了基础[119]。

18.3 基于配体的药物设计(LBDD)

LBDD 又称间接药物设计,依赖于与感兴趣的生物靶标结合的多样小分子的信息。因此,LBDD 方法在没有实验蛋白 3D 结构的情况下是有用的,通过对已知的可与药物靶标结合的配体进行研究,来了解与这些配体所需药理活性相关的分子的结构和理化性质。LBDD 最常用的方法是 QSAR 方法和药效团建模[120,121]。

自 Corwin Hansch 等人开始使用 QSAR 建模以来[115],已经过去了 50 多年。纵观其历史,研究者对其可靠性、局限性、成功和失败褒贬不一。在本节中,我们将介绍描述药物的基本原理 QSAR 模型的开发方法[122]。

事实上,对谷歌图书的分析(图 3)表明,化学数据和数据库的持续增长,特别是在公共领域,刺激了 QSAR 出版物的并行增长。QSAR 建模在世界各地的院校、工业界和政府科研单位中得到了广泛的应用[122]。

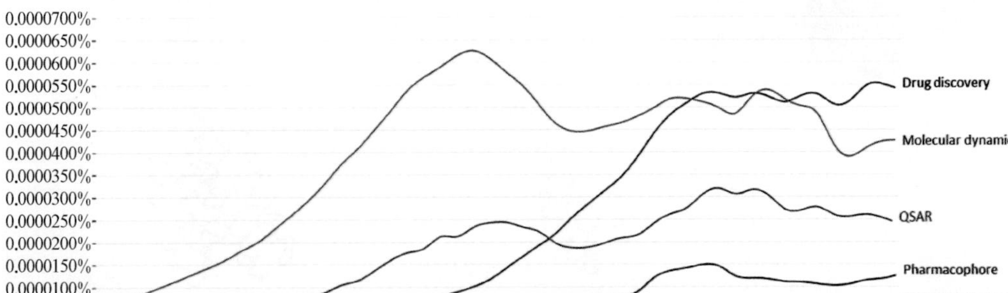

图 3 QSAR 建模的增长是由实验数据的增长引起的。图表由 Google Ngram Viewer 生成(http://books.google.com/ngrams):Y 轴,Google Ngram 数据库中所有书籍的百分比;X 轴,1975 年至 2019 年的年份,在撰写本文时可用于检索的最近一年

开展 QSAR 研究的目标是借助计算方法来分析生物数据，进行虚拟化合物库筛选，以及预测虚拟设计化合物的活性，旨在降低药物发现过程中的失败率[123,124]。

18.3.1 分子描述符

化学描述符是 QSAR 建模的核心，迄今为止提出了许多不同类型的反映化学结构表示层次的化学描述符，包括分子式（所谓 1D）、药物化学家最常用的二维结构式（2D）、构象相关的三维（3D）、考虑分子相互取向和时间依赖性动力学的更高维的描述符（4D 和更高维）[124-127]。

18.3.1.1 QSAR 模型的一维描述符（1D QSAR）

这是一种以各种参数来定义特定分子特性（如电子约束条件、疏水约束条件和空间约束条件）的潜在分子描述符。

18.3.1.2 QSAR 模型的二维描述符（2D QSAR）

分子的二维展示，通常称为拓扑展示，根据化学键的存在和性质定义分子中原子的连通性，这种二维展示实现了分子 2D 描述符的定义。这些 QSAR 参数的主要优点是：(1) 包含简单有用的分子结构信息，(2) 分子旋转平移不变，(3) 可以计算，不需要进行结构（构象）优化。一般情况下，二维描述符包括化合物的结构、拓扑结构、总极性表面积、静电和量子化学、几何和分子指纹性质[124]。

基于 Randic，拓扑指数的属性包括它们应该(1) 能够解释结构，(2) 与至少一种性质具有良好的相关性，(3) 能够较好地区分异构体，(4) 能够应用于局部结构，(5) 最好是独立的，(6) 简单，(7) 不基于实验特性，(8) 与其他描述符无关，(9) 可以有效构建，(10) 使用熟悉的结构概念，(11) 具有正确的尺寸依赖性，(12) 随着结构的逐渐变化而逐渐变化[128]。大多数拓扑描述符具有上述特征，这也是它们被广泛地应用于表征分子的结构相似性/差异性和 QSAR/QSPR 建模中的原因[122]。

18.3.1.3 QSAR 模型的三维描述符（3D QSAR）

3D QSAR 广泛聚焦于向分子空间展示相关描述符中的原子特性。在许多情况下，由于蛋白结构的 3D 信息是未知的，因此 3D QSAR 的间接方法多是基于配体分子的信息，如原子的分子排列、药效团、体积或场，来生成虚拟的蛋白受体环境[124]。3D QSAR 研究的主要目的是通过优化和结构修饰来提高先导化合物的活性[129]。3D 描述符可以在生物活性构象异构体重叠对齐（独立）或不重叠对齐（独立）的情况下进行计算[130]。

重叠对齐依赖描述符方法

在计算 3D 描述符之前，有多种方法用于计算 3D 描述符，重点是分子重叠对齐。这些方法通过重叠受体原子、配体原子或受体-配体原子复合物的图谱来计算描述符。各种比对依赖性描述符为比较分子场分析(CoMFA)、比较分子相似性指数分析(CoMSIA)、遗传进化受体建模(GERM)、比较结合能量分析(CoMBINE)、分子比较适应场(AFMoC)、暗示相互作用场分析(HIFA)和比较残基相互作用分析(CoRIA)[124,130,131]。

不依赖重叠对齐描述符方法

基于传统重叠对齐方法存在许多局限性,如耗时长、引入用户偏倚等,并可能影响结果模型的灵敏度。为了克服所有这些限制,采用了一类新的方法,其重叠与对齐无关,不受辐射或分子转化的影响。属于该类别的不同方法包括比较分子矩分析(CoMMA)、COMPASS、Holo-QSAR(HQSAR)、加权整体不变分子描述符(WHIM)、比较光谱分析(CoSA)和网格无关的描述符(GRIND)[130]。在过去的二十年中,新的多维描述符被纳入QSAR建模中,如从4D到6D描述符,这些是基于与受体结合位点的柔性以及配体的拓扑结构相关的结构参数。具体而言,5D描述符根据待分析配体的多种构象、方向、质子化状态和立体异构体进行计算;对6D描述符而言,还有必要考虑复合物、配体和相互作用环境的溶剂化场景[124,132-134]。

18.3.2 机器学习在QSAR和QSAR方法中的应用

人工智能(AI)在药物发现和开发中的应用已成为一个关键的、有希望的重要方法。由于需要新的策略来克服药物开发中约90%的高失败率,进一步体现其重要性。正因如此,制药公司开始探索如何将各种AI框架整合到当前的药物发现和开发过程中[135]。

机器学习(ML)是AI的一个分支(图4),"基于这样的想法,即系统可以从数据中学习,识别出现的规律,并以最小的人为干预做出决策[136]"。AI框架可能包含同时应用的几种不同的ML方法。例如,药物发现的AI框架中可能通过ML模型预测各种的理化特性(例如溶解度和渗透性)、PK、安全性和有效性,通过找到最优组合来优化候选药物[15,133,137-140]。

大量的数据分析方法应用在研究因变量和自变量的各种统计相关性,例如以活性作为Y变量和各种分子描述符作为X变量[130]。

有监督和无监督的学习应用都在药物发现领域发表,两者的区别是数据的标签。有监督学习依赖于一个标记的数据集,如生物活性作为培训师来训练模型或机器,以最终达到能够预测活性的能力。这可用于执行回归分析或分类模型开发,例如:有无活性的预测。无监督学习识别未标记数据(如聚类)中的关联或模式识别[15]。很多综述也总结了无监督学习药物发现的原则和应用。在本章中,我们介绍机器学习里监督学习在QSAR方法和模型开发上的应用。

如前所述,受监督的机器学习算法需要将输入数据集分为训练数据集和测试或验证数据集。将模型拟合(或校准)到训练数据集的过程称为"模型训练"。然后,可以使用测

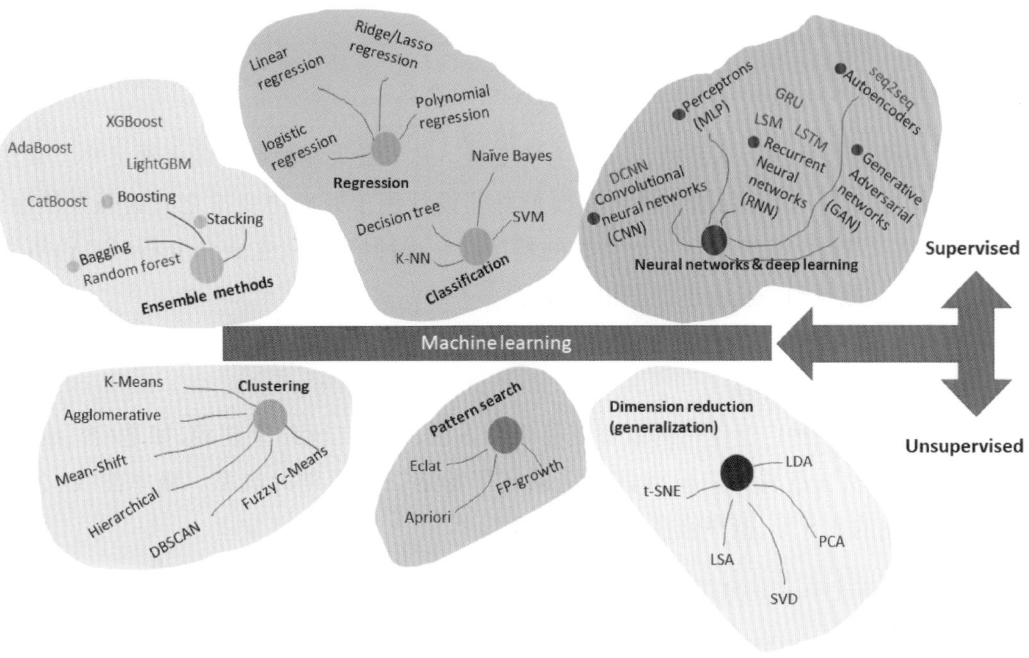

图 4 有监督和无监督机器学习算法的概述。**AdaBoost**：自适应增强；**DBSCAN**：含噪声应用的基于密度的空间聚类；**DCNN**：深度卷积神经网络；**Eclat**：等价类转换；**FP**-生长：频繁模式生长；**GRU**，门控递归单位；**K-NN**：K-最近邻；**LDA**：线性判别分析；**LightGBM**：轻度(简化)梯度增强机；**LSA**：潜在语义分析；**LSM**：液态机器；**LSTM**：长短时记忆；**MLP**：多层感知器；**PCA**：主成分分析；**seq2seq**：序列对序列；**SVD**：奇异值分解；**SVM**：支持向量机；**t-SNE**：t-SNE 非线性降维算法；**XGBoost**：极端梯度增强[15]

试或验证数据集评估“训练”机器学习模型的预测性能。然后可将“经验证”机器学习模型应用于新数据集(即不用于模型开发)，根据新数据集协变量进行预测或决策。使用监督机器学习，训练数据集包含协变量和结果，结果可能是连续的或分类的[15,141]。

18.3.2.1 线性回归分析(LRA)

这是实际预测方法中第一类回归分析，主要用于预测因变量和自变量(即 x 和 y)之间的关系。简单线性回归可通过以下公式表示：

$$y = a + bx \tag{18.4}$$

其中，“a”为截距常数，“b”为回归系数，“x”描述为分子描述符，即一个或多个可解释变量，例如分子量或 Log P 等，而“y”为因变量或生物活性，主要对应于 QSAR 研究中的活性[124]。

18.3.2.2 多元线性回归(MLR)

当连续结果与自变量或协变量呈线性变化时，MLR 是监督机器学习中广泛使用的算法。结果或因变量可表示为公式(18.5)：

$$y = \beta_0 + \beta_1 x_1 + \cdots + \beta_n x_n \tag{18.5}$$

其中，y 为预测结果，β_{1-n} 为系数，x_1-x_n 为协变量。基于最大相似原理的普通最小二乘法是估计系数最简单、最常用的方法。该模型并非设计用于处理协变量之间的强共线性。严重的多重共线性大大降低了估计系数的精度。在这种情况下，主成分分析(PCA)可用于将特征数量减少到一组较小的不相关成分。

18.3.2.3 逻辑回归

逻辑回归是一种广泛使用的监督机器学习方法，用于二元结果建模，如是/否、成功/失败和存活/死亡；逻辑回归模型估计结果属于特定二元类别的概率。概率曲线(公式18.6)呈反曲的或S形，概率值在0到1之间[15]。

$$P_{(y=1)} = \frac{1}{1 + e^{-(\beta_0 + \beta_1 x_1 + \cdots + \beta_n x_n)}} \tag{18.6}$$

18.3.2.4 多变量数据分析

QSAR分析中使用的化学数据本质上是多维的，其中化合物的特征由许多其他数据组分定义。因此，多变量技术需要专门减少数据中的多个组分。一些常用的分析方法是PCA、偏最小二乘(PLS)分析、遗传算法(GA)、遗传算法-偏最小二乘(GA-PLS)分析。这些特征的统计分析使用具有行和列的矩阵表示，它们各自代表了化合物的性质和特征[124,142]。

偏最小二乘(PLS)分析

PLS是一种改进的QSAR模型预测技术，在QSAR模型分析中得到了广泛的应用，也称为潜结构法或投影结构法。在这个过程中，大量的描述符可以转化为少量新的正交项，称为潜在变量。潜在变量的数量用于定义因变量，该技术的主要目的是形成矩阵(特征和属性)之间的关系[124]。

遗传算法

遗传算法受自然选择过程的启发，属于较大类的进化算法。其工作原理如下：

· 首先，定义解决方案空间，并有一组要测试的模型，在随机创建初始化群体里搜索最佳解。初始群体定义为具有基因组(模型结构)的一组个体，并基于拟合优度的统计标准(例如，Akaike信息标准)识别最佳模型。

· 然后，可以通过首先选择也是随机选择的“父母”集合来创建下一代，替换和选择的概率与适合度成正比。

·接下来,将父母的基因组排成一行,父母集的一些用户定义的部分(例如60%)在基因组中的单个、随机位置发生“交叉”。例如,如果基因组包含4个基因(模型特征:单组成PK模型+一级吸收+存在滞后时间+比例残差),50%分割将生成左侧部分“单组成PK模型+一级吸收”和右侧部分“存在滞后时间+比例残差”,然后将第一个父母级的左侧部分与第二个父母级的右侧部分相结合,反之亦然。

·随后,根据预先规定的小比例随机应用突变。例如,“存在滞后时间”特征反转为“不存在滞后时间”。

·重复该过程,直至未观察到进一步改善(即不再获得具有改善的拟合优度标准的模型)[15,143]。

18.3.2.5 决策树、随机森林和梯度增强

决策树是常用的非线性机器学习方法。每个模型都是以树的形式组织的一组规则。算法从“基节点”或“根节点”开始,根据根节点的决策规则选择“分支”。决策规则通常基于单个协变量和指定阈值。然后算法到达下一个节点,并遵循下一个决策规则。最终,算法到达一个“叶节点”,它代表一个特定的输出决策,作为结果返回。决策树既可用于建立分类模型进行定性预测,也可用于建立回归模型进行定量预测[15,144,145]。

单个决策树受欢迎的一个原因是它的可解释性和表示形式,然而其性能不如更先进的机器学习算法,比如随机森林或梯度增强建模。

随机森林是一种创建大量决策树集合的方法,其中每个决策树对某个结果进行预测或“投票”。对于每一棵树,通常随机选择三分之一的训练数据集并将其搁置,剩余的三分之二训练数据集用于模型开发。当构建这些决策树时,每次考虑数据分割时,需要从全套预测样本中随机选择预测样本作为训练集和测试集。通过改变样本数量和相应的决策规则阈值,最大限度地提高了决策树的准确性。当所有的树都完成了,模型就准备对新的数据做出预测。该预测由该决策树集合的多数票决定。为评价模型的准确性,训练后的森林可用于预测剩余1/3的观测值,计算袋外(OOB)误差[146]。随机森林是集成建模的一种,因为它涉及组合多个机器学习模型来提高模型的整体性能。集合模型通常通过投票或取不同模型结果的模式,平均值或加权平均值来组合结果。更先进的技术包括装袋和助推。装袋包括创建训练数据的随机子样本,或引导,并替换和为每个子集建立模型[15,147]。

梯度增强不同于装袋方法,因为树木是按顺序训练和组合的。该算法通过计算树序列生成模型,其中每个连续树均由前一棵树的预测残差构建。在推进树算法的每个步骤确定数据的简单分区,并计算每个分区观察值与相应残差的偏差。考虑到前面的树序列,下一棵树将被拟合到残差,以找到另一个分区,将进一步减少模型中的误差[145,148]。最近发表的一篇文章显示了一种基于梯度增强决策树的新方法,命名为DTIGBDT,其在药物-靶标相互作用预测方面的性能优于几种最先进的方法。此外,关于喹硫平、氯氮平、奥氮平、

阿立哌唑和齐拉西酮的病例研究证明了 DTIGBDT 发现潜在药物-靶标相互作用的能力[15,149]。

18.3.2.6 神经网络(NNs)

20 世纪 90 年代,神经网络在 QSAR 中得到了广泛的应用。由于各种实际问题,如大数据集速度慢、模型训练困难、容易出现过拟合等,在 21 世纪初出现了支持向量机(SVM)、随机森林等更稳健的方法。然而,最近 10 年来,由于算法和计算硬件的进步,神经网络在机器学习中得到了复兴[150]。

神经网络由人工神经元组成。神经元之间的每一个连接都可以将一个信号传递给另一个神经元。所有神经元都有多个输入和一个输出。接收神经元可以处理信号,然后向与之相连的下游神经元发出信号。每个输入都与一个权重相关联,这个权重随着学习的进行而变化,它可以增加或减少发送到下游的信号强度。

神经元输出 Y 的通用公式为:

$$Y = f\left(\sum iW_iX_i\right) \tag{18.7}$$

其中,f 是指定函数,X_i 是第 i 个输入,可以是小分子的理化性质或实验观察结果,W_i 是与第 i 个输入相关的权重。神经元通常组织在以下三种类型的层中:(1) 输入层(即底层),其中输入被预测因子;(2) 隐藏层(即中间层);(3) 输出层(即顶层),其中生成预测[15]。

深度神经网络(DNN)又称深度学习,是指具有一个以上隐藏层(即中间层)的模型。DNN 可以根据模型体系结构进一步分类:卷积神经网络,递归神经网络和基于长短时记忆的递归神经网络[15,150-153]。

尽管我们在 LBDD 中提出 QSAR 模型作为一种代表技术,但将其与其他技术结合起来有助于当前的 CADD 过程是很常见的。在许多应用中,最近报道了几个案例,其中包括一个基于 3D-QSAR 和随后的分子对接和 ADMET 特性提出的潜在新型 COVID-19 药物的案例[126,154],以及另一个通过 QSAR 结合对接和分子动力学研究找到抗 SARS-CoV-2 Mpro 蛋白酶抑制剂的老药新用的案例[155]。

18.4 总结

药物开发和发现的过程非常具有挑战性,昂贵且耗时。由于计算工具和方法的不断发展,使药物发现加速发展。在过去的几十年里,CADD 也被称为虚拟药物设计,其通过各种先进的特性在药物发现的各个阶段中展示的实用性,已经发展成为一种强大的技术手段。本章通过重点介绍了计算化学中的基本方法,来说明基于结构和配体的药物发现中计算方法的基本概念[156]。

CADD 在药物发现中的应用与其他学科一样，也与时俱进。通过与高质量数据更多的互动工作，CADD 将通过合理设计具有多靶向作用、更高疗效和更少副作用（尤其是在毒性方面）的更有效治疗药物，在现代药物发现中不断贡献其独特和不可替代的作用。

18.5 参考文献

1. Arodola, O.; Soliman, M. Quantum mechanics implementation in drug design workflows: does it really help? *Drug Des. Dev. Ther.* **2017**, *11*, 2551 - 2564.
2. Parasuraman, S. Toxicological screening. *J. Pharmacol. Pharmacother.* **2011**, *2*, 74 - 79.
3. Yamanishi, Y.; Araki, M.; Gutteridge, A.; Honda, W.; et al. Prediction of drug-target interaction networks from the integration of chemical and genomic spaces. *Bioinf.* **2008**, *24*, i232 - i240.
4. Moult, J.; Fidelis, K.; Kryshtafovych, A.; Schwede, T.; et al. Critical assessment of methods of protein structure prediction (CASP) — Round XII, *Proteins Struct. Funct. Bioinformatics.* **2018**, *86*, 7 - 15.
5. Jumper, J.; Evans, R.; Pritzel, A.; Green, T.; et al. Highly accurate protein structure prediction with AlphaFold. *Nature* **2021**, *596*, 583 - 594.
6. Senior, A. W.; Evans, R.; Jumper, J.; et al. Improved protein structure prediction using potentials from deep learning. *Nature* **2020**, *577*, 706 - 710.
7. Baek, M.; DiMaio, F.; Anishichenko, I.; Dauparas, J.; et al. Accurate prediction of protein structures and interactions using a three-track neural network. *Science* **2021**, *373*, 871 - 876.
8. De Vivo, M.; Masetti, M.; Bottegoni, B.; Cavalli, A.; et al. Role of molecular dynamics and related methods in drug discovery. *J. Med. Chem.* **2016**, *59*, 4035 - 4061.
9. Salo-Ahen, O.; Alanko, I.; Bhadane, R.; Bonvin, A.; et al. Molecular dynamics simulations in drug discovery and pharmaceutical developmnet. *Processes* **2021**, *9*, 71.
10. Shoichet, B. K. Virtual screening of chemical libraries. *Nature* **2004**, *432*, 862 - 865.
11. Kimber, T. B.; Chen, Y. Deep learning in virtual screening: recent applications and developments. *Int. J. Mol. Sci.* **2021**, *22*, 4435.
12. Sliwoski, G.; Kothiwale, S.; Meiler, J.; Lowe, E. W.; et al. Computational methods in drug discovery. *Pharmacol. Rev.* **2014**, *66*, 334 - 395.
13. Popova, M.; Isayev, O.; Tropsha, A. Deep reinforcement learning for de novo drugdesign. *Sci. Adv.* **2018**, *4*, 14
14. Vamathevan, J.; Clark, D.; Czodrowski, P.; et al. Applications of machine learning in drug discovery and development. *Nat. Rev. Drug Discov.* **2019**, *18*, 463 - 477.
15. Talevi, A.; Morales, J. F.; Hather, G.; et al. Machine learning in drug discovery and development part 1: a primer. *CPT Pharmacomet. Syst. Pharmacol.* **2020**, *9*, 129 - 142.
16. Jorgensen, W. The many roles of computation in drug discovery. *Science* **2004**, *303*, 1813 - 1818.
17. Wade, R.; Salo-Ahen, O. Molecular modeling in drug design. *Molecules* **2019**, *24*, 321.
18. Lin, X.; Li, X.; Lin, X. A review on applications of computational methods in drug screening and design. *Molecules* **2020**, *25*, 1375.
19. Liao, C.; Nicklaus, M. Computer tools in the discovery of HIV-I integrase inhibitors. *Future Med. Chem.* **2010**, *2*, 1123 - 1140.
20. Serrao, E.; Odde, S.; Ramkumar, K.; Neamati, N.; et al. Raltegravir, elvitegravir, and metoogravir: the birth of "me-too" HIV-1 integrase inhibitors. *Retrovirology* **2009**, *6*, 25.
21. Jin, Z.; Du, X.; Xu, Y.; Deng, Y.; et al. Structure of Mpro from SARS-CoV-2 and discovery of its inhibitors. *Nature* **2020**, *582*, 289 - 293.
22. Panda, P. K.; Arul, M. N.; Patel, P.; Verma, S.; Luo, W.; et al. Structure-based drug designing and immunoinformatics approach for SARS-CoV-2. *Sci. Adv.* **2020**, *6*, 14.

23. Muratov, E. ; Amaro, R. ; Andrade, C. ; Brown, N. ; Ekins, S. ; et al. A critical overview of computational approaches. *Chem. Soc. Rev.* **2021**, *50*, 9121.
24. Gurung, A. B. ; Ali, M. A. ; Lee, J. ; Farah, M. A. ; et al. An updated review of computer-aided drug design and its application to COVID-19. *BioMed. Res. Int.* **2021**, *2021*, *1 - 18*.
25. Ferreira, L. G. ; Andricopulo, A. D. Editorial: chemoinformatics approaches to structure- and ligand-based drug design. *Front. Pharmacol.* **2018**, *9*, 1 - 2.
26. Lavecchia, A. Machine-learning approaches in drug discovery: methods and applications. *Drug Discov. Today* **2015**, *20*, 318 - 331.
27. Tao, L. ; Zhang, P. ; Qin, C. ; Chen, S. ; et al. Recent progresses in the exploration of machine learning methods as in-silico ADME prediction tools. *Adv. Drug Deliv. Rev.* **2015**, *86*, 83 - 100.
28. Batool, M. ; Ahmad, B. ; Choi, S. A structure-based drug discovery paradigm. *Intl. J. Mol. Sci.* **2019**, *20*, 2783.
29. Anderson, A. C. The process of structure-based drug design. *Chem. Biol.* **2003**, *10*, 787 - 797
30. Lionta, E. ; Spyrou, G. ; Vassilatis, D. K. ; Cournia, Z. ; et al. Structure-based virtual screening for drug discovery: principles, applications and recent advances. *Curr. Top. Med. Chem.* **2014**, *14*, 1923 - 1938.
31. Wlodawer, A. ; Vondrasek, J. Inhibitors of HIV-1 Protease: A Major Success of Structure-Assisted Drug Design. *Annu. Rev. Biophys. Biomol.* **1998**, *27*, 249 - 284.
32. Clark, D. E. What has computer-aided molecular design ever done for drug discovery. *Expert Opin. Drug Discov.* **2006**, *1*, 103 - 110.
33. Grover, S. ; Apushkin, M. A. ; Fishman, G. A. Topical dorzolamide for the treatment of cystoid macular edema in patients with retinitis pigmentosa. *Am. J. Ophthalmol.* **2006**, *141*, 850 - 858.
34. Bauer, A. ; Kovúri, Z. ; Keseru, G. M. Optimization of virtual screening protocols: FlexX based virtual screening for COX-2 inhibitors reveals the importance of tailoring screen parameters. *J. Mol. Struct. THEOCHEM.* **2001**, *676*, 1 - 5.
35. Miller, Z. ; Kim, K. S. ; Lee, D. M. ; Kasam, V. ; et al. Proteasome inhibitors with pyrazole scaffolds from structure-based virtual screening. *J. Med. Chem.* **2015**, *58*, 2036 - 2041.
36. Kuntz, I. D. ; Blaney, J. M. ; Oatley, S. J. ; Langridge, R. ; et al. A geometric approach to macromolecule-ligand interactions. *J. Mol. Biol.* **1982**, *161*, 269 - 288.
37. Caballero, J. The latest automated docking technologies for novel drug discovery. *Exp. Opin. Drug Discov.* **2021**, *16*, 625 - 645.
38. Meng, X. ; Zhang, H. ; Mezei, M. ; Cui, M. ; et al. Molecular docking: a powerful approach for structure-based drug discovery. *Curr. Comput. Aided Drug Des.* **2011**, *7*, 146 - 157.
39. Salmaso, V. ; Moro, S. Bridging molecular docking to molecular dynamics in exploring ligand-protein recognition process: an overview. *Front. Pharmacol.* **2018**, *9*, 1 - 16.
40. Chaudhary, K. K. ; Mishra, N. A review on molecular docking: novel tool for drug discovery. *JSM Chem.* **2016**, *4*, 3, 1029.
41. de Ruyck, J. ; Brysbaert, G. ; Blossey, R. ; Lensink, M. F. Molecular docking as a popular tool in drug design, an in silico travel. *Adv. Appl. Bioinformat. Chem.* **2016**, *9*, 1 - 11.
42. Pinzi, L. ; Rastelli, G. Molecular docking: shifting paradigms in drug discovery. *Int. J. Mol. Sci.* , **2019**, *20*, 4331.
43. Stanzione, F. ; Giangreco, I; Cole, J. C. Chapter four - use of molecular docking computational tools in drug discovery. *Prog. Med. Chem.* , **2021**, *60*, 273 - 343.
44. Kitchen, D. ; Decornez, H. ; Furr, J. ; et al. Docking and scoring in virtual screening for drug discovery: methods and applications. *Nat. Rev. Drug Discov.* **2004**, *3*, 935 - 949.
45. Chen, G. ; Seukep, A. J. ; Guo, M. Q. Recent Advances in Molecular Docking for the Research and Discovery of Potential Marine Drugs. *Marine Drugs* **2020**, *18*, 545.
46. Pagadala, N. S. ; Syed, K. ; Tuszynski, J. Software for molecular docking: a review. *Biophys. Rev.* **2017**, *9*, 91 - 102.
47. Brooijmans, N. ; Kuntz, I. D. Molecular recognition and docking algorithms. *Annu. Rev. Biophys.*

Biomol. Struct. **2003**, *32*, 335 – 373.

48. Agrawal, A. ; Singh, H. ; Srivastava H. K. ; et al. Benchmarking of different molecular docking methods for protein-peptide. *BMC Bioinformatics* **2019**, *19*, 426.
49. Wang, Z. ; Sun, H. ; Yao, X. ; Li, D. ; et al. Comprehensive evaluation of ten docking programs on a diverse set of protein-ligand complexes: the prediction accuracy of sampling power and scoring power. *Phys. Chem. Chem. Phys.* **2016**, *18*, 12964 – 12975.
50. Castro-Alvarez, A. ; Costa, A. M. ; Vilarrasa, J. The performance of several docking programs at reproducing protein-macrolide-like crystal structures. *Molecules* **2017**, *22*, 136.
51. Boittier, E. D. ; Tang, Y. T. ; Buckley, M. ; et al. Assessing molecular docking tools to guide targeted drug discovery of CD38 inhibitors. *Int. J. Mol. Sci.* **2020**, *21*, 5183.
52. Taylor, R. D. ; Jewsbury, P. J. ; Essex, J. W. A review of protein-small molecule docking methods. *J. Comput. Aided Mol. Des.* **2002**, *16*, 151 – 166.
53. Huang, S. Y. ; Zou, X. Advances and challenges in protein-ligand docking. *Int. J. Mol. Sci.* **2010**, *11*, 3016 – 3034.
54. Friesner, R. A. ; Banks, J. L. ; Murphy, R. B. ; Halgren, T. A. ; et al. Glide: a new approach for rapid, accurate docking and scoring. 1. Method and assessment of docking accuracy. *J. Med. Chem.* **2004**, *47*, 1739 – 1749.
55. Halgren, T. A. ; Murphy, R. B. ; Friesner, R. A. ; Beard, H. S. ; et al. Glide: a new approach for rapid, accurate docking and scoring. 2. Enrichment factors in database screening. *J. Med. Chem.* **2004**, *47*, 1750 – 1759.
56. Friesner, R. A. ; Murphy, R. B. ; Repasky, M. P. ; Frye, L. ; et al. Extra precision glide: docking and scoring incorporating a model of hydrophobic enclosure for protein-ligand complexes. *J. Med. Chem.* **2006**, *49*, 6177 – 6196.
57. Trott, O. ; Olson, A. J. AutoDock Vina: improving the speed and accuracy of docking with a new scoring function, efficient optimization, and multithreading. *J. Comput. Chem.* **2010**, *31*, 455 – 461.
58. Goodsell, D. S. ; Olson, A. J. Automated docking of substrates to proteins by simulated annealing. *Proteins* **1990**, *8*, 195 – 202.
59. Jones, G. ; Willett, P. ; Glen, R. C. Molecular recognition of receptor sites using a genetic algorithm with a description of desolvation. *J. Mol. Biol.* **1995**, *245*, 43 – 53.
60. Jones, G. ; Willett, P. ; Glen, R. C. Development and validation of a genetic algorithm for flexible docking. *J. Mol. Biol.* **1997**, *267*, 727 – 748.
61. Labute, P. LowModeMD — implicit low-mode velocity filtering applied to conformational search of macrocycles and protein loops. *J. Chem. Inf. Model.* **2010**, *50*, 792 – 800.
62. Alonso, H. ; Bliznyuk, A. ; Gready, J. E. Combining docking and molecular dynamic simulations in drug design, *Med. Res. Rev.* **2006**, *26*, 531 – 568.
63. Jiang, F. ; Kim, S. H. "Soft docking": matching of molecular surface cubes. *J. Mol. Biol.* **1991**, *219*, 79 – 102.
64. Leach, A. R. Ligand docking to proteins with discrete side-chain flexibility. *J. Mol. Biol.* **1994**, *235*, 345 – 356.
65. Knegtel, R. M. ; Kuntz, I. D. ; Oshiro, C. M. Molecular docking to ensembles of protein structures. *J. Mol. Biol.* **1997**, *266*, 424 – 440.
66. Rarey, M. ; Kramer, B. ; Lengauer, T. ; Klebe, G. A fast flexible docking method using an incremental construction algorithm. *J. Mol. Biol.* **1996**, *3*, 261, 470 – 489.
67. Huang, S. ; Zou, X. Ensemble docking of multiple protein structures: considering protein structural variations in molecular docking. *Proteins* **2007**, *66*, 399 – 421.
68. Liao, C. ; Sitzmann, M. ; Pugliese, A. ; Nicklaus, M. C. Software and resources for computational medicinal chemistry. *Future Med. Chem.* **2011**, *3*, 1057 – 1085.
69. Huang, N. ; Kalyanaraman, C. ; Irwin, J. J. ; Jacobson, M. P. ; et al. Physics-based scoring of protein-ligand complexes: Eenrichment of known inhibitors in large-scale virtual screening. *J. Chem. Inf. Model.* **2006**, *46*, 243 – 253.

70. Sethi, A.; Joshi, K.; Sasikala, K.; Alvala, M. Molecular docking in modern drug discovery: principles and recent applications. *IntechOpen* **2019**, *21*.
71. Böhm, H. J. *LUDI*: Rule-based automatic design of new substituents for enzyme inhibitor leads. *J. Comput.-Aided Mol. Des.* **1992**, *6*, 593 - 606.
72. Muegge, I.; Martin, Y. C. A general and fast scoring function for protein-ligand interactions: a simplified potential approach. *J. Med. Chem.* **1999**, *42*, 791 - 804.
73. Ishchenko, A. V.; Shakhnovich, E. I. Small molecule growth 2001 (SMoG2001): an improved knowledge-based scoring function for protein ligand interactions. *J. Med. Chem.* **2002**, *45*, 2770 - 2780.
74. Muegge, I. A. knowledge-based scoring function for protein-ligand interactions: Probing the reference state. *Perspect. Drug Discov. Des.* **2000**, *20*, 99 - 114.
75. Morris, G. M.; Huey, R.; Lindstrom, W.; Sanner, M. F.; et al. AutoDock4 and AutoDockTools4: automated docking with selective receptor flexibility. *J. Comput. Chem.* **2009**, *30*, 2785 - 2791.
76. Allen, W. J.; Balius, T. E.; Mukherjee, S.; Brozell, S. R.; et al. DOCK 6: Impact of new features and current docking performance. *J. Comput. Chem.* **2015**, *36*, 1132 - 1156.
77. Kozakov, D.; Brenke, R.; Comeau, S. R.; Vajda, S. PIPER: An FFT-based protein docking program with pairwise potentials. *Proteins Struct. Funct. Bioinf.* **2006**, *65*, 392 - 406.
78. Vilar, S.; Cozza, G.; Moro, S. Medicinal chemistry and the molecular operating environment (MOE): application of QSAR and molecular docking to drug discovery. *Curr. Top. Med. Chem.* **2008**, *8*, 1555 - 1572.
79. Abagyan, R.; Totrov, M.; Kuznetsov, M. ICM — A new method for protein modeling and design: Applications to docking and structure prediction from the distorted native conformation. *Comput. Chem.* **1994**, *15*, 488 - 506.
80. Dominguez, C.; Boelens, R.; Bonvin, A. M. HADDOCK: A protein-protein docking approach based on biochemical or biophysical information. *J. Am. Chem. Soc.* **2003**, *125*, 1731 - 1737.
81. Gray, J. J.; Moughon, S.; Wang, C.; Schueler-Furman, O.; et al. Protein-protein docking with simultaneous optimization of rigid-body displacement and side-chain conformations. *J. Mol. Biol.* **2003**, *331*, 281 - 299.
82. Qing, X.; Lee, X.; Raeymaeker, J.; Tame, J.; et al. Pharmacophore modeling: advances, limitations, and current utility in drug discovery. *J. Recept. Ligand Channel Res.* **2014**, *7*, 81 - 92.
83. Ehrlich, P. Über den jetzigen Stand der Chemotherapie. *Ber. Dtsch. Chem. Ges.*, **1909**, *42*, 17 - 47.
84. Schueler, F. W. *Chemobiodynamics and Drug Design.* New York: McGrawHill Book Co., Inc., **1960**. p. 638.
85. Wermuth, C. G.; Ganellin, C. R.; Lindberg, P.; Mitscher, L. A. Glossary of terms used in medicinal chemistry (IUPAC recommendations 1998). *Pure Appl. Chem.* **1998**, *70*, 1129 - 1143.
86. Schaller, D.; Šribar, D.; Noonan, T.; Deng, L.; et al. Next generation 3D pharmacophore modeling. *WIREs Comput. Mol. Sci.* **2020**, *10*, 20.
87. Barreca, M. L.; Ferro, S.; Rao, A.; Luca, L. D.; et al. Pharmacophore-based design of HIV-1 integrase strand-transfer inhibitors. *J. Med. Chem.* **2005**, *48*, 7084 - 7088.
88. Dayam, R.; Sanchez, T.; Neamati, N. Diketo acid pharmacophore. 2. Discovery of structurally diverse inhibitors of HIV-1 integrase. *J. Med. Chem.* **2005**, *48*, 8009 - 8015.
89. Hong, H.; Neamati, N.; Wang, S.; Nicklaus, M. C. et al. Discovery of HIV-1 integrase inhibitors by pharmacophore searching. *J. Med. Chem.* **1997**, *40*, 930 - 936.
90. Carlson, H. A.; Masukawa, K. M.; and Rubins, K.; et al. Developing a dynamic pharmacophore model for HIV-1 integrase. *J. Med. Chem.* **2000**, *43*, 2100 - 2114.
91. Deng, J. X.; Lee, K. W.; Sanchez, T.; Cui, M.; Neamati, N.; Briggs, J. M. Dynamic receptor-based pharmacophore model development and its application in designing novel HIV-1 integrase inhibitors. *J. Med. Chem.* **2005**, *48*, 1496 - 1505.
92. Deng, J. X.; Sanchez, T.; Neamati, N.; Briggs, J. M. Dynamic pharmacophore model optimization: identification of novel HIV-1 integrase inhibitors. *J. Med. Chem.* **2006**, *49*, 1684 - 1692.
93. Goldgur, Y.; Craigie, R.; Cohen, G. H.; Fujiwara, T.; et al. Structure of the HIV-1 integrase catalytic

domain complexed with an inhibitor: a platform for antiviral drug design. *Proc. Natl. Acad. Sci. U. S. A.* **1999**, *6*, 13040 - 13043.

94. McCammon, J. A.; Gelin, B. R.; Karplus, M. Dynamics of folded proteins. *Nature* **1977**, *267*, 585 - 590.

95. Karplus, M.; McCammon, J. Molecular dynamics simulations of biomolecules. *Nat. Struct. Mol. Biol.* **2002**, *9*, 646 - 652.

96. Hollingsworth, S. A.; Dror, R. O. Molecular Dynamics Simulation for All. *Neuron* **2018**, *99*, 1129 - 1143.

97. Urbanc, B.; Betnel, M.; Cruz, L.; Bitan, G.; et al. Elucidation of amyloid beta-protein oligomerization mechanisms: discrete molecular dynamics study. *J. Am. Chem. Soc.* **2010**, *132*, 4266 - 4280.

98. Gsponer, J.; Haberthür, U.; Caflisch, A. The role of side-chain interactions in the early steps of aggregation: molecular dynamics simulations of an amyloid-forming Peptide from the yeast prion Sup35. *Proc. Natl. Acad. Sci. U. S. A.* **2003**, *100*, 5154 - 5159.

99. Woods, C. J.; Malaisree, M.; Pattarapongdilok, N.; Sompornpisut, P.; et al. Long time scale GPU dynamics reveal the mechanism of drug resistance of the dual mutant I223R/H275Y neuraminidase from H1N1 - 2009 influenza virus. *Biochemistry.* **2012**, *51*, 4364 - 4375.

100. Phanich, J.; Rungrotmongkol, T.; Kungwan, N.; Hannongbua, S. Role of R292K mutation in influenza H7N9 neuraminidase toward oseltamivir susceptibility: MD and MM/PB(GB)SA study. *J. Comput. Aided Mol. Des.* **2016**, *30*, 917 - 926.

101. Campos, S. R.; Machuqueiro, M.; Baptista, A. M. Constant-pH molecular dynamics simulations reveal a β-rich form of the human prion protein. *J. Phys. Chem. B* **2010**, *114*, 12692 - 12700.

102. Sousa, S. F.; Tamames, B.; Fernandes, P. A.; Ramos, M. J. Detailed atomistic analysis of the HIV-1 protease interface. *J. Phys. Chem. B* **2011**, *115*, 7045 - 7057.

103. Viricel, C.; Ahmed, M.; Barakat, K. Human PD-1 binds differently to its human ligands: a comprehensive modeling study. *J. Mol. Graph. Model.* **2015**, *57*, 131 - 142.

104. Etheve, L.; Martin, J.; Lavery, R. Protein-DNA interfaces: a molecular dynamics analysis of time-dependent recognition processes for three transcription factors. *Nucleic Acids Res.* **2016**, *44*, 9990 - 10002.

105. Schames, J. R.; Henchman, R. H.; Siegel, J. S.; Sotriffer, C. A.; et al. Discovery of a novel binding trench in HIV integrase. *J. Med. Chem.* **2004**, *47*, 1879 - 1881.

106. Durrant, J. D.; Keränen, H.; Wilson, B. A.; McCammon, J. A.; et al. Computational identification of uncharacterized cruzain binding sites. *PLoS Negl. Trop. Dis.* **2010**, *4*, 1 - 11.

107. Grant, B. J.; Lukman, S.; Hocker, H. J.; Sayyah, J.; et al. Novel allosteric sites on Ras for lead generation. *PLoS One* **2011**, *6*, 1 - 10.

108. Ivetac, A.; McCammon, J. A. Mapping the druggable allosteric space of G-protein coupled receptors: a fragment-based molecular dynamics approach. *Chem. Biol. Drug Des.* **2010**, *76*, 201 - 217.

109. Hucke, O.; Coulombe, R.; Bonneau, P.; Bertrand-Laperle, M.; et al. Molecular dynamics simulations and structure-based rational design lead to allosteric HCV NS5B polymerase thumb pocket 2 inhibitor with picomolar cellular replicon potency. *J. Med. Chem.* **2014**, *57*, 1932 - 1943.

110. Zhao, G.; Perilla, J.; Yufenyuy, E.; Meng, X.; et al. Mature HIV-1 capsid structure by cryo-electron microscopy and all-atom molecular dynamics. *Nature* **2013**, *497*, 643 - 646.

111. Freddolino, P. L.; Arkhipov, A. S.; Larson, S. B.; McPherson, A.; et al. Molecular dynamics simulations of the complete satellite tobacco mosaic virus. *Structure* **2006**, *14*, 437 - 449.

112. Freddolino, P. L.; Liu, F.; Gruebele, M.; Schulten, K. Ten-microsecond molecular dynamics simulation of a fast-folding WW domain. *Biophys. J.* **2008**, *94*, 157 - 177.

113. Klepeis, J. L.; Lindorff-Larsen, K.; Dror, R. O.; Shaw, D. E. Long-timescale molecular dynamics simulations of protein structure and function. *Curr. Opin. Struct. Biol.* **2009**, *19*, 120 - 127.

114. Hauser, A. S.; Chavali, S.; Masuho, I.; Jahn, L. J.; et al. Pharmacogenomics of GPCR drug targets. *Cell* **2018**, *172*, 41 - 54.

115. McCorvy, J. D.; Wacker, D.; Wang, S.; Agegnehu, B.; et al. Structural determinants of 5-HT2b

receptor activation and biased agonism. *Nat. Struct. Mol. Biol.* **2018**, *25*, 787－796.
116. Chen, Q.; Tesmer, J. J. A receptor on acid. *Cell* **2017**, *168*, 339－341.
117. Hofmann, C.; Penner, U.; Dorow, R.; Pertz, H.; et al. Lisuride, a dopamine receptor agonist with 5-HT2b receptor antagonist properties: absence of cardiac valvulopathy adverse drug reaction reports supports the concept of a crucial role for 5-HT2B receptor agonism in cardiac valvular fibrosis. *Clin. Neuropharmacol.* **2006**, *29*, 80－86.
118. Wacker, D.; Wang, S.; McCorvy, J. D.; Betz, R. M.; Venkatakrishnan, A. J.; et al. Crystal structure of an LSD-bound human serotonin receptor. *Cell* **2017**, *168*, 377－389.
119. Peters B.; Deng, J.; Ferguson, A. Free energy calculations of the functional selectivityof 5-HT2BG protein-coupled receptor. *PLoS One* **2020**, *15*. 1－21.
120. Acharya, C.; Coop, A.; Polli, J. E.; MacKerell Jr, A. D. Recent advances in ligand-based drug design: relevance and utility of the conformationally sampled pharmacophore approach. *Curr. Comput. Aided Drug Des.* **2011**, *7*, 10－22.
121. Hansch, C.; Maloney, P.; Fujita, T.; Muir, R. Correlation of biological activity of phenoxyacetic acids with Hammett substituent constants and partition coefficients. *Nature* **1962**, *194*, 178－180.
122. Cherkasov, A.; Muratov, E. N.; Fourches, D.; Varnek, A.; et al. QSAR modeling: where have you been? where are you going to? *J. Med. Chem.* **2014**, *57*, 4977－5010.
123. Liew, C. Y.; Yap, C. W. Statistical Modelling of Molecular Descriptors in QSAR/QSPR **2012**, *2*, 1－436 .
124. Damale, M. G.; Harke, S. N.; Khan, F.; Shinde, D. B.; et al. Recent advances in multidimensional QSAR (4D-6D): A Critical Review. *Mini-Rev. Med. Chem.* **2014**, *14*, 35－55.
125. Polanski, J. Receptor dependent multidimensional QSAR for modeling drug-receptor interactions. *Curr. Med. Chem.* **2009**, *16*, 3243－3257.
126. Ishola, A. A.; Adedirin, O.; Joshi, T. Chandra, S. QSAR modeling and pharmacoinformatics of SARS coronavirus 3C-like protease inhibitors. *Comput. Biol. Med.* **2021**, *134*, 1－16.
127. Kuz'min, V. E.; Artemenko, A. G.; Polischuk, P. G.; Muratov, E. N. Hierarchic system of QSAR models (1D — 4D) on the base of simplex representation of molecular structure. *J. Mol. Model* **2005**, *11*, 457－467.
128. Randic, M. Generalized molecular descriptors. *J. Math. Chem.* **1991**, 7, 155－168.
129. Verma, J.; Khedkar, V. M.; Coutinho, E. C. 3D-QSAR in drug design-a review. *Curr. Top. Med. Chem.* **2010**, *10*, 95－115.
130. Dudek, A. Z.; Arodz, T.; Galvez, J. Computational methods in developing quantitative structure-activity relationships (QSAR): a review. *Combin. Chem. High Throughput Screen.* **2006**, *9*, 213－228.
131. Lemmen, C.; Lengauer, T. Computational methods for the structural alignment of molecules. *J. Comput. Aided Mol. Des.* **2000**, *14*, 215－232.
132. Wang, T.; Yuan, X. S.; Wu, M. B.; Lin, J. P.; et al. The advancement of multidimensional qsar for novel drug discovery-where are we headed? *Exp. Opin. Drug Discov.* **2017**, *12*, 769－784.
133. Carracedo-Reboredo, P.; Liñares-Blanco, J.; Rodríguez-Fernández, N.; Cedrón, F.; et al. A review on machine learning approaches and trends in drug discovery. *Comput. Struct. Biotechnol. J.* **2021**, *19*, 4538－4558.
134. Bak, A. Two decades of 4D-QSAR: a dying art or staging a comeback? *Int. J. Mol. Sci.* **2021**, *22*, 5212.
135. Fleming, N. How artificial intelligence is changing drug discovery. *Nature* **2018**, *557*, S55－S57.
136. SAS Institute. *Machine learning: what it is and why it matters.* \[Online\]. https://www.sas.com/en_us/insights/analytics/machine-learning.html.
137. Palmer, D. S.; O'Boyle, N. M.; Glen, R. C.; Mitchell, J. Random forest models to predict aqueous solubility. *J. Chem. Inf. Model.* **2007**, *47*, 150－158.
138. Yamashita, F.; et al. An evolutionary search algorithm for covariate models in population. *J. Pharm. Sci.* **2017**, *106*, 2407－2411.
139. Gayvert, K. M.; Madhukar, N. S.; Elemento, O. A data-driven approach to predicting successes and

failures of clinical trials. *Cell Chem. Biol.* **2016**, *23*, 1294 – 1301.
140. Korolev, D. ; et al. Modeling of human cytochrome p450-mediated drug metabolism using unsupervised machine learning approach. *J. Med. Chem.* **2003**, *46*, 3631 – 3643.
141. Kotsiantis, S. B. Supervised machine learning: a review of classification techniques. *Informatica* **2007**, *31*, 249 – 268.
142. Rogers, D. ; Hopfinger, A. J. Application of genetic function approximation to quantitative structure-activity relationships and quantitative structure-property relationships. *J. Chem. Inf. Comput.* **1994**, *34*, 854 – 866.
143. Bies, R. R. ; et al. A genetic algorithm-based, hybrid machine learning approach to model selection. *J. Pharmacokinet. Pharmacodyn.* **2006**, *33*, 195 – 221.
144. Schwaighofer, A. ; Schroeter, T. ; Mika, S. ; Blanchard, G. How wrong can we get? A review of machine learning approaches and error bars. *Comb. Chem. High Throughput Screen.* **2009**, *12*, 453 – 468.
145. Schöning, V. ; Hammann, F. How far have decision tree models come for data mining in drug discovery? *Expert Opin. Drug Discov.* **2018**, *13*, 1067 – 1069.
146. Priya, N. ; Shobana, G. Application of machine learning models in drug discovery: a review. *Int. J. Emerg. Technol.* **2019**, *10*, 268 – 275.
147. Breiman, L. Random forests. *Mach. Learn.* **2001**, *45*, 5 – 32.
148. Friedman, J. H. Greedy function approximation: a gradient boosting machine. *Ann. Stat.* **2001**, *29*, 1189 – 1232.
149. Xuan, P. ; Sun, C. ; Zhang, T. ; Ye, Y. ; et al. Decision tree-based method for predicting interactions between target genes and drugs. *Front. Genet.* **2019**, *10*, 1 – 11.
150. Ma, J. ; Sheridan, R. ; Liaw, A. ; Dahl, G. ; et al. Deep neural nets as a method for quantitative structure-activity relationships. *J. Chem. Inf. Model.* **2015**, *55*~~, 263~~ – 274.
151. Lipinski, C. F. ; Maltarollo, V. G. ; Oliveira, P. R. ; da Silva, A. B. F. ; et al. Advances and perspectives in applying deep learning for drug design and discovery. *Front. Robot. AI* **2019**, *6*, 1 – 6.
152. Hinton, G. ; et al. Deep neural networks for acoustic modeling in speech recognition: the shared views of four research groups. *IEEE Signal Process. Mag.* **2012**, *29*, 82 – 97.
153. Han, Y. ; et al. Deep learning with domain adaptation for accelerated projection-reconstruction MR. *Magn. Reson. Med.* **2018**, *80*, 1189 – 1205.
154. Khaldan, A. ; Bouamrane, S. ; Fatima En-Nahli, F. ; El-mernissi, R. ; et al. Prediction of potential inhibitors of SARS-CoV-2 using 3D-QSAR, moleculardocking modeling and ADMET properties. *Heliyon* **2021**, *7*, *1 – 15*.
155. Tejera, E. ; Munteanu, C. R. Drugs repurposing using QSAR, docking and molecular dynamics for possible inhibitors of the SARS-CoV-2 M^{Pro} protease. *Molecules* **2020**, *25*, 16.
156. Baig, M. H. ; Ahmad, K. ; Rabbani, G. ; et al. Computer aided drug design and its application to the development of potential drugs for neurodegenerative disorders. *Curr. Neuropharmacol.* **2018**, *16*, 740 – 748.